国家卫生健康委员会"十四五"规划教材配套教材

全国高等学校药学类专业第九轮规划教材配套教材

供药学类专业用

U0175313

药用植物学
实践与学习指导

第3版

主　编　黄宝康

编　者　(以姓氏笔画为序)

王　弘(北京大学药学院)

王戌梅(西安交通大学药学院)

王旭红(中国药科大学)

卢　燕(复旦大学药学院)

白云娥(山西医科大学)

刘　忠(上海交通大学药学院)

许　亮(辽宁中医药大学)

孙立彦(山东第一医科大学)

李　明(广东药科大学)

李　涛(四川大学华西药学院)

汪建平(华中科技大学同济医学院)

张　磊(中国人民解放军海军军医大学)

赵　丁(河北医科大学)

贾景明(沈阳药科大学)

黄宝康(中国人民解放军海军军医大学)

葛　菲(江西中医药大学)

温学森(山东大学药学院)

薛　焱(内蒙古医科大学)

人民卫生出版社

·北　京·

图书在版编目（CIP）数据

药用植物学实践与学习指导 / 黄宝康主编 . —3 版
. —北京：人民卫生出版社，2024.2
ISBN 978-7-117-35191-1

Ⅰ.①药… Ⅱ.①黄… Ⅲ.①药用植物学 — 高等学校
— 教学参考资料 Ⅳ.①Q949.95

中国国家版本馆 CIP 数据核字（2023）第 161359 号

人卫智网	www.ipmph.com	医学教育、学术、考试、健康， 购书智慧智能综合服务平台
人卫官网	www.pmph.com	人卫官方资讯发布平台

药用植物学实践与学习指导
Yaoyong Zhiwuxue Shijian yu Xuexi Zhidao
第 3 版

主　　编：黄宝康
出版发行：人民卫生出版社（中继线 010-59780011）
地　　址：北京市朝阳区潘家园南里 19 号
邮　　编：100021
E - mail：pmph @ pmph.com
购书热线：010-59787592　010-59787584　010-65264830
印　　刷：三河市君旺印务有限公司
经　　销：新华书店
开　　本：787×1092　1/16　　印张：19
字　　数：474 千字
版　　次：2011 年 7 月第 1 版　　2024 年 2 月第 3 版
印　　次：2024 年 3 月第 1 次印刷
标准书号：ISBN 978-7-117-35191-1
定　　价：65.00 元

打击盗版举报电话：010-59787491　E-mail：WQ @ pmph.com
质量问题联系电话：010-59787234　E-mail：zhiliang @ pmph.com
数字融合服务电话：4001118166　E-mail：zengzhi @ pmph.com

前　言

　　本教材为国家卫生健康委员会"十四五"规划教材、全国高等学校药学类专业第九轮规划教材《药用植物学》(第8版)的配套教材,包括实验指导、野外实习指导、学习指导及附录。附录包括综合试题、显微镜使用及制片与绘图技术、药用植物现代生物技术简介、实习基地简介、被子植物门重要科特征以及被子植物门分科检索表。

　　实验指导、学习指导的章节内容编排力求与主干教材保持一致,包括植物形态、解剖和分类等内容。野外实习指导主要介绍植物分类鉴定及资源调查,以及标本的采集制作方法。实验一约需4学时,实验二～三约需8学时,实验四约需4学时,实验五约需2学时,实验六约需2学时,实验七～九各需4~8学时,野外实习需3~7天。附录4介绍了13个野外实习点的基本情况及药用植物资源,可作为理想的药用植物学野外实习基地。因各院校学时安排的差异以及实习地区差异,组织教学时要因地制宜,结合实际情况选择适当实验材料及实验内容进行教学。

　　本教材实验内容可供药学类专业药用植物学实验及野外实习使用,学习指导及书后所附试题则可供教师测评学生学习效果及学生复习自测参考。本书内容紧扣《药用植物学》(第8版)教材,为可供各院校师生进行药用植物学教学时参考的配套教材。

编　者
2023年12月

目　录

第三篇　药用植物学学习指导

第一篇
药用植物学实验指导

实验一　　植物的细胞

[目的要求]

1. 通过观察洋葱鳞叶表皮细胞及根尖纵切片等,掌握植物细胞的基本构造,并加深对细胞的基本结构及生长过程的理解。

2. 学会徒手切片、表面制片和粉末装片的方法。

3. 学会认识各种质体形态,识别胞间连丝的形态结构特征。

4. 学会判断淀粉粒、糊粉粒、菊糖、草酸钙结晶、碳酸钙结晶的形态特征及鉴定方法。

5. 初步掌握植物绘图方法。

[仪器试剂] 显微镜、镊子、解剖针、刀片、酒精灯、载玻片、盖玻片、吸水纸、水合氯醛、稀甘油、蒸馏水、稀氨水、稀盐酸、碘试液、95% 乙醇等。

[实验材料] 洋葱 *Allium cepa* 鳞叶;洋葱(或玉蜀黍 *Zea mays*)根尖纵切片;柿 *Diospyros kaki* 核胚乳切片;水绵 *Spirogyra nitida* 藻体(或茶 *Camellia sinensis* 叶的永久切片),辣椒 *Capsicum annuum* 成熟果实(红色)、红色和蓝色的花瓣,鸭跖草 *Commelina communis* 叶;马铃薯 *Solanum tuberosum* 块茎,半夏 *Pinellia ternata* 块茎;秋海棠 *Begonia grandis* 叶柄,川黄檗(黄皮树)*Phellodendron chinense*(或黄檗 *Phellodendron amurense*)茎皮切片及粉末;大黄 *Rheum officinale* 粉末,甘草 *Glycyrrhiza uralensis* 粉末;颠茄 *Atropa belladonna* 根切片;射干 *Belamcanda chinensis* 粉末;印度榕(印度胶树)*Ficus elastica*(或无花果 *Ficus carica*)叶横切片;蓖麻 *Ricinus communis* 种子;蒲公英 *Taraxacum mongolicum* 根(或大丽花 *Dahlia pinnata*、菊芋 *Helianthus tuberosus* 的块茎醇浸片)。

[实验内容、方法与步骤]

1. **植物成熟细胞基本构造观察与表面制片** 取载玻片在其上滴 1 滴蒸馏水。用镊子撕取一小块(约 0.3cm²)洋葱鳞叶的内表皮(可先用刀片轻划一个小方格再取),叶肉面朝下置于载玻片上,使其完全舒展开。用镊子夹住盖玻片,使其一边接触水滴边缘,缓慢放下从一侧覆盖材料,轻敲除去气泡,用吸水纸从盖玻片边缘吸去溢出水分。置低倍显微镜下观察。由于洋葱的表皮细胞比较透明,须缩小光圈,避免较强的光线,才可以区分观察细胞壁、细胞质、细胞核和液泡。

2. **初生幼小细胞至成熟细胞的各阶段细胞形态构造观察** 在显微镜下观察洋葱(或玉蜀黍)的根尖纵切片,在其尖端染色较深处寻找一个代表性的幼小细胞:细胞形态较小,没有液泡,细胞质中央有较大的圆形细胞核。随后向上观察根尖尖端逐渐成熟的细胞,形状趋于增大而延长,细胞具有一个至数个液泡并逐渐增大,将细胞质挤向细胞壁,直至在已成熟的细胞中含有一个巨大的液泡。

3. **胞间连丝观察** 取柿核胚乳切片,在显微镜下观察其较厚的细胞壁上有密集被染成深棕色的细丝(胞间连丝),它们穿过细胞壁上的微细孔道而与相邻细胞的原生质相连。

4. 质体观察与徒手切片装片　取水绵藻体少许制作临时水装片(或用茶叶的永久切片,观察叶肉细胞),可观察叶绿体。用解剖针挑取红辣椒果肉细胞少许制作水装片,观察细胞内略呈红黄色的有色体颗粒。取红色或蓝色花瓣少许,用水装片观察溶解在细胞液泡中的花青素,观察其与质体的区别。另取红色及蓝色花瓣各一小片,置于同一载玻片的两端,分别在红色花瓣上加稀氨水1滴,在蓝色花瓣上加稀盐酸1滴,观察花瓣颜色的变化(花青素在酸性溶液中呈红色,在碱性溶液中呈蓝色)。取鸭跖草叶片下表皮制作临时水装片,在显微镜下观察细胞内的众多无色小颗粒,加碘试液不呈蓝色者,即为白色体。白色体通常在细胞核的周围可以找到。

5. 淀粉粒　割取马铃薯块茎一小块,用刀片刮取少许"汁液"。另取半夏粉末少许,分别置载玻片上,加1滴蒸馏水制成临时水装片,先在低倍镜下观察淀粉粒的形态,再在高倍镜下仔细观察其大小和形状,观察是否具有单粒、复粒及半复粒,同时注意观察其脐点和层纹的位置和形状;再在盖玻片一端加碘液1滴,用吸水纸在另一端吸去多余液体,在显微镜下观察淀粉粒的颜色变化。

6. 草酸钙结晶观察

(1)针晶:取半夏块茎粉末少许,置载玻片上,滴加水合氯醛试剂1~2滴,在酒精灯上微微加热,并用干净的解剖针小心搅拌,待溶液部分蒸发后(注意:切勿蒸干),再添加水合氯醛试剂1~2滴,并用滤纸吸去已带色的多余试剂,同法加热。如此反复操作,直至材料颜色变浅而透明时停止透化,滴加稀甘油1滴,盖上盖玻片,拭尽溢出试剂,置显微镜下观察存在于黏液细胞中的草酸钙针晶束,注意针晶的长短和粗细。

(2)簇晶:取大黄粉末少许,置载玻片上,如上法透化后,置显微镜下观察,可见多数大型星状的草酸钙簇晶。

(3)方晶(单晶):取甘草或黄皮树粉末少许,置载玻片上,如上法透化后,置显微镜下观察,可见在细长形成束的纤维周围的薄壁细胞内,含有方形或长方形的草酸钙晶体,这种结构称为晶鞘纤维。取黄皮树(或黄檗)茎皮切片观察,先调暗光线在低倍镜下观察闪亮的方晶或棱晶,然后调亮光线在高倍镜下仔细观察其薄壁细胞内所含的方晶的形态。

(4)砂晶:观察颠茄根切片薄壁细胞中的砂晶丛。

(5)柱晶:取射干粉末少许,同上法制片观察。取秋海棠叶柄徒手切片,制成临时水装片,置低倍镜下观察,细胞内有闪光或折光性强的后含物即为草酸钙结晶。秋海棠叶柄细胞内的草酸钙结晶有棱晶、双晶及簇晶多种形式,簇晶为许多三角锥形的单晶基部联合呈菊花样的复式晶体。

7. 碳酸钙结晶观察　取印度榕(或无花果)叶的横切片,在显微镜下观察。在表皮的大型细胞中,有葡萄状的结晶体附着在细胞壁增生的棒状物上,悬挂在细胞腔中,形似钟乳石,即碳酸钙结晶,又称钟乳体。

8. 糊粉粒观察　取蓖麻种子胚乳的碎片制作95%乙醇装片在显微镜下观察,可看到细胞内有许多糊粉粒,用吸水纸吸去溶液,加碘试液1滴染色,可以清楚地看到糊粉粒位于卵圆形的液泡内。仔细观察,可发现糊粉粒存在两种不同的晶体:多角形的蛋白质拟晶体和圆球形的磷酸盐球形体。加碘试液后,蛋白质拟晶体呈现黄色,磷酸盐球形体仍为无色。注意它们与淀粉粒的区别。

9. 菊糖观察　在显微镜下观察蒲公英根的乙醇制徒手切片(或大丽花、菊芋的块茎醇浸片),可以看见菊花样的球形晶体,它是由沿半径方向射出的较细的针形晶体组成,菊糖有时也以半球形或球形的一部分呈现。

[作业]

1. 绘制洋葱表皮细胞的形态示意图,并按绘图要求注明各结构名称。
2. 绘制洋葱根尖细胞从幼小至成熟过程的简图,注意大小比例。
3. 绘制柿核胚乳细胞,示胞间连丝。
4. 绘制三种质体图,并注明材料名称。
5. 绘制淀粉粒图,并注明材料来源名称。注意不同材料淀粉粒的大小比例。
6. 绘制各种草酸钙结晶图,并注明材料来源名称。
7. 绘制各种碳酸钙结晶的形态图,并注明材料来源名称。
8. 绘制蓖麻种子含糊粉粒的细胞形态和构造。

[思考题]

1. 制作显微标本装片时,怎样才能防止和减少气泡的发生?
2. 白色体和淀粉粒的形成有何联系?
3. 如何区分杂色体与花青素?
4. 为什么在显微镜下观察草酸钙结晶时需要透化?
5. 如何区分草酸钙结晶与碳酸钙结晶?
6. 淀粉粒与糊粉粒有何不同? 如何鉴别?
7. 淀粉和菊糖有何不同? 如何鉴别?
8. 植物细胞中含有哪些后含物? 它们在植物及中药材的鉴定中有何意义?

（薛　焱　张　磊）

实验二　　植物的组织

[目的要求]

1. 学会判断分生组织和基本组织的形态和种类。
2. 学会判断保护组织及气孔、毛茸的基本类型。
3. 学会判断分泌组织的基本形态和种类。
4. 学会判断机械组织的基本形态，能够区分厚角组织、纤维和石细胞。
5. 通过观察实验材料，学会辨识各种导管、管胞、筛管和伴胞的形态。
6. 通过观察各种维管束类型，加深对维管束结构的理解。

[仪器试剂]　显微镜、刀片、解剖针、蒸馏水、70% 乙醇、水合氯醛、稀甘油、间苯三酚、浓盐酸、10% 硝酸、10% 铬酸。

[实验材料]　洋葱 *Allium cepa*（或玉蜀黍 *Zea mays*）根尖纵切片，椴树 *Tilia tuan* 茎横切片；天竺葵 *Pelargonium hortorum* 叶，金丝桃 *Hypericum monogynum* 叶，决明 *Cassia tora* 叶，薄荷 *Mentha canadensis*（或菘蓝 *Isatis indigotica*、蜀葵 *Althaea rosea*、曼陀罗 *Datura stramonium*）叶；黄皮树 *Phellodendron chinense*（或黄檗 *Phellodendron amurense*）茎皮横切片；姜 *Zingiber officinale* 根茎，橘 *Citrus reticulata* 果皮切片，马尾松 *Pinus massoniana* 茎横切片，蒲公英 *Taraxacum mongolicum* 根；薄荷 *Mentha canadensis* 茎（或旱芹 *Apium graveolens* 叶柄），金鸡纳树 *Cinchona ledgeriana*（或肉桂 *Cinnamomum cassia*）树皮粉末，解离的草棉 *Gossypium herbaceum* 根皮粉末，梨属 *Pyrus* 植物［或南烛（乌饭树）*Vaccinium bracteatum* 果实］，杏 *Armeniaca vulgaris* 种子，茶 *Camellia sinensis* 叶横切片；马尾松茎切向纵切面、径向纵切面切片及解离的马尾松茎，解离的大豆 *Glycine max* 胚根，向日葵 *Helianthus annuus*、南瓜 *Cucurbita moschata* 和玉兰 *Magnolia denudata* 茎纵切片；玉蜀黍茎横切片，木槿 *Hibiscus syriacus* 茎横切片，南瓜茎横切片，贯众 *Cyrtomium fortunei* 根茎横切片，藏菖蒲 *Acorus calamus* 根茎横切片，毛茛 *Ranunculus japonicus* 幼根横切片。

[实验步骤]

1. 分生组织观察　在显微镜下观察洋葱（或玉蜀黍）根尖纵切片中的分生组织，注意辨识原分生组织和初生分生组织。观察椴树茎横切片，辨识侧生分生组织（次生分生组织）。

2. 保护组织观察　分别撕取天竺葵、金丝桃、决明、薄荷（或菘蓝、蜀葵、曼陀罗）的叶下表皮一部分，制作临时水装片，在显微镜下观察下表皮细胞形状、气孔类型以及腺毛与非腺毛的形状。气孔呈椭圆形，由两个似肾形的保卫细胞组成。判断各实验材料的气孔类型以及腺毛和非腺毛。在薄荷叶下表皮细胞上，亦可见着生的圆形腺鳞，腺鳞一般由 8 个细胞的腺头及单细胞的腺柄所组成，组成腺头的细胞覆盖有共同的薄角质层，角质层下贮存有挥发油。

5

叶表皮气孔表面制片也可以采用以下简便方法：剪取约 0.5cm² 大小的叶片,将其叶背面贴在透明胶带上,轻轻压平压实,然后用刀片轻轻刮去上表皮及叶肉组织,留下透明的下表皮,连同透明胶带一起贴于载玻片置显微镜下观察。此法对于难以撕取的单子叶植物叶片也有效。

取黄皮树(或黄檗)茎皮的横切片,在皮的外层观察周皮的横切面,其细胞呈等径性排列。在木栓层内可观察到细胞扁形、细胞质浓厚、细胞核较大的木栓形成层。木栓形成层以内可见数层栓内层细胞。

3. 分泌组织观察　制作姜根茎的徒手切片,在显微镜下观察存在于薄壁细胞中的油细胞,其内含黄色挥发油。观察橘果皮切片的分泌腔内是否有破碎的细胞或分泌物存在？分辨其为溶生性或为离生性分泌腔？取马尾松茎的横切片观察树脂道,在树脂道的内部能否看到破碎的细胞或分泌物存在？管壁四周有无一圈分泌细胞？观察蒲公英根的纵切片,用70% 乙醇固定装片,在基本组织内观察形成网状的乳汁管,经 70% 乙醇固定后,乳汁后含物呈黄褐色小颗粒状。判断蒲公英根中的乳汁管为有节乳汁管还是无节乳汁管？能否看到乳汁管节膨大处未完全消失的横隔壁？

4. 机械组织观察　取薄荷茎(或旱芹叶柄)制作横切面徒手切片水装片,在显微镜下观察薄荷茎(或旱芹叶柄)横切面中角隅处表皮细胞内侧数层厚角组织细胞,其细胞壁有贝壳样光泽,大多呈多角形。如把光圈孔收小,三个相邻细胞的结合处可见有暗色的果胶层。

取少量金鸡纳树(或肉桂)树皮粉末制作水装片,加水合氯醛透化后,用稀甘油装片,镜检纤维,寻找其中呈梭状而粗大的韧皮纤维,胞腔狭细,壁厚,可见层纹；另滴加间苯三酚和浓盐酸各 1 滴,注意纤维的颜色变化。观察解离的草棉根皮纤维,注意其分叉纤维与金鸡纳树(或肉桂)树皮纤维形态有何不同？

用刀片刮取梨(或南烛)果实果肉少许,取肉中的硬粒,于载玻片上压碎,加水装片,观察其石细胞的形状,其层纹极明显,并可见到分枝状的纹孔沟。另刮取杏仁种皮少许,用水合氯醛透化,稀甘油装片,观察其中石细胞的形状。另滴加间苯三酚和浓盐酸各 1 滴,封片,置于显微镜下观察石细胞的木质化细胞壁所呈现的颜色,并观察石细胞周围的薄壁组织的颜色有无变化。观察茶叶的横切片,注意其分枝状石细胞的形态。

5. 输导组织观察　取马尾松茎横切片在显微镜下观察,可见大小、疏密不同的管胞,大者为春季所生,小者为秋季所生。注意其管胞壁上的纹孔,观察其初生壁与次生壁所构成的具缘纹孔形态；取马尾松切向纵切片观察,注意比较其具缘纹孔的剖面观和横切面具缘纹孔的剖面观形态。注意切线面射线已被切断为上下重叠的细胞,勿与纹孔混淆；取马尾松径向纵切片观察管胞的结构,每个管胞是没有内含物的,沿茎轴向在长度上强烈伸长并且两端钝尖,每个管胞用其尖端嵌入邻近的管胞之间,彼此紧密连接。仔细观察分布在径向纵切面上的具缘纹孔表面观,其呈两(或三)个同心圆的形态。判断其相连接的两个管胞末端横壁是否贯穿相通？在径向切面上射线为横走的阔带,方向与管胞垂直相交。再取马尾松茎的解离材料,观察单个管胞的结构,观察其横壁是否倾斜,是否贯穿相通？其具缘纹孔是如何分布的？

取解离的大豆的胚根,预先浸泡在等量混合的 10% 硝酸和 10% 铬酸混合液中,浸泡适当时间,用清水洗净,压碎,用临时水装片法在显微镜下观察各种类型的导管,如螺纹导管、环纹导管、孔纹导管及网纹导管。注意导管的先端常有穿孔板,以此区别管胞。

分别取向日葵茎、南瓜茎和玉兰茎纵切片观察,寻找其中环纹、螺纹、网纹、孔纹和梯纹导管。比较它们有何不同之处?

6. 维管束及其类型观察　取玉蜀黍茎横切片,置显微镜下观察,在基本组织中有散在的维管束。选一个维管束仔细观察,分辨出木质部、韧皮部。注意有无形成层(有限外韧型维管束)?

取木槿茎横切片,从低倍到高倍观察。分辨出木质部、形成层和韧皮部。注意各部分的排列关系和组成的各细胞特点(无限外韧型维管束)。

取南瓜茎的横切片观察,在维管束的内、外两侧可看到两群较小的细胞,在切片上染色较深,此为韧皮部,在韧皮部内可看到具筛板的细胞,称为筛管。如横切面正好切到筛板部分,还可以看到筛板上分布有许多筛孔。在筛管的附近可看到多角形、直径很小、原生质体浓厚的细胞即为伴胞。判断南瓜茎维管束类型(双韧型维管束)。

取南瓜茎纵切片观察,在木质部的内外两侧可以找到筛管的纵切面,南瓜的筛管很长,根据筛管的两端常有营养物质及蛋白质聚集,两筛管交界处有筛板及膨大等特征可以帮助找到筛管,再在筛管的两侧寻找极为狭细的伴胞,伴胞由筛管母细胞分裂产生,与筛管等长或为其长的 1/4~1/2。

取贯众根茎横切片,观察其维管束类型(周韧型维管束)。

取藏菖蒲根茎横切片,观察其维管束类型(周木型维管束)。

取毛茛幼根横切片观察维管束类型(辐射型维管束),注意木质部与韧皮部排列的方式。

[作业]

1. 绘制天竺葵叶下表皮细胞图,包括气孔、保卫细胞及副卫细胞,腺毛和非腺毛。

2. 绘制金丝桃、决明和薄荷叶下表皮的气孔,标明气孔类型。绘制薄荷的一个腺鳞(正面观)。

3. 绘制黄皮树(或黄檗)皮横切片中的周皮,标明木栓层、木栓形成层和栓内层。

4. 绘制橘果皮和马尾松茎的分泌腔,指出各属于何种起源的分泌腔? 如何判别?

5. 绘制薄荷茎的几个厚角细胞,并绘制其横切面简图,标明厚角组织存在的位置。

6. 绘制金鸡纳树(或肉桂)树皮粉末中的纤维及梨果实和茶叶中的石细胞。

7. 绘制马尾松茎的管胞的径向切面,并示具缘纹孔。

8. 绘制解离的大豆胚根中的环纹导管、螺纹导管、孔纹导管及网纹导管。

9. 绘制南瓜茎筛管及伴胞横切面的形态及筛管纵切面的形态。

10. 分别绘制玉蜀黍有限外韧型维管束、木槿无限外韧型维管束、南瓜茎双韧型维管束、贯众根茎周韧型维管束、藏菖蒲根茎周木型维管束及毛茛幼根辐射型维管束简图。

[思考题]

1. 气孔器保卫细胞靠近气孔一侧的细胞壁加厚与气孔的启闭有什么关系?

2. 如何区分有节乳汁管和无节乳汁管?

3. 如何区分厚角组织和厚壁组织?

4. 如何区分管胞和导管,管胞与纤维?

5. 导管和筛管各存在于什么部位? 如何在切片中寻找导管和筛管?

6. 如何区分木质茎横切面、切向纵切面和径向纵切面?

7. 各类组织的结构特点对其功能适应性有何意义?

(王戌梅　黄宝康)

实验三 植物的营养器官（根、茎、叶的形态与构造）

[目的要求]

1. 通过观察各种正常及变态的根、茎、叶，学会判断根、茎、叶的类型。
2. 通过观察切片材料，加深对根及茎的初生、次生及三生构造特征的了解。
3. 通过观察双子叶植物异面叶和等面叶及解剖构造特征，学会判断异面叶和等面叶。
4. 通过观察切片材料，加深对双子叶植物茎与根茎异常构造的了解。
5. 通过观察切片材料，加深对单子叶植物地上茎与地下茎构造的了解。
6. 通过观察木本茎三种切面切片，加深对木本茎构造的了解。

[仪器试剂] 显微镜、刀片、探针、蒸馏水、碘试液。

[实验材料]

1. 根的组织观察材料 洋葱 *Allium cepa* 根尖纵切片、小麦 *Triticum aestivum* 萌发时的幼根、毛茛 *Ranunculus japonicus* 根或蚕豆 *Vicia faba* 根的横切片、鸢尾 *Iris tectorum* 或菖蒲 *Acorus calamus* 根的横切片、葡萄 *Vitis vinifera* 根或草棉 *Gossypium herbaceum* 根的横切片、商陆 *Phytolacca acinosa*、牛膝 *Achyranthes bidentata* 的根和何首乌 *Fallopia multiflora* 块根的横切片。

2. 根的形态及其变态观察材料

(1) 根的类型：菘蓝 *Isatis indigotica*、蔊菜 *Rorippa indica*、荠 *Capsella bursa-pastoris*、龙葵 *Solanum nigrum*、柴胡 *Bupleurum chinense*、秋海棠 *Begonia grandis*、玉蜀黍 *Zea mays*、甘蔗 *Saccharum officinarum*。

(2) 根系：人参 *Panax ginseng*、柴胡、菘蓝、葱 *Allium fistulosum*、蒜 *Allium sativum*、稻 *Oryza sativa*、小麦。

(3) 根的变态：胡萝卜 *Daucus carota* var. *sativa*、菘蓝、蔓青 *Brassica rapa*、番薯 *Ipomoea batatas*、天冬 *Asparagus cochinchinensis*、玉蜀黍、甘蔗、吊兰 *Chlorophytum comosum*、常春藤 *Hedera nepalensis* var. *sinensis*、薜荔 *Ficus pumila*、菟丝子 *Cuscuta chinensis*、浮萍 *Lemna minor*。

3. 茎的组织观察材料 蓖麻 *Ricinus communis* 或南瓜 *Cucurbita moschata*、白车轴草（白三叶）*Trifolium repens*、薄荷 *Mentha canadensis*、向日葵 *Helianthus annuus*、羊蹄 *Rumex japonicus* 等幼茎的横切面切片，椴树 *Tilia tuan* 或接骨木 *Sambucus williamsii* 茎的横切面切片，椴树或松属 *Pinus* 茎的横切片、径向切片及切向切片，风藤 *Piper kadsura* 茎和大黄属 *Rheum* 根茎的横切片，玉蜀黍或甘蔗、石斛属 *Dendrobium* 茎的横切片，姜 *Zingiber officinale*

或石菖蒲 *Acorus tatarinowii* 根茎的横切片。

4. 茎的形态及其变态观察材料

(1)茎的形态:日本晚樱 *Cerasus serrulata* var. *lannesiana*、苦楝 *Melia azedarach* 或望春玉兰 *Magnolia biondii* 等的枝条、薄荷、仙人掌 *Opuntia stricta* var. *dillenii*、牵牛 *Pharbitis nil*、马兜铃 *Aristolochia debilis*、爬山虎 *Parthenocissus tricuspidata*、络石 *Trachelospermum jasminoides*、连钱草 *Glechoma longituba*。

(2)茎的变态:姜、芦苇 *Phragmites australis*、马铃薯 *Solanum tuberosum*、天南星 *Arisaema erubescens*、洋葱、百合 *Lilium brownii* var. *viridulum*、大蒜 *Allium sativum*、荸荠 *Heleocharis dulcis*、慈姑 *Sagittaria trifolia* var. *sinensis*、枸橘 *Poncirus trifoliata*、皂荚 *Gleditsia sinensis*、葡萄、丝瓜 *Luffa cylindrica*、竹节蓼 *Muehlenbeckia platyclada*、黄独 *Dioscorea bulbifera*、薯蓣(山药) *Dioscorea opposita*。

5. 叶的组织观察材料　薄荷、女贞 *Ligustrum lucidum* 叶横切片,桉树 *Eucalyptus robusta* 或夹竹桃 *Nerium indicum* 叶的横切片。

6. 叶的正常形态与各种变态的观察材料

(1)叶形:垂柳 *Salix babylonica*、牵牛 *Pharbitis nil*、枇杷 *Eriobotrya japonica*、旋花 *Calystegia sepium*、旱金莲 *Tropaeolum majus*、天竺葵 *Pelargonium hortorum*、沿阶草 *Ophiopogon bodinieri*、菖蒲 *Acorus calamus*、松属 *Pinus*。

(2)叶的分裂:蜀葵 *Althaea rosea*、无花果 *Ficus carica*、黄蜀葵 *Abelmoschus manihot*、鸡爪槭 *Acer palmatum*、白栎 *Quercus fabri*、蒲公英 *Taraxacum mongolicum*、萝卜 *Raphanus sativus*、土荆芥 *Chenopodium ambrosioides*。

(3)叶脉:日本晚樱 *Cerasus serrulata* var. *lannesiana*、蓖麻 *Ricinus communis*、车前 *Plantago asiatica*、玉蜀黍、银杏 *Ginkgo biloba*。

(4)复叶:月季 *Rosa chinensis*、落花生 *Arachis hypogaea*、合欢 *Albizia julibrissin*、南天竹 *Nandina domestica*、淫羊藿 *Epimedium brevicornu*、落新妇 *Astilbe chinensis*、酢浆草 *Oxalis corniculata*、鸡眼草 *Kummerowia striata*、木通 *Akebia quinata*、橘 *Citrus reticulata*。

(5)叶的变态:仙人掌属 *Opuntia*、黄芦木 *Berberis amurensis*、豌豆 *Pisum sativum*、菝葜 *Smilax china*、洋葱、猪笼草 *Nepenthes mirabilis*。

[实验步骤]

1. 显微镜下观察洋葱幼根纵切片　区分根冠、分生区、伸长区和根毛区。

2. 小麦幼根观察　注意何处根毛最密且长? 撕下一块带根毛的表皮,置显微镜下观察,了解根毛与表皮细胞的关系。

3. 双子叶植物根的初生构造观察　取毛茛根或蚕豆幼根的横切片,置显微镜下观察。

(1)最外一层为表皮,在切片中有时破碎或脱落。

(2)表皮内方的薄壁组织为皮层。皮层的最外一层细胞通常排列紧密,没有细胞间隙,称为外皮层。向内的细胞都有细胞间隙,细胞内常可见淀粉粒,皮层的最内一层细胞排列也紧密整齐,无细胞间隙,称为内皮层。内皮层的细胞壁增厚情况特殊,仔细观察本材料的增厚情况是带状、点状还是马蹄形增厚? 找出薄壁细胞状的通道细胞。它们的位置多正对木质部射出角。

(3)向内紧靠内皮层的为中柱鞘,由1~2层薄壁细胞组成。

(4)初生韧皮部和初生木质部位于中柱鞘内方,交错放射状排列成一圈,这种方式排列的维管束称为辐射型维管束。

(5)在初生木质部中辨别直径较小的原生木质部及直径较大的后生木质部。判断根中的初生木质部的成熟方式为外始式还是内始式？该材料的初生木质部属于几原型？

4. 单子叶植物根的构造观察 在显微镜下观察鸢尾根或菖蒲根的横切面，自外部向中心可见以下各部分。

(1)表皮为一层不甚整齐的细胞(切片有时脱落)，细胞壁略显木栓化。

(2)表皮内紧接有 2~4 层排列不整齐但紧密的薄壁细胞，无细胞间隙，细胞壁略呈木栓化，此为外皮层细胞，向内为多层较大的皮层薄壁细胞，具大型的细胞间隙，细胞含淀粉粒较多，有的含有草酸钙方晶。皮层的最内一层由呈切线延长的近长方形的细胞组成，称内皮层。内皮层细胞的内壁和径向壁明显呈马蹄形增厚。注意在内皮层中寻找通道细胞。在菖蒲根的内皮层中则可见到明显的凯氏带和凯氏点。

(3)维管柱位于内皮层之内，观察维管束是否为放射状排列？其初生木质部为内始式抑或外始式？为几原型？

(4)髓部由一群排列紧密的薄壁细胞组成。细胞较小，在发育后期细胞壁略木化增厚。

5. 双子叶植物根的次生构造观察 取葡萄根或草棉根的横切片，置显微镜下由中心向外部观察。

(1)中央为外始式初生木质部，由此向外为次生木质部。

(2)在次生木质部组织中可见直径较大的单独或数个相连的导管，导管四周有木薄壁组织。试寻找木射线，射线由沿放射方向延长的薄壁细胞组成，宽 1~3 列细胞，有的细胞中贮有淀粉粒或草酸钙针晶，在次生木质部中，尚有许多小而壁较厚的木纤维。

(3)次生木质部的外缘为形成层，其细胞呈切向延长，扁平，排列整齐，细胞壁薄。

(4)形成层以外为次生韧皮部，包括筛管、伴胞、薄壁细胞和韧皮纤维，其中较大者为筛管，每筛管边有一个方形、多边形或三角形的较小的细胞，即是伴胞。细胞中有细胞质或淀粉粒者为韧皮薄壁细胞，细胞壁增厚的为韧皮纤维，次生韧皮部之间有漏斗状的韧皮射线相间。韧皮射线由较大的薄壁组织形成，与木质部射线相连。在草棉根的韧皮部和韧皮射线中有时可见到一些溶生性黏液腔。

(5)韧皮部外有 1~2 层薄壁组织为中柱鞘的部位，通常不明显，再向外为周皮，周皮包括最外面的 2~3 层木栓细胞，扁平而排列紧密，其内为 1~2 层木栓形成层细胞，再向内为由近10 层薄壁细胞组成的栓内层即"次生皮层"。部分薄壁细胞中可见淀粉粒或针晶。

另取牛膝、商陆及何首乌根的横切片，置显微镜下，观察双子叶植物根的异常构造。注意异型维管束排列的形状和所在的组织部位。

6. 观察双子叶植物茎的初生构造 取蓖麻(或南瓜、白车轴草、向日葵、薄荷、羊蹄)茎的横切面切片置显微镜下，自外部向中心观察。

(1)表皮：为一列排列紧密，略带径向延长的细胞，气孔较少见。外有薄角质层，常可见各种毛茸。

(2)皮层：由薄壁细胞组成。靠近表皮的数层细胞及细胞间隙均较小，有的植物为厚角细胞，有的近表皮的皮层细胞内可见叶绿体。有些植物的皮层中含有纤维，内皮层一般不明显。也有些植物的内皮层细胞含有许多淀粉粒而被称为淀粉鞘。

(3)维管束：除少数植物如南瓜茎为双韧型外，大多数属于外韧型维管束。注意观察初生木质部为内始式还是外始式？形成层位于木质部和韧皮部之间，由数列扁平而较整齐的细胞组成。两个维管束之间的薄壁组织为髓射线。

(4)茎的中央部分为由许多较大的薄壁细胞所组成的髓部,细胞内亦含有淀粉粒。

7. 观察双子叶植物茎的次生构造　取椴树茎或接骨木的横切片,置显微镜下观察,可见以下各部分。

(1)表皮:由一层排列很紧密的薄壁细胞组成,外面包被一层角质层,在较老的茎中表皮层局部脱落或完全脱落。

(2)周皮:包括木栓层、木栓形成层和栓内层。木栓层是由扁平的宽度相同的细胞组成,在横切面显示排列整齐,细胞壁比较厚,木栓化细胞已死亡,内常贮有鞣质,有的部位破裂形成皮孔。在皮孔部位可见大量的填充细胞。木栓形成层位于木栓层的内侧,为次生组织,细胞形状扁平,有浓厚的细胞质及明显的细胞核。栓内层位于木栓层的内侧,数层,与木栓形成层平行排列。

(3)皮层:位于周皮的内方,由数列薄壁细胞组成,较栓内层细胞大,有的细胞内含有草酸钙簇晶,此为初生皮层。

(4)次生韧皮部:由许多个互相倒顺相合的楔形组织所组成,尖端向内的楔形是加宽的韧皮射线。尖端向外的楔形是韧皮组织。韧皮组织由硬的韧皮部及软的韧皮部相隔呈层状排列。硬的韧皮部是由成群带木质化的韧皮纤维所组成,软的韧皮部则包括筛管、伴胞和韧皮薄壁细胞等组织。韧皮组织中还分布有次生的韧皮射线。

(5)形成层:形成层位于韧皮部和木质部之间,为数层等径性排列的分生组织。

(6)木质部:次生木质部占了双子叶植物次生茎的大部分体积。其中细胞壁较薄、染色较浅的部分为早材。细胞较小,壁较厚,染色较深的为晚材。第一年晚材和第二年早材之间有明显的界限,即年轮。木质部内可见导管、纤维及薄壁组织。在横切面中,导管较大,呈多边形或近圆形。初生木质部处于次生木质部和髓部之间,细胞少,但仍可看到内始式成熟情况。尚可见木射线。

(7)髓部:由薄壁细胞组成,有细胞间隙。有的细胞中含有草酸钙簇晶、单晶或黏液。

8. 双子叶植物木质茎的三种切面观察　取椴树或松树茎的横切片、径向纵切片和切向纵切片,置显微镜下依次仔细观察,并分别将切片自表皮向中央髓部移动,与横切面中看到的各种组织联系,比较各层组织在不同方向切面中的形态区别。各种组织在横切面中大多呈圆形、多角形或长方形,而在径向切面和切向切面中大多呈纵长形或圆柱形。仔细观察射线在三种切面中的形态:在横切面中射线呈辐射状排列。在径向切面中呈断续的、横过木质部和韧皮部间的阔条,细胞数列,呈矩形。在切向切面中射线呈纺锤形,自上至下由数列稍呈圆形的细胞组成。可利用射线的三种不同的排列形式来区别茎或木材的三种切面。

9. 双子叶植物茎与根茎的异常构造观察

(1)风藤茎的横切片:注意其维管束,除正常的车轮状排列的外韧维管束外,在髓部还有数个异型维管束散在。

(2)大黄根茎横切片:可见髓部有许多异型维管束形成星点状,在高倍镜下可清楚看到其外部为木质部,中央为韧皮部,两者之间的薄壁细胞为形成层。

10. 单子叶植物地上茎的解剖构造观察　在显微镜下观察玉蜀黍(或甘蔗、石斛)茎的横切片,可见以下部分。

(1)表皮:为最外层一列细胞,往往角质化形成角质层,在表皮上有些地方可见到气孔。

(2)基本组织:在近表皮处有几列厚角或厚壁组织,细胞排列紧密,无细胞间隙。其内侧则全为薄壁细胞,有细胞间隙,维管束分散于其中。

(3)维管束:分布在外围的维管束形小而密,分布在近中心处的维管束形大而疏。维管束的韧皮部在外,木质部在内。在高倍镜下观察一个维管束的结构:可见维管束的周围被厚壁组织包围而形成维管束鞘。木质部中央较小的导管为原生木质部,有时可看到气腔。旁边两个大型的导管为后生木质部。此外,还有一些木薄壁细胞和机械组织。韧皮部中有筛管及伴胞,间或可看到筛板。注意在木质部和韧皮部之间有无形成层?此种维管束属于何种类型?

11. 单子叶植物地下茎的解剖构造 显微镜下观察姜或石菖蒲根茎的横切片,自外向内可见以下各部分。

(1)表皮:多已脱落。

(2)皮层:外侧常有数列薄壁性木栓细胞,内侧为多列薄壁细胞。其中散有小型叶迹维管束。

(3)内皮层与中柱鞘:内皮层分界线明显,为1列细胞包围于中心柱,细胞壁上可见凯氏带或凯氏点。靠近内皮层的内侧可见1~2列薄壁性的中柱鞘。

(4)中心柱:占横切片的大部分,其中散列着众多的有限外韧型维管束。靠近中柱鞘的维管束形大而疏散排列。

12. 双子叶植物异面叶的构造 取女贞叶的横切面在显微镜下观察可见以下部分。

(1)表皮:上表皮细胞较大,排列紧密,无细胞间隙,其外被有较厚的角质层。下表皮细胞较上表皮细胞小,亦被有角质层。有的地方可见气孔的横切面。

(2)叶肉:上表皮下方有数层栅栏组织,排列整齐,细胞内含叶绿体甚多。与栅栏组织相连接的为海绵组织,细胞呈圆形、椭圆形或略不规则,具很大的细胞间隙,称为气室。海绵组织细胞内亦含有叶绿体。在栅栏组织与海绵组织之间,有时可见有小型维管束的横切面或纵切面,有时仅有导管或管胞,多具螺旋纹,此为侧脉或微脉的切面。

(3)叶脉:主脉粗大,凸出于叶的下表面。主脉部的上表皮细胞较小而呈方形,外被厚角质层。主脉部的下表皮细胞也较叶肉部分的下表皮细胞为小而略呈不规则形,外被角质层。上下表皮内侧各有数层厚角细胞,厚角组织内方各有数层薄壁细胞,中央为维管束。其外围周边有时可见纤维束。侧脉及细脉在叶肉中穿过,结构渐趋简化。注意其韧皮部和木质部在主脉的位置如何,为什么形成这样的排列?

13. 双子叶植物等面叶的构造 取桉叶(或夹竹桃叶)横切片在显微镜下观察,可见以下部分。

(1)表皮:上下表皮的细胞外壁都同样被厚的角质层,并有深陷的气孔。

(2)叶肉:上下表皮内侧各有2~4列栅栏细胞组成的组织;中心为3~4层类似多角形细胞组成的海绵组织,并有大型溶生性油室分布。

(3)叶脉:主脉维管束占中心大部分,为外韧型。木质部发达,上下抱合几乎成环状;韧皮部狭窄,居于外侧;最中心薄壁组织相当于髓部。维管束的外围有2层至多层中柱鞘纤维。在薄壁细胞中常有草酸钙簇晶、方晶或棱晶分布。在上下表皮的内侧有数列厚角细胞。

14. 对所给的根、茎、叶材料进行形态观察,描述其形态类型及特征。

[作业]

1. 绘制毛茛根或蚕豆根的横切面简图及维管柱的详图。

2. 绘制鸢尾根或石菖蒲根茎的横切面简图及几个内皮层细胞(示马蹄形增厚或凯氏点)。

3. 绘制葡萄根或草棉根的部分横切面简图,标明各部分。

4. 记录观察材料的根为何种性质及何种变态。

5. 绘制女贞叶横切面构造详图。

6. 绘制桉树叶(或夹竹桃叶)横切面构造简图。

7. 写出观察材料的叶形、分裂类型,以及叶脉、复叶、叶的变态类型。

8. 绘制日本晚樱(或苦楝、望春玉兰等)的枝条形态,注明顶芽、侧芽、腋芽、叶痕、节、节间、芽鳞痕和皮孔。

9. 绘制蓖麻(或南瓜、白车轴草、向日葵、羊蹄)茎的横切面简图和一个维管束详图。

10. 绘制椴树(或接骨木)茎的次生构造横切面简图和详图一角。

11. 绘制玉蜀黍(或甘蔗、石斛)茎横切面的组织构造简图和一个维管束的放大详图。

12. 记录观察到的茎和根茎中异型维管束的分布和类型。

13. 绘制姜(或石菖蒲)根茎横切面的组织构造简图。

14. 记录各观察材料为何种性质的茎及茎的变态类型。

[思考题]

1. 双子叶植物的初生根在进行次生生长时各部分的变化。

2. 列表比较单子叶植物根与双子叶植物初生根的异同点。

3. 列表比较双子叶植物初生根与次生根的区别要点。

4. 如何区分单叶与复叶?

5. 椴树(或松树)茎的三个切面中所观察到的主要组织细胞的形态有何变化?

6. 结合叶的构造特点,说明叶是适合光合作用的最好器官。

(葛　菲)

植物的繁殖器官
（花、果实、种子的形态与构造）

[目的要求]

1. 学会花的解剖和性状描述。

2. 通过观察，加深对花的基本构造及组成的理解，并能判断各种花序类型。

3. 学会花程式的书写及花图式的绘制。

4. 通过果实和种子的观察及解剖，学会判断果实、种子类型，加深对其构造的理解。

5. 学会花粉粒的显微观察方法及其特征的描述方法。

[仪器试剂] 显微镜、放大镜、刀片、探针或解剖针、水合氯醛、蒸馏水、碘试液。

[实验材料]

1. 观察花及花序类型的植物材料

（1）花冠类型：蚕豆 *Vicia faba*、紫藤 *Wisteria sinensis* 或豌豆 *Pisum sativum*、紫荆 *Cercis chinensis*、芸苔（油菜）*Brassica campestris* 或诸葛菜 *Orychophragmus violaceus*、牵牛 *Pharbitis nil*、桔梗 *Platycodon grandiflorum*、金鱼草 *Antirrhinum majus* 或野芝麻 *Lamium barbatum*、益母草 *Leonurus japonicus*、白花泡桐 *Paulownia fortunei*、瓶兰花 *Diospyros armata* 或南烛（乌饭树）*Vaccinium bracteatum*、报春花 *Primula malacoides*、迎春花 *Jasminum nudiflorum*、栀子 *Gardenia jasminoides*、蒲公英 *Taraxacum mongolicum*、向日葵 *Helianthus annuus*、伽蓝菜 *Kalanchoe laciniata*、凤尾丝兰 *Yucca gloriosa*。

（2）雄蕊类型：油菜、蚕豆或豌豆、野芝麻、橘 *Citrus reticulata*、蜀葵 *Althaea rosea*、向日葵。

（3）花序类型：荠（荠菜）*Capsella bursa-pastoris*、车前 *Plantago asiatica*、垂柳 *Salix babylonica*、马蹄莲 *Zantedeschia aethiopica*、八角金盘 *Fatsia japonica*、白芷 *Angelica dahurica*、无花果 *Ficus carica*、结香 *Edgeworthia chrysantha*、向日葵、香雪兰 *Freesia refracta*、泽漆 *Euphorbia helioscopia*。

2. 观察果实和种子材料　大豆、蚕豆的豆荚和种子、蓖麻 *Ricinus communis* 果实、苹果 *Malus pumila*、橘 *Citrus reticulata*、桃 *Amygdalus persica*、玉蜀黍 *Zea mays* 及其他各种类型果实。

[实验步骤]

1. 观察油菜或诸葛菜的花，可见每朵花的基部有一花梗，花梗的顶部为花托，花的各部分均着生在花托上。取一朵花从外到内进行解剖观察：花萼分几瓣？分离还是联合？花冠是否联合？分几瓣？为何种类型花冠？雄蕊几枚？长短是否一致？为何种类型雄蕊？子房位置如何？再通过子房的中部作横切面，在解剖镜下观察其由几心皮构成？分成几室？每室胚珠数量？注意在横切面上看到的每个子房室中的胚珠数目,并不一定代表真正的每室胚珠数。必须用解剖针或刀片剖开整个的子房室进行计数。

2. 同法解剖观察伽蓝菜花,注意其雌蕊由4个离生心皮所构成,是什么雌蕊？何种胎座类型？

3. 同法解剖观察凤尾丝兰的花,注意凤尾丝兰是单子叶植物,它的花没有花萼和花冠的区分。根据凤尾丝兰子房的横切面判断它为何种胎座类型？

4. 取一花药材料上的成熟花粉粒少许,用水合氯醛试液封装后,置显微镜下观察其形状、大小、外壁的纹饰及萌发孔或萌发沟的情况。

5. 用所给的植物材料观察花冠、雄蕊及花序类型。

6. 观察蚕豆荚果(或黄豆荚果)外形,其果实由蚕豆子房发育而成。豆荚由子房壁发育而来,蚕豆的种子由胚珠受精发育而成。观察种子着生在心皮的哪一条缝线上？背缝线还是腹缝线？种子与果皮由珠柄相连,珠柄着生于果皮之处称为胎座,除去珠柄后在种皮留下的痕迹称为种脐,在种脐一端不远处有一小孔为珠孔,种脐的另一端有合点。从种脐到合点处稍有突起,称为种脊。自珠孔处将种皮剥开即可见胚根正对珠孔。胚具有两片肥厚的子叶。两片子叶间即为胚芽,子叶下端为胚根。

7. 观察蓖麻蒴果:它由几个心皮构成？沿着哪条缝线开裂？取一颗蓖麻种子观察,其种脐、珠孔、种脊、合点各位于何处？蓖麻种脐处有白色海绵状的突起,叫作种阜。剥开种皮可见其内大部分为白色含油质的胚乳。将胚乳从中央纵切为两半,可见中央紧贴着胚乳有两片白色、菲薄的子叶。子叶间有胚芽和胚根。

8. 观察苹果和橘的横切面及桃的纵切面,分析它们各属于何种果实类型？

9. 取一颗玉蜀黍颖果,沿其阔面的垂直方向作纵切面,观察可见:其子叶与胚轴相连,近珠孔的一端为胚根,其外有胚根鞘保护。远离珠孔的一端为胚芽,外有胚芽鞘保护。胚的外围可看到有粉质和角质的胚乳,分别由淀粉粒及蛋白质构成。二者可以加碘液试验是否变蓝黑色以区别。

10. 观察以下材料的果实类型(可从中选择部分代表性材料观察)

(1)单果:番茄、葡萄、橘、枣、桃、黄瓜、苹果、蚕豆、大豆、油菜、荠菜、车前、曼陀罗、罂粟、向日葵、玉蜀黍、小麦、板栗、元宝槭、榆、枫杨、臭椿、白芷、萝摩、夹竹桃、茴香等果实。

(2)聚合果:八角茴香、五味子、莲蓬、草莓、金樱子、毛茛、悬钩子等。

(3)聚花果:菠萝、桑、无花果等。

[作业]

1. 绘制油菜或诸葛菜花的纵切面图,注明各部分名称,写出花程式。

2. 绘制伽蓝菜和凤尾丝兰的花图式,写出花程式。

3. 绘制一个被子植物的花粉粒在光学显微镜下的形态。

4. 写出观察材料各属于何种花冠类型？何种雄蕊类型？何种花序类型？

5. 写出观察的各种果实的类型。

6. 绘制苹果的横切面图,标明花托维管束和内果皮。

7. 绘制橘的横切面图,标明外果皮、中果皮、内果皮、囊状毛。

8. 绘制桃的纵切面图,标明外果皮、中果皮、内果皮。

9. 绘制蚕豆或蓖麻种子的外形及其解剖构造图,注明各部分名称。

[思考]

1. 花受精后各部分的变化如何？果实和种子是怎样形成的？
2. 为何说花是一种缩短的、变态的枝条？
3. 沿着一条缝线剥开蚕豆荚或黄豆荚,如何判断背缝线和腹缝线？

（赵　丁）

实验五　孢子植物

[实验目的]

1. 通过对植物形态的观察,加深对孢子植物主要特征的理解。

2. 学会常见药用孢子植物的形态描述和鉴别方法。

[仪器试剂]　显微镜、放大镜、刀片、探针、蒸馏水。

[实验材料]

1. 藻类 Algae　海带 *Laminaria japonica* 或海带孢子体横切面制片及配子体制片、紫菜 *Porphyra tenera* 及紫菜孢子体横切面制片、发菜 *Nostoc flaglliforme*、石花菜 *Gelidium amansii*、海蒿子 *Sargassum pallidum* 等(也可用植物标本)。

2. 真菌类 Eumycophyta　冬虫夏草菌 *Cordyceps sinensis*、蘑菇 *Agaricus campestris*、香菇 *Lentinula edodes*、麦角菌 *Claviceps purpurea*、灵芝 *Ganoderma lucidum*、脱皮马勃 *Lasiosphaera fenzlii*、茯苓 *Poria cocos*、银耳 *Tremella fuciformis*、猪苓 *Polyporus umbellatus*、猴头菌 *Hericium erinaceus*、酵母菌 *Saccharomyces cerevisiae* 等植物标本。

3. 地衣 Lichens　环裂松萝 *Usnea diffracta*、长松萝 *Usnea longissima*、雀石蕊 *Cladonia stellaris*、石耳 *Umbilicaria esculenta*。

4. 苔藓 Bryophyta　地钱 *Marchantia polymorpha* 或其叶状体横切片与雌、雄生殖托纵切片,葫芦藓 *Funaria hygrometrica* 及其示颈卵器和精子器制片,蛇地钱 *Conocephalum conicum*,金发藓 *Polytrichum commune* 等。

5. 蕨类 Pteridophyta　贯众 *Cyrtomium fortunei*、槲蕨 *Drynaria fortunei*、石松 *Lycopodium japonicum*、卷柏 *Selaginella tamariscina*、木贼 *Equisetum hiemale*、凤尾蕨 *Pteris multifida*、肾蕨 *Nephrolepis cordifolia*、海金沙 *Lygodium japonicum*、石韦 *Pyrrosia lingua*、蕨类示孢子囊群的叶横切片、蕨类原叶体装片及其精子器与颈卵器切片、幼孢子叶着生于原叶体的装片等。

[实验步骤]

取以下植物材料,观察植物形态,注意描述特征。

1. 藻类

海带:藻体分化为基部的根状固着器、茎状的柄和叶状带片三部分,带片深橄榄绿色,干后黑褐色,革质。取海带制片在显微镜下观察,注意寻找孢子囊的生长位置等。

发菜:藻体毛发状,平直或弯曲,棕色,干后呈棕黑色,往往许多藻体绕结成团。藻体内的藻丝直或弯曲,许多藻丝几乎纵向平行排列在厚而有明显层理的胶质鞘内;单一藻丝的胶质鞘薄而不明显,无色。细胞球形或略呈长球形,内含物呈蓝绿色。

紫菜:藻体深紫红色,薄叶片状,广披针形、卵形或椭圆形。

石花菜:藻体淡紫红色,直立丛生,四至五回羽状分枝。

海蒿子:藻体深褐色。固着器盘状,主干分枝呈树枝状,小枝上的叶状片形态变异很大。初生叶状片为披针形、倒披针形,不久即脱落;次生叶状片线形或再次羽状分裂成线形。生殖枝上有气囊和囊状生殖托,托上着生圆柱状而细小的孢子囊。

2. 真菌类

冬虫夏草菌:子座从虫体头部长出,上部膨大,表层有一层子囊壳,壳内生多数长形子囊,每个子囊内有 8 个细长的子囊孢子。

蘑菇(或香菇):观察子实体的外形,分辨出蕈帽和蕈褶,作蕈褶部分的徒手切片,然后在显微镜下观察。找到子实层的部位,可以见到许多担子呈圆柱形,每个担子的顶端形成 4 个分枝,即是担子梗,先端各着生一个担孢子(有时已脱落),在子实层中尚有呈瓶状的细胞称为隔丝。

麦角菌:子囊壳内含多数圆筒形囊状子囊,注意每个子囊内有几个线形子囊孢子。

灵芝:子实体木栓质,有光泽,菌盖半圆形或肾形,下面密布菌管孔,内生担子及担孢子,菌柄侧生。

茯苓:菌核球形或长圆形,表面粗糙。

脱皮马勃:子实体近球形,柔软呈棉球状。担孢子褐色,球形,具小刺。

银耳:担子果半透明,乳白色或略带淡黄色,许多菌片组成菊花状。

猪苓:菌核不规则形,子实体从菌核上长出,上部分枝状,菌盖肉质,担孢子卵圆形。

猴头菌:菌体鲜白色,具多数肉质圆柱状菌针而形似猴头。子实层生于菌针表面,担孢子近球形。

酵母菌:在显微镜下观察酵母菌的水装片,可见酵母菌是单独的卵圆形的细胞。细胞内的液泡很大,原生质体贴着细胞壁。观察其出芽生殖情况。

3. 地衣

环裂松萝:地衣体扫帚形,仅中部尤其近端部有繁茂的细分枝,次生分枝成二叉状。全株有明显环状裂纹,使地衣体呈节枝状,节间长短不一。子囊盘稀见,浅碟形,侧生或假顶生。子囊棍棒状,内含 8 个孢子。孢子椭圆形或近圆形。

雀石蕊:枝中空,干燥时硬脆,潮湿时膨胀成海绵状,呈球状团簇,分枝稠密,上部浅黄绿色,下部灰白色,无光泽,基部渐次腐烂。分生孢子器顶生,黑褐色,卵形,含红色黏液。子囊盘呈盘形,褐色。

长松萝:地衣体丝状,主轴两侧密生细而短的侧枝,形似蜈蚣。

石耳:地衣体叶状,近圆形,边缘有波状起伏,浅裂。表面褐色,平滑或有剥落粉屑状小片,下面灰棕黑色至黑色。假根黑色,珊瑚状分枝。

4. 苔藓

地钱:贴地生长,有背腹之分,上面常有生长于中肋上的杯状无性孢芽杯(内有孢芽),腹面具紫色鳞片,假根多数,平滑或有突起,具保持水分功能。取地钱叶状体,用水洗去腹面的泥土,可见叶状体扁平,深绿色,阔带状或叶状,多为二叉分枝(又称二歧分枝),其凹处为生长点,叶状体的中部为中肋,边缘呈波曲状。肉眼可见其背面有许多菱形的小格,每一小格为一个气室,用放大镜或解剖镜观察气室,可见气室中间的突出部分是气孔。雌雄异株,分别具有雌、雄生殖托,生殖托具柄,着生于叶状体分叉处;雄生殖托圆盘状,雌生殖托扁平。

地钱内部组织略有分化,分为表皮、绿色组织和贮藏组织。表皮有气孔和气室,气孔是由一般细胞围成的烟囱状构造。

分别取雌、雄生殖托,切取托盘,徒手切片作成水装片或用制好的永久片,置显微镜下观察颈卵器和精子器的结构,可见颈卵器外形似长颈烧瓶,外壁由多层细胞组成,膨大的腹部内有一个大型细胞,为卵细胞;紧挨卵细胞上方的细胞为腹沟细胞;在瘦长的颈部内,腹沟细胞上为多个颈沟细胞。精子器呈棒状或卵状,其壁由单层细胞组成,在成熟的精子器内可见到许多颜色较深的细胞,即精子。

葫芦藓:葫芦藓分化出假根、假茎和假叶,但无输导组织的分化。雌雄同株,但雌、雄生殖器官生长在不同的生殖枝上。葫芦藓的孢子体由孢子囊、柄及足三部分组成,寄生在配子体上,其孢子体不能独立生活。

取葫芦藓的颈卵器和精子器切片或提前制作的临时片,在显微镜下观察各部分组成。

蛇地钱:叶状体宽带状,革质,深绿色,微有光泽,多回二叉分枝,边缘波状。下面有六角形或菱形的气室,每室中央有一个单形的气孔。上面两侧各有1列深紫色鳞片。雌雄异株。雄托椭圆盘状,无柄,贴生于叶状体背面。雌托圆锥形,褐黄色,有长柄,着生于叶状体背面顶端;托下面着生5~8个总苞,每苞内有1个梨形、具短柄的孢蒴。

金发藓:小型草本,深绿色。叶多数密集在茎的中上部,下部渐稀疏而小。雌雄异株,颈卵器和精子器分别生于雌雄植株茎顶。蒴柄长,棕红色。孢蒴四棱柱形,蒴内具大量孢子。蒴帽棕红色,覆盖全蒴。

5. 蕨类

贯众(或石韦):仔细观察贯众(或石韦)孢子体,注意根茎及不定根。其根茎长短不一,并十分坚韧(因其含有厚角组织及木质化管胞所致)。叶大型,注意其是否为羽状复叶,有的小叶背后有许多棕色的孢子囊群,观察其分布情况。

取贯众的孢子叶,作一横切片,或直接取孢子囊群的永久片,在显微镜下观察。孢子叶的下表皮上可以看见数个孢子囊群,孢子囊群外有一膜状囊群盖。孢子囊着生在孢子囊座上,孢子囊壁上有细胞壁加厚的环带及薄壁的唇细胞。注意观察孢子囊边缘的环带类型,唇细胞及内含许多孢子的形态。再从贯众的孢子叶背面取一个孢子囊群,将其放在载玻片上压碎,作成水装片,在显微镜下观察孢子囊的形态,注意是否可以观察到孢子囊内数量众多的黄色孢子及形态。

在显微镜下观察蕨类植物的原叶体装片,检视其形状、大小,并与孢子体作比较,原叶体尖端下表面所生者为假根,观察在其上方的精子器及靠近原叶体凹入部分的颈卵器。

观察蕨类的幼小孢子体着生于原叶体上的装片,注意其着生的位置、幼根及叶。

槲蕨:根状茎粗壮,密生鳞片。叶异型,营养叶枯黄色,孢子叶绿色。孢子囊群圆形,黄褐色,无囊群盖。

石松:多年生草本,具匍匐茎和直立茎。孢子枝生于直立茎的顶端。孢子叶穗2~6个生于孢子枝的上部。孢子叶卵状三角形,边缘具不整齐疏齿。孢子囊肾形,孢子呈三棱锥体,淡黄色。

卷柏:多年生草本,多分枝,枝扁平,干时向内卷成球状,遇水舒展。鳞片状叶常排成四行。孢子叶穗生于枝顶,四棱形。孢子囊圆肾形。孢子异型。

木贼:多年生草本,茎直立,不分枝,中空。孢子叶球生于茎顶。孢子同型。

凤尾蕨:多年生草本。叶异型,不育叶羽片较宽,能育叶羽片较窄,孢子囊群线状,生于叶边缘。

肾蕨:地生或附生蕨,具根状茎。无真正的根系,只有从主轴和根状茎上长出的不定根。

叶簇生,披针形,一回羽状复叶,羽片 40~80 对。初生的小复叶呈抱拳状,具茸毛,展开后茸毛消失,成熟的叶片光滑。羽状复叶主脉明显,侧脉对称地伸向两侧。孢子囊群肾形。

海金沙:草质藤本。叶对生,异型。孢子叶羽片卵状三角形,孢子囊穗生于羽片的边缘。孢子表面有疣状突起。

[作业]

1. 绘制光学显微镜下海带孢子囊的形态。

2. 绘制冬虫夏草菌子座中的子囊和子囊孢子的形态。

3. 绘制蘑菇或香菇的担子及担孢子形态。

4. 绘制葫芦藓外形,并标明孢蒴。

5. 以贯众或槲蕨为代表绘制蕨类植物的生活史,包括孢子体简图(示根、茎、叶)、部分孢子叶(示孢子囊群分布)、一个孢子囊群的纵切面、一个孢子囊、几个孢子、原叶体简图(示精子器和颈卵器)及幼孢子体着生于原叶体的简图。

6. 绘制石韦叶的外形、孢子囊环带及孢子显微结构图。

[思考题]

1. 何为孢子植物? 它包括哪几类植物?

2. 如何区分藻类植物与菌类植物?

3. 苔藓植物有何特征? 其生活史中哪个世代占优势?

4. 蕨类植物有哪些特征是与陆地生活相适应的?

(汪建平)

实验六　裸子植物门

[实验目的]

1. 通过对植物形态的观察,加深对裸子植物主要特征的理解。

2. 学会常见药用裸子植物的形态描述和鉴别方法。

[仪器试剂]　解剖镜、放大镜、解剖针、刀片。

[实验材料]　苏铁 *Cycas revoluta*、银杏 *Ginkgo biloba*、马尾松 *Pinus massoniana*(或白皮松 *Pinus bungeana*、油松 *Pinus tabulaeformis*)、金钱松 *Pseudolarix amabilis*、侧柏 *Platycladus orientalis*、红豆杉 *Taxus chinensis*、草麻黄 *Ephedra sinica*。

[实验步骤]

取下列植物材料,观察植物形态,注意描述特征。

1. 苏铁科

苏铁:茎单一,几乎不分枝。叶大,羽状复叶。雌雄异株。小孢子叶球由多数小孢子叶组成,小孢子叶鳞片状或盾状,下面生多数小孢子囊。大孢子叶球由许多大孢子叶组成。大孢子叶中上部扁平羽状,中下部柄状,边缘生 2~8 个胚珠。

2. 银杏科

银杏:落叶乔木,树冠圆锥形。树皮灰褐色,深纵裂,具长、短枝。叶互生,扇形,先端波状缺刻或二裂,有长柄,淡绿色,秋后转为鲜黄色。雄球花柔荑花序状,雌球花具长柄,顶端二叉状,大孢子叶特化成珠领。种子核果状。

3. 松科

马尾松:叶针形,两针一束,基部有叶鞘。大小孢子叶球同株。大孢子叶球卵圆形或圆球形,生于当年生枝条的近顶部;小孢子叶球长椭圆形,多个簇生于当年生枝条的基部。取马尾松的一个小孢子叶球在解剖镜下观察,可见许多小孢子叶螺旋状排列。每一小孢子叶背面着生两个小孢子囊,内生许多花粉粒,每个花粉粒下部均有两个气囊。解剖大孢子叶球,可见大孢子叶也是螺旋状排列的,背面有一片苞鳞,腹面着生两个胚珠。

白皮松或油松:解剖其大、小孢子叶球,认识雄球花、雄蕊和花粉囊,注意雌球花形态,雌球花成熟后淡黄褐色,种鳞先端厚,鳞盾菱形,有横脊,鳞脐生于鳞盾中央,有刺尖;种子倒卵圆形,有种翅。注意其种子是如何着生的,种鳞是否包闭种子。观察白皮松的枝叶,一年生枝灰绿色,无毛,冬芽无树脂。针叶 3 针一束,粗硬,叶背面与腹面两侧均有气孔线,叶鞘早落。

金钱松:乔木。叶条形,在长枝上螺旋状着生,在短枝上簇生。雌雄同株,球花生于短枝顶端。球果成熟时种子与种鳞一起脱落,种子具宽翅。

4. 柏科

侧柏:小枝扁平,排成平面。叶鳞形。球果近卵圆形,蓝绿色,被白粉。

5. 红豆杉科

红豆杉:乔木,树皮裂成条片脱落;冬芽黄褐色、淡褐色或红褐色,有光泽。叶排列成两列,条形,微弯或较直,先端常微急尖,上面深绿色,有光泽,下面淡黄绿色,有两条气孔带,中脉带与气孔带同色。雄球花淡黄色。种子生于杯状红色肉质的假种皮中。

6. 麻黄科

草麻黄:亚灌木,常呈草本状。叶鳞片状,膜质,基部鞘状。雌雄异株,雄球花多成复穗状,雌球花单生于枝顶,苞片 4 对,成熟时苞片增厚成肉质,红色。

[作业]

1. 绘制马尾松或油松大孢子叶球的形态,绘制大孢子叶的形态特征图,注意其种子着生的部位。

2. 编制所观察松科植物的检索表。

[思考题]

1. 裸子植物具有哪些特征更适应陆地生活?

2. 如何区分松科、杉科、柏科植物?

3. 我国红豆杉属植物资源有哪些种类? 分布与利用情况如何?

(许 亮)

实验七 被子植物门——原始花被（离瓣花）亚纲

[目的要求]

1. 通过对植物形态的观察，加深对原始花被亚纲植物包括桑科 Moraceae、马兜铃科 Aristolochiaceae、蓼科 Polygonaceae、毛茛科 Ranunculaceae、木兰科 Magnoliaceae、罂粟科 Papaveraceae、十字花科 Cruciferae（Brassicaceae）、蔷薇科 Rosaceae、豆科 Leguminosae（Fabaceae）、芸香科 Rutaceae、五加科 Araliaceae、伞形科 Umbelliferae（Apiaceae）的科特征的理解。

2. 学会用分科检索表检索相关药用植物，加深对被子植物分类系统的理解。

3. 学会原始花被亚纲上述科的常见药用植物的分类鉴定和形态描述方法。

[仪器试剂] 解剖镜、放大镜、解剖针、刀片、镊子。

[实验材料]

1. 桑科 桑 *Morus alba* 带雌花序、雄花序、果序标本（或无花果 *Ficus carica* 带花序或果序标本），构树 *Broussonetia papyrifera*、菩提树 *Ficus religiosa*、大麻 *Cannabis sativa*、葎草 *Humulus scandens*、啤酒花 *Humulus lupulus*。

2. 马兜铃科 马兜铃 *Aristolochia debilis*、木通马兜铃 *Aristolochia manshuriensis*、绵毛马兜铃（寻骨风）*Aristolochia mollissima*，北细辛 *Asarum heterotropoides*、杜衡 *Asarum forbesii*。

3. 蓼科 何首乌 *Fallopia multiflora*，掌叶大黄 *Rheum palmatum*、唐古特大黄（鸡爪大黄）*Rheum tanguticum*、药用大黄 *Rheum officinale*，虎杖 *Reynoutria japonica*（雌、雄株）带花果植物标本、羊蹄 *Rumex japonicus*、巴天酸模 *Rumex patientia*、酸模 *Rumex acetosa*、红蓼（荭草）*Polygonum orientale*、水蓼 *Polygonum hydropiper*、萹蓄 *Polygonum aviculare*、火炭母 *Polygonum chinense*、荞麦 *Fagopyrum esculentum*。

4. 毛茛科 毛茛 *Ranunculus japonicus*（或石龙芮 *Ranunculus sceleratus*）带花、果植物标本，乌头 *Aconitum carmichaeli*、黄连 *Coptis chinensis*、白头翁 *Pulsatilla chinensis*、绿升麻（升麻）*Cimicifuga foetida*（或同属植物）、威灵仙 *Clematis chinensis*、芍药 *Paeonia lactiflora*、牡丹 *Paeonia suffruticosa*、唐松草 *Thalictrum aquilegifolium* var. *sibiricum*。

5. 木兰科 厚朴 *Magnolia officinalis*、玉兰 *Magnolia denudata*，望春玉兰 *Magnolia biondii*、五味子 *Schisandra chinensis* 果实的标本、含笑花 *Michelia figo*、八角茴香 *Illicium verum* 带聚合蓇葖果的标本。

6. 罂粟科 延胡索 *Corydalis yanhusuo*、伏生紫堇（夏天无）*Corydalis decumbens*、虞美

人 *Papaver rhoeas*、白屈菜 *Chelidonium majus*。

7. 十字花科   芸苔(油菜)*Brassica campestris* 带花果植物标本、诸葛菜 *Orychophragmus violaceus* 带花果植物标本,青菜 *Brassica chinensis*、萝卜 *Raphanus sativus*、菘蓝 *Isatis indigotica*、独行菜 *Lepidium apetalum*、白芥 *Sinapis alba*、荠(荠菜)*Capsella bursa-pastoris*、蔊菜 *Rorippa indica*。

8. 蔷薇科

(1)绣线菊亚科 Spiraeoideae:绣线菊 *Spiraea salicifolia*(或华北珍珠梅 *Sorbaria kirilowii*)带花、果植物标本,华空木(野珠兰)*Stephanandra chinensis*、白鹃梅 *Exochorda racemosa*。

(2)蔷薇亚科 Rosoideae:野蔷薇(多花蔷薇)*Rosa multiflora*(或金樱子 *Rosa laevigata*)带花、果植物标本,小果蔷薇 *Rosa cymosa*、地榆 *Sanguisorba officinalis*、掌叶覆盆子 *Rubus chingii*、龙芽草(仙鹤草)*Agrimonia pilosa*、翻白草 *Potentilla discolor*、茅莓 *Rubus parvifolius*、三叶委陵菜 *Potentilla freyniana*、黄刺玫 *Rosa xanthina*。

(3)梅亚科(李亚科)Prunoideae:桃 *Amygdalus persica*(或梅 *Armeniaca mume*)带花植物标本,山樱花 *Cerasus serrulata*、李 *Armeniaca salicina*、杏 *Armeniaca vulgaris*。

(4)苹果亚科(梨亚科)Maloideae:贴梗海棠 *Chaenomeles speciosa*(或白梨 *Pyrus bret-schneideri*)带花及果实植物标本,苹果 *Malus pumila*、木瓜 *Chaenomeles sinensis*、野山楂 *Crataegus cuneata*、山里红 *Crataegus pinnatifida* var. *major*。

9. 豆科

(1)含羞草亚科 Mimosoideae:合欢 *Albizzia julibrissin*、含羞草 *Mimosa pudica* 带花、果植物标本。

(2)云实亚科 Caesalpinioideae:决明 *Cassia tora*(或紫荆 *Cercis chinensis*)带花、果植物标本,皂荚 *Gleditsia sinensis*、望江南 *Cassia occidentalis*、云实 *Caesalpinia decapetala*。

(3)蝶形花亚科 Papilionoideae:槐 *Sophora japonica*(或紫藤 *Wisteria sinensis*)带花、果植物标本,甘草 *Glycyrrhiza uralensis*、膜荚黄芪 *Astragalus membranaceus*、补骨脂 *Psoralea corylifolia*、野葛(葛)*Pueraria lobata*、苦参 *Sophora flavescens*、刺槐 *Robinia pseudoacacia*、蚕豆 *Vicia faba*、豌豆 *Pisum sativum*、白扁豆 *Dolichos lablab*、多花紫藤 *Wisteria floribunda*。

10. 芸香科   橘 *Citrus reticulata*(或枸橘 *Citrus trifoliatata*)带花、果植物标本,黄檗 *Phellodendron amurense*、酸橙 *Citrus aurantium*、柚 *Citrus maxima*、香橼 *Citrus medica*、吴茱萸 *Evodia rutaecarpa*、白鲜 *Dictamnus dasycarpus*、芸香 *Ruta graveolens*、花椒 *Zanthoxylum bungeanum*。

11. 五加科   细柱五加 *Acanthopanax gracilistylus*(或白簕 *Eleutherococcus trifoliatus*)带花、果植物标本,人参 *Panax ginseng*、三七 *Panax pseudoginseng* var. *notoginseng*、楤木 *Aralia chinensis*、刺五加 *Acanthopanax senticosus*。

12. 伞形科   野胡萝卜 *Daucus carota*(或茴香 *Foeniculum vulgare*)带花、果植物标本及其果实横切片,柴胡 *Bupleurum chinense*、当归 *Angelica sinensis*、杭白芷 *Angelica dahurica*、川芎 *Ligusticum chuanxiong*、紫花前胡 *Angelica decursiva*、蛇床 *Cnidium monnieri*、防风 *Saposhnikovia divaricata*。

[实验步骤]

取下列植物材料,观察植物形态,注意描述特征。

1. 桑科

桑:折断其叶柄观察是否有白色乳汁流出? 分别从雌株和雄株的柔荑花序上取花解剖观

察,注意:雄花花被片 4,雄蕊 4;雌花花被片 4,果时变肉质;子房上位,花柱不明显或无,柱头 2。桑椹果圆筒形,紫红色、紫黑色或白色。桑椹是什么类型的果实?可食的部分是什么?

无花果:叶较厚,试折断,看其是否含乳汁。剖开一枚梨形的肉质花序托(隐头花序)可见其内壁有许多雄花或雌花着生。

构树:注意其叶与桑叶的差别,构树的叶是否两面多柔毛?二者托叶大小有何差异?构树的花是两性花还是单性花?如为单性花,是雌雄同株还是异株?雄花序是什么类型的花序,形状怎样?雌花序是什么花序,形状如何?雄花有萼片 4,有无花冠?雄蕊 4;注意雌花有棒状苞片,苞片先端有毛。雌花的萼片呈管状,花柱侧生,柱头 2,呈丝状,瘦果包于肉质花被内。整个雌花序肉质圆球形,其果实是何种类型?注意构树有无乳汁。

菩提树:注意有无隐头花序,生于何处?其叶形特殊,先端有长尾。

大麻:叶通常为掌状复叶。花单性异株。雄花序圆锥状,黄绿色。观察雄花,可见有 5 个萼片(花被片),无花冠,雄蕊 5 枚。雌花则丛生叶腋,绿色,每朵花有一卵形苞片,注意有无花被,一般认为花被退化为膜质状,且紧包子房。果为瘦果,扁卵形,外包宿存的苞片,苞片呈黄褐色。

葎草:植物体上具粗刺毛。叶掌状 5 深裂。花单性异株,雄花序圆锥状,雌花序穗状。

啤酒花:草质藤本。注意茎上有钩毛。叶掌状分裂。花单性异株,雌花序常膨大成球果状,有许多较大的苞片以覆瓦式排列于一中轴上,中轴各节生出两根短的总花梗,外侧生 2 枚外苞片,每总花梗上生 2 花,花有短梗,萼全缘,围抱子房,雌花下尚有 1 枚小苞片(内苞片),柱头 2,有绒毛。

2. 马兜铃科

马兜铃:缠绕性草本,全株无毛。叶三角状卵形,基部心形,基部两侧具圆形耳片。花单生于叶腋,花被管状或喇叭状,基部扩大成球形,中部收缩成管状,缘部卵状披针形;雄蕊 6;柱头 6。蒴果。

木通马兜铃:木质藤本。叶革质,圆状心形,顶端钝圆或短尖,基部心形至深心形,嫩叶上面疏生白色长柔毛,后毛渐脱落。花单朵,稀 2 朵聚生于叶腋,花被管中部马蹄形弯曲,里面有紫色斑点。

绵毛马兜铃:缠绕性草本,全株密生灰白色柔毛。叶卵状心形。花被弯曲呈烟斗形,缘部有 3 裂,口部有附属物,内侧黄色,中央紫色。

注意观察比较木通马兜铃、绵毛马兜铃与马兜铃的异同。

北细辛:草本,注意植物体有无香气。叶基生,叶片为何种形状?花单生于叶腋,花被管壶形或半球形,紫棕色,顶端 3 裂。观察雄蕊几枚,花柱几个。

杜衡:草本。叶基生,叶片形状与北细辛有何不同?花被管钟状,顶端 3 裂,内面暗紫色。注意观察子房的上下位。

3. 蓼科

红蓼(荭草):可见茎节部膨大。托叶鞘筒状。穗状花序。从花序上取花解剖观察,注意下列特征:花被 5,红色;雄蕊 7;子房上位,1 室,1 胚珠,柱头 2。瘦果近圆形,黑色,注意观察其是否包于宿存的花被内。

何首乌:多年生藤本,地下块根肥厚。叶卵状心形。圆锥花序大而开展。瘦果有 3 棱,包于翅状花被内。

大黄属　多年生草本。根及根茎肥厚。叶大,基生叶有长柄,托叶鞘长筒状。圆锥花序；花被片 6，成 2 轮；雄蕊通常 9；花柱 3。瘦果有 3 棱，沿棱生翅。

掌叶大黄：基生叶宽卵形或近圆形，掌状半裂，裂片 3~5，每一裂片常再羽状分裂。

唐古特大黄：叶片掌状深裂，裂片再作羽状浅裂。

药用大黄：叶片掌状浅裂，裂片大齿形或宽三角形。

注意观察和比较大黄属 3 种植物掌叶大黄、唐古特大黄、药用大黄的特征区别。

虎杖：雌雄异株。托叶鞘短筒状。花被片 5，外轮 3 片在结果实时增大，背部生翅。瘦果有 3 棱。

羊蹄：根粗大。托叶鞘筒状。圆锥花序；花被片 6，内轮在结果实时增大，边缘有不整齐的齿；雄蕊 6，柱头 3。瘦果有 3 棱。

巴天酸模：观察茎叶，注意叶较大，基部截形或稍心形，有膜质托叶鞘。花被片 6，2 轮，每轮 3 片，内轮花被片在结果实时增大呈翅状，其中 1 个具有小瘤体。雄蕊 6，子房 3 心皮合生，花柱 3，柱头毛刷状。瘦果有 3 棱，包于宿存花被内。

酸模：茎直立，细弱，不分枝。托叶鞘膜质，顶端有睫毛。花单性异株，圆锥花序顶生；花被片 6，排成 2 轮，雄花外轮 3 片稍小，内轮 3 片宽椭圆形，雄蕊 6；雌花外轮 3 片较小，反曲，内轮 3 片近圆形，直立，果时显著增大呈翅状；花柱 3，柱头流苏状分裂呈画笔状。瘦果椭圆形，有 3 锐棱，两端尖，黑褐色，有光泽。

水蓼：一年生草本。茎直立或倾斜。托叶鞘圆筒形，膜质；叶柄短，叶片披针形，有黑褐色腺点，具辣味。总状花序细长，腋生或顶生，花疏生；花被 4~5 裂，密被紫红色腺点；雄蕊 6~8 枚，花柱 2~3 裂。坚果，暗褐色。

萹蓄：草本。花数朵，腋生。坚果，有 3 棱。

火炭母：多年生草本，节膨大，红色。叶互生，叶片椭圆形，叶脉紫红色，叶面有人字形暗紫色斑纹，叶柄浅红色。头状花序，花小，白色或粉红色。果实成熟时浅蓝色，半透明。

荞麦：一年生草本，茎直立。叶互生，三角形，或三角戟形，托叶鞘膜质，短筒状。花梗有关节。花淡红色或白色，5 深裂，雄蕊 8 枚，花柱 3。瘦果三棱形。种子富含淀粉。

4. 毛茛科

毛茛：花辐射对称，萼片 5，花瓣 5，基部具蜜槽。雄蕊和心皮是否均为多数？是离生还是合生？是否螺旋排列在突起的花托上？子房上位，每 1 离生心皮雌蕊，子房 1 室，1 胚珠。聚合瘦果近球形。

石龙芮：一年生或二年生草本。茎中空，直立，无毛。基生叶下部叶有长柄，叶片接近肾形，3 浅裂至 3 深裂，中间裂片 3 浅裂，两侧裂片不等地 2 裂或 3 裂；茎生叶有柄，上部叶无柄，通常 3 深裂至全裂，裂片条状披针形。解剖观察石龙芮的花，黄色，花瓣与萼片几乎等长，基部蜜腺窝状；瘦果密集排列在细柱状的花托上，花托有毛。瘦果两侧有皱纹，顶端有短喙。

乌头：块根圆锥形，形似乌鸦头。叶 3 深裂。总状花序。花两侧对称。萼片 5，上萼片呈盔状，花瓣 2。雄蕊多数，心皮离生。

黄连：根茎黄色，常分枝成簇。叶片三角状卵形，3 全裂，中央裂片具细柄，羽状深裂，侧裂片不等 2 裂。聚伞花序，雄蕊多数，心皮 8~12，有柄。聚合蓇葖果。

白头翁：全体密生白色长毛。瘦果密集成头状，宿存花柱羽毛状，下垂如发。

绿升麻：二至三回羽状复叶。复总状花序；雄蕊多数，退化雄蕊呈叶状；心皮 2~5。

威灵仙：藤本。干后茎、叶变为黑色。叶对生，羽状复叶。圆锥花序。萼片 4，无花瓣。

聚合瘦果,宿存花柱羽毛状。

芍药:多年生草本,下部叶为二回三出复叶,向上渐为单叶。花大,顶生或腋生。雄蕊多数。心皮4~5,分离。聚合蓇葖果。

牡丹:落叶灌木。花大,单生枝顶。萼片5,花瓣5,或为重瓣。花盘杯状,紫红色,包住心皮。蓇葖果表面密被柔毛。

唐松草:多年生草本。无毛。叶为三至四回三出复叶。花直径约1cm。萼片白色或带紫色,宽椭圆形。无花瓣。雄蕊多数,花丝上部倒披针形。心皮6~8,子房具长柄,花柱短。瘦果倒卵形。

5. 木兰科

厚朴:木本植物,叶互生,花大单生。注意花是单被花还是重被花,花被片几个。花托为延长的锥形,雄蕊、雌蕊多数,离生,螺旋着生。作子房的横切面及纵切面,确定每个雌蕊的心皮数、心皮总数、胎座类型和胚珠数。观察成熟果实,果实是聚合蓇葖果吗?

玉兰:取玉兰花1朵解剖,注意花被片几个,几轮着生。雄蕊、雌蕊是多数离生吗?注意雌蕊的类型,想一想如何切出较为清晰的子房横切面。

望春玉兰:注意开花时间与玉兰的比较。多为落叶灌木,高达3m。花蕾入药称辛夷(木笔花),花被片紫色,花丝和雌蕊紫色。聚合蓇葖果。

五味子:落叶木质藤本。花单性异株。聚合浆果。

含笑花:常绿灌木。花单生叶腋,淡黄色,边缘有时红色或紫色,芳香,聚合蓇葖果。花期5~6月。

八角茴香:常绿乔木,聚合蓇葖果,蓇葖多为8~9个,顶端钝或钝尖,无钩。

6. 罂粟科

延胡索:草本,具扁球状块茎。二回三出复叶,总状花序,花两侧对称,萼片2,早落;花瓣4,紫红色;雄蕊6;子房上位。蒴果。

伏生紫堇:草本,块茎球形或椭圆状球形。叶表面深绿色,背面绿白色。总状花序,花瓣淡紫色。

虞美人:植物体有无乳汁?全株有粗毛。萼片2,早落;花瓣4;雄蕊多数;柱头常10裂。蒴果。

白屈菜:植物体具黄色乳汁。萼片2,早落;花瓣4,黄色;雄蕊多数;雌蕊无毛。蒴果。

7. 十字花科

芸苔:花冠是辐射对称还是两侧对称?萼片4,花瓣4,开展如十字形。雄蕊6,为什么称为四强雄蕊?作子房的横切面及纵切面,观察心皮数及假隔膜,注意因假隔膜使子房分成2室的侧膜胎座。果实属何种类型?观察成熟果实,注意开裂方式和假隔膜形态。

诸葛菜:取诸葛菜花一朵解剖,花萼与花冠各为4片,是否交叉排列成十字形?雄蕊几枚,是否为四强雄蕊?雌蕊由几枚心皮组成,几室?是否可见假隔膜?注意其属于何种胎座类型。

青菜:叶倒卵状匙形,叶柄有狭边。总状花序顶生,花黄色,长角果线形。

萝卜:观察萝卜标本,注意根肉质。基生叶羽状裂,有粗糙毛,茎生叶长圆形至披针形。总状花序顶生,花淡紫红色或白色;长角果肉质,圆柱形,种子间有缢缩,熟时变成海绵状横隔,顶端渐尖为喙。子叶对折。

菘蓝:基生叶有柄,茎生叶无柄,披针形,半抱茎。圆锥花序;花黄色。短角果长圆形,边缘有翅。种子1枚。

独行菜: 茎上部分枝多。总状花序顶生,花极小。短角果近圆形。

白芥: 全株被疏粗毛。茎中下部叶具长柄,琴状深裂至全裂。总状花序顶生。长角果被粗白毛,先端有长喙。

荠: 基生叶丛生,大头羽状分裂,茎生叶抱茎,狭披针形。总状花序,花小,白色。短角果倒三角形或倒心形。

葶菜: 叶倒卵形或卵形,羽状浅裂。总状花序。长角果细圆柱形或线形。

8. 蔷薇科

(1)绣线菊亚科

绣线菊: 其叶片菱状披针形至菱状椭圆形,边缘自中部以上具缺刻状锯齿。有无托叶?伞房花序,具多数花。取绣线菊花一朵解剖观察,可见萼筒为钟状,萼片三角形,注意其雄蕊、花瓣及萼片着生在萼筒上的位置,是否为周位花。雌蕊由几心皮组成?心皮是否完全分离?取其中一枚心皮,在解剖镜下剖开一侧,观察其胎座及胚珠数,是否为定数?果实为蓇葖果,成熟时沿腹缝线裂开。

华北珍珠梅: 奇数羽状复叶,有托叶,小叶边缘有尖密锯齿,且为重锯齿。顶生圆锥花序,花小,花瓣5。雄蕊20,一般无齿状退化雄蕊;心皮5,稍合生,花柱稍侧生。

华空木(野珠兰): 注意其圆锥花序顶生。单叶,卵形至长卵形,边有浅裂,并有重锯齿。花白色,蓇葖果近球形。

白鹃梅: 叶先端钝或急尖,有时有齿。雄蕊5;心皮愈合。蒴果,有5棱脊。

(2)蔷薇亚科

野蔷薇(多花蔷薇): 茎、枝有皮刺和刺毛。羽状复叶,托叶大都附着于叶柄上。伞房花序,花朵数多。取花解剖观察,注意下列特征:萼片5,花瓣5,雄蕊多数,心皮多数,离生。作花的纵剖面,注意花萼的下部是否与凹陷的花托愈合形成壶状的花筒(萼筒)。萼片、花瓣、雄蕊是否着生在花筒的边缘。离生心皮雌蕊是否包于壶状的花托内。子房位置是什么类型?剖开成熟时的肉质花托,可见其内有多数骨质瘦果(聚合瘦果),连同花筒共同形成蔷薇果。注意观察金樱子的特征:3小叶复叶。花单生,白色。果梨形,密布刺。

小果蔷薇: 藤状灌木,长约5m,茎枝具钩状刺。奇数羽状复叶,互生,叶柄较短。伞房花序具十余朵花。蔷薇果近球形,肉质,熟后红色。

地榆: 奇数羽状复叶,小叶间有附属小叶。穗状花序。萼片4,无花瓣,雄蕊4。瘦果褐色。

掌叶覆盆子: 叶掌状5裂,托叶线形。萼片5,花瓣5,雄蕊多数,雌蕊多数,生于凸起的花托上。聚合小核果球形。

龙芽草(仙鹤草): 全体被长柔毛。单数羽状复叶,小叶大小不等,间隔排列,托叶卵形。总状花序。子房半下位。花筒上有钩状刚毛。

翻白草: 根纺锤形,肥厚。羽状复叶,小叶背面密生白色绒毛。

茅莓: 茎、枝具倒生皮刺。单数羽状复叶,小叶3~5,背面密生白色绒毛。伞房花序。聚合果球形。

三叶委陵菜: 萼片外方具5枚副萼,雌蕊心皮分离。剖开心皮一侧,观察其内含的胚珠数。

黄刺玫: 解剖花,注意花托是什么形状。将花纵切,观察萼片和雄蕊着生于何处?心皮多少?着生何处?心皮分离与否?果实是什么果?

(3)梅亚科

桃:取桃枝观察,注意其叶形、托叶特征。取花作纵剖面观察,注意其萼片、花瓣、雄蕊的数目、花筒的形状,花被与雄蕊是否着生在花筒边缘。特别注意其雌蕊仅有 1 枚心皮组成,着生在花筒的底部,子房不与花托愈合。子房位置如何?

梅:叶卵形,先端尾尖。花 1~2 朵,白色或红色,花萼不反折。果黄色,有短柔毛。

樱花:取樱花一朵,观察其萼片和花瓣的数目和排列位置,注意其为周位花,萼片、花瓣及多数雄蕊均着生于花萼筒周围,心皮 1 枚,1 室,内生 2 枚胚珠,但仅有 1 个能发育成种子。

李:叶卵状披针形。花 3 朵同生,白色。果皮有光泽,并有蜡粉,核有皱纹。

杏:小乔木。叶柄近顶端有 2 腺体,叶片卵形至近圆形,先端短尖或渐尖。花单生,花萼多有反折,花白色或微红,花先叶开放。果杏黄色或橘黄色,核平滑。

(4)苹果亚科(梨亚科)

贴梗海棠:叶片卵形至椭圆形,托叶大,常为肾形或半圆形。取花作解剖观察:萼筒钟状,萼片 5,花瓣 5,雄蕊多数,花柱 5,茎部合生。子房是否全部生于凹陷的花托内,并与花托完全愈合?子房上位还是下位?由几心皮合生而成?胎座是什么类型?作其果实的横切面观察,注意梨果是一种假果,它是由哪些部分发育而成的?

白梨:用刀片将白梨花纵切,观察:花各部分着生位置,子房在何处?上位或下位?注意花柱有几根?选一较老的花或梨果作横切观察,中心部位可见梨的子房室内有种子,仔细观察子房壁与肉质花托愈合不可分的状况。

野山楂:枝具细刺。叶倒卵形,先端常 3 裂,茎部狭楔形下延至柄。伞房花序,花白色。梨果近球形,宿萼反折。

苹果:观察苹果的花,注意将苹果的花与梨的花对比,有何不同?仔细观察苹果花柱有几根。花柱分离至何处?花柱下部合生否?苹果的叶与梨的叶有何不同?注意叶缘的锯齿是否相同。苹果幼叶是否绒毛较多?花梗、花萼上是否有毛?横切苹果果实与梨对比,有何相似处?

木瓜:灌木或小乔木,枝无刺。托叶小。梨果较大,长椭圆形,干后表面不皱缩,称"光皮木瓜"。

山里红:乔木,无刺或有短刺。叶羽状深裂,裂片 3~9 对。花白色,10 余朵组成伞房花序。果较大,熟时深红色,密布灰白色小点。

9. 豆科

(1)含羞草亚科

合欢:二回偶数羽状复叶,小叶镰状长圆形。头状花序。取合欢花一朵,注意其花萼为钟形或漏斗状,萼片为几裂。花瓣常在中部以下合生,花瓣上部几裂?注意其为辐射对称花。雄蕊常多数,明显长于花冠数倍,注意花丝基部是否合生。作子房横切片,注意其室数及胎座位置,是否为荚果。

含羞草:茎枝具刺,叶为一回羽状复叶,羽片 4 数,呈指状排列,小叶多,新鲜植物小叶被触或振动即闭合下垂。头状花序,1~4 个腋生,花极多,辐射对称。荚果扁平,成熟时荚节分离脱落,荚缘带刺毛。

(2)云实亚科

决明:偶数羽状复叶,小叶 6。取花解剖观察,注意花为两侧对称以及各部特征,其后方的一花瓣(旗瓣)位于最内方,发育雄蕊 7。为什么说它的花为假蝶形花冠?

紫荆: 花先叶开放。注意花着生于何处。取紫荆花一朵,可见其萼筒钟状,具 5 钝齿;注意花冠形态,有几个花瓣。是否大小一致。最小一片位于何处? 各片排列怎样? 为什么说紫荆的花冠为假蝶形花冠? 雄蕊为 10 枚,是否分离。心皮几枚? 作子房横切片,观察紫荆的荚果构造,注意荚果呈带状,在腹缝线上常有狭翅。种子 1 至数个。

皂荚: 注意有无分枝的枝刺? 小叶为一回偶数羽状复叶。总状花序。花两侧对称。荚果刀鞘状。

望江南: 亚灌木或灌木。小叶 4~5 对。伞房总状花序,花黄色。荚果带状镰形,种子扁圆形。

云实: 具刺灌木,二回羽状复叶。花黄色,花丝下半部有绵毛。荚果长椭圆形。

(3)蝶形花亚科

槐: 羽状复叶,圆锥花序。取花解剖观察:两侧对称,旗瓣位于最外,侧面两片翼瓣被覆盖于旗瓣之下,位于最内的两片其下缘稍合生成龙骨瓣;雄蕊 10,二体。心皮 1,子房上位,1 室。荚果。

紫藤: 注意花萼形态,有 5 个短的弯齿。花瓣 5,旗瓣大,位于外方,翼瓣 2,较小,位于两侧,龙骨瓣 2,位于翼瓣内。雄蕊二体,9 个合生,1 个离生。雌蕊 1,子房细长,花托内弯,柱头顶生,球形。

甘草: 根茎外皮红褐色。全株被白色短毛和腺毛。羽状复叶。总状花序,蝶形花冠。荚果弯曲,密被刺状腺毛。

膜荚黄芪: 根粗长。羽状复叶。总状花序。花淡黄色。荚果膜质,膨胀,有柄。

补骨脂: 全体有白色柔毛和黑褐色腺点。雄蕊 10,合生成单体雄蕊。荚果卵形,含种子 1 枚。

野葛(葛): 块根肥厚。全株有黄色长硬毛。三出复叶,中央小叶菱形。花冠蓝紫色,蝶形;雄蕊 10,单体。荚果长椭圆形。

苦参: 多年生草本。荚果略呈念珠状,条形。

刺槐: 落叶乔木。奇数羽状复叶,具 2 托叶刺。总状花序,白色。荚果。

蚕豆: 取蚕豆花一朵,注意其萼筒钟形,具不等长的 5 裂片;花冠蝶形,旗瓣宽大,包住翼瓣,翼瓣向下方包住龙骨瓣,两枚龙骨瓣顶部略联合而其基部分离,除去花冠,可见二体雄蕊,即 1 枚雄蕊分离,另 9 枚雄蕊花丝联合,而花药分离;子房圆柱形,作子房横切片,观察其室数及每室胚珠数。

豌豆: 全株被粉霜。叶具 4~6 片小叶,托叶比小叶大。花单生叶腋或排为总状花序。花冠多为白色或紫色,二体雄蕊。子房无毛,花柱内面有髯毛。荚果长椭圆形。

白扁豆: 一年生缠绕草质藤本,长达 6m。茎常呈淡紫色或淡绿色。三出复叶,托叶线状披针形,被毛。总状花序腋生。花冠蝶形,白色或紫红色,旗瓣广椭圆形,基部两侧有 2 个附属体,翼瓣斜椭圆形,近基部处一侧有耳,龙骨瓣舟状,弯曲几乎成直角。子房线形,基部有腺体。荚果倒卵状长椭圆形。

多花紫藤: 落叶攀缘灌木。羽状复叶。总状花序,花紫色,小花梗细长。荚果大而扁平,密生细毛,花期 5 月。多栽培。花部解剖同紫藤。

10. 芸香科

橘: 叶为单身复叶。将叶片对着亮处,是否能看到透明油点? 取花解剖观察:萼片 5,花瓣 5,雄蕊 15~25,花丝有何特点？这种雄蕊属于什么类型？横切其子房,观察有多少心皮合生？是什么胎座？横剖其柑果,区分外、中、内果皮。外果皮较厚,革质,内含油室。中果皮与外果皮结合,白色海绵状。内果皮膜质,内壁生有许多肉质多汁的囊状毛。

枸橘:落叶灌木,全株无毛,密生粗壮棘刺。具 3 小叶,取叶片对光检视,可见叶片中具有油点。取枸橘花一朵,观察其花萼、花瓣的数目及相互位置;雄蕊 8~20 枚,分离;除去花被及雄蕊后,子房下是否可见花盘？分别作子房的横切面及纵切面,观察其心皮数、室数及每室胚珠数。

黄檗:剥开枝条皮可见黄色内皮,树皮多木栓层,厚而软。羽状复叶。花单性异株,雄花有雄蕊 5~6 枚,并有退化雌蕊;雌花有退化雄蕊。果实为浆果状的核果,内有黏质,成熟时蓝黑色。

酸橙:常绿小乔木。单身复叶,叶柄翅倒心形。柑果近球形。

柚:嫩枝扁且有棱。叶阔卵形,雄蕊 25~35 枚。果扁圆形或圆球形,果皮甚厚。

香橼:灌木或小乔木,茎枝多刺,多为单叶,雄蕊 30~50 枚。果有香气。

吴茱萸:植株被黄褐色长柔毛。羽状复叶,小叶密布透明油腺点。圆锥花序。花单性异株。蓇葖果。

白鲜:全株具强烈香气。羽状复叶,小叶密布油腺点,总状花序。蒴果。

芸香:植株具强烈气味,各部密布腺点。羽状复叶。聚伞花序。蒴果。

花椒:注意茎、枝生有皮刺。奇数羽状复叶,叶轴具狭翅,下面生有小皮刺。聚伞圆锥花序;花单性异株。雌花心皮分离,子房有油腺。花椒的果实是什么果？有无香味？注意其果实开裂为蓇葖状,红色至紫红色,密生疣状突起腺体。

11. 五加科

细柱五加:枝在叶柄基部有刺。掌状复叶,有小叶几枚？是什么花序？取花解剖观察,注意其花较小,萼筒与子房贴生,花瓣 5,花盘位于子房顶部,子房位置是什么类型？子房几室？果为浆果。

三叶五加:藤状灌木,小枝具向下倒钩的皮刺。复叶具小叶 3 片,小叶纸质,边缘具粗或细锯齿。伞形花序组成顶生的总状花序或复伞形花序,着生于长枝或短枝顶端,间有单生叶腋的伞形花序。果近球形,熟时黑色,宿存花柱上部离生,下部联合。

人参:主根粗壮,肉质,圆柱形或纺锤形,顶端有短根茎。叶为掌状复叶,数枚生于茎顶,轮生,小叶 3~5 片,中央 1 片最大,椭圆形至长椭圆形,边有锯齿。伞形花序顶生,有小花 4~40 余朵,淡黄绿色;花 5 基数;子房下位,2 室;花盘肉质,环状。核果扁球形,熟时红色。

三七:主根肉质,倒圆锥形或圆柱形。掌状复叶,小叶通常 3~7 片,中央一片最大。伞形花序顶生;花 5 基数。

楤木:茎枝有刺,幼枝密生黄褐色绒毛。二至三回羽状复叶。伞形花序再集成大型圆锥花序,花 5 基数。

刺五加:茎密生刺,叶为掌状复叶,小叶 5 片,偶 3 片,叶纸质,小叶椭圆状倒卵形至矩圆形,边缘有尖锐重锯齿。伞形花序单生或聚生,花多数,有小花梗。果具 5 棱。

12. 伞形科

野胡萝卜:根肉质。叶柄有鞘,叶二至三回羽状多裂,最后裂片线形至披针形。复伞形花序,总苞有多数苞片,羽状分裂。取花作解剖观察,注意花为 5 基数;在子房顶端有一短圆锥形的花柱基,子房的位置是什么类型？子房由几枚心皮合生而成？有几室？每室内有几枚胚珠? 双悬果的每个分果上可见几条主棱和副棱?

茴香: 直立草本,多分枝。叶片轮廓为阔三角形,四至五回羽状全裂。复伞形花序顶生或侧生,伞辐 6~29,不等长;小伞形花序有花 10~40 朵;花柄纤细,不等长;无萼齿;花瓣黄色,先端有内折的小舌片;花丝略长于花瓣,花药倒卵形,淡黄色;花柱基圆锥形,花柱极短。果实长圆形,取茴香果实横切制片观察,可见分果背面有 5 条主棱,棱下各有 1 维管束,棱间各有 1 油管,合生面平坦较宽,有 2 油管。

柴胡: 叶似竹叶且有平行脉,叶基部叶鞘不明显。复伞形花序。花小,黄色。

当归: 多年生草本。主根粗壮,香气强烈。茎带紫红色。叶二至三回羽状全裂。双悬果侧棱发育成薄翅。

杭白芷: 叶二至三回羽状分裂,叶柄基部有宽大的叶鞘。复伞形花序无总苞片,小总苞片多数,花黄绿色。双悬果有疏毛。

川芎: 根茎呈结节状团块。茎基部膨大成盘状。二至三回羽状复叶。复伞形花序,总苞片、小总苞片线形。

紫花前胡: 根圆锥状,常有支根,芳香。叶一至二回羽状全裂,裂片再 3~5 裂,叶轴翅状。复伞形花序具总苞 1~2,花紫色。

蛇床: 叶二至三回羽状细裂,最终裂片线状披针形,基生叶有长柄。复伞形花序有线形总苞及小总苞。双悬果宽椭圆形,分果背腹压扁。

防风: 叶一至二回羽状全裂,最末裂片狭尖,全缘,无毛,叶鞘扩展。花白色,花序无总苞,小总苞数片,狭小。果侧棱较宽,未成熟果表面有瘤状突起。

[作业]

1. 写出桑或无花果的花程式。

2. 绘制红蓼(荭草)或何首乌的花图式,写出花程式。

3. 分别在分科检索表上查出桑、红蓼(荭草)所属的科,写出检索途径。

4. 绘制毛茛或石龙芮花纵剖面解剖图。

5. 绘制厚朴或玉兰的花图式,写出花程式。

6. 绘制玉兰花,示出雄蕊与雌蕊的着生位置。

7. 绘制芸苔或诸葛菜花的纵剖面、子房横切面图,标明萼片、花瓣、雄蕊、子房、假隔膜、胚珠。画出其花图式,写出花程式。

8. 检索 3 或 5 种未知材料的科名、种名,写出检索途径及它们的花程式。

9. 分别写出绣线菊(或华北珍珠梅)、多花蔷薇(或金樱子)、桃(或梅)、贴梗海棠(或白梨)的花程式。

10. 绘制贴梗海棠或白梨花的纵切面图,标明花的各部。

11. 分别绘制合欢(或含羞草)、决明(或紫荆)、槐(或紫藤)的花图式并写出其花程式。

12. 绘制橘或枸橘的花图式,写出花程式。

13. 写出细柱五加或三七的花程式。

14. 绘制野胡萝卜或茴香花的纵剖面图,注明萼片、花瓣、雄蕊、雌蕊、花柱基、子房、胚珠等各部位。

15. 编制所观察到的 4~6 种不同科药用植物的分科检索表。

[思考题]

1. 无花果的果实从起源与结构看属于什么器官? 有何特点?

2. 罂粟科有哪些主要特征？请列举你熟悉的罂粟科药用植物。

3. 五加科和伞形科植物各有哪些重要特征？如何区分这两科植物？

4. 举例说明子房下位的周位花的形态特征。

5. 举例说明双悬果的形态构造。

6. 马兜铃科和芸香科植物有哪些主要形态特征？

7. 蓼科和十字花科植物的主要形态特征是什么？如何在野外识别它们？

8. 比较木兰科与毛茛科的科特征的异同。

9. 蔷薇科植物有哪些主要特征？如何区分其四亚科？四亚科中哪个亚科较原始，哪个较进化，为什么？

10. 豆科三亚科有什么共同特征？如何区分其三亚科？三亚科中哪个亚科较原始，哪个较进化，其演化关系如何？

（王旭红）

实验八　被子植物门——后生花被（合瓣花）亚纲

[目的要求]

1. 通过对实验材料的观察,加深对后生花被亚纲各科特征的理解,掌握包括木犀科 Oleaceae、夹竹桃科 Apocynaceae、唇形科 Labiatae、玄参科 Scrophulariaceae、葫芦科 Cucurbitaceae、桔梗科 Campanulaceae 和菊科 Compositae 等科的主要特征。

2. 学会后生花被亚纲上述科中常见药用植物的分类鉴定和形态描述方法。

3. 学会运用被子植物门分科检索表检索相关药用植物,加深对被子植物分类系统的理解。

4. 学会编制简单的植物分类检索表。

5. 熟悉各科常见药用植物的药用部位和主要形态特征。

[仪器试剂]　解剖镜、解剖针、刀片、镊子。

[实验材料]

1. 木犀科　连翘 *Forsythia suspensa* 和女贞 *Ligustrum lucidum* 带花、果植物标本,苦枥白蜡树(大叶梣)*Fraxinus rhynchophylla*。

2. 龙胆科　龙胆 *Gentiana scabra* 带花、果植物标本,条叶龙胆 *Gentiana manshurica*、三花龙胆 *Gentiana triflora*、秦艽 *Gentiana macrophylla*。

3. 夹竹桃科　长春花 *Catharanthus roseus* 带花、果植物标本,络石 *Trachelospermum jasminoides*、萝芙木 *Rauvolfia verticillata*、罗布麻 *Apocynum venetum*、黄花夹竹桃 *Thevetia peruviana*。

4. 旋花科　牵牛(裂叶牵牛)*Pharbitis nil*(或圆叶牵牛 *Pharbitis purpurea*)带花、果植物标本,菟丝子 *Cuscuta chinensis*、马蹄金 *Dichondra repens*、丁公藤 *Erycibe obtusifolia*。

5. 马鞭草科　海州常山(臭梧桐)*Clerodendrum trichotomum*(或臭牡丹 *Clerodendrum bungei*)带花、果植物标本,马鞭草 *Verbena officinalis*、蔓荆 *Vitex trifolia*、牡荆 *Vitex negundo* var. *cannabifolia*、华紫珠 *Callicarpa cathayana*、大青 *Clerodendrum cyrtophyllum*。

6. 唇形科　益母草 *Leonurus japonicus* 带花、果植物标本,丹参 *Salvia miltiorrhiza*、黄芩 *Scutellaria baicalensis*、薄荷 *Mentha canadensis*、紫苏 *Perilla frutescens*、夏枯草 *Prunella vulgaris*、活血丹(连钱草)*Glechoma longituba*。

7. 茄科　曼陀罗 *Datura stramonium* 带花、果植物标本,宁夏枸杞 *Lycium barbarum*、颠茄 *Atropa belladonna*、龙葵 *Solanum nigrum*、白英(蜀羊泉)*Solanum lyratum*。

8. 玄参科　地黄 *Rehmannia glutinosa* 带花、果植物标本,毛地黄 *Digitalis purpurea*、玄

参 *Scrophularia ningpoensis*、胡黄连 *Picrorhiza scrophulariiflora*。

9. 爵床科　九头狮子草 *Peristrophe japonica* 带花、果植物标本，板蓝（马蓝）*Baphicacanthus cusia*、穿心莲（一见喜）*Andrographis paniculata*。

10. 茜草科　茜草 *Rubia cordifolia* 带花、果植物标本，钩藤 *Uncaria rhynchophylla*、栀子 *Gardenia jasminoides*、小粒咖啡（咖啡）*Coffea arabica*、巴戟天 *Morinda officinalis*、白花蛇舌草 *Hedyotis diffusa*、鸡矢藤 *Paederia foetida*。

11. 忍冬科　忍冬（金银花）*Lonicera japonica* 带花、果植物标本，接骨草（陆英）*Sambucus javanica*、接骨木 *Sambucus williamsii*。

12. 葫芦科　绞股蓝 *Gynostemma pentaphyllum* 带花、果藤枝，栝楼 *Trichosanthes kirilowii*、木鳖子 *Momordica cochinchinensis*、罗汉果 *Siraitia grosvenorii*。

13. 桔梗科　桔梗 *Platycodon grandiflorum* 带花、果植物标本，党参 *Codonopsis pilosula*、沙参 *Adenophora stricta*、轮叶沙参 *Adenophora tetraphylla*、杏叶沙参 *Adenophora hunanensis*、半边莲 *Lobelia chinensis*、铜锤玉带草 *Pratia nummularia*、羊乳（四叶参）*Codonopsis lanceolata*。

14. 菊科　蒲公英 *Taraxacum mongolicum* 带花、果植物标本，红花 *Carthamus tinctorius*、菊花 *Dendranthema morifolium*、白术 *Atractylodes macrocephala*、苍术 *Atractylodes lancea*、茵陈蒿 *Artemisia capillaris*、黄花蒿 *Artemisia annua*、云木香 *Aucklandia costus*、鳢肠（墨旱莲）*Eclipta prostrata*、旋覆花 *Inula japonica*、大蓟 *Cirsium japonicum*、小蓟 *Cirsium setosum*、千里光 *Senecio scandens*。

[实验步骤]

取下列植物材料，观察植物形态，注意描述特征和关键问题。

1. 木犀科

连翘：茎的枝条纵剖可见节间髓部中空。观察叶的着生方式、叶形及叶缘。花为合瓣，花瓣几裂？雄蕊几枚？注意雄蕊在花冠筒中的着生位置。观察子房位置，几室？为何种类型胎座？每室胚珠多少？

女贞：叶革质而脆，卵状披针形。圆锥花序顶生，长 12~20cm。核果矩圆形，稍弯曲，成熟时红黑色。

苦枥白蜡树（大叶梣）：奇数羽状复叶对生，小叶 5~7，通常为 5。圆锥花序，花单性或杂性异株，无花瓣，雄花有 2 雄蕊。翅果长倒披针形。

2. 龙胆科

龙胆：根细长，簇生，味苦。叶对生，全缘，主脉 3~5 条。观察花冠形状，色泽如何。雄蕊数目，着生方式如何。柱头几裂？蒴果什么形状？种子数目，色泽如何？表面有何纹饰？两端具宽翅。

条叶龙胆：叶厚，近革质，无柄，上部叶线状披针形至线形，基部钝，边缘微外卷。花 1~2 朵；花萼裂片线状披针形，长于或等长于萼筒；花冠裂片先端渐尖。

三花龙胆：中上部叶近革质，线状披针形至线形，基部圆形。花 3 朵，稀 5 朵；花萼裂片狭三角形，短于萼筒；花冠裂片先端钝圆。

秦艽：主根细长、扭曲。叶对生，长圆状披针形，5 条主脉明显。花冠蓝紫色。

3. 夹竹桃科

长春花：多年生草本。叶对生，长圆形。取花观察，花冠形状如何？几裂？其裂片成何种排列？注意雄蕊着生位置，花药为何形状？子房几心皮？几室？果实为 2 个并生的蓇蓇葖果。

络石：木质藤本。花冠白色，裂片 5，旋转状排列。蓇葖果 2，叉状。

萝芙木：单叶对生或轮生，长椭圆形。花冠白色，花冠筒中部膨大。核果卵形，熟时由红变黑色。

罗布麻：花冠紫红色或粉红色。蓇葖果长条形下垂。

黄花夹竹桃：叶轮生，狭长披针形。花大型、黄色。

4. 旋花科

牵牛(裂叶牵牛)或圆叶牵牛：草质藤本。观察判断叶的形状。取花解剖，观察萼片与花瓣是否联合，花冠几裂。是什么形状？雄蕊几枚？是否着生在花冠上；横切其子房，注意观察有多少心皮合生，是什么胎座？每室胚珠多少？果实为蒴果。

菟丝子：寄生草本。茎黄色。叶退化为鳞片状。花簇生成球形，花冠壶状、黄白色。

马蹄金：草本。叶肾形。花单生叶腋，黄色、小型。花冠钟状，5 深裂。

丁公藤：木质藤本。单叶互生、革质。花小、白色。花冠钟状，5 深裂。浆果具 1 粒种子。

5. 马鞭草科

海州常山(臭梧桐)：灌木。单叶对生，叶片阔卵形，揉碎后具特殊臭气。取植物观察，伞房状聚伞花序顶生或腋生。花萼 5 裂，紫红色。花冠白色或粉红色，5 裂。观察其子房位置、心皮和胎座、每室胚珠数目。果实为核果，近球形，成熟时蓝紫色。

臭牡丹：观察外形，注意叶片着生方式，把叶片揉碎闻有否臭气。为何种花序？花萼、花冠几裂？雄蕊几枚？并注意子房上部 4 浅裂成不完全 4 室。花萼宿存、果后增大。

马鞭草：茎四方。叶对生。穗状花序马鞭状。花冠淡紫色。果长圆形。

蔓荆：全株具香气。掌状三出复叶对生。花冠淡紫色。核果熟时黑色。

牡荆：掌状复叶对生，小叶边缘具锯齿。花冠淡紫色。果实球形。

华紫珠：小枝和花序密被黄褐色星状毛。多歧聚伞花序。核果蓝紫色。

大青：灌木。叶长椭圆形，顶端渐尖。伞房状聚伞花序。花萼粉红色至紫红色，果时增大。花冠白色。果实蓝紫色。

6. 唇形科

益母草：草本。茎四棱形。叶对生。注意观察叶的分裂；观察为何种花序。取花观察，判断花冠形状，雄蕊几枚？观察子房深 4 裂及花柱基生。果为 4 枚小坚果。

丹参：根外皮砖红色。羽状复叶对生。花冠紫色，雄蕊 2 枚。

黄芩：叶披针形，无柄或具短柄。花序中花偏向一侧，花冠蓝紫色或紫红色。

薄荷：叶片长卵形，具腺体。轮伞花序腋生。花冠淡紫色，4 裂。小坚果褐色。

紫苏：茎、叶带紫色。轮伞花序 2 花，组成偏向一侧，密被长柔毛的假总状花序。花冠淡紫红色。

夏枯草：茎带紫色。叶长卵形。轮伞花序密集茎顶成粗穗状。花冠淡紫色或白色。

连钱草(活血丹)：匍匐草本，逐节生根。单叶对生，叶片肾形或近圆形，边缘具圆齿。

7. 茄科

曼陀罗：草本。叶互生。取花观察：花萼长筒状，5 裂。花冠漏斗状，雄蕊 5 枚。横切子房，观察是 2 室还是因假隔膜而成假 4 室。每室胚珠多少？为何种果实类型。

宁夏枸杞：灌木，具枝刺。叶互生或丛生。花数朵簇生。花冠粉红色或淡紫色。浆果椭圆形。

颠茄: 花单生叶腋,钟形,下垂。花冠暗紫色。浆果球形、紫黑色。

龙葵: 叶卵形,边缘具不规则的波状粗齿。花序短蝎尾状,花冠白色,辐状,花柱中部以下有白色绒毛。浆果球形,黑色。

白英(蜀羊泉): 草质藤本。茎及小枝密生具节的长柔毛。叶多琴形。聚伞花序,疏花。花萼杯状,花冠蓝紫色或白色。浆果球形,熟时黑红色。

8. 玄参科

地黄: 草本,全株密被灰色长柔毛和腺毛。叶多基生,倒卵形或长椭圆形。取植物观察药用块根的形态特征;观察总状花序是否顶生。花冠为何种形状?注意花萼钟状,浅裂。花冠下垂,外面紫红色,内面黄色带紫色条纹,并观察雄蕊几枚,子房几室?为何种胎座类型?果实为蒴果。

毛地黄: 全株被白色柔毛或腺毛。总状花序顶生,花冠紫红色,钟状,二唇形。

玄参: 高大草本。叶对生,宽卵形,具长柄。花冠紫褐色。

胡黄连: 多年生矮小草本。叶基生。花密集成穗状聚伞花序,花冠二唇形,暗紫色或浅蓝色。

9. 爵床科

九头狮子草: 草本,观察叶片着生方式及叶形。取植物观察,并把叶片揉碎闻其气味;判断花序类型,观察花下的苞片和花序下的总苞片,各为几片?为何种形状?观察花冠是否整齐,花萼、花冠几裂。是什么形状?雄蕊几枚?并观察其子房位置、心皮数目、胎座类型、每子房室胚珠数目等。

板蓝(马蓝): 茎节膨大。花冠紫色,裂片5,近相等。蒴果棒状。

穿心莲(一见喜): 草本,节膨大。花冠白色或淡紫色,二唇形。蒴果长椭圆形,2瓣裂。

10. 茜草科

茜草: 茎四棱。叶4~6片轮生,三角状卵形,叶柄、背面叶脉及茎上均生倒刺。注意叶片中真叶和由托叶生长叶的区别方法;聚伞花序,花小,黄白色。取1朵花,注意观察花冠几裂,雄蕊几枚,子房上位还是下位。几心皮?几室?每室胚珠多少?果实肉质、球形、黑色。

钩藤: 叶腋有下弯的钩状变态枝。头状花序,花黄色。蒴果倒圆锥形。

栀子: 叶革质,全缘。托叶鞘状。花冠白色,芳香。蒴果具6棱,熟时橘红色。

小粒咖啡(咖啡): 叶薄革质。聚伞花序数个簇生于叶腋。花冠白色。浆果。

巴戟天: 缠绕藤本。根肉质,有不规则膨大部分而成串珠状。头状花序,花冠白色,肉质。核果红色。

白花蛇舌草: 纤细草本。叶对生,无柄。叶片条形。花单生或成对生于叶腋。花冠白色,筒状。蒴果双生,膜质,扁球形。

鸡矢藤: 叶对生,叶形和大小变化较大。托叶三角状。叶揉碎有特殊臭味。

11. 忍冬科

忍冬(金银花): 多年生缠绕灌木,观察幼枝是否密生柔毛和腺毛,单叶是否对生。注意其花冠是否为二唇形。上唇几裂?下唇几裂?雄蕊几枚?观察雄蕊和花冠裂片是否同数、是否互生,子房上位还是下位?果实为浆果,黑色。

接骨草(陆英): 多年生草本。奇数羽状复叶对生。大型复伞房花序顶生,具由不孕花变成的黄色杯状腺体。花小、白色。

接骨木: 灌木。奇数羽状复叶对生。圆锥花序顶生,花小,白色至淡黄色。

12. 葫芦科

栝楼：草质藤本。叶掌状浅裂或中裂。雌雄异株。雄花成总状花序，雌花单生。观察药用果实及种子的形态和特征；观察药用块根的形态和特征。观察雄花的花冠联合，雄蕊 5 枚，注意花药是否弯曲。观察雌花的子房上位还是下位，由几心皮构成，几室。为何种胎座类型？胚珠多少？果实为瓠果。

绞股蓝：草质藤本，具卷须。注意卷须与叶的相对位置。叶为鸟趾状复叶，具小叶 5~7 片。花雌雄异株。注意雄花：雄蕊几枚，是否弯曲；雌花：子房几室，为何种胎座类型？胚珠多少？瓠果什么形状？

木鳖子：草质藤本。宿根粗壮，块状。叶 3~5 深裂或中裂。卷须不分叉。雌雄异株，花冠黄色。果实卵形，上有刺状凸起。种子扁卵形，灰黑色。

罗汉果：草质藤本。根块状。卷须 2 裂，几达基部。雌雄异株。全株被短柔毛。果实淡黄色至褐色。

13. 桔梗科

桔梗：草本，具乳汁。注意观察同一植株的叶有对生、轮生或互生情况。花单生，花冠钟状，蓝紫色。取花观察，雄蕊几枚，花药是否聚合。子房上位还是下位，几室？每室胚珠数目多少？蒴果倒卵形，顶端 5 裂。

党参：多年生草质藤本，具乳汁。根肉质、圆柱状。花冠浅黄绿色，内面有紫色斑点。蒴果圆锥形。

沙参：多年生草本，有白色乳汁。根粗壮，黄褐色。基生叶肾圆形或心形，有长柄。茎叶互生，狭卵形或矩圆状狭卵形，无柄或近无柄。花序狭长。花萼钟状，先端 5 裂，裂片披针形，有毛。花冠紫蓝色，宽钟形。雄蕊 5，花盘圆筒状，子房下位，3 室，花柱细长，柱头膨大，3 裂。蒴果球形。

轮叶沙参：多年生草本，叶 3~6 片轮生，卵圆形至线状披针形。花序分枝也常轮生。花盘较短，花冠细小，近于筒状，口部稍收缢。

杏叶沙参：茎生叶在茎上部的无柄，叶基部常楔状下延，基生叶具长柄。花序分枝粗壮，几乎平展或弓曲向上。花萼裂片卵形至长卵形，最宽处在中下部，通常多少重叠，花盘多数有毛。花柱与花冠等长。

半边莲：小草本，具白色乳汁。茎细弱，直立或匍匐，基部横卧地上，节上生根。叶互生，条形或条状披针形，叶柄短。花单生于叶腋，萼筒倒三角状圆锥形，萼齿 5 枚，披针形。花冠淡红色或紫红色，花冠筒有一侧深裂至基部，先端 5 裂，裂片披针形，均偏向于一方。蒴果顶端开裂。种子多数，细小。

铜锤玉带草：匍匐纤细小草本，须根多，茎绿色，略呈方形，节下生根，叶互生，圆形至心状卵圆形，基部心脏形，先端钝，边缘具钝锯齿，表面绿色，背面淡绿色，两面均有短毛。花淡紫色，单生叶腋而与叶对生，萼 5 裂，边缘有刺毛，花冠左右对称，雄蕊 5 枚，子房下位。浆果椭圆形，紫蓝色，有宿萼。

羊乳（四叶参）：缠绕草本，全株有乳汁及特异臭气。根粗壮，倒纺锤形或圆锥形，有瘤状突起。叶主茎上互生，短枝上 4 片簇生，椭圆形或菱状卵形，全缘或有微波齿。花单生，花萼 5 裂；花冠钟状，裂片反卷，黄绿色，内有紫色斑点；雄蕊 5~7 枚，子房半下位。蒴果圆锥形。

14. 菊科

蒲公英：多年生草本，有乳汁。取头状花序观察，注意花序具多层总苞片，外层总苞片卵状披针形,边缘是膜质还是草质?内层总苞片线状披针形,先端是否均有角状突起?花序均由真舌状花组成。取一朵花,观察其花冠舌片先端是否 5 齿裂。注意其雄蕊花药是否聚合。用解剖针仔细把聚合花药的一边挑开,观察其聚合情况。雄蕊如何着生?雌蕊柱头是否 2 裂?子房由几心皮构成?子房上位还是下位?几室?胚珠多少?取连萼瘦果观察,注意果实长椭圆状纺锤形,先端具喙,冠毛白色;判断冠毛是由什么演化而来的。

红花: 一年生草本。叶缘裂齿具尖刺。头状花序全为管状花排成伞房状。花冠橘红色。瘦果无冠毛。

菊花: 叶卵形至披针形,边缘有粗大锯齿或深裂成羽状,下面有白色毛茸。舌状花白色或黄色。栽培品种瘦果常不发育。

白术: 根状茎肥大,块状。花序全为管状花,总苞片 5~7 层。瘦果被柔毛。

苍术: 多年生草本,有香气。根状茎结节状。花冠白色。瘦果具棕黄色毛。

茵陈蒿: 幼苗被白色柔毛。叶一回至三回羽状分裂,裂片线形。头状花序极多,再排成圆锥状。花黄色。

黄花蒿: 一年生草本。叶羽状深裂。头状花序极多,球形。

云木香: 多年生高大草本。主根肥大。叶基部下延成翅。花序全为管状花,总苞片 10 余层,先端刺状。花冠暗紫色。瘦果具浅棕色冠毛。

鳢肠(墨旱莲): 全株被短毛,折断后流出的汁液稍后即呈蓝黑色。叶对生。舌状花白色,无冠毛。瘦果具棱和瘤状突起。

旋覆花: 多年生草本。茎直立,上部分枝,被白色绵毛。头状花序具 5 层总苞。舌状缘花一轮,黄色。冠毛白色。

大蓟: 叶羽状深裂,基部抱茎,叶缘具刺。花紫红色,冠毛羽毛状。

小蓟: 雌雄异株。叶椭圆状披针形,叶缘具刺。花冠紫红色。

千里光: 茎攀缘。舌状缘花黄色。瘦果圆柱形,有纵沟,被短毛。

[作业]

1. 写出长春花的花程式,画出其雄蕊形态。

2. 绘制牵牛(或圆叶牵牛)、海州常山(或臭牡丹)和曼陀罗的花图式,写出花程式。

3. 绘制益母草的花解剖图,注明花萼、花冠、雄蕊、雌蕊及子房,写出其花程式。

4. 绘制地黄花冠剖面图(示二强雄蕊)和子房横切面图。

5. 绘制九头狮子草、茜草和忍冬(金银花)的花图式,写出花程式。

6. 绘制丝瓜(或绞股蓝)的雄花及雌花花图式,写出其花程式。

7. 绘制桔梗(或杏叶沙参)的花图式,写出花程式。

8. 绘制蒲公英的舌状花外形和聚药雄蕊的形状,注明花冠、冠毛、雄蕊、柱头、子房,写出花程式。

9. 描述所观察的 4 种药用植物的形态特征。

10. 利用被子植物门分科检索表,写出益母草(或地黄,或菘蓝等)的所属科检索路线。

11. 编制所观察的 5~8 种药用植物的定矩式检索表。

12. 列举数种常见药用植物,说明其药用部位和形态特征。

[思考题]

1. 根据菊科植物花的构造,为何说菊科是双子叶植物中最进化的科?

2. 比较马鞭草科和唇形科植物的形态特征异同点。

3. 菊科植物分哪两个亚科？各有什么主要形态特征？

4. 葫芦科植物的花与果实有何特征？

5. 总结和思考应用植物检索表进行药用植物检索鉴定的方法和要点。

（王　弘）

[目的要求]

1. 通过对所给材料的形态观察,加深对单子叶植物包括禾本科 Gramineae、莎草科 Cyperaceae、棕榈科 Palmae、天南星科 Araceae、百合科 Liliaceae、石蒜科 Amaryllidaceae、薯蓣科 Dioscoreaceae、鸢尾科 Iridaceae、姜科 Zingiberaceae、兰科 Orchidaceae 的主要科特征的理解。

2. 学会用分科检索表检索相关药用植物,加深对被子植物分类系统的理解。

3. 学会上述单子叶植物纲各科常见药用植物的分类鉴定和形态描述方法。

[仪器试剂]　放大镜、解剖针、刀片。

[实验材料]

1. 禾本科: 早熟禾 *Poa annua*(或水稻 *Oryza sativa*)带花、果植物标本,薏苡 *Coix lacryma-jobi* var. *ma-yuen*、白茅 *Imperata cylindrica*、淡竹叶 *Lophatherum gracile*、大麦 *Hordeum vulgare*、玉蜀黍 *Zea mays*。

2. 莎草科: 莎草(香附子)*Cyperus rotundus* 带花、果植物标本,荆三棱 *Scirpus yagara*、荸荠 *Eleocharis dulcis*。

3. 棕榈科: 棕榈 *Trachycarpus fortunei* 带花、果植物标本,槟榔 *Areca catechu*、椰子 *Cocos nucifera*。

4. 天南星科: 半夏 *Pinellia ternata*(或马蹄莲 *Zantedeschia aethiopica*)带花、果植物标本,天南星 *Arisaema erubescens*、异叶天南星 *Arisaema heterophyllum*、石菖蒲 *Acorus tatarinowii*、磨芋 *Amorphopallus rivieri*。

5. 百合科: 凤尾丝兰 *Yucca gloriosa*(或麦冬 *Ophiopogon japonicus*)带花、果植物标本,川贝母 *Fritillaria cirrhosa*、浙贝母 *Fritillaria thunbergii*、百合 *Lilium brownii*、七叶一枝花 *Paris polyphylla*、天冬 *Asparagus cochinchinensis*、知母 *Anemarrhena asphodeloides*、黄精 *Polygonatum sibiricum*、玉竹 *Polygonatum odoratum*、库拉索芦荟(芦荟)*Aloe barbadensis*、光叶菝葜(土茯苓)*Smilax glabra*。

6. 石蒜科: 夏雪片莲 *Leucojum aestivum*、石蒜 *Lycoris radiata* 带花、果植物标本,仙茅 *Curculigo orchioides*。

7. 薯蓣科: 穿龙薯蓣(穿地龙、穿山龙)*Dioscorea nipponica* 带花、果植物标本,薯蓣(山药)*Dioscorea opposita*、黄独 *Dioscorea bulbifera*、粉背薯蓣 *Dioscorea collettii* var. *hypoglauca*。

8. 鸢尾科: 蝴蝶花 *Iris japonica*、香雪兰 *Freesia refracta* 带花、果植物标本,鸢尾 *Iris tectorum*、射干 *Belamcanda chinensis*、番红花(藏红花)*Crocus sativus*、马蔺 *Iris lacteal* var. *chinensis*。

9. 姜科: 姜 *Zingiber officinale*(或襄荷 *Zingiber mioga*)的带花、果植物标本,阳春砂 *Amomum*

villosum、白豆蔻 *Amomum kravanh*、草果 *Amomum tsaoko*、温郁金 *Curcuma wenyujin*、姜黄 *Curcuma longa*、莪术 *Curcuma phaeocaulis*、红豆蔻 *Alpinia galanga*、草豆蔻 *Alpinia katsumadai*、益智 *Alpinia oxyphylla*、高良姜 *Alpinia officinarum*。

10. 兰科：白及 *Bletilla striata* 带花、果植物标本，天麻 *Gastrodia elata*、金钗石斛（石斛）*Dendrobium nobile*、手参 *Gymnadenia conopsea*、杜鹃兰 *Cremastra appendiculata*、石仙桃 *Pholidota chinensis*、绶草 *Spiranthes sinensis*。

[实验步骤]

1. 禾本科

(1)观察早熟禾的植物形态：一年生草本。秆丛生，空心。叶为长披针形或条形，叶鞘从中部以下闭合。观察叶耳和叶舌情况。花序圆锥状。解剖早熟禾的小穗，观察何为外颖和内颖，何为外稃和内稃。每小穗含花几朵？有无浆片？雄蕊几枚？花药如何着生？心皮2，合生，柱头2。该类果实为什么称为颖果？

观察水稻：茎秆圆形，有节，叶片披针形至条状披针形，有叶耳，叶耳边缘有毛，叶舌膜片状。花序圆锥状。小穗有柄，注意颖片退化，每小穗含花几朵？仅顶生花能育，下部2花各仅余1小型的外稃。顶花外稃硬壳质，紧扣内稃，内稃硬壳质，比外稃略狭窄，浆片几片？雄蕊几枚？花药如何着生？心皮2，合生，柱头2。颖果。

(2)观察其他药用植物标本，注意下列特征：

薏苡：一年生草本。花序下倾，小穗单性。总苞骨质、坚硬，具明显的沟状条纹。

白茅：多年生草本，具长根茎。圆锥花序紧贴呈圆柱状，密生丝状柔毛。

淡竹叶：多年生草本，地下具纺锤状块根。小穗疏生，绿色。

大麦：花序穗状。颖线形。外稃具芒。

玉蜀黍：秆粗壮，基部各节生支撑根。花序单性，雄花序顶生，雌花序腋生。花柱细长自总苞顶端伸出。

2. 莎草科

(1)观察莎草(香附子)的植物形态：多年生草本，块茎具香气。秆三棱形，平滑。叶基生，3列，叶片短于秆。观察小穗成什么形状，小穗再排成何种花序。花有几枚雄蕊？柱头几个？果实为小坚果。

(2)观察其他药用植物标本，注意下列特征：

荆三棱：多年生草本。匍匐根茎顶端生球状块茎。小穗卵形或卵状椭圆形，锈褐色。小坚果倒卵形，具3棱。

荸荠：具球茎。秆丛生，无叶。小穗1个，顶生。小坚果宽倒卵形。

3. 棕榈科

(1)观察棕榈的植物形态：常绿乔木。叶掌状深裂聚生于茎顶，叶柄基部扩大成具纤维的鞘。雌雄异株。肉穗花序排成圆锥花序式，具多数总苞。花小，黄白色。果肾状球形，蓝黑色。

(2)观察其他药用植物标本，注意下列特征：

槟榔：常绿乔木，不分枝，高10~18m。叶羽状全裂，聚生于茎顶。花序多分枝，下垂。

椰子：常绿大乔木，叶丛生于茎顶，叶片羽状。核果。

4. 天南星科

(1)观察半夏的植物形态：多年生草本，块茎扁球形。叶柄近基部内侧常有1白色珠芽。

观察半夏的肉穗花序,佛焰苞喉部闭合,有横隔膜。半夏为雌雄同株还是雌雄异株?雄花在花序轴的上部还是雌花在花序轴的上部?雄花和雌花之间是否有不育部分?雌花子房上位还是下位?由几心皮构成?几室?每室胚珠多少?果实为浆果。

观察马蹄莲:多年生草本,具根茎。佛焰苞白色。观察马蹄莲为雌雄同株还是雌雄异株?花序轴的上部是雌花还是雄花?注意雌花具雌蕊和数个退化雄蕊。雄花有几枚雄蕊?雌花子房为上位还是下位?由几心皮构成?几室?每室胚珠多少?果实为浆果。

(2)观察其他药用植物标本,注意下列特征:

天南星:多年生草本,块茎扁球形。叶1枚,小叶片7~23,辐射状排列。花单性异株,肉穗花序,佛焰苞喉部不闭合,无横隔膜。

异叶天南星:叶1枚,小叶片13~21,鸟足状排列,中间1片较小。

石菖蒲:多年生草本,全体具浓烈香气。根茎匍匐横走。叶基生,叶片无中脉。花两性,黄绿色。

磨芋:多年生大型草本,块茎扁球形。叶1片,叶柄有暗紫色或白色斑纹;具3小叶片,小叶二歧分叉,裂片再羽状深裂。

5. 百合科

(1)观察凤尾丝兰的植物形态:叶坚硬,顶端成刺状。圆锥花序,花白色,下垂,为典型3基数花。花被、雄蕊各排成几轮?子房上位还是下位?横切子房,观察由几心皮组成?几室?每室胚珠多少?

观察麦冬:多年生草本,具椭圆状或纺锤状小块根。叶条形,基生。花淡紫色,子房半下位。几心皮几室?每室胚珠多少?

(2)观察其他药用植物标本,注意下列特征:

川贝母:草本,具鳞茎。叶多轮生或对生,条形或披针形,顶端多少卷曲。花单生,钟状。花被片黄色至黄绿色,具脉纹和紫色方格斑纹。

浙贝母:多年生草本,鳞茎较大,常由2片肥厚的鳞片组成。叶对生或轮生。数朵花组成总状花序。花被片淡黄绿色,内面具紫色方格斑纹。

百合:多年生草本,鳞茎近球形。花大型,乳白色,花被6片,联合。蒴果长圆形。

七叶一枝花:多年生草本。根状茎短而粗壮。叶多为7片轮生于茎顶。花被片2轮。外轮4~6片,绿色、叶状,内轮条状。

天冬:多年生具刺攀缘草本,有纺锤状块根。叶状枝2~4枚丛生。叶退化成鳞片状。花单性,雌雄异株,淡绿色。浆果球形,成熟时红色。

知母:多年生草本。根茎粗壮,横走,表面具纤维。叶基生,条形。总状花序,花被片淡紫色,长圆状条形。雄蕊3,与内轮花被片对生。蒴果具6纵棱。

黄精:多年生草本,根状茎横走,结节膨大。地上茎单一。叶无柄,4~5叶轮生。花乳白色至淡黄色,花被合生成筒状。浆果熟时黑色。

玉竹:根状茎圆柱状,黄白色。茎上部微具4棱。叶互生,叶片椭圆形。花白色,下垂,花被合生成筒状。

库拉索芦荟(芦荟):多年生肉质草本。叶边缘有刺状小刺,折断有黏液流出。花黄色,有赤色斑点。蒴果。

光叶菝葜(土茯苓):根茎呈不规则块状。地上茎攀缘状。花单性异株,绿白色。浆果球形,成熟时紫黑色。

6. 石蒜科

(1) 观察夏雪片莲的植物形态：多年生草本，具鳞茎。叶带状。聚伞花序。果实为蒴果。花被片是否为6片？雄蕊几枚？如何着生？子房上位还是下位？几心皮几室？为何种胎座？胚珠多少？

观察石蒜：多年生草本，具鳞茎。叶基生、条形。花葶在叶前抽出。观察为何种花序？花被几片？雄蕊几枚？如何着生？子房上位还是下位？几心皮几室？为何种胎座？胚珠多少？

(2) 观察其他药用植物标本，注意下列特征：

仙茅：多年生草本。根茎粗壮，肉质，直生。叶基生，基部成鞘。花葶极短，藏于叶鞘内。花黄色；花被结合成细长筒状，裂片6，具疏长毛。

7. 薯蓣科

(1) 观察穿龙薯蓣(穿地龙、穿山龙)的植物形态：多年生草质藤本。叶心形，叶缘有大锯齿。花雌雄异株。穗状花序腋生。花小，绿白色。花被片6。果实为蒴果，具3棱。观察雄花有雄蕊几枚；雌花雌蕊由几心皮构成，几室，每室胚珠多少。

(2) 观察其他药用植物标本，注意下列特征：

薯蓣(山药)：多年生草质藤本。根状茎直生，肉质，圆柱形。叶腋常有珠芽(零余子)。花单性异株。雄花序穗状，花小。蒴果具3翅，果翅半月形。

黄独：叶心形。雌雄异株。块茎(黄药子)球形。果翅长圆形。

粉背薯蓣：根茎竹节状。叶片三角状心形。雄蕊3枚发育，3枚不育。种子具薄膜状翅。

8. 鸢尾科

(1) 观察蝴蝶花的植物形态：多年生草本。根茎细弱、横生，具多数较短节间。叶片剑形，基部对折，成2列状套叠排列。观察花排成何种花序。取一朵花解剖观察：注意其花柱扩张成花瓣状反盖于雄蕊之上，勿把它们误认为花被。观察子房位置如何，从横切面观察由几心皮构成，几室，每室胚珠多少。果实为蒴果。

观察香雪兰：多年生草本。球茎卵圆形。叶条形。观察花排成何种花序，雄蕊几枚，子房为上位还是下位，由几心皮构成，几室，每室胚珠多少。

(2) 观察其他药用植物标本，注意下列特征：

鸢尾：根茎短而粗壮，浅黄色。花蓝紫色。蒴果具6棱。

射干：根茎断面鲜黄色。花橙黄色，散生暗红色斑点。

番红花(藏红花)：多年生草本，具球茎。花1~2朵从球茎长出，花柱橙红色至深红色，三叉分歧。

马蔺：根茎短。叶条形。花蓝紫色，外轮花被有黄色条纹。

9. 姜科

(1) 观察姜的植物形态：多年生草本。根茎块状，断面淡黄色，味辛辣。叶条状披针形。花葶单独从根茎抽出。观察为何种花序，花萼是否形成管状。花冠黄绿色。注意唇瓣的位置，思考它是由什么演化而成的。注意其花柱被药隔附属体所包被。果实为蒴果。

观察襄荷：多年生草本。根茎淡黄色，具辛辣味。叶条状披针形。花葶单独从根茎抽出。观察为何种花序，花萼是否形成管状。花冠白色，唇瓣淡黄色。蒴果卵形。

(2) 观察其他药用植物标本，注意下列特征：

阳春砂：多年生草本。穗状花序球形，从根茎生出。花萼、花冠均白色。蒴果椭圆形，紫色，表面具柔刺。

白豆蔻：穗状花序从根茎抽出。蒴果白色或淡黄色，果皮光滑。

草果：花红色，果实熟时红色，干后褐色，果皮具皱缩的纵线条。

温郁金：多年生草本，根茎肉质。具块根，断面黄色。穗状花序具密集苞片，先叶于根茎处抽出，上部苞片蔷薇红色。花冠管漏斗状，裂片白色而略带粉红，唇瓣黄色。

姜黄：花葶直接从叶鞘中抽出，上部苞片粉红色。唇瓣白色，中部黄色，药隔基部具2角状的距。

莪术：花葶从根茎发出，先叶而生。苞片下部绿色，顶端红色，唇瓣黄色，药隔有距。

红豆蔻：多年生高大草本。根状茎块状，有香气。叶片矩圆形。花绿白色，唇瓣白色而有红线条。

草豆蔻：多年生草本。总状花序直立。花萼钟状，唇瓣有彩色条纹。果球形，熟时金黄色。

益智：叶顶端具尾尖。唇瓣白色而具红色脉纹。

高良姜：总状花序顶生，唇瓣白色而具红色条纹。果球形，红色。

10. 兰科

(1) 观察白及的植物形态：多年生草本。块茎肥厚，短三叉状，富黏性。叶披针形或长椭圆形，基部下延成鞘状抱茎。总状花序具花3~8朵。花淡玫瑰红色。取花一朵，试区别出萼片3片，花瓣3枚，其中一枚称唇瓣，较另2枚稍短。唇瓣中部以上3裂。注意其雄蕊与花柱合生为合蕊柱，用针从花药中拨出4对花粉块（共8块），其中2对具花粉块柄。注意白及的子房扭曲成180°，勿误认为是花柄。横切子房，观察为几心皮几室，什么胎座，胚珠多少。果为蒴果。种子极细而多。

(2) 观察其他药用植物标本，注意下列特征：

天麻：腐生草本，无根，依靠侵入体内的蜜环菌菌丝取得营养。块茎长椭圆形，有环节。叶退化呈膜质鳞片状，不含叶绿素。花茎单生。总状花序，花淡黄色。

石斛（金钗石斛）：附生草本。茎丛生。叶矩圆形、无柄。花大而艳丽。唇瓣具短爪，唇盘上具1紫斑。

手参：块茎椭圆形。肉质，下部近掌状分裂。总状花序密生粉红色小花。

杜鹃兰：假鳞茎聚生。花葶侧生于假鳞茎顶端。总状花序，花偏向一侧，紫红色。唇瓣近匙形。合蕊柱纤细。

石仙桃：附生草本。根茎粗壮，假鳞茎矩圆形，顶生2枚叶。总状花序先叶抽出。花白色或带黄色，唇瓣凹陷或基部囊状，合蕊柱极短，顶端翅状。

绶草：陆生草本，根肉质，粗壮。穗状花序顶生。小花白色或淡红色，呈螺旋状排列。故又名盘龙参。

【作业】

1. 绘早熟禾（或水稻）的花图式，写出花程式。

2. 写出莎草和棕榈的花程式。

3. 绘半夏（或马蹄莲）的肉穗花序和佛焰苞形态，并绘1朵雌花。写出雌花花程式。

4. 检索2~4种未知材料的科名、种名，写出检索途径及它们的花程式。

5. 绘凤尾丝兰(或麦冬)的子房横切面形态及其花图式,写出花程式。

6. 写出夏雪片莲(或石蒜)和穿龙薯蓣雌花的花程式。

7. 绘蝴蝶花(或香雪兰)的雄蕊和雌蕊的着生情况,写出其花程式。

8. 绘姜(或蘘荷)的花图式,写出花程式。

9. 绘白及花的正面图及合蕊柱的形态,注明中萼、侧萼、花瓣、唇瓣、合蕊柱及花药、蕊喙、柱头、子房。

【思考题】

1. 比较禾本科和莎草科的异同点。

2. 试从百合科、石蒜科和鸢尾科的花解剖特征,探讨此三科的演化关系。

3. 如何区分天南星、半夏和异叶天南星?

4. 比较姜科和兰科的异同点。

5. 从花的形态结构分析为何说兰科植物是最进化的类群?

（刘 忠）

第二篇

药用植物学野外实习指导

【目的要求】

1. 掌握药用植物标本的采集与制作方法。
2. 识记药用植物 100~150 种,制作标本 10~15 份。
3. 熟悉常见植物科属特征,掌握分类检索表的运用。
4. 了解植物的生境与分布。
5. 了解植物资源的调查与保护。

第一章　野外实习的准备与组织

野外实习是药用植物学教学的重要组成部分,是巩固和加深课堂教学的重要环节,它对每个学生来说是一次十分必要而又终生难忘的学习机会。要在较短的时间内取得最好的学习效果,必须明确实习目的和要求,做好实习准备工作。

一、野外教学基地的选择

实习目的、要求不同,选择的基地是不一样的。一般来说,基地应选择地形地貌复杂的环境。地形地貌是自然环境的重要组成部分,它是地壳在各种外部和内部因素长期作用下的产物,并构成植物赖以生存的复杂生态环境条件。某个地区如果地形地貌复杂奇特,地质构造古老,生态环境较好,植物资源也越丰富,越适合作为实习基地。要选择植物种类丰富、区系复杂、群落多样的地方作为实习基地,以便使学生认识一定数量的植物种类,了解植物与环境的关系。理想的实习基地最好为原生态环境,如自然保护区等,这些地方人为干扰影响较少,植物资源相对较丰富,例如黄山、长白山、天目山等地方植物种质资源保存较好,物种丰富,植物群落多样。

要注意收集和积累野外实习基地基础资料。基础资料一般应包括如下几个方面:

1. **自然概况**　包括实习基地的地理位置、总面积、主峰海拔高度、地形地貌结构、气候因素、土壤类型等资料。了解包括实习基地的各种植物的资料,重点了解高等植物(包括苔藓植物、蕨类植物、裸子植物、被子植物)的有关资料。

2. **社会概况**　了解实习基地的演变历史,历史典籍和文献记载,当地的民俗文化和民间用药传承等。

3. **交通概况**　要考虑交通设施方便,如水路、铁路、汽车能否到达,各种交通工具搭乘转换是否方便。在选择基地时,如其他条件基本相同,要优先选择交通方便的,这样既可达到实习的要求,又可节省人力、物力和财力。至于设施方面,尽量要顾及整个实习队伍的住、食、行各方面的便利。

4. **政策和法律规定概况**　了解实习基地的有关政策和法律规定,严格按照国家和地方的有关规定要求开展实习。同时,要遵守实习基地的民族文化和民俗习惯。

二、野外教学的组织与实施

1. **教师备课与实习动员**　实习基地确定后,一般较为适合的实习季节为初夏或早秋,5~7月或9月为较好的实习季节。实习开始前一周,带教老师应先行去野外教学现场探点,摸清线路、交通、食宿等,了解植物分布种类等各种信息。即使每年都去同一地点实习,备课同样不能省,以免出现大批人员到达时才发现因交通中断、线路改变或封山等影响实习的被动局面。此外,实习前 2~3 天一定要对全部学生进行实习动员,明确实习的目的与要求,进行安全教育,并进行分组,通常每组 6~10 人为宜,落实指导教师、组长、安全员责任。注意体力强弱和男女学生的搭配。小组长负责全组的安全,每个组员要有良好的自我保护意识,还要大力发挥全组的团队精神,互帮互助。这样,指导教师、小组长、全体学生就形成了一个保障实习安全体系。同时要有专职教师负责交通、伙食、住宿等后勤保障。标本的采集、鉴定、拍照记录都要明确分工。由于高山地区的地形险峻复杂,山路崎岖难行,天气多变,务必要注意安全教育,野外实习既不是旅游观光,也不是登山探险,应防止发生任何人身安全事故。实习基地大都设在保护区、风景区,必须遵守实习所在地区的规章制度,爱护保护区的一草一木。

2. **野外实习用具的准备** 采集药用植物标本需要准备的用具和物品有:工具书(如:地区植物志(如《浙江植物志》《天目山植物志》等)、地方中草药手册和植物检索表等),枝剪,号牌,采集箱(或采集袋),标本纸(吸水草纸),标本夹,防雨布,绳子,采集记录本,挖根器,显微镜,照相机,广口瓶,浸制新鲜标本的试剂等。

小组及个人需要准备的用具和物品有教材、笔记本、种子植物属种检索表、分科检索表、铅笔、放大镜、解剖针、镊子、刀片、帽子、球鞋、水壶、雨具、手电筒以及其他生活必须用品。另外还要备一些如仁丹、清凉油、风油精等常用药品及季德胜蛇药片等急救药品以备万一。连续爬山还要带足干粮与水。

3. **实习过程中安全保障的措施与办法** 为确保学生实习时有充沛的体力,注意劳逸结合,将野外采集与室内分析交替进行,不要连续登山,如时间充裕,要分期、分阶段实施整个山地的实习计划。

重点防范高山陡峭地段和流石坡地带人员的滑跌摔伤,要求学生穿防滑鞋,打好绑腿,按“之”字形低姿前进,不能直上直下。危险地段,设立路标,可借助木棍、短锹支撑,并设专人看守指引。

登山时指导教师要以身作则,应始终走在实习队伍最前面带队探路,并激励士气;下山时,教师在最后,确保无学生掉队,让学生无后顾之忧,心中有踏实感,才能做到队伍从容下撤;行进中,教师要随时观察队伍动态,并派人保持前后联络,制止学生到危险处采集标本,严禁学生单独行动,防止人员迷路失踪。盛夏季节草丛密集地带不宜贸然进入,以防蛇虫。如要采集标本或通过该区域,提前做好防护准备,确认安全后方可通行。

学生登山时要求量力而行,教师不能强制学生爬山登顶。少数不能跋山涉水的学生可集中起来,留在避开危险的开阔平坦处活动,并临时指派专人负责;或安排返回营地,帮助教师为继续上山同学做好后勤保障工作。对个别出现中暑、腹泻等学生,要听从随队医生的建议进行用药和休息。

日程安排上,要考虑到晴天、雨天等因素,晴天多安排野外采集、观察植物,雨天安排在室内查阅植物检索表、整理标本以及整理植物调查的资料。

4. **教学与考核** 通过野外实习,要求学生能辨识 100~150 种植物,能独立运用检索表查找鉴定不认识的植物。了解植物与环境的相互关系,植物或植被分布的规律性。了解有关植物的药用价值。掌握标本的采集、记录及制作方法。每人压制 5~10 份优质标本。

实习最后一天,可以安排实习小结和考核,实习中同学们认识了大量的植物,获得了大量的知识,但又显得比较零乱,各组间掌握进度也不相同,这就需要进行一番小结,教师可以串讲,也可对学生提问。同时,老师在野外实习结束后,也需要评价考核学生的实习状况,以评定成绩。考核方式可以有多种,一是实地辨认考核,由教师带着学生到山上沿线指定若干种植物让学生识别。也可指定若干种植物让学生自己在附近或指定区域采回来上交。也可以由学生 2~3 人一组,对某区域进行植物种类与资源调查,写出包括植物种类与资源的调查报告。也可由教师采回植物进行编号,在室内对学生进行逐一考核。最后由指导老师组成评定委员会评定实习成绩。

(贾景明　黄宝康)

第二章 植物特征的识别与分类检索

一、形态学鉴定方法

被子植物的器官通常可分为两大类：一类是营养器官，如根、茎、叶。另一类是繁殖器官，如花、果实、种子。叶有单叶、复叶的区别。叶形和叶序可作为植物的鉴别特征。如化香为奇数羽状复叶，黄连木为偶数羽状复叶。刺五加、木通为掌状复叶，扁豆为羽状三出复叶，车轴草为掌状三出复叶，橘为单身复叶。

花冠的类型为植物鉴定的重要特征，花冠形状往往成为不同类别植物所独有的特征。如油菜、菘蓝等十字花科植物为十字形花冠，大豆、甘草、蒙古黄芪等豆科植物为蝶形花冠，丹参、益母草等唇形科植物为唇形花冠，红花、小蓟等菊科植物为管状花冠，向日葵边缘花、蒲公英等菊科植物为舌状花冠。

花序也是植物鉴定的重要特征，如天南星、半夏等天南星科植物为肉穗花序。向日葵、蒲公英等菊科植物为头状花序，薄荷、益母草等唇形科植物为轮伞花序。

果实的类型也常常能成为鉴别的重要特征，如柑果(芸香科柑橘类)、瓠果(葫芦科)、荚果(豆科)、颖果(禾本科)等。角果又分为长角果和短角果，为十字花科植物的特征。当归、白芷、茴香等伞形科植物的分果由两个心皮的下位子房发育而成，成熟时分离成两个分果瓣，分悬于中央果柄的上端，特称双悬果，为伞形科植物的主要特征之一。

此外，有些植物很容易混淆，如绞股蓝 *Gynostemma pentaphyllum* 为葫芦科绞股蓝属植物，鸟足状复叶，果梗长不及 5mm，小叶 5~7 枚，上面深绿色，背面淡绿色。卷须纤细，2 歧，与叶成直角。雌雄异株。乌蔹莓 *Cayratia japonica* 为葡萄科乌蔹莓属植物，叶鸟足状 5 小叶，卷须 2~3 分叉，与叶对生，节间常带紫红色。

白花蛇舌草 *Hedyotis diffusa* 与伞房花耳草 *Hedyotis corymbosa* 和纤花耳草 *Hedyotis tenelliflora* 均为茜草科耳草属植物。白花蛇舌草茎稍扁，花单生叶腋 1 朵或 2 朵；伞房花耳草茎和枝方柱形，花序腋生，伞房式排列，有花 2~4 朵；纤花耳草茎基部圆柱形，上部有棱，花腋生，2~3 朵。

二、分类检索表的应用

自然界的植物种类多种多样，如何在野外认识这些植物呢？我们可以咨询教师，或者采集植物后，将标本带到植物标本馆，逐一比对标本馆内已经定了名的标本。想要真正提高自己的识别植物能力，通常采用的办法就是在全面观察植物标本的基础之上，通过查阅各种工具书，如《中国植物志》、地方植物志、《中国高等植物图鉴》、图说、图谱手册以及具体类群(如某科、某属)的分类学专著等，对植物进行鉴定。为了便于读者快速准确地查到所需的结果,大多数工具书里都有植物分类检索表(检索表是根据二歧分类原理,以对比的方式编制的)。因此,检索表已经成为读者鉴定植物、认识植物类群的工具。

利用现有资料(检索表、植物志、模式标本等),核对出某一植物标本的名称,这一过程就是鉴定。利用检索表鉴定植物可按以下程序进行:

1. 全面了解植物的生活习性、生长环境等资料,所采集的植物标本一定要完整,除根、茎、叶外,尽可能带有花或果实。

2. 仔细观察植物体形态特征,重点解剖和观察花或果的形态和结构。如花或果太小时,可借助放大镜和显微镜进行解剖观察,最好在此基础上写出花程式。观察植物特征时,应以典型材料为依据,不应以个别变异材料为标准。为确保鉴定结果的正确性,不要先入为主、主观臆断和倒查检索表。

3. 在鉴定植物标本时,应根据观察到的特征,应用检索表依次向下或向后查找,不要跳过一项或几项。同时,每查一项,都应该看看检索表中相对编写的另一项,两项比较,看看哪一项最符合待检索植物的特征。检索表上相对应的两个分支的序号相同,两个分支是根据相对的性状编写的。在整个检索过程中,只要有一项出错,就会导致鉴定的不准确。

4. 鉴定结束后,还应找有关专著或相关资料进行核对,看鉴定结果是否完全符合该植物的特征,该植物标本上的形态特征是否和专业书籍上的图、文描述符合。

在熟悉植物类群特征以及检索表的基础上,有时被查植物的类群特征十分明显,可以直接判断出其属于哪个类群,这时可直接从该类群起检查核对,而不必从头检索。

以下为某植物(诸葛菜)的检索实例。

观察某植物:为一年生草本,子叶2枚,总状花序,十字花冠,四强雄蕊,角果,由假隔膜分为2室。

检索过程:1项→次2项→160项→次161项→次238项→次258项→次259项→次281项→次283项→次300项→306项→次308项→次309项→310项,检索得出结论该植物为十字花科。如能熟练掌握十字花科的特征,可以直接查十字花科植物。

(贾景明　黄宝康)

第三章　药用植物标本的采集与制作

药用植物标本是野外调查采集的第一手材料,也是永久性的植物档案和进行科学研究的重要依据。要重视结合野外调查收集植物标本,作为教学与研究之用。

一、采集标本的用具

标本夹板:用坚硬的木条制成,供压制标本用,夹板长 50cm,宽 45cm。另外还有一种轻便标本夹板,用胶合板或铁丝网制成,便于携带。

吸水草纸:较细的草纸即可,要求吸水能力强。如无吸水草纸,用废旧报纸也可。

采集箱:用白铁制成,长 54cm,宽 27cm,高 14cm,上面弧形凸起,中部留一个长 40cm、宽 20cm 的活页门,两端备有环扣,以备配背带用。

枝剪:剪取木本植物枝条用。分手剪和高枝剪两种,后者供采集高大乔木的枝条用。

小铁镐:采集植物的地下部分时用。

海拔仪:用来测量山地海拔高度,以了解植物垂直分布界线。

野外采集记录本:记录采集地点、环境等资料用,一般长 15~20cm,每 100~200 页装订成一册(参考附表记录表格式样)。

号牌:用白色硬纸做成,长方形,一般长 5cm,宽 2.5cm,一端打孔备穿线用。每一个标本都要挂一个号牌。号牌的正反面应分别用不易褪色的铅笔或黑色笔写明:采集地点(县、乡或经纬度)、采集日期、采集人姓名、采集号码。

地质罗盘:用以测定方位、地形坡度、坡向。

定位仪:用于精确测定标本采集地点的经纬度、行走路线、方向等。现许多智能手机都有此功能。

卷尺:用以测量植物的高度及胸径。

此外,还要准备麻绳、防雨塑料布、放大镜、望远镜、小纸袋、广口瓶等,依据需要,酌量准备浸制液(福尔马林液、乙醇等)等试剂,需要教师安排专人负责,注意使用安全。

二、采集标本的方法

1. 采集目的与注意事项　采集标本是为了更好学习、辨认和鉴定植物种类,因此应尽量采集带有花、果的标本。花、果等繁殖器官的形态特征是鉴定种类的重要依据,要掌握植物的开花、结果的季节及地区差异。此外,还要注意以下情形:

(1)矮小草本植物:要连根挖出,根、茎、叶、花(果)采全。

(2)高大草本(1m 以上):连根挖出,"N"字形压制,或切成几段:上段带花果,中间段带叶,下段带根,合并为一份标本,注意记录全草高度。

(3)乔木:选取带有花、果及叶片完整的枝条剪下,一般25~30cm,花、果太密时可以适当疏去一部分。如果药用部分是根或树皮,同时采取一小块根或树皮附在标本上。

(4)先花后叶植物:做好标记,分次采集带叶、花、果的标本。

(5)苔藓植物:要带有孢蒴,可春季及初夏采,成丛采集,放入纸袋折好,标本牌号放在袋里,采集鉴定标签贴于纸袋正面。

(6)雌雄异株植物:分开收集标本,注意不要弄错。

(7)寄生植物:采集时应连寄主一起采(包括寄生木本的一段枝条或草本的一段茎叶),不要将二者分开。如菟丝子、列当寄生在草本植物上,桑寄生和槲寄生等寄生在树木枝条上。

2. 采集标本地点的选择 对于野外教学标本可以随时采集,对于指定种的标本采集则需要了解植物的生态环境、生长周期和分布情况。如黄精、玉竹喜生于阳坡的树林底下或山沟边土厚、潮湿无强光的地方。升麻、北五味子也是森林下层的植物,长在东北长白山红松林里。而肉桂只有广东、广西、云南才有。所以采集标本还要掌握植物分布规律才能收效好。尤其要注意依靠当地群众、药农、林场工人等,他们对当地植物熟悉,有实践经验,可多向他们了解情况。

3. 野外记录的要求与内容 野外采集应有现场记录,记录的内容有专门的记录本按其格式填写,但其中有几项最为重要,如植物名、别名、当地土名等,可以向当地群众了解,尽量收集,同时了解其用途,把它记录下来。另外,生态环境(山坡、林下或沟边等)、海拔、植物的花果颜色都很重要。因为花色易变,而有些植物鉴定种或变种时,常以花色为根据之一,如不当场记下,以后变色就会影响鉴定的正确性。

采集记录同时要按种编号,号码写在小纸牌上(专门设计的纸牌),用线穿好拴在标本上,其号数与野外记录本上号码一致,这样可以按记录本号数找到标本,不致发生错误。

写野外记录和号牌最好用铅笔或油性记号笔而不用圆珠笔或水笔,因后者久之易褪色。此外,也可以利用记录仪或智能手机现场记录视频影像资料,还可结合轨迹记录功能测量面积。

药用植物标本采集记录(参考式样)

中文名(地方名)＿＿＿＿＿＿＿＿＿＿＿＿＿＿＿＿＿＿＿

科名＿＿＿＿＿＿＿＿＿＿＿＿＿＿＿＿＿＿＿＿＿＿＿＿＿

拉丁学名＿＿＿＿＿＿＿＿＿＿＿＿＿＿＿＿＿＿＿＿＿＿＿

地点＿＿＿＿＿(省、市)＿＿＿＿(县)＿＿＿＿(乡、村、山)

环境＿＿＿＿＿＿＿＿＿＿＿＿＿＿＿＿＿＿＿＿＿＿＿＿＿

海拔＿＿＿＿＿＿(m)经度＿＿＿＿＿＿°纬度＿＿＿＿＿＿°

习性(体态)＿＿＿＿＿＿＿＿＿＿＿＿＿＿＿＿＿＿＿＿＿

植物高＿＿＿＿＿＿(cm 或 m)胸径＿＿＿＿＿＿(cm 或 m)

根＿＿＿＿＿＿＿＿＿＿茎或树皮＿＿＿＿＿＿＿＿＿＿＿

叶形和颜色＿＿＿＿＿＿＿＿＿＿＿＿＿＿＿＿＿＿＿＿＿

花(形状和颜色)＿＿＿＿＿＿＿＿＿果(形状和颜色)＿＿＿

用途或附记＿＿＿＿＿＿＿＿＿＿＿＿＿＿＿＿＿＿＿＿＿

采集者＿＿＿＿＿＿＿＿＿＿采集号＿＿＿＿＿＿＿＿＿＿

采集日期＿＿＿＿＿年＿＿＿＿＿月＿＿＿＿＿日

标签式样

采集号_____	
地　点_____	
采集者_____	
____年__月__日	

4. 野外工作的注意事项　注意保护药用植物资源,不要滥采滥伐,采集后要把留下的坑穴填好压实。稀有种以现场辨认和拍照为主,尽量不采。对于珍稀濒危植物禁止采集。要遵守保护区管理规定,防止森林火灾、爱护国家财产。

野外工作一定要注意安全,在深山密林中采集,最好有向导带路,采集人员的距离不要拉大,随时保持联系。走在前面的人要折树枝挂条子做前进记号。食物、水等每人宜分开携带。服装宜颜色鲜明。

野外调查方位的确定很重要,除了正常调查工作中需要确定方位外,在少数人(甚至一个人)离队,或迷失方向时要镇定,不要惊慌失措,先要冷静下来,用各种方法确定好方位后再行动。通常用罗盘(指南针)确定或用卫星定位仪,如果手机还有信号,迅速将自己所处大致方位,周边特征以及基本情况明确扼要地电话描述和用短信群发告诉领队及教师。注意避免在手机无信号或信号差时反复使用耗光电量而彻底失去联系。在没有上述设备或设备失效的情况下,可用下述辅助办法来确定方位:

(1)太阳的位置:在东北地区,夏天上午 10 点在东偏南,下午 1 点左右在正南,下午 3 点以后在西南。

(2)月亮:圆月时,晚 7 点位于东方,午夜在南方;上弦月,晚 7 点位于南方,午夜 1 时在西方;下弦月,午夜 1 时位于东方。

(3)北极星:先找到大熊星座,然后再找北极星,北极星的方向永远是正北方。北斗七星也称勺子星,由七颗星组成,四颗星组成斗,三颗星组成斗柄。将其斗口外边两颗星联结并延长,在其距离约 5 倍处的地方,有一颗不太光亮的星,即为北极星。

(4)孤立木:一般多枝的一方为南,少枝的一方为北。

(5)年轮:木质部生长快的(年轮稀疏的)为南,木质部生长缓慢的(年轮紧密的)为北。

(6)桦树皮南面比较光洁,北面比较粗糙,有疙瘩或裂纹。

(7)蚂蚁窝向南的一面坡较缓,北面较陡。

(8)地衣在树干上,南面较少,北面较多。

(9)如果在林区,可以看到林区的号码桩,号码桩上的小号指向北,大号指向南。

方位辨清后,确定去向,也可沿水流向下走,这样有可能找到人家或走出森林。若到晚间可生火取暖及防御野兽侵袭,并可作为联络信号,但一定要防止森林火灾。不离队独行,是不迷失方向的重要保证。

有些植物开美丽的花、结好看的果,要注意,很可能是有毒植物,如石蒜、毛茛、颠茄,不要随便乱吃、乱闻,以防中毒,还有一些鲜艳的蘑菇也有毒。

到深山密林采集要注意安全,防范野兽和毒蛇,所以采集最好带蛇药和防护用具,不要单独行动。采集回来后,在条件允许情况下,要及时洗手和洗澡。

三、腊叶标本的制作与保存

野外采集的新鲜标本须及时整理压制。如在野外无法现场压制,则应带回后当天压制。将标本逐份整理,较大的植物可修剪使其略小于台纸,并尽可能展现自然状态,枝叶太密可适当疏剪去一些。草本及蕨类植物可整株压制,太长可弯折成 V 形、Z 形或 N 形。并要翻转部分叶片使叶背朝上。

已鉴定的标本可进行压制,先在夹板底夹上放 7~8 层干燥的吸水纸(也可用旧报纸代替),放上 1 号标本,再盖上 3~5 层纸,多汁不易干的植物,多压几层纸,将所有标本整理压好后,再在上面加 7~8 层干纸,盖上另一块标本夹,用绳子四周捆紧,放在干燥处,上面可以加一些重物压制。换纸必须勤快,刚采回的新鲜标本,头三天每天要换纸 2~3 次,换纸时注意检查标本的花瓣、叶片有无折皱,如有则务必理平。另外,注意标本上叶片应有正面和反面朝上的。

标本压干以后,通常要进行消毒,因为植物体上往往有虫子或虫卵在其内部,如不消毒,则会长出虫子或被虫蛀蚀。标本的消毒方法常利用紫外消毒和气熏或浸泡消毒杀虫等。消毒时要做好个人防护。现也有将标本成捆用密封袋密封,置于 -40℃超低温冰柜中冷冻 1 周时间后取出,此法环保,但标本需隔一、二年消毒一次。

装帧应用洁白的台纸(用白纸加压而成),一般纸长约 50cm,宽 30~32cm。将消毒过的标本放在纸上,要摆好合适的位置,尤其花枝不可太靠近台纸边缘,否则易碰坏,如果枝叶太密或花太多时,可临时修剪去一些,然后用小纸条粘贴固定,注意纸条不宜粘贴太多,以既能固定又美观大方为原则。

粘贴好以后,在右下角贴一小表,标签的内容如下:

××××(单位名)植物标本
采集号_____ 标本室登记号_____
科 名_____ 中名_____ 地方名_____
拉丁名_____
用 途_____
采集地_____(省、市)、(县、区)、(乡、村、山名)
经纬度_____ 海拔_____(m)
采集者_____ 采集日期_____
鉴定者_____ 鉴定日期_____

有些种类如百合科的百合,地下鳞茎压制成标本后仍能萌芽。可以放在开水里煮几分钟,或用 50% 乙醇浸 1~2 天,然后再压。马齿苋、景天等肉质茎叶植物,以及部分叶和花容易脱落的种类也可以用上法处理。有许多果实不易压制,则可制作浸制标本,如桃、李、葡萄、梨、苹果等,用 60% 乙醇或 50% 福尔马林溶液,将上述果实洗净放入,可长久保存。大型真菌也可用此法保存。

标本经过鉴定后,就要把鉴定标签贴在台纸的右下角,把原来该种标本的野外采集记录表复制一份贴在台纸的左上角,以供日后参考。暂时定不出名的标本,待日后进一步鉴定,如有必要也可将标本和野外记录送权威鉴定单位进行鉴定。

每一标本都应编号,并在野外记录本上、野外号牌上以及鉴定标签上打上同一号码,消毒后,此标本就可入柜了。标本入柜的排列顺序,各科研单位及高等院校标本室大都按科、属、种亲缘关系分类系统排列,我国一般是按恩格勒系统或哈钦松系统排列。每个科里的属和种则按拉丁学名的字母顺序排列以便于查阅标本。

为了减少标本的磨损,入柜的标本还要用牛皮纸做成封套把同属标本套上,在封套的右下角写上属名便于今后查阅。入柜的标本是很重要的资料,应当特别注意保护。标本室应选在干燥的地方,标本柜里要经常放一些樟脑精或卫生丸等防虫。标本柜门要密闭,拿标本要平拿平放,不要使柜里的标本长久暴露在外。

四、浸制标本的制作方法

腊叶标本虽有保存较久和携带方便等优点,然而经过压制干燥后的植物标本往往改变了原来的生长状态和颜色,降低了真实感。为了保持植物新鲜时的生长姿态和原有色泽,便于识别,常将植物的全部或一部分器官用浸泡液制成浸液标本。

用纯防腐性的浸泡液,如 5%~10% 福尔马林、30% 乙醇溶液或福尔马林 - 乙醇混合液(福尔马林 -95% 乙醇 - 水 1:6:40)等浸制保存的植物标本不致腐败,是最常用而简便的方法,但不能保持原有色泽。

用醋酸铜或硫酸铜浸制液处理后再保存于防腐液中可较长久地保存绿色植物标本。用福尔马林 - 乙酸浸制液或福尔马林 - 氯化钠浸制液可保存黑色植物或紫色、红紫色植物(或植物器官)标本。硼酸 - 乙醇 - 福尔马林浸制液可用于保存红色植物(器官)标本。

五、研究分析用药材样品的采集

药用植物由于供药用的部位不同,采集的时间也不相同。还需要保证有足够的量进行分析及备份保留。对于稀有的植物尽量用微量采集、微量分析方法。

各类药材采集时间如下:

根和根茎类药材:这类药材通常包括根、根茎、鳞茎、球茎和块茎。一般在植物生长停止、花叶枯萎的休眠期或春季植物萌发前采收。

皮类药材:皮类药材主要是木本植物茎或根的皮部。茎皮类药材一般应在春夏季相交的时候,即 6~7 月之间采收。因为这时植物体内汁液较多,形成层细胞分裂迅速,容易剥离。而根皮类药材,以春、秋季采集为好。

全草类药材:这类药材通常以草本植物的全株或地上部分(带叶的花枝或果枝)为主。一般在植物生长最旺盛时、花蕾将开放时或花盛开而果实尚未成熟时采收。

果实种子类药材:以采收果实或种子为主。一般多在果实成熟时采收。采回的样品要迅速风干或晒干保存,避免潮湿、发霉、腐烂。同时要记载取样时间、地点、当时天气情况,并和采集的植物标本一起编号。有毒植物应做特殊包装并加以注明以免发生中毒。

如果遇阴雨天气,可适当加温干燥,但要掌握好加热温度,一般温度应控制在 50~60℃,对含维生素较多的果实类药材,用 70~90℃高温迅速干燥,含挥发油类药材,一般温度应控制在 20~30℃。

用于分子标记实验用的植物材料还要保鲜或低温冷冻保存,或进行硅胶快速干燥等处理。

(贾景明　黄宝康)

第四章　药用植物资源的调查

一、样地的选择与样方调查

在进行药用植物资源产量调查时,由于植物分布地域非常广阔,不同地形,不同植被类型,植物的种类、数量都不相同。主要包括 11 个植被类型组,即针叶林、针阔叶混交林、阔叶林、灌丛、荒漠、草原、草丛、草甸、沼泽、高山植被和农田等。因此,应该正确选择样地(标准地)。因为在进行大区域的药用植物资源产量调查中,不可能也不需要把所有地段进行全面的清查,因此,常用抽样调查法来选择样地。

由于不同的药用植物生长在不同群落中,因此样地设置必须要含有被调查植物的群落类型。为了解决这一问题,在正确选择样地前,要对该种药用植物群落的分布有广泛的了解。一般在没有该种植物准确的群落类型资料时,应先进行群落结构调查,或借助有关植物群落和植物地理学资料选定主要群落类型。

样地的布局也常常会影响调查结果的准确性。一般样地布局采用抽样方法来进行。常用的抽样方法有主观取样、系统取样和随机取样。选择好样地后,可以在样地上设置若干个样方。样方的大小决定于调查的药用植物种类以及它们的群落学特征。一般草本植物为 $1\sim10\text{m}^2$,灌木为 $10\sim50\text{m}^2$,乔木为 $100\sim10\ 000\text{m}^2$。样方可以是方形、圆形,也可以是长方形。设置样方时,必须要注意面积的准确性。

样方的种类很多,在药用植物资源产量调查中,常用以下两种方法统计:

(1)记名样方(list quadrant):这种方法是统计样方内某种药用植物的株数,在用样株法调查产量时应用。

(2)面积样方(basal-area quadrant):这种方法是测定样方中某种药用植物所占整个样方面积的大小,在用投影盖度法调查产量时使用。

样方调查时,无论使用哪种方法,都应首先记载下列内容:调查地点、日期、样方面积、样方号、植物所在的群落类型、生境、主要伴生植物。药材挖出后要标明物候期,系上号码牌(和样方总号一致)。

药用植物的产量是种群的一个变异很大的数量指标,它受许多因素影响,既有植物本身的因素,又有环境因素。植物本身的因素主要包括年龄状态、生活力、器官构造和发育状况等。环境因素包括土壤、地被物的影响,水分、光照、坡向、竞争者的存在、种群的地理位置等。

二、药用植物资源调查方法

1. **线路调查**　即在调查范围内按不同方向选择几条具有代表性的线路,沿着线路调查,记载药用植物种类,采集标本,观察生境,目测多度等。这种方法虽然比较粗糙,但可以窥其全貌,适宜于大面积的,特别是药用植(动)物产量较少、分布又不均匀的地区。

2. **样地调查** 在调查范围选择不同地段,按不同的植物群落设置样地,在样地内做细致的调查研究。样地的设置是按不同的环境(包括各种地形、海拔、坡度、坡向等)拉上工作线,在工作线上每隔一定距离设置样方(样方的大小根据调查的目的、对象而定)。在样方内对药用植物的株数、多度、盖度(郁闭度)及每株鲜重、风干后重量等分别做测量统计。

3. **蕴藏量调查** 药用植物蕴藏量的调查目前还没有比较精确和切实易行的方法,一般采用的有估量法和实测法。

(1)估量法:邀请有经验的药农、收购员等座谈讨论,并参照历年资料和调查所得的印象做估计。这种方法虽然不精确,但是值得参考。

(2)实测法:数量信息,即药用植物所在样方内的植株数量;重量信息,即在调查区域内采集的每株药用植物的地上部分和地下部分重量。在同一个地区,分别调查各种植物群落的种类组成,并设置若干样地。在样地内调查统计药用植物的株数、药用部分鲜重,重复调查若干样地,求出样地面积的平均株数及重量,再换算成每公顷单位面积产量,作为计算该植物群落蕴藏量的基本数据。依据植被图、林相图、草场调查等计算出该植物群落的占有面积。这样就可以求得该植物群落的蕴藏量。把各个植物群落的蕴藏量加起来,就得出该地区的各种药用植物蕴藏量。

例如:在江苏某地对毛竹 - 明党参群落中的明党参 *Changium smyrnioides* 的蕴藏量做调查。共设置 20 个样方,每个样方 10m²。经样地实测每 10m² 中平均有 36 株明党参,每株可采鲜根 0.05kg,则每 10m² 约可产鲜根 36×0.05=1.8kg。根据林相图,借用透明方格片计算出该地区毛竹 - 明党参群落的总面积为 0.5 公顷,则明党参总蕴藏量(鲜重)约为:(0.5×10 000/10)×1.8=900kg。鲜根晾干后失重 50%,则该地可产明党参药材 900×50%=450kg。

三、自然环境的调查与记载

1. **地理位置** 即调查地区的范围、所在地区行政区划及经纬度。对于调查地区及附近的山脉、河流、湖泊、交通干线均应做记载。

2. **地形、地势** 对调查地区的地形、地势进行观测与记载,分山地(相对高度在 200m 以上)、丘陵(相对高度在 200m 以下)、平原(起伏小,坡度不超过 5°)、高原、盆地、岛屿等。

3. **气候** 依当地有关气象站的记录资料,结合农时,了解常见药用植物的生长、开花、结实等情况。

(1)气象记载的项目包括:①**温度**,年平均温度、最低月平均、最高月平均、绝对最高、绝对最低、初霜期及终霜期等;②**降水**,年平均降水量、最低月平均、最高月平均、冬季积雪时间及厚度;③**湿度**,年平均相对湿度、最低月平均、最高月平均相对湿度;④**风力**等资料。

(2)其他:如四季的日照时间及光照强度等。

4. **土壤** 记载土壤的种类和分布。一般从自然剖面观察土壤层次、深度、颜色、结构、质地,测定酸碱度等。一般对岩石种类、土壤母质也应做了解。

5. **植被** 植被是一个地区植物区系、地形、气候、土壤和其他生态因子的综合反映。在调查范围内对植被类型,如森林、草原、沙漠等应分别记载其分布、面积和特点。对于调查范围内的各种植物群落(主要是包括有重要药用植物的群落)应做样地调查,并分层记载。

植物群落就是在一定地段上具有一定种类组成、层片结构和外貌,以及植物之间和植物与环境之间有一定相互关系的植被。对于植物群落的调查与记载内容有：

(1) **植物群落的名称**：一般是根据群落中优势种类来命名。若群落中有成层(上、中、下三层)现象，就从各层中取其主要者命名，同层中种名与种名之间用"+"号连接，异层中种名与种名之间用"-"连接。如落叶松 - 兴安杜鹃 - 草类植物群落，麻栎 + 鹅耳枥 - 荆条 - 糖芥植物群落，羊草 + 狼针茅 + 糙隐子草群落等。如植物群落被破坏(砍伐、放牧、开荒、火灾等)，应注明。

(2) **多度(或密度)**：即某药用植物在群落中分布的密度。求取多度的方法有两种：一种为记名计数法，即在样地中直接统计多种植物的个体数目，然后以下列公式求算：

某种植物的多度 =(该种的个体数目 ÷ 样地中全部种的个体数目) × 100%

另一种方法为目测估计法，一般用相对概念来表示，即非常多(背景化 +++++)、多(随处可遇 ++++)、中等(经常可见 +++)、少(少见 ++)、很少(个别，偶遇 +)5 级。这种方法有较大的主观性和经验性，准确度也较差。但是迅速，在植被概略性调查中仍可采用。

(3) **盖度和郁闭度**：即植物(草本或灌木)覆盖地面的程度，以百分数来统计，如该样地内植物覆盖地面一半(另一半裸露)，其盖度为 50%。郁闭度是指乔木郁闭天空的程度，如该样地树冠盖度为 70%，其郁闭度则为 0.7。

(4) **频度**：即药用植物在群落中分布的均匀度。它的统计方法是，在该植物群落的不同地点，设置若干个样地，统计出现该植物的样地数，然后除以样地总数，所得之商换算成百分比即为频度。

例如：调查明党参在某群落中的频度，共设置 20 个样地，经调查统计，有 12 个样地出现明党参(不管其多度大小)，则其频度 =12/20 × 100%=60%。频度不仅表示出该植物在群落中分布的均匀程度，同时群落分层频度调查，还可以说明自然更新情况、该群落的利用价值，并为计算蕴藏量提供数据。测定各种植物的频度，采用小样地(面积不小于群落的最小面积)，但样地的数量要多，至少 10 个。

四、药用植物资源调查影像资料的采集与存档

植物资源调查过程中，影像资料具有十分重要的作用，在调查过程中需要重视影像资料的采集与存档。

(一) 影像资料的种类

1. **群落生境影像**　指药用植物生长的地形地貌以及植被类型、群落类型特征的照片和视频资料。地形地貌如山地、丘陵、平原、高原等；生境类型如农田、森林、草原、灌丛、沙漠、江河湖泊、海洋等。

2. **植物形态影像**　指药用植物的整体面貌特征写真照片，药用植物主要是地上部分整体生长特征，包括植株的形状、大小、色泽等，注意应包括花、果实、种子等繁殖器官的信息。

3. **植物器官影像**　指药用植物具有鉴别意义的局部器官特征图像资料，包括药用部位器官。必要时采用相机微距或特写功能。

4. **工作资料影像**　指调查现场工作的图像资料。包括调查人员、调查地标牌、工作场景、人员合影等。对于反映资源保护方式和现状、产地采收加工、药材市场等情况的图像资料也要注意收集拍摄。

(二) 影像资料的采集

拍摄植物群落、生境影像时最好选择拟调查药用植物显而易见且地形地貌典型的构图，

采用广角镜头和小光圈远景深效果拍摄,确保构图中清晰涵盖所调查药用植物及其背景中的地形地貌。群落影像要反映药用植物所在群落整体和各类优势种及药用植物本身。对于种类少且层次清楚的草本群落,往往若干张照片就可以反映整个群落特征,例如对于高山草甸生长的秦艽群落。对于多层群落如涵盖"乔木+灌木+草本",宜采用总体+分层的方法,通过多张照片系统反映。

拍摄植物形态宜选择自然正常生长的植株,最好有花、果实等器官。避开有病虫害和人为破坏干扰的植株。宜采用大光圈短景深。为了突出拍摄主体,必要时可用不同颜色的摄影背景布做衬托。

植物各器官的特写宜采用相机的微距摄影模式或更换微距镜头。包括植物的根、茎、叶、花、果实、种子的照片,突出鉴别特征明显的器官。药用部位应选择无病虫害的典型样品,可以取下置于摄影布上拍摄,同时在拍摄物旁边加上标尺,以提供大小尺寸对比信息。

(三)影像资料的整理存档

野外调查过程中,按照上述方法,可以获得大量的影像原始资料,为了便于日后的管理使用,必须及时对原始资料进行筛选,保存最佳照片和视频,按照规范进行命名,存入文件夹,同时按规范刻录光盘,编号保存。

影像资料的命名编号可以采取"学名-采集地-资料类型-日期编码"的格式:例如2014年9月19日在江苏省镇江市茅山拍摄的孩儿参植物生境照片可编为:"孩儿参 *Pseudostellaria heterophylla*-江苏茅山-生境-201409191",因为同类照片往往不止一张,所以在最后加一位。如有不同人员拍摄,还可加拍摄者姓名编码。影像资料可根据资料类型或调查地点建立文件夹存档。影像资料编号最好与采集的标本及记录资料能够建立对应关系,便于检索查找。

五、现代资源调查技术应用

1. **遥感技术**(remote sensing,RS)　"遥感"是根据不同物体的电磁波特性不同的原理,探测地表物体对电磁波的反射和其发射的电磁波,从而提取这些物体的信息,完成远距离识别物体。"遥感"技术是从远距离、高空,以至外层空间的平台上,利用可见光、红外、微波等探测仪器,通过摄影或扫描、信息感应、传输或处理,从而识别地面物质的性质和运动状态的现代化技术系统。

根据目标不同可以分为陆地资源遥感、海洋遥感和气象遥感,包括地面、海洋、大气等,主要是对地面观测。航空遥感的高度一般在3 000~5 000m,卫星遥感一般从500~900km。按遥感的物理波段区分,可分为可见光遥感、红外遥感和微波遥感。

遥感具有获取数据范围大,获取信息的速度快、周期短,获取信息受制条件少,获取信息的技术手段多,定时、定位观测时效性高等优点。能周期性地监测地面同一目标,进行对比动态分析。通过遥感技术,对中药材种植区域的种植面积进行调查,建立中药资源遥感调查的技术路线和方法。并通过抽样调查对研究区中药材进行面积测算和估产。

2. **地理信息系统**(geographical information system,GIS)　地理信息系统是以地理空间数据库为基础,在计算机软、硬件的支持下,对有关空间数据按地理坐标或空间位置进行预处理、输入、存储、检索、运算、分析、显示、更新和提供应用、研究,并处理各种空间关系的技术系统,除了用于大面积的资源调查数据的处理,还可以用于分析局部的生态环境,进行生态环境如土地适宜性,最佳生境特征的评价,已应用于药用植物资源调查数据的处理与分析中,可以将地图与对应属性信息统一,利用软件的空间分析功能从原始数据中提取出更多信息,生成各种专题图输出,数据的利用更高效,数据管理更直观、灵活简便,数据库易更新。WebGIS 是 GIS 与 Internet 技术的结合,使空间数据信息实现共享,提高维护、发布和查询效率。

3. 全球定位系统(global position system,GPS) 全球定位系统是以人造卫星组网为基础的无线电导航系统,它通过 GPS 接收机接收来自 6 条轨道上的 24 颗 GPS 卫星组成的卫星网发射的载波,来实现全球实时定位,在野外作业如药用植物的采样中得到广泛应用,除了定位功能外,许多 GPS 接收机本身也能用于野外目标区域的面积测量。除了 GPS 卫星定位系统外,还有中国的北斗卫星定位系统、俄罗斯的 GLONASS 系统和欧洲的"伽利略"卫星定位系统。

在"3S"中 GPS 和 RS 分别用于获取点、面空间信息或监测其变化,GIS 用于空间数据的存贮、分析和处理,三者功能上互补,将它们集成在一个统一的平台上,其各自的优势可得到充分发挥。如 RS 与 GIS 集成应用,可充分利用 GIS 处理和分析空间数据的优势,在土地详查、土地面积量算、土地利用现状图的编制等方面,两者结合具有广阔的应用前景。GPS的快速定位为遥感数据实时、快速进入 GIS 系统提供了可能,促进了"3S"的综合应用,如农情采样监测系统。GPS/GIS 的集成可用于定位、导航、实地的面积测量,对精确植物信息样点采集定位、智能化农作机械动态定位能发挥重要作用。

六、药用植物资源调查与名录的编制

药用植物资源调查不但要有种类的数据,还要有产量或蕴藏量的数据,它们对于开发利用和保护药用植物资源而言是一个重要的定量指标。产量调查主要调查那些重要的、供应紧缺的和有可能造成资源枯竭的种类。可以结合蕴藏量调查进行,同时要调查测算更新周期和年允收量等资料,以保证药用植物资源的可持续利用。

药用植物资源调查包括以下内容:调查准备工作、野生药用植物资源调查、栽培药用植物资源调查、标本采集鉴定与保存、药材样品采集鉴定与保存、种子收集与保存、影音资料收集与存储、药用植物资源名录等技术资料文件编制。

在完成野外调查后,着手编写药用植物资源名录。根据预先了解该地植物区系资料及本地区的标本材料,《中国植物志》或地方性植物志及药用植物志是重要参考资料,标本材料可到有关研究所或大学查看。对本次调查采集的标本要仔细核对,对于不能确认的种类,最好送有关单位请专家协助鉴定。资源名录中种的顺序一般按植物分类系统排列,先低等植物后高等植物。每种植物应包括植物名称、俗名、拉丁学名、生境、分布、花果期、功效等内容。

(贾景明 黄宝康)

第三篇
药用植物学学习指导

绪　论

【要点概览】　药用植物学（pharmaceutical botany）是运用植物学的知识与方法来研究药用植物,包括其形态组织、生理功能、分类鉴定、资源开发和合理利用等内容的一门学科。学习的主要目的是开展基源鉴定和资源调查利用。我国古代具有代表性的药物著作(本草)主要有《神农本草经》《本草经集注》《新修本草》《经史证类备急本草》《本草纲目》《植物名实图考》和《植物名实图考长编》等。

【知识与能力测评】

一、名词解释

1. 药用植物学

2. 本草

二、选择题

1. 现存最早,也是我国古代药物知识第一次总结的本草是（　　）。

A.《神农本草经》　　　　　　　　B.《本草经集注》

C.《新修本草》　　　　　　　　　D.《本草纲目》

2. 由官方组织编撰,称得上是世界上第一部药典的是（　　）。

A.《神农本草经》　　　　　　　　B.《本草经集注》

C.《新修本草》　　　　　　　　　D.《本草纲目》

3. 李时珍的《本草纲目》的分类方法属于（　　）。

A. 自然分类系统　　　　　　　　B. 人为分类系统

C. 药用部位分类系统　　　　　　D. 主要功效分类系统

4. 当前药用植物学最应关注解决的问题是（　　）。

A. 中药材的有效性　　　　　　　B. 中药材的安全性

C. 中药材的道地性　　　　　　　D. 中药材的可持续利用

【参考答案】

一、名词解释

1. 药用植物学:药用植物学是运用植物学的知识与方法来研究药用植物,包括其形态组织、生理功能、分类鉴定、资源开发和合理利用等内容的一门学科。

2. 本草:我国古代记载药物来源与应用知识的著作称为"本草"。

二、选择题

1. A　2. C　3. B　4. D

（黄宝康）

第一章　植物的细胞

【要点概览】　植物细胞是植物体结构和生命活动的基本单位,不断地进行着分裂、生长与分化。植物细胞由细胞壁、原生质体组成。原生质体主要包括细胞质、细胞核、质体等有生命的物质。此外,细胞中尚含有淀粉、菊糖、结晶等后含物。细胞壁分胞间层、初生壁和次生壁三层,并发生木质化、木栓化、角质化、黏质化和矿质化等特化。

【知识与能力测评】

一、名词解释

1. 原生质

2. 细胞器

3. 液泡

4. 质体

5. 原核生物

6. 后含物

7. 半复粒淀粉

8. 胞间连丝

9. 细胞学说

二、填空题

1. 细胞核具有一定的结构,可分为＿＿＿＿＿、＿＿＿＿＿、＿＿＿＿＿和＿＿＿＿四部分。

2. 原生质体内的物质按作用、形态及组分差异可分为＿＿＿＿＿、＿＿＿＿和＿＿＿＿＿三部分。

3. 植物细胞的分裂方式常见的有＿＿＿＿＿、＿＿＿＿＿和＿＿＿＿＿。

4. 植物细胞草酸钙结晶的类型有＿＿＿＿＿、＿＿＿＿＿、＿＿＿＿＿、＿＿＿＿＿、＿＿＿＿＿。

5. 质体根据其所含色素及生理功能的不同,可分为＿＿＿＿＿、＿＿＿＿＿、＿＿＿＿＿。

6. 白色体与物质的积累和贮藏有关,其中＿＿＿＿合成淀粉,＿＿＿＿合成蛋白质,＿＿＿＿合成脂肪及脂肪油。

7. 根据次生壁增厚情况不同,纹孔可分为＿＿＿＿＿、＿＿＿＿＿和＿＿＿＿＿。

三、选择题

1. 以下不属于植物特有的细胞器是(　　　　)。

A. 细胞壁　　　　　B. 叶绿体　　　　　C. 高尔基体　　　　D. 液泡

2. 发育中的番茄,最初含(　　　　),见光后转化为(　　　　),果实成熟时,逐渐转变成(　　　　)。

A. 叶绿体 - 白色体 - 有色体　　　　　B. 有色体 - 白色体 - 叶绿体

C. 有色体 - 叶绿体 - 白色体　　　　　D. 白色体 - 叶绿体 - 有色体

3. 糊粉粒多分布于植物的(　　　　)。

A. 种子　　　　　　B. 根或茎　　　　　C. 叶和花　　　　　D. 果实

4. 桃子成熟后易变软,农业上的沤麻,都是由于细胞壁的(　　　)的果胶溶解而使细胞相互分离造成。

A. 胞间连丝　　　　B. 初生壁　　　　　C. 次生壁　　　　　D. 胞间层

5. 不具有次生壁的细胞是(　　　)。

A. 叶肉细胞　　　　B. 石细胞　　　　　C. 纤维细胞　　　　D. 导管细胞

6. 草酸钙结晶中加入(　　　)晶体会溶解,并进一步形成针状结晶析出。

A. 20% 盐酸溶液　　　　　　　　　　　B. 20% 硫酸溶液

C. 20% 醋酸溶液　　　　　　　　　　　D. 20% 碳酸溶液

7. 加醋酸能产生气泡的结晶是(　　　)。

A. 草酸钙结晶　　　B. 碳酸钙结晶　　　C. 硅质结晶　　　　D. 橙皮苷结晶

8. 草酸钙结晶一般存在于细胞的(　　　)中。

A. 细胞核　　　　　B. 质体　　　　　　C. 液泡　　　　　　D. 细胞质

9. 植物细胞初生壁的主要成分是(　　　)。

A. 纤维素、半纤维素和果胶质　　　　　B. 木质素、纤维素和半纤维素

C. 果胶质和木质素　　　　　　　　　　D. 果胶质和纤维素

10. 光学显微镜下可以看到的细胞器是(　　　)。

A. 高尔基体　　　　B. 核糖体　　　　　C. 叶绿体　　　　　D. 内质网

四、问答题

1. 简述何为细胞的显微结构与超微结构?

2. 叶绿体和有色体与植物的颜色有何关系?

3. 试述细胞壁有哪些特化现象? 可用什么鉴别方法?

4. 试述何为细胞分化与细胞的全能性?

5. 细胞生长和细胞分化的含义是什么?

【参考答案】

一、名词解释

1. 原生质:原生质是细胞生命物质的基础,其化学成分复杂,并随代谢活动而变化,最主要的成分是以蛋白质和核酸为主的复合物。

2. 细胞器:细胞器是细胞中具有一定形态结构、组成和特定功能的微器官,也称拟器官。

3. 液泡:液泡为植物细胞所特有的细胞器,在幼小细胞中很小、分散或不明显,随着细胞长大成熟,逐渐增大,并彼此合并成几个大液泡或一个中央大液泡,而将细胞质、细胞核等挤向细胞的周边。

4. 质体:质体为植物细胞所特有的细胞器,其基本组成为蛋白质和类脂,含有色素。

5. 原核生物:原核细胞没有定型的细胞核,由原核细胞构成的生物称原核生物。

6. 后含物:植物细胞在生活过程中,由于新陈代谢的活动而产生的各种非生命的物质,统称为后含物。

7. 半复粒淀粉:具有 2 个或多个脐点,每个脐点除有各自的层纹外,在外面另被有共同层纹的淀粉粒称为半复粒淀粉。

8. 胞间连丝:细胞壁生长没有均匀增厚的,在初生壁上的初生纹孔场中分布着许多小

孔,细胞的原生质细丝穿过这些小孔与相邻细胞的原生质体彼此相连,这种原生质丝称为胞间连丝。

9. 细胞学说:1838—1839 年德国植物学家施莱登(M. Schleiden)和动物学家施旺(T. Schwann)几乎同时提出了细胞学说:一切动植物有机体都是由细胞构成的(即细胞是构成生物体结构和功能的基本单位),所有细胞都是由细胞分裂或融合而来,卵和精子都是细胞,一个细胞可以分裂而形成组织。

二、填空题

1. 核膜 核液 核仁 染色质
2. 细胞质 细胞核 细胞器
3. 无丝分裂 有丝分裂 减数分裂
4. 单晶 针晶 砂晶 柱晶 簇晶
5. 白色体 叶绿体 有色体
6. 造粉体 蛋白质体 造油体
7. 单纹孔 具缘纹孔 半缘纹孔

三、选择题

1. C   2. D   3. A   4. D   5. A   6. B   7. B   8. C   9. A   10. C

四、问答题

1. 光镜下看到的结构称为显微结构。电子显微镜(包括扫描电镜或透射电镜)下观察到的细微细胞结构称为超微结构。

2. 叶绿体含叶绿素 a、叶绿素 b、胡萝卜素和叶黄素 4 种色素,其中以绿色的叶绿素含量最多,而叶绿体多存在于叶片中,所以植物的叶片通常呈绿色。有色体主要含胡萝卜素和叶黄素,常存在于花、果实和根中,常使植物的这些器官呈黄色、橙色或橙红色。

3. 细胞壁的特化现象包括木质化、木栓化、角质化、黏质化和矿质化等。鉴别方法参见第 8 版《药用植物学》教材 15 页。

4. 细胞在形态、结构和功能上的特化过程,称为细胞分化(cell differentiation)。植物细胞的全能性使体细胞可以像胚性细胞那样,经过诱导能分化发育成一株植物,并且一般具有母体植物的全部遗传信息。

5. 细胞生长指细胞体积和重量增加的过程,是植物个体生长的基础。细胞在形态、结构和功能上的特化过程,称为细胞分化。

(张 磊)

第二章　植物的组织

【要点概览】　植物组织是由许多来源、功能相同,形态、构造相似,而且彼此密切联系的细胞所组成的细胞群。植物的组织分为分生组织、基本组织、保护组织、分泌组织、机械组织和输导组织六类。维管束在植物体内常呈束状存在,主要由韧皮部和木质部构成。韧皮部主要由筛管、伴胞、筛胞、韧皮薄壁细胞和韧皮纤维组成;木质部主要由导管、管胞、木薄壁细胞和木纤维组成。根据维管束中木质部和韧皮部相互间排列方式的不同、形成层的有无,维管束可分为有限外韧维管束、无限外韧维管束、双韧维管束、周韧维管束、周木维管束和辐射维管束。

【知识与能力测评】

一、名词解释

1. 组织
2. 平轴式气孔
3. 不定式气孔
4. 腺毛
5. 非腺毛
6. 分泌组织
7. 晶鞘纤维
8. 厚角组织
9. 厚壁组织
10. 油细胞
11. 侵填体
12. 胼胝体
13. 维管束
14. 离生性分泌腔
15. 溶生性分泌腔
16. 蜜腺
17. 分生组织

二、填空题

1. 植物的组织一般可分为_____、_____、_____、_____、_____和_____六类。

2. 分生组织按其来源和功能的不同,可分为_____、_____和_____。

3. 双子叶植物叶中常见的气孔轴式类型有_____、_____、_____、_____。

4. 周皮包括_____、_____和_____三部分。

5. 外部分泌组织有_____、_____、_____、_____、_____。

6. 在机械组织中根据细胞壁增厚的情况不同,可分为_____和_____两类。

7. 根据导管增厚形成的纹理或纹孔的不同,导管可分为____、____、____、____、____导管。

8. 根据维管束中木质部和韧皮部相互间排列方式的不同、形成层的有无,维管束可分为_____、_____、_____、_____、_____。

9. 维管束是在植物进化到较高级的阶段即_____、_____和_____时才出现的组织。

10. 根据细胞形状的不同,厚壁组织可分为_____和_____。

11. 根据内部分泌组织组成、形状和分泌物的不同,可分为_____、_____、_____和_____。

三、选择题

1. 腺毛是一类(　　)。
 A. 不具分泌作用,也无头柄之分的表皮毛
 B. 具分泌作用,但无头柄之分的表皮毛
 C. 具分泌作用,有头柄之分的表皮毛
 D. 不具分泌作用,有头柄之分的表皮毛

2. 下列哪个不是双子叶植物常见的气孔轴式类型。(　　)
 A. 不定式　　　　B. 直轴式　　　　C. 不等式　　　　D. 哑铃形

3. 管胞主要存在于(　　)。
 A. 裸子植物韧皮部　　　　　　B. 裸子植物木质部
 C. 被子植物韧皮部　　　　　　D. 被子植物木质部

4. 在根的初生结构中,维管束属于哪种类型。(　　)
 A. 无限外韧型　　　　　　　　B. 有限外韧型
 C. 双韧维管束　　　　　　　　D. 辐射维管束

5. 不属于分泌组织的是(　　)。
 A. 蜜腺　　　　B. 腺毛　　　　C. 非腺毛　　　　D. 乳汁管

6. 不属于输导组织的是(　　)。
 A. 导管　　　　B. 管胞　　　　C. 油管　　　　D. 筛管

7. 伴胞主要存在于(　　)。
 A. 裸子植物韧皮部　　　　　　B. 裸子植物木质部
 C. 被子植物韧皮部　　　　　　D. 被子植物木质部

8. 甘蔗茎、葡萄果实表面的白粉状物是(　　)。
 A. 角质　　　　B. 毛茸　　　　C. 果糖结晶　　　　D. 蜡被

四、问答题

1. 如何区分腺毛和非腺毛?

2. 植物的维管束有哪几种类型?

3. 什么叫气孔轴式类型? 常见双子叶植物的气孔有哪几种类型? 如何区分?

4. 如何区分油细胞和油室?

5. 如何区分表皮和周皮?

6. 机械组织可分为哪几种? 其细胞结构特征有何异同?

7. 什么叫组织? 植物有哪些主要的组织类型?

8. 导管有哪几类? 其输导能力为什么比管胞强?

9. 被子植物木质部和韧皮部的主要功能是什么？它们的基本组成有什么异同点？

10. 薄壁组织有哪些主要特征？

11. 植物的内部分泌组织一般包括哪些主要类型？

12. 如何区分离生性分泌腔和溶生性分泌腔？

【参考答案】

一、名词解释

1. 组织：来源、功能相同，形态、构造相似，而且彼此密切联系的细胞群称为组织。

2. 平轴式气孔：气孔周围的副卫细胞为 2 个，其长轴与气孔长轴平行。

3. 不定式气孔：气孔周围的副卫细胞数目在 3 个以上，其大小基本相同，并与其他表皮细胞形状相似。

4. 腺毛：有头部和柄部之分，头部膨大，位于毛的顶端，能分泌挥发油、黏液、树脂等物质。

5. 非腺毛：无头、柄之分，顶端不膨大，也无分泌功能。

6. 分泌组织：由具有分泌作用，能分泌挥发油、树脂、蜜汁、乳汁等的细胞所组成。

7. 晶鞘纤维：是一束纤维的外侧包围着许多含草酸钙晶体的薄壁细胞所组成的复合体的总称。

8. 厚角组织：是由细胞壁不均匀增厚的生活细胞组成的机械组织，常含有叶绿体，能进行光合作用，细胞壁非木质化，一般在角隅处增厚。

9. 厚壁组织：细胞有全面增厚的次生壁，常具有层纹和纹孔，常木质化，成熟后细胞腔变小，成为死细胞。

10. 油细胞：是储藏挥发油的分泌细胞。

11. 侵填体：由邻接导管的薄壁细胞通过导管壁上未增厚的部分(纹孔)，连同其内含物如鞣质、树脂等物质侵入到导管腔内而形成的囊状突起物。

12. 胼胝体：温带树木到冬季，在筛管的筛板处生成一种黏稠的碳水化合物，称为胼胝质。形成的胼胝质将筛孔堵塞形成垫状物，称为胼胝体。

13. 维管束：是由韧皮部和木质部构成的，贯穿在植物体的各种器官内，彼此相连的植物输导系统，在植物体内常呈束状分布，为植物体输导水分、无机盐和有机养料等，同时对植物器官起着支持作用。

14. 离生性分泌腔：由于分泌细胞中层裂开细胞间隙扩大形成腔隙，分泌物充满于腔隙中，而四周的分泌细胞较完整，称为离生性分泌腔。

15. 溶生性分泌腔：是由许多聚集的分泌细胞本身破裂溶解而形成的腔室，腔室周围的细胞常破碎不完整，称为溶生性分泌腔。

16. 蜜腺：分泌蜜汁的腺体，是由一层表皮细胞或其下面数层细胞分化而来。

17. 分生组织：是一群具有分生能力的细胞，能不断进行细胞分裂，增加细胞的数目，使植物体不断生长。其特征是细胞小，排列紧密，无细胞间隙，细胞壁薄，细胞核大，细胞质浓，无明显的泡液。

二、填空题

1. 分生组织 基本组织 保护组织 分泌组织 机械组织 输导组织

2. 原生分生组织 初生分生组织 次生分生组织

3. 平轴式 直轴式 不定式 不等式 环式

4. 木栓层 木栓形成层 栓内层

5. 腺表皮 腺毛 蜜腺 盐腺 排水器

6. 厚角组织 厚壁组织

7. 环纹 螺纹 梯纹 网纹 孔纹

8. 有限外韧维管束 无限外韧维管束 双韧维管束 周韧维管束 周木维管束 辐射维管束

9. 蕨类植物 裸子植物 被子植物

10. 纤维 石细胞

11. 分泌细胞 分泌腔 分泌道 乳汁管

三、选择题

1. C 2. D 3. B 4. D 5. C 6. C 7. C 8. D

四、问答题

1. 腺毛有头部和柄部之分,头部膨大,位于毛的顶端,能分泌挥发油、黏液、树脂等物质。非腺毛无头、柄之分,顶端不膨大,也无分泌功能。

2. 根据维管束中木质部和韧皮部相互间排列方式的不同、形成层的有无,维管束可分为有限外韧维管束、无限外韧维管束、双韧维管束、周韧维管束、周木维管束、辐射维管束。

3. 保卫细胞与其周围的表皮细胞-副卫细胞排列的方式,称气孔的轴式类型。双子叶植物叶中常见的气孔轴式类型有平轴式、直轴式、不定式、不等式、环式等。①平轴式:气孔周围的副卫细胞为2个,其长轴与气孔长轴平行。②直轴式:气孔周围的副卫细胞为2个,其长轴与气孔的长轴垂直。③不定式:气孔周围的副卫细胞数目在3个以上,其大小基本相同,并与其他表皮细胞形状相似。④不等式:气孔周围的副卫细胞为3~4个,但大小不等,其中一个特别小。⑤环式:气孔周围的副卫细胞数目不定,其形状较其他表皮细胞狭窄,围绕气孔周围排列成环状。

4. 油细胞是储藏挥发油的分泌细胞。油室是由多数分泌细胞所形成的腔室,分泌物是挥发油,储存在腔室内。

5. 表皮为初生保护组织,由初生分生组织的原表皮层分化而来,通常由一层扁平的长方形、多边形或波状不规则形的生活细胞组成,彼此嵌合,排列紧密,无细胞间隙。周皮为次生保护组织,是一种复合组织,它是由木栓形成层不断分裂而产生的,由木栓层、木栓形成层和栓内层三部分组成。

6. 机械组织根据细胞壁增厚的成分、增厚的部位和增厚程度的不同,可分为厚角组织和厚壁组织两类。厚角组织的细胞是活细胞,常含有叶绿体,能进行光合作用,细胞壁由纤维素、果胶质和半纤维素组成,不含木质素,非木质化,呈不均匀的增厚,一般在角隅处增厚,也有在切向壁或在细胞间隙处增厚的。厚壁组织的特征是它的细胞有全面增厚的次生壁,常具有层纹和纹孔,常木质化,成熟后细胞腔变小,成为死细胞。

7. 来源、功能相同,形态、构造相似,而且彼此密切联系的细胞群,称组织。植物的组织一般可分为分生组织、基本组织、保护组织、分泌组织、机械组织和输导组织六类。

8. 导管按形成的纹理或纹孔的不同,有环纹、螺纹、梯纹、网纹、孔纹导管。管胞管径较小,依靠侧壁上的纹孔运输水分,液流的速度缓慢。而导管分子上下两端往往不如管胞尖细倾斜,而且相连处的横壁常贯通形成大的穿孔,因而导管输导水分的作用远较管胞快。

9. 维管束主要由韧皮部和木质部构成。维管束在植物体内常呈束状存在,贯穿在植物体的各种器官内,彼此相连组成植物的输导系统,同时对植物器官起着支持作用。韧皮部主要由筛管、伴胞、筛胞、韧皮薄壁细胞和韧皮纤维组成;木质部主要由导管、管胞、木薄壁细胞和木纤维组成。

10. 薄壁组织主要特征是细胞壁薄,细胞壁由纤维素和果胶构成,通常是具有原生质体的生活细胞,细胞的形状有圆球形、圆柱形、多面体等,细胞之间常有间隙,其分化程度较浅,具有潜在的分生能力。

11. 植物的内部分泌组织按其组成、形状和分泌物的不同,可分为分泌细胞、分泌腔、分泌道和乳汁管。

12. 由于分泌细胞中层裂开细胞间隙扩大形成腔隙,分泌物充满于腔隙中,而四周的分泌细胞较完整,称为离生性分泌腔。而由许多聚集的分泌细胞本身破裂溶解而形成的腔室,腔室周围的细胞常破碎不完整,称为溶生性分泌腔。

(李　涛)

第三章	植物的器官

第一节　植物的营养器官

【要点概览】 种子植物一般由根、茎、叶、花、果实和种子六种器官组成,其中,根、茎、叶是植物的营养器官。

根通常生长在地下,分为直根系和须根系。有多种变态类型。根有初生构造和次生构造,有的还有异常构造。次生构造中表皮和皮层常为周皮所代替,栓内层、木栓形成层、木栓层三者合称周皮。根主要具有吸收、固着、输导、合成、贮藏和繁殖等生理功能。

茎生长于地上,有芽,具节和节间。木本植物的茎枝上还分布有叶痕、托叶痕、芽鳞痕和皮孔等。芽和茎有不同的分类方法及种类。木质茎和草质茎以及单子叶植物和双子叶植物的茎、根茎具有不同的组织构造。多数裸子植物茎的次生木质部一般无导管,次生韧皮部一般无筛管和伴胞。茎的主要功能是输导和支持作用,此外,尚有贮藏和繁殖的功能。

叶为绿色扁平体。通常由叶片、叶柄和托叶三部分组成。分单叶和复叶。叶片有各种形状、叶端、叶基及叶缘。并有不同的叶片分裂方式、脉序、质地、叶的变态及叶序。依据结构可分为等面叶和异面叶,都有表皮、叶肉和叶脉三种基本结构。叶的主要生理功能是光合作用、呼吸作用和蒸腾作用,此外,还有吐水、吸收、贮藏、繁殖的功能。

【知识与能力测评】

一、名词解释

1. 维管柱
2. 鳞茎
3. 叶状茎
4. 小块茎
5. 年轮
6. 边材
7. 网状脉序
8. 复叶
9. 苞片
10. 定根
11. 不定根
12. 根系
13. 心材

73

二、填空题

1. 根的变态类型常见的有_____、_____、_____、_____、_____、_____。

2. 根尖是根从最顶端到着生根毛的区域,从下至上分为_____、_____、_____、_____四部分。

3. 通过根尖的成熟区做一横切面,可看到根的初生构造,由外至内分别为_____、_____、_____三个部分。

4. 次生构造中表皮和皮层常为_____所代替,由_____、_____、_____三部分组成。

5. 在茎的顶端和节处叶腋都生有_____和_____是茎的本质特征。

6. 根据芽的发展性质分_____、_____、_____。

7. 依茎的质地分_____、_____、_____。

8. 依茎的生长习性分_____、_____、_____、_____。

9. 地上茎的变态可有_____、_____、_____、_____。

10. 通过茎的成熟区作一横切面,可观察到茎的初生构造,从外至内可分为_____、_____、_____。

11. 次生木质部由_____、_____、_____、_____组成。

12. 常见的叶序有_____、_____、_____、_____。

13. 叶片的内部构造都有三种基本结构,即_____、_____、_____。

14. 叶的组成通常由_____、_____、_____组成。

15. 常见的脉序有_____、_____和_____。

三、选择题

1. 凯氏带存在于根的(   )。

A. 表皮   B. 外皮层   C. 皮层   D. 内皮层

2. 根的木栓形成层最初起源于(   )。

A. 皮层   B. 外皮层   C. 内皮层   D. 中柱鞘

3. 何首乌块根横切面上用于药材鉴别的"云锦花纹"实际上是何首乌块根的(   )。

A. 初生构造   B. 次生构造

C. 三生构造   D. 根尖的构造

4. 一般情况下剥去树皮后树就会死亡,这是因为剥皮后植物茎失去(   )结构的缘故。

A. 周皮   B. 韧皮部   C. 形成层   D. 木质部

5. 与根、茎的加粗生长有关的分生组织为(   )。

A. 顶端分生组织   B. 侧生分生组织

C. 居间分生组织   D. 原分生组织

6. 根的初生木质部分化成熟的顺序是(   )。

A. 外起源   B. 内始式   C. 裂生式   D. 外始式

7. 次生射线,位于木质部的称木射线,位于韧皮部的称韧皮射线,两者合称(   )。

A. 维管射线   B. 髓射线   C. 皮外射线   D. 初生射线

8. 仙人掌的刺状物是(   )。

A. 地上茎的变态   B. 地下茎的变态

C. 叶的变态   D. 托叶的变态

9. 豌豆的卷须是（　　）变态而来。

A. 叶柄　　　　　　B. 小叶　　　　　　C. 托叶　　　　　　D. 芽

10. 多数叶子上表皮的绿色要比下表皮的绿色深一些,其主要原因是（　　）。

A. 上表皮含叶绿体多　　　　　　　　B. 上表皮具角质层

C. 栅栏组织含叶绿体多　　　　　　　D. 海绵组织含叶绿体多

11. 双子叶植物叶的脉序通常为（　　）。

A. 网状脉序　　　　B. 弧形脉序　　　　C. 射出脉序　　　　D. 直出平行脉

12. 禾本科植物叶失水时卷曲是因为叶的上表皮具有（　　）。

A. 毛茸　　　　　　B. 气孔　　　　　　C. 角质层　　　　　D. 泡状细胞

13. 筛管主要存在于被子植物的（　　）中。

A. 木质部　　　　　B. 韧皮部　　　　　C. 皮层　　　　　　D. 髓部

14. 双子叶植物根的初生构造中,维管束的类型大多为（　　）。

A. 外韧型　　　　　B. 双韧型　　　　　C. 周木型　　　　　D. 辐射型

15. 玉米茎维管束外的机械组织为（　　）。

A. 中柱鞘　　　　　B. 淀粉鞘　　　　　C. 髓鞘　　　　　　D. 维管束鞘

16. 两棵同一种树,直径分别为 10cm 和 4cm,但树皮一样厚,其原因是（　　）。

①次生韧皮部比次生木质部少得多。②死的韧皮部细胞被压到一起。③形成了落皮层,外面的树皮脱落了。

A. ①②　　　　　　B. ①③　　　　　　C. ②③　　　　　　D. ①②③

四、简答题

1. 简述双子叶植物茎的初生构造。

2. 试述双子叶植物草质茎的构造特点。

3. 简述双子叶植物叶片的构造特点。

4. 简述根与茎横切面初生构造的主要区别。

5. 标出麦冬根横切面详图中(图 3-3-1)各部位的名称。

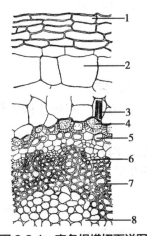

图 3-3-1　麦冬根横切面详图

6. 如何从外形上区别根状茎和根?

7. 如何区分叶二列对生的小枝和羽状复叶?

【参考答案】

一、名词解释

1. 维管柱:根或茎的内皮层以内的所有组织构造统称为维管柱,包括中柱鞘、初生木质部和初生韧皮部三部分,有的植物还具有髓部。

2. 鳞茎:鳞茎为地下变态茎的一种,呈球状或扁球状,茎极度缩短称鳞茎盘,盘上生有许多肉质肥厚的鳞片叶,顶端有顶芽,鳞片叶内生有腋芽,基部具不定根。

3. 叶状茎:植物的一部分茎或枝变成绿色扁平叶状,代替叶的作用,而真正的叶则退化为膜质鳞片状、线状或刺状。

4. 小块茎:为变态的地上茎。有些植物的腋芽形成小块茎,形态与块茎相似;也有的植物叶柄上的不定芽也形成小块茎。

5. 年轮:在木本植物茎的木质部或木材的横切面上常可见许多同心轮层,每一个轮层都是由形成层在一年中所形成的木材,一年一轮地标志着树木的年龄,称为年轮。

6. 边材:在木材横切面上靠近形成层的部分颜色较浅,质地较松软,称边材。

7. 网状脉序:主脉明显粗大,由主脉分出许多侧脉,侧脉再分细脉,彼此连接成网状的脉序。

8. 复叶:一个叶柄上生有两个以上叶片的叶,称复叶。

9. 苞片:生于花或花序下面的变态叶称苞片。

10. 定根:是由胚根直接或间接生长而来的,有固定的生长部位的主根、侧根和纤维根,这些根统称为定根。

11. 不定根:凡不是直接或间接由胚根发育而成的根称不定根。

12. 根系:一株植物地下部分根的总和称为根系。

13. 心材:在木材横切面上靠近中心的部分,颜色较深,质地较坚硬,称心材。

二、填空题

1. 贮藏根　支柱根　攀缘根　气生根　呼吸根　水生根　寄生根

2. 根冠　分生区　伸长区　成熟区

3. 表皮　皮层　维管柱

4. 周皮　栓内层　木栓形成层　木栓层

5. 节　节间

6. 叶芽　花芽　混合芽

7. 木质茎　草质茎　肉质茎

8. 直立茎　缠绕茎　攀缘茎　匍匐茎

9. 叶状茎　刺状茎　钩状茎　茎卷须　小块茎和小鳞茎

10. 表皮　皮层　维管柱

11. 导管　管胞　木薄壁细胞　木纤维　木射线

12. 互生叶序　对生叶序　轮生叶序　簇生叶序

13. 表皮　叶肉　叶脉

14. 叶片　叶柄　托叶

15. 网状脉序　平行脉序　二叉脉序

三、选择题

1. D   2. D   3. C   4. B   5. B   6. D   7. A   8. C   9. B   10. C

11. A   12. D   13. B   14. D   15. D   16. C

四、问答题

1. 分为表皮、皮层和维管柱。参见第 8 版《药用植物学》教材 45 页。

2. ①表皮多长期存在,表皮上有气孔、毛茸、角质层、蜡被等附属物;②由于草质茎生长时间较短,组织中次生构造不发达,大部分或完全是初生构造;③髓部发达,髓射线一般较宽,有的髓部中央破裂呈空洞状。

3. 叶片的内部构造分为表皮、叶肉和叶脉。参见第 8 版《药用植物学》教材 63 页。

4. 参见第 8 版《药用植物学》教材 34、45 页。

5. 由外到里依次为:1. 根被 2. 皮层 3. 针晶束 4. 石细胞 5. 内皮层 6. 韧皮部 7. 木质部 8. 髓。

6. 根状茎有明显的节和节间,节上有退化的鳞叶,有顶芽和腋芽,向下常生不定根。而根无这些特点。

7. 参见第 8 版《药用植物学》教材第 60 页。

(李 明　葛 菲　王戊梅)

第二节　植物的繁殖器官

【要点概览】 植物的花、果实和种子属于种子植物的繁殖器官,其中果实是被子植物特有的繁殖器官,植物通过开花、传粉、受精后发育成果实和种子。

被子植物的花一般由花梗、花托、花萼、花冠、雄蕊群和雌蕊群组成,其中雄蕊群和雌蕊群是花中执行生殖功能的部分。花萼、花冠、雄蕊群和雌蕊群有多种形态和类型。胎座是胚珠着生在子房上的部位,常见的有 6 种类型。有很多植物的花,密集或稀疏地按一定方式有规律地着生在花枝上形成花序,依据花在花枝上的着生和排列方式的不同,花序分为无限花序和有限花序两大类,各自又有不同的类型。

果实是由受精后的子房或与花的其他部分共同发育形成的。果实外具果皮,内含种子。果实依据来源、结构和果皮性质不同一般分为单果、聚合果、聚花果三大类。单果、聚合果和聚花果又各自可分为不同种类或类型。

种子是由胚珠受精后发育而成的,常分为种皮、胚乳和胚三部分。种子成熟后,胚一般分化为胚根、胚轴、胚芽和子叶四部分。种子依据是否含有胚乳常可分为无胚乳种子和有胚乳种子两类。

【知识与能力测评】

一、名词解释

1. 心皮
2. 单体雄蕊
3. 聚药雄蕊
4. 单雌蕊
5. 复雌蕊
6. 胎座
7. 完全花
8. 不完全花
9. 真果

10. 假果

11. 单性结实

12. 单果

13. 聚合果

14. 聚花果

15. 双悬果

16. 假种皮

17. 外胚乳

二、填空

1. 花一般由_____、_____、_____、_____、_____、_____等部分组成。

2. 依据花药在花丝上着生方式不同,有_____、_____、_____、_____、_____、_____6种。

3. 子房在花托上着生的位置一般有_____、_____、_____。

4. 胚珠常见的类型有_____、_____、_____、_____。

5. 果实依据来源、结构和果皮性质不同一般分为_____、_____、_____三大类。

6. 肉质果有_____、_____、_____、_____、_____5种类型。

7. 种子成熟时,胚由_____、_____、_____、_____4部分组成。

8. 依据种子中胚乳的有无,种子可分为_____和_____两类。

三、选择题

1. 一朵花中的花萼随着果实生长一起增大,而且始终不凋谢,这种花萼称(   )。
   A. 副萼   B. 早落萼   C. 合生萼   D. 宿存萼

2. 雄蕊四枚,分离,两长两短,如益母草、地黄的雄蕊,此种雄蕊为(   )。
   A. 二强雄蕊   B. 二体雄蕊   C. 四强雄蕊   D. 单体雄蕊

3. 雄蕊六枚,分离,四长两短,如油菜、萝卜等十字花科植物,此种雄蕊为(   )。
   A. 二强雄蕊   B. 二体雄蕊   C. 四强雄蕊   D. 单体雄蕊

4. 一朵花中雄蕊的花丝连合成两束,此种雄蕊为(   )。
   A. 二强雄蕊   B. 二体雄蕊   C. 四强雄蕊   D. 单体雄蕊

5. 花中所有雄蕊的花丝连合成一束,呈圆筒状,花药分离,这种雄蕊称(   )。
   A. 二体雄蕊   B. 聚药雄蕊   C. 单体雄蕊   D. 四强雄蕊

6. 合生心皮雌蕊,子房一室,胚珠着生于相邻两心皮的腹缝线上,此为(   )。
   A. 边缘胎座   B. 侧膜胎座   C. 中轴胎座   D. 基生胎座

7. 单心皮雌蕊,子房一室,胚珠沿腹缝线排列成纵行,如大豆。这种胎座称(   )。
   A. 边缘胎座   B. 侧膜胎座   C. 中轴胎座   D. 基生胎座

8. 合生心皮雌蕊,子房多室,胚珠生于心皮边缘向子房中央愈合的中轴上,此为(   )。
   A. 边缘胎座   B. 侧膜胎座   C. 中轴胎座   D. 基生胎座

9. 单心皮或合生心皮雌蕊,子房一室,胚珠一枚着生于子房室底部,此为(   )。
   A. 边缘胎座   B. 侧膜胎座   C. 中轴胎座   D. 基生胎座

10. 单心皮或合生心皮雌蕊,子房一室,胚珠一枚着生于子房室顶部,此为(   )。
    A. 边缘胎座   B. 侧膜胎座   C. 顶生胎座   D. 基生胎座

11. 雄蕊和花柱合生成柱状体,称( )。

A. 花柱基生 B. 合蕊柱 C. 雌雄蕊柄 D. 雌蕊柄

12. 一朵花中只有花萼而无花冠的花称为( )。

A. 重被花 B. 重瓣花 C. 无被花 D. 单被花

13. 花程式中拉丁文字母缩写 "K" 表示( )。

A. 花被 B. 花冠 C. 花萼 D. 雄蕊群

14. 由两心皮合生具侧膜胎座的上位子房发育而成的果实,子房室中具有由两侧腹缝线长出的假隔膜,果实成熟后沿两侧腹缝线开裂成两片,为( )。

A. 菁葵果 B. 荚果 C. 角果 D. 蒴果

15. 由合生心皮的复雌蕊发育而成,子房一至多室,成熟后开裂方式多样,为( )。

A. 菁葵果 B. 荚果 C. 角果 D. 蒴果

16. 由单心皮或离生心皮单雌蕊发育而成,成熟后沿腹背缝线一侧开裂,为( )。

A. 菁葵果 B. 荚果 C. 角果 D. 蒴果

17. 由单心皮发育形成,成熟时沿腹缝线和背缝线同时裂开成两片,为( )。

A. 菁葵果 B. 荚果 C. 角果 D. 蒴果

18. 果皮较薄而坚韧,内含一粒种子,成熟时果皮与种皮易分离,属( )。

A. 瘦果 B. 颖果 C. 翅果 D. 坚果

19. 果实内含一粒种子,成熟时果皮与种皮愈合,属( )。

A. 瘦果 B. 颖果 C. 翅果 D. 坚果

20. 由单心皮雌蕊上位子房发育形成的果实,外果皮薄,中果皮肉质,内果皮坚硬木质,形成坚硬的果核,每核含 1 粒种子,这种果实称( )。

A. 浆果 B. 瘦果 C. 核果 D. 梨果

21. 受精后的卵细胞将发育成( )。

A. 种子 B. 种皮 C. 胚乳 D. 胚

22. 种子植物种皮的发育来自( )。

A. 子房壁 B. 珠心 C. 珠被 D. 胎座

23. 荔枝、龙眼等植物的种子具假种皮,假种皮是由以下何种结构发育来的?( )。

A. 子房壁 B. 珠心 C. 珠柄或胎座 D. 种皮上的表皮毛

24. 分果是一种( )。

A. 裂果 B. 不裂果 C. 聚合果 D. 聚花果

25. 白果(银杏)属于( )。

A. 肉果 B. 干果 C. 核果 D. 种子

26. 角果与荚果的区别是,前者为( )。

A. 一个心皮发育成的果实

B. 三个心皮发育成的果实

C. 二个心皮组成的雌蕊,具假隔膜,果皮从二腹缝线裂开,果皮脱落,留下假隔膜

D. 果皮从二腹缝线裂开,果皮不脱落,无假隔膜

27. 枸杞、番茄、葡萄等的果实属于( )。

A. 浆果 B. 核果 C. 瓠果 D. 梨果

28. 以下属于种子的有（　　　）。

A. 女贞子　　　　　B. 五味子　　　　　C. 白果　　　　　D. 白平子

29. 一朵花缺少以下哪部分仍然可以称为完全花（　　　）。

A. 花托　　　　　B. 花萼　　　　　C. 花冠　　　　　D. 雄蕊

30. 以下植物的花具有二强雄蕊的为（　　　）。

A. 益母草　　　　　B. 油菜　　　　　C. 向日葵　　　　　D. 甘草

四、判断题

1. 食用调料八角是一种聚花果。 （　　　）

2. 蒴果是心皮多数、合生，形成的闭果。 （　　　）

3. 苹果是子房下位形成的假果。 （　　　）

4. 核果的内果皮坚硬。 （　　　）

5. 聚花果是由一个花序发育而来的。 （　　　）

6. 榆钱（榆树的果实）属于翅果。 （　　　）

五、问答题

1. 无限花序有何特点？常见的无限花序有哪些类型？

2. 总状花序、穗状花序和柔荑花序有何不同？伞形花序和伞房花序有何不同？头状花序与隐头花序有何不同？

3. 有限花序有何特点？常见的有哪几种类型？

4. 什么是自花传粉和异花传粉？哪种在后代发育过程中更有优越性，为什么？

5. 何谓双受精？有何生物学意义？

6. 肉质果共有几类？简要回答它们的特点，并各举一例。

【参考答案】

一、名词解释

1. 心皮：是构成雌蕊的变态叶。

2. 单体雄蕊：一朵花中花药完全分离而花丝连合成一束呈圆筒状的雄蕊称单体雄蕊。

3. 聚药雄蕊：一朵花中雄蕊的花药连合成筒状，而花丝分离的雄蕊称聚药雄蕊。

4. 单雌蕊：是由一个心皮构成的雌蕊。

5. 复雌蕊：是由两个以上的心皮彼此联合构成的雌蕊。

6. 胎座：是指胚珠在子房内着生的部位。

7. 完全花：是指花萼、花冠、雄蕊、雌蕊都具备的花。

8. 不完全花：是指在花萼、花冠、雄蕊、雌蕊中，缺少其中一部分或几部分的花。

9. 真果：是指单纯由子房发育而来的果实。

10. 假果：除子房外尚有花的其他部分，如花托、花萼以及花序轴等参与形成的果实。

11. 单性结实：是指有的植物只经过传粉而未经受精作用发育成的果实。

12. 单果：是指一朵花中只有一个雌蕊发育形成一个果实。

13. 聚合果：是指一朵花中许多离生单雌蕊聚集生长在花托上并与花托共同发育形成的果实。

14. 聚花果：是由一个花序发育形成的果实。

15. 双悬果：由两个心皮合生的下位子房发育而成，成熟时分离成两个分果瓣，分悬于中央果柄的上端的果实。

16. 假种皮：是由珠柄或胎座处的组织延伸而形成的结构，包在种皮外面。

17. 外胚乳：少数植物种子的珠心，在种子发育过程中未被完全吸收而形成营养组织包围在胚乳和胚的外部形成的结构称外胚乳。

二、填空

1. 花梗　花托　花萼　花冠　雄蕊群　雌蕊群

2. 全着药　基着药　背着药　丁字药　个字药　广歧药

3. 子房上位　子房下位　子房半下位

4. 直生胚珠　横生胚珠　弯生胚珠　倒生胚珠

5. 单果　聚合果　聚花果

6. 浆果　核果　梨果　柑果　瓠果

7. 胚根　胚芽　胚轴　子叶

8. 有胚乳种子　无胚乳种子

三、选择题

1. D　2. A　3. C　4. B　5. C　6. B　7. A　8. C　9. D　10. C

11. B　12. D　13. C　14. C　15. D　16. A　17. B　18. A　19. B　20. C

21. D　22. C　23. C　24. B　25. D　26. C　27. A　28. C　29. A　30. A

四、判断题

1. ×　2. ×　3. √　4. √　5. √　6. √

五、问答题

1. 参见第 8 版《药用植物学》教材 75 页。

2. 参见第 8 版《药用植物学》教材 75、76 页。

3. 有限花序是指花序轴顶端顶花先开放，开花的顺序是从上向下或从内向外开放。常见的有单歧聚伞花序、二歧聚伞花序、多歧聚伞花序、轮伞花序 4 种类型。

4. 自花传粉是花粉从花粉囊散出后，落到同一花的柱头上的传粉现象。异花传粉是一朵花的花粉传送到同一植株或不同植株另一朵花的柱头上的传粉方式。与自花传粉相比，异花传粉是更为进化的方式，它可使后代获得父本和母本的优良性状，对环境具有更强的适应能力，从而使种族继续繁衍。

5. 双受精是指一个精子与卵细胞结合成合子，将来发育成种子的胚，另一个精子与极核结合而发育成种子的胚乳，是被子植物有性生殖的特有现象。它在融合双亲遗传特性，加强后代个体的生活力和适应性方面具有重要的意义，是植物界有性生殖过程中最进化、最高级的形式。

6. (1) 浆果：由单心皮或合生心皮雌蕊发育而成，外果皮薄，中果皮和内果皮不易区分，肉质多汁，内含一至多粒种子。如葡萄。

(2) 核果：多由单心皮雌蕊发育而成，外果皮薄，中果皮肉质肥厚，内果皮由木质化的石细胞形成坚硬的果核，每核内含一粒种子。如桃、李、梅、杏等。核果有时也泛指具有坚硬果核的果实，如人参。

(3) 梨果：由 5 心皮合生的下位子房连同花托和萼筒发育而成的一类肉质假果，其肉质可食部分主要来自花托和萼筒，外果皮和中果皮肉质，界线不清，内果皮坚韧、革质或木质，常分隔成 5 室，每室含 2 粒种子。如苹果。

(4) 柑果：由多心皮合生雌蕊具中轴胎座的上位子房发育而成，外果皮较厚，柔韧如革，内含油室；中果皮疏松呈海绵状，具多分枝的维管束（橘络），与外果皮结合，界线不清；内果皮膜质，分隔成多室，内壁生有许多肉质多汁的囊状腺毛。柑果为芸香科柑橘类植物所特有的果实，如橙。

（5）瓠果：由3心皮合生雌蕊具侧膜胎座的下位子房连同花托发育而成的假果，外果皮坚韧，中果皮和内果皮及胎座肉质，为葫芦科植物所特有的果实，如南瓜。

（王戌梅　薛　焱）

第四章　植物的分类与命名

【要点概览】 植物分类学是一门对植物进行准确描述、命名、分群归类,并探索各类群之间亲缘关系远近和趋向的基础学科。植物分类的发展经历了人为分类系统和自然分类系统时期。植物之间的分类等级的异同程度体现了各类植物之间的相似程度和亲缘关系的远近。植物学名的命名采用瑞典植物学家林奈的"双名法",一种植物的完整学名包括属名、种加词和命名人三部分。植物分类检索表有定距式、平行式和连续平行式三种式样,是鉴定植物类群的一种工具。按照植物之间的亲缘关系,建立一个反映植物自然演化过程的系统,这些系统中应用最广泛的有恩格勒系统、哈钦松系统、塔赫他间系统、克朗奎斯特系统等。新技术及学科不断相互渗透,现在植物分类学主要研究方法有植物形态学分类、微形态分类、细胞分类学方法、数值分类学方法、化学分类方法和分子系统学方法等。

【知识与能力测评】

一、名词解释

1. 植物分类学

2. 人为分类系统

3. 种

4. 双名法

5. 颈卵器植物

6. 无胚植物

7. 高等植物

8. 孢子植物

9. 显花植物

10. 维管植物

11. 定距式检索表

12. 平行式检索表

13. DNA 分子标记

14. 自然分类系统

二、填空题

1. 常见的植物分类检索表,有_____、_____和_____三种式样。

2. 植物体内具有维管系统的植物称为维管植物,它包括_____、_____、_____三大类群。

3. 低等植物或无胚植物包括_____、_____、_____。

4. 高等植物或有胚植物包括_____、_____、_____。

5. 植物分类等级由大至小主要有____、____、____、____、____、____、____。

6. 一种植物的完整学名包括_____、_____和_____三部分。

7. 植物学名的命名采用瑞典植物学家林奈倡导的_____。

8. 种以下的分类等级有_____、_____、_____。

9. 颈卵器植物包括_____、_____、_____。

10. 植物数值分类方法主要有_____、_____、_____。

11. 植物常用于 DNA 测序的基因有叶绿体基因组的_____和_____、核基因组的_____以及核糖体 DNA 的_____。

三、选择题

1. 以下植物学名书写正确的是哪一个（　　　）。

A. *Coptis Chinensis* franch.　　　　　　B. *Polygonum multiflorum* Thunb.

C. *Paeonia Lactiflora* Pall.　　　　　　D. *aconitum carmichaeli* Debx.

2. "门" 这一分类等级的拉丁词尾是（　　　）。

A. phyta　　　　　B. aceae　　　　　C. opsida　　　　　D. ales

3. 植物分类的基本单位是（　　　）。

A. 种　　　　　B. 亚种　　　　　C. 变种　　　　　D. 变型

4. 山里红是一个变种，它的植物学名应为（　　　）。

A. *Crataegus pinnatifida* Bge. var. *major* N. E. Br.

B. *Crataegus pinnatifida* Bge. ssp. *major* N. E. Br.

C. *Crataegus pinnatifida* Bge. f. *major* N. E. Br.

D. *Crataegus pinnatifida* Bge. subsp. *major* N. E. Br.

5. "科" 这一分类等级的拉丁词尾是（　　　）。

A. phyta　　　　　B. aceae　　　　　C. opsida　　　　　D. ales

6. 拉丁名 "Ordo" 所对应的中文名是（　　　）。

A. 门　　　　　B. 纲　　　　　C. 目　　　　　D. 科

7. 变种的拉丁学名的缩写是（　　　）。

A. subsp.　　　　　B. ssp.　　　　　C. var.　　　　　D. f.

8. 拉丁名 "Classis" 所对应的中文名是（　　　）。

A. 门　　　　　B. 纲　　　　　C. 目　　　　　D. 科

9. 裸子植物门属于（　　　）。

A. 低等植物　　　　B. 隐花植物　　　　C. 无胚植物　　　　D. 显花植物

10. 李时珍的《本草纲目》的分类方法属于（　　　）。

A. 自然分类系统　　　　　　　　　B. 人为分类系统

C. 药用部位分类系统　　　　　　　D. 主要功效分类系统

11. 经典的植物分类学研究方法为（　　　）。

A. 形态分类学　　　　　　　　　　B. 实验分类学

C. 细胞分类学　　　　　　　　　　D. 分子系统学

12. 研究生态条件与物种变异关系的学科为（　　　）。

A. 形态分类学　　　B. 实验分类学　　　C. 细胞分类学　　　D. 分子系统学

13. 根据染色体特征研究植物分类的学科为（　　　）。

A. 形态分类学　　　B. 实验分类学　　　C. 细胞分类学　　　D. 分子系统学
14. 利用分子生物学技术,在DNA水平上研究物种分类和进化的学科是(　　)。
A. 形态分类学　　　B. 实验分类学　　　C. 细胞分类学　　　D. 分子系统学
15. 若以被子植物起源的真花学说为依据,那么,下列类群最早出现的是(　　)。
A. 菊　　　　　B. 梅　　　　　C. 竹　　　　　D. 兰

四、问答题

1. 阐述学习植物分类学的目的意义?
2. 植物分类的等级包括哪些级别?
3. 亚种、变种和变型分别指什么?
4. 植物分类检索表编制和使用的方法是什么?
5. 植物界包括哪些基本植物类群?
6. 植物学名的命名有什么要求?
7. 影响较大、使用较广的被子植物分类系统是哪几个?
8. 维管植物与高等植物、孢子植物各有什么关系?
9. 何谓化学分类学?化学分类学有哪些主要任务?
10. 常见植物分类方法有哪些?
11. 常见植物DNA分子标记有哪几类?

【参考答案】

一、名词解释

1. 植物分类学:是一门对植物进行准确描述、命名、分群归类,并探索各类群之间亲缘关系远近和趋向的基础学科。

2. 人为分类系统:仅根据植物的形态、习性、用途进行分类,未考察各植物类群在演化上的亲缘关系,更没有反映自然界的自然发生和发展规律的分类方法,称为人为分类系统。

3. 种:指具有一定的形态、生理学特征和具有一定自然分布区,并具有相当稳定的性质的种群(居群)。

4. 双名法:瑞典植物学家林奈倡导的植物学名命名方法,即规定一种植物的学名主要由两个拉丁词组成,前一个词是属名,第二个词是种加词(习称种名)。

5. 颈卵器植物:苔藓植物、蕨类植物和裸子植物的雌性生殖器官,在配子体上产生精子器和颈卵器的结构,故合称为颈卵器植物。

6. 无胚植物:藻类、菌类以及藻菌共生的地衣类,植物体构造简单,无根、茎、叶的分化,生殖器官是单细胞的,合子不形成胚,统称它们为低等植物或无胚植物。

7. 高等植物:苔藓、蕨类和种子植物有根、茎、叶的分化,生殖细胞是多细胞的,合子在体内发育成胚,因此合称为高等植物或有胚植物。

8. 孢子植物:藻类、菌类、地衣、苔藓、蕨类植物均用孢子进行繁殖,统称为孢子植物。

9. 显花植物:花为种子植物特有的繁殖器官,通过开花、传粉、受精过程形成果实和种子,有繁衍后代,延续种族的作用,所以种子植物又称显花植物。

10. 维管植物:蕨类植物、裸子植物及被子植物的植物体内均具有维管系统,所以这三类植物又被称为维管植物。

11. 定距式检索表:将所列植物类群的特征,由共性到个性,按法国人拉马克的二歧分类法编制,将每一对相互区别的特征分开编排在一定的距离处并标以相同的项号,每低一项号退后一字排列。

12. 平行式检索表:将每一个相对应的两个分支紧紧连续排列,并给予同一项号,每一分支后还表明下一步查阅的项号或分类号。

13. DNA 分子标记:是 DNA 水平上遗传多态性的直接反映,是研究 DNA 分子由于缺失、插入、易位、倒位或由于存在长短与排列不一的重复序列等机制而产生的多态性的技术;是通过分析遗传物质的多态性来揭示生物内在基因排列规律及其外在性状表现规律的方法。

14. 自然分类系统:是为了客观反映自然界植物的亲缘关系和演化发展而建立的分类系统。

二、填空题

1. 定距式　平行式　连续平行式

2. 蕨类植物　裸子植物　被子植物

3. 藻类植物　菌类植物　地衣类植物

4. 苔藓植物　蕨类植物　种子植物

5. 界　门　纲　目　科　属　种

6. 属名　种加词　命名人

7. 双名法

8. 亚种　变种　变型

9. 苔藓植物　蕨类植物　裸子植物

10. 主成分分析　聚类分析　分支分类分析

11. *rbc*L　*mat*K　rRNA 基因　内转录间隔区(ITS)

三、选择题

1. B　　2. A　　3. A　　4. A　　5. B　　6. C　　7. C　　8. B　　9. D　　10. B

11. A　　12. B　　13. C　　14. D　　15. B

四、问答题

1. 准确鉴定药材原植物种类,保证药材生产、研究的科学性和用药的安全性;利用植物之间的亲缘关系,探寻新的药用植物资源和紧缺药材的代用品;为药用植物资源的调查、开发利用、保护和栽培提供依据;有助于国际交流。

2. 植物分类等级由大至小主要有:门、纲、目、科、属、种。有时因各等级之间范围过大,再分别加入亚级,如亚门、亚纲、亚目、亚科、亚属、亚种。有的在亚科下再分有族和亚族,亚属下再分组和系。种以下的等级有亚种、变种和变型。

3. 亚种是指在不同分布区的同一种植物,形态上有稳定的变异,并在地理分布上、生态上或生长季节上有隔离的种内变异类群。变种是指具有相同分布区的同一种植物,种内有一定的变异,变异较稳定,但分布范围比亚种小得多的类群。变型是指无一定分布区,形态上具有细小变异的种内类群,如花、果的颜色,有无毛茸等。

4. 植物分类检索表是将所列植物类群的特征,由共性到个性,按法国人拉马克的二歧分类法编制的。应用检索表鉴定植物时,必须熟悉植物形态或其他特性的术语,仔细识别被查植物的特征或特性(尤其是繁殖器官的构造特征),然后逐项核查。若其特征与某一项不符,则应查相对应的一项,直到查出结果为止。

5. 根据两界说中广义的植物界概念,通常将植物界分成 16 门和若干类群,参见第 8 版

《药用植物学》教材 94 页。

6. 根据《国际植物命名法规》,植物学名必须用拉丁文或其他文字加以拉丁化来书写,命名采用瑞典植物学家林奈倡导的"双名法"。即一种植物的学名主要由两个拉丁词组成,前一个词是属名,第二个词是种加词(习称种名),后面可以附上命名人的姓名(或缩写)。所以一种植物的完整学名实际包括属名、种加词和命名人三部分。

7. 影响较大、使用较广的有恩格勒被子植物分类系统、哈钦森被子植物分类系统、塔赫他间被子植物分类系统和克朗奎斯特被子植物分类系统。

8. 维管植物属于高等植物,其中的蕨类植物门又属孢子植物。

9. 化学分类学是利用植物体的化学成分及其合成途径的信息特征,结合经典植物分类学理论,来研究植物类群之间的关系和植物界演化规律的学科。主要任务是探索各分类等级所含化学成分(初生和次生)的特征和合成途径,探索和研究各化学成分在植物系统中的分布规律,分析它们在分类学和系统学上的意义,在经典分类学的基础上,根据化学成分的特征,探讨物种形成、种下变异和植物界的系统演化,有助于解决从种下等级到目级水平的分类问题。

10. 常见植物分类方法包括:形态分类方法(经典分类方法)、实验分类学、细胞分类学、超微结构分类学、数量分类学、化学分类学和分子系统学方法。

11. ①限制性片段长度多态性标记(RFLP);②随机扩增多态 DNA 标记(RAPD);③扩增片段长度多态性标记(AFLP);④简单序列重复长度多态性标记(SSR);⑤序列特征扩增多态性标记(SCAR)。

(孙立彦　王旭红)

第五章　　藻类植物

【要点概览】藻类植物为自养型原植体植物,植物体构造简单,没有真正的根、茎、叶的分化。

藻类植物的繁殖方式有营养繁殖、无性生殖和有性生殖三种。通常将藻类分为8个门。药用价值较大的门有蓝藻门、绿藻门、红藻门和褐藻门。主要药用种类有葛仙米、琼枝、海带和海藻等。

【知识与能力测评】

一、名词解释

1. 孢子

2. 配子

3. 孢子体

4. 配子体

5. 无性生殖

6. 有性生殖

二、填空题

1. 藻类植物繁殖的方式有_____、_____、_____。

2. 蓝藻细胞的原生质体分化为_____和_____两部分,其中光合色素含在_____部分。

3. 绿藻植物水绵的有性生殖中具一种特殊生殖形式即_____。

4. 中药昆布的原植物是_____和_____。

三、选择题

1. 藻类植物的植物体称为(　　　)。

A. 原丝体　　　　　B. 原叶体　　　　　C. 原植体　　　　　D. 色素体

2. 属于原核生物的藻类植物是(　　　)。

A. 水绵　　　　　B. 葛仙米　　　　　C. 海带　　　　　D. 石莼

3. 海带入药部位为(　　　)。

A. 孢子　　　　　B. 孢子体　　　　　C. 配子　　　　　D. 配子体

4. 藻体枝条上有气囊状结构的是(　　　)。

A. 水绵　　　　　B. 海带　　　　　C. 紫菜　　　　　D. 海蒿子

5. 下列哪一种植物属红藻门(　　　)。

A. 葛仙米　　　　　B. 石花菜　　　　　C. 丝藻　　　　　D. 石莼

四、问答题

1. 藻类植物的基本特征是什么?

2. 蓝藻门的主要特征是什么？有哪些常用药用植物？

3. 绿藻门的主要特征是什么？有哪些常用药用植物？为什么说绿藻是植物界进化的主干？

4. 红藻门的主要特征是什么？有哪些常用药用植物？

5. 海带属于什么门？该类群的主要特征是什么？还有哪些常用药用植物？

【参考答案】

一、名词解释

1. 孢子：无性生殖的生殖细胞，其在适宜条件下能直接发育为一个植物体。

2. 配子：有性生殖的生殖细胞，其单独不能发育为一个植物体，雌雄配子相互结合形成合子，由合子发育为一个新植物体。

3. 孢子体：无性世代的植物体，为二倍体，其可产生孢子囊，在孢子囊中产生孢子。

4. 配子体：有性世代的植物体，为单倍体，其可产生配子囊，在配子囊中产生配子。

5. 无性生殖：是指不经过两性生殖细胞的结合，由母体直接产生新个体的生殖方式，包括分裂生殖、出芽生殖和孢子生殖。

6. 有性生殖：是指需要产生两性生殖细胞（配子），由两性生殖细胞结合形成合子或受精卵，再由合子或受精卵发育为新个体的繁殖方式。

二、填空题

1. 营养繁殖　无性生殖　有性生殖

2. 中央质　周质　周质

3. 接合生殖

4. 海带　昆布

三、选择题

1. C　　2. B　　3. B　　4. D　　5. B

四、问答题答题要点

1. 藻类植物为自养型的原植体植物，植物体构造简单，没有真正的根、茎、叶的分化，通常含有能进行光合作用的色素和其他色素，因此能呈现不同的颜色。藻类植物的繁殖方式有营养繁殖、无性生殖和有性生殖三种。

2. 蓝藻是一门最简单而原始的自养型原核生物，其细胞壁内的原生质体不分化成细胞质和细胞核，而分化为周质和中央质。藻体为单细胞、多细胞丝状体或多细胞非丝状体。因其所含的主要光合色素是叶绿素 a、藻蓝素，使藻体呈蓝绿色，故又名蓝绿藻。繁殖方式主要是营养繁殖，极少数种类能产生孢子。常用药用植物有螺旋藻、葛仙米、发菜和海雹菜等。

3. 绿藻门植物体形态多种多样，有单细胞体、球状群体、多细胞丝状体和膜状体等形态类型。细胞壁分两层，外层是果胶质，内层为纤维素。部分单细胞和群体类型具鞭毛，能借鞭毛在水中游动。细胞内有细胞核，有与高等植物的叶绿体相似的载色体，含有叶绿素 a、叶绿素 b、类胡萝卜素和叶黄素等光合色素。储存的营养物质主要有淀粉、蛋白质和油类。繁殖方式有营养繁殖、无性繁殖和有性繁殖。分布广泛，大部分在淡水，少数在海水中。常用药用植物有蛋白核小球藻、石莼、浒苔、礁膜、孔石莼、蛎菜和水绵等。因为绿藻和高等植物有许多相似之处，如色素、营养物质、鞭毛类型等，因此绿藻被称为植物界进化的主干。

4. 红藻门植物体大多数是多细胞的丝状、枝状或叶状体，少数为单细胞或群体。多细胞藻体一般较小，高 10cm 左右，少数可达 1m 以上。细胞壁分两层，外层为胶质层，由红藻所特有的果胶类化合物(如琼胶、海藻胶等)组成;内层坚韧,由纤维素组成。载色体除含叶绿素 a 和 b、胡萝卜素和叶黄素外,还含藻红素和藻蓝素。因藻红素含量较多,故藻体多呈红色。贮藏的营养物质为红藻淀粉或红藻糖。红藻的繁殖方式有营养繁殖、无性生殖和有性生殖。常用药用植物有琼枝、石花菜、甘紫菜、鹧鸪菜和海人草等。

5. 海带属于褐藻门,褐藻均是多细胞植物,是藻类植物中比较高级的一大类群。体形大小差异很大,小的仅由几个细胞组成,大的可达数十至数百米(如巨藻)。藻体呈丝状、叶状或枝状,高级的种类还有类似高等植物根、茎、叶的固着器、柄和"叶片"(叶状片、带片),内部有类似"表皮""皮层"和"髓"的分化。细胞壁分两层,内层坚固,由纤维素构成;外层由褐藻所特有的果胶类化合物褐藻胶构成,能使藻体保持润滑,可减少海水流动造成的摩擦。褐藻有营养繁殖、无性生殖和有性生殖三种方式。常用的药用植物有昆布、海蒿子和羊栖菜等。

(温学森)

第六章　菌类植物

【要点概览】 菌类分为细菌门、黏菌门和真菌门。其中真菌的药用植物较多。真菌的细胞有细胞壁、细胞核,但不含叶绿素,也没有质体,是一类典型的异养型原植体植物。真菌分类系统将真菌门分为 5 个亚门。其中子囊菌亚门主要的特征是有性生殖过程中产生子囊和子囊孢子,重要的药用种类有啤酒酵母菌、麦角菌和冬虫夏草菌等。担子菌最主要的特征是有性生殖过程中形成担子,担子上生有 4 个担孢子,重要的药用植物有银耳、猴头菌、灵芝、猪苓、云芝、茯苓、雷丸、脱皮马勃和香菇等。

【知识与能力测评】

一、名词解释

1. 菌丝组织体

2. 无隔菌丝

3. 有隔菌丝

4. 子实体

5. 根状菌索

6. 菌核

7. 子座

二、填空题

1. 菌类植物的种类繁多,在分类上常分为三个门,即_____、_____和_____。

2. 真菌是一类典型的真核异养植物,有_____和_____,但不含_____,也没有质体。

3. 在有性生殖时,子囊菌产生_____孢子,担子菌产生_____孢子。

4. 子囊菌亚门最主要的特征是产生_____,其中产生_____,具有子囊的子实体称为_____。

5. 冬虫夏草的"虫"是指被冬虫夏草菌感染蝙蝠蛾的幼虫,其应该是虫形的_____,而"草"部分是指_____。

6. 担子菌亚门的 3 个明显特征是_____、_____和_____。

7. 担子菌在整个发育过程中能产生两种形式不同的菌丝,即_____和_____。

8. 担子菌的次生菌丝双核时期相当长,是担子菌的特点之一,在形成担子的过程中所进行的细胞分裂过程是一个特殊的细胞分裂过程,其生长方式称为_____。

9. 中药茯苓、猪苓、雷丸等种类的入药部位是_____。

10. 中药银耳、灵芝、马勃、蜜环菌等种类的入药部位是_____。

三、选择题

1. 高等真菌细胞壁的主要成分为(　　　)。

A. 果胶质　　　　　B. 纤维素　　　　　C. 几丁质　　　　　D. 木质素

2. 真菌的细胞通常缺少(　　)。

A. 细胞核　　　　　B. 细胞壁　　　　　C. 原生质　　　　　D. 液泡

3. 能产生孢子的菌丝组织体称为(　　)。

A. 菌核　　　　　　B. 子实体　　　　　C. 子座　　　　　　D. 根状菌索

4. 麦角菌的子囊孢子为(　　)。

A. 椭圆形　　　　　B. 线形　　　　　　C. 球形　　　　　　D. 卵圆形

5. 以子实体为入药部位的包括(　　)。

A. 麦角菌　　　　　B. 冬虫夏草菌　　　C. 猪苓　　　　　　D. 灵芝

6. 菌丝体能产生根状菌索的是(　　)。

A. 茯苓　　　　　　B. 蜜环菌　　　　　C. 大马勃　　　　　D. 银耳

四、问答题

1. 菌丝组织体常见的有哪几类? 各起何作用?

2. 真菌的繁殖方式有哪几种?

3. 子囊菌亚门有哪些主要特征? 有哪些主要的药用植物?

4. 担子菌亚门有哪些主要特征? 有哪些主要的药用植物?

【参考答案】

一、名词解释

1. 菌丝组织体: 当环境条件不良或进入繁殖阶段,某些真菌的菌丝相互紧密聚集在一起,形成菌丝组织体。

2. 无隔菌丝: 低等真菌的菌丝都是无横隔膜的,其内含多个细胞核,为一个多核长管状分枝的大细胞。

3. 有隔菌丝: 菌丝被横隔膜隔成许多细胞,每个细胞内含 1~2 个或多个核,横隔膜上有小孔。

4. 子实体: 某些高等真菌在繁殖时期能形成产生孢子的结构。

5. 根状菌索: 某些真菌形成类似根状的菌丝组织体。

6. 菌核: 有些真菌在度过不良环境时形成的休眠体。

7. 子座: 是子囊菌在繁殖阶段形成的容纳子实体的褥座。

二、填空题

1. 细菌门　黏菌门　真菌门

2. 细胞壁　细胞核　叶绿素

3. 子囊　担

4. 子囊　子囊孢子　子囊果

5. 菌核　冬虫夏草菌的子座

6. 产生担孢子　具有双核菌丝　双核菌丝以锁状联合的方式生长

7. 初生菌丝　次生菌丝

8. 锁状联合

9. 菌核

10. 子实体

三、选择题

1. C　　2. D　　3. B　　4. B　　5. D　　6. B

四、问答题

1. 真菌的菌丝在正常的生长时期通常是疏松的,但在繁殖期或在不良环境条件下,菌丝相互紧密地交织在一起,形成各种形态的菌丝组织体,常见的有根状菌索和菌核,如蜜环菌菌索和茯苓菌核。某些高等真菌在繁殖时期能形成产生孢子的结构,叫子实体。容纳子实体的菌丝褥座称子座。

2. 真菌的繁殖方式有营养繁殖、无性生殖和有性生殖三种。营养繁殖有菌丝断裂繁殖、分裂繁殖(单细胞种类)和芽生孢子繁殖。无性生殖能产生多种孢子,如游动孢子(水生真菌产生的具鞭毛能游动的孢子)、孢囊孢子(在孢子囊内形成不动孢子)、分生孢子(由分生孢子囊梗顶端产生的孢子)。有性生殖的方式复杂多样,通过不同性细胞的结合产生各种类型的孢子,如子囊孢子、担孢子等。

3. 子囊菌亚门为真菌门中种类最多的一个亚门,其主要的特征是有性生殖过程中产生子囊和子囊孢子。子囊是一个囊状的结构物,子囊内产生子囊孢子。具有子囊的子实体称为子囊果。子囊菌亚门的菌类除酵母菌类等为单细胞体外,绝大多数为具有多细胞的有横隔的菌丝体。子囊菌的营养繁殖特别发达,能产生大量分生孢子,故繁殖迅速。子囊菌亚门的主要药用种类有酿酒酵母菌、麦角菌、冬虫夏草菌等。

4. 担子菌最主要的特征是有性生殖过程中形成担子,担子上生有 4 个担孢子,是外生的,这与子囊菌生于子囊内的子囊孢子不同。担子菌的菌丝体是由具横隔并有分枝的菌丝所组成的。在整个发育过程中,先后出现初生菌丝和次生菌丝,后者为期较长。在双核菌丝阶段,菌丝通过顶端的双核细胞进行锁状联合的方式生长。担子菌的子实体称为担子果,形状随种类不同而各异,有伞状、分枝状、片状、猴头状、球状等。担子菌亚门的主要药用植物有:银耳(白木耳)、猴头菌(猴菇菌)、灵芝、猪苓、云芝、茯苓、雷丸、脱皮马勃、大马勃、香菇等。

（温学森）

第七章　地衣植物门

【要点概览】　地衣是由真菌和藻类高度结合的共生复合体。根据地衣的生长形态,可分为三大类:壳状地衣、叶状地衣和枝状地衣。重要的药用植物有环裂松萝、长松萝、鹿蕊、地茶和美味石耳等。

【知识与能力测评】

一、名词解释

1. 壳状地衣

2. 叶状地衣

3. 枝状地衣

二、填空题

1. 地衣是由_____和_____组合的复合有机体。

2. 地衣体中菌类的营养靠_____提供,藻类的水分、无机盐和 CO_2 依靠_____供给,二者是_____关系。

3. 地衣体的形态几乎完全由_____决定。

三、选择题

1. 构成地衣体的真菌绝大部分属于(　　)。

A. 鞭毛菌亚门　　　　B. 接合菌亚门　　　　C. 子囊菌亚门　　　　D. 担子菌亚门

2. 叶状地衣从横切面观可分为(　　)。

A. 1 层　　　　　　　B. 2 层　　　　　　　C. 3 层　　　　　　　D. 4 层

3. 异层地衣的藻类细胞排列于(　　)。

A. 上皮层　　　　　　　　　　　　　　B. 上皮层与髓层之间

C. 下皮层　　　　　　　　　　　　　　D. 下皮层与髓层之间

4. 组成地衣髓层的是(　　)。

A. 藻类细胞　　　　B. 疏松菌丝　　　　C. 紧密菌丝　　　　D. 薄壁细胞

5. 决定地衣体形态的多是(　　)。

A. 真菌　　　　　　B. 藻类　　　　　　C. 温度　　　　　　D. 湿度

6. 松萝属于(　　)。

A. 裸子植物　　　　B. 地衣　　　　　　C. 苔藓植物　　　　D. 蕨类植物

7. 下列不属于药用地衣的是(　　)。

A. 环裂松萝　　　　B. 美味石耳　　　　C. 鹿蕊　　　　　　D. 地钱

四、问答题

1. 为什么说地衣植物体是复合有机体?

2. 简述叶状地衣的横切面构造。

3. 为什么说地衣是自然界的先锋植物?

【参考答案】

一、名词解释

1. 壳状地衣:植物体为有一定颜色或花纹的壳状物,菌丝与基物(岩石、树干等)紧密相连,有的还生假根伸入基物中,是很难剥离的一类地衣。

2. 叶状地衣:植物体扁平或叶状,四周常有不规则裂片,叶状体下面一部分生假根固着在基物上,是易与基物剥离的一类地衣。

3. 枝状地衣:植物体呈树枝状,直立或下垂,是仅基部附着于基物上的一类地衣。

二、填空题

1. 真菌 藻类

2. 藻类 菌类 共生

3. 真菌

三、选择题

1. C 2. D 3. B 4. B 5. A 6. B 7. D

四、问答题

1. 地衣是植物界一个特殊的类群,是由真菌和藻类高度结合的共生复合体。参与地衣的真菌绝大多数为子囊菌,少数为担子菌;与其共生的藻类是蓝藻和绿藻。地衣复合体的大部分由菌丝交织而成,中部疏松,表层紧密;藻类细胞在复合体内部,进行光合作用,为整个地衣植物体制造有机养分;菌类则吸收水分和无机盐,为藻类进行光合作用提供原料,使植物体保持一定的湿度,不致干死。

2. 叶状地衣的横切面可分为"上皮层""藻胞层""髓层""下皮层"。"上、下皮层"等均是由紧密交织的菌丝构成,故称为假组织。

3. 地衣分布广泛,南北两极,岩石峭壁均可生长,耐旱、耐寒。其分泌的地衣酸可腐蚀岩石,对岩石的分化和土壤的形成起着开拓先锋的作用。

(白云娥)

第八章　苔藓植物门

【要点概览】　苔藓植物是绿色自养型的植物,是最原始的陆生高等植物,一般生于潮湿和阴暗的环境中,尤以多云雾的山区林地内生长更为繁茂。它是植物界由水生到陆生过渡的代表类型。

植物体较小,常见的植物体是配子体,一般分两种类型:一种是苔类,分化程度比较浅,保持叶状体的形状;另一种是藓类,植物体只有假根和类似茎、叶的分化。其假根是表皮突起的单细胞或一列细胞组成的丝状体。植物体内部构造简单,茎内组织分化水平不高,仅有皮部和中轴的分化,没有真正的维管束构造。叶多数由一层细胞组成,表面无角质层,内部有叶绿体。

苔藓植物的有性生殖器官是多细胞组成的精子器和颈卵器,分别产生精子和卵细胞。受精过程必须在有水的条件下完成。受精卵在颈卵器内发育成胚,胚吸收配子体的营养,发育成孢子体(2n),这一阶段为无性世代。孢子体不能独立生活,必须寄生于配子体上。孢子体通常分为孢蒴、蒴柄和基足三部分。孢蒴是孢子体最主要的部分,其内的孢原组织细胞经多次分裂再经减数分裂,形成孢子(n)。孢子散出后,在适宜环境中,萌发成原丝体,在原丝体上发育生成新的配子体(n),即常见的植物体,这一阶段为有性世代。

苔藓植物具有明显的世代交替,其生活史为异型世代交替。配子体在世代交替中占优势,能独立生活。孢子体则不能独立生活,必须寄生在配子体上,这是区别于其他陆生高等植物的最大特征之一。

苔藓植物含有多种活性化合物,如脂类、萜类和黄酮类等。

【知识与能力测评】

一、名词解释

1. 颈卵器植物

2. 孢子植物

二、填空题

1. 苔藓植物一般分为_____、_____两种类型。

2. 苔藓植物区别于其他陆生高等植物的最大特征是_____体在世代交替中占优势,能独立生活。

3. 苔藓植物的孢子体由_____、_____和_____三部分组成。

三、选择题

1. 地钱植物体为(　　　)。

A. 雌雄同株　　　　B. 雌雄同序　　　　C. 孢子体　　　　D. 雌雄异株

2. 在苔藓植物的生活史中,从孢子萌发到形成配子体,配子体产生雌、雄配子,这一阶段为(　　　)。

A. 无性世代　　　　B. 孢子体世代　　　C. 减数分裂　　　　D. 有性世代

四、问答题

1. 简述苔藓植物的主要特征。常见的药用植物有哪些?

2. 试述苔纲和藓纲有何主要区别?

【参考答案】

一、名词解释

1. 颈卵器植物:苔藓植物、蕨类植物和裸子植物在高等植物的有性生殖过程中,在配子体上能产生多细胞的精子器和颈卵器的植物。

2. 孢子植物:用孢子进行有性生殖,而不开花结果的植物。

二、填空题

1. 苔类　藓类

2. 配子

3. 孢蒴　蒴柄　基足

三、选择题

1. D　　2. D

四、问答题

1. 植物体较小,分化程度比较浅,保持叶状体的形状;或植物体只有假根和类似茎、叶的分化。植物体内部构造简单,没有真正的维管束。苔藓植物的有性生殖器官是多细胞组成的精子器和颈卵器,分别产生精子和卵细胞。受精卵在颈卵器内发育成胚,胚吸收配子体的营养,发育成孢子体(2n)。孢子体通常分为孢蒴、蒴柄和基足三部分。孢子散出后在适宜环境中萌发成原丝体,在原丝体上发育生成新的配子体(n),即常见的植物体。苔藓植物具有明显的世代交替,其生活史为异型世代交替。配子体在世代交替中占优势,能独立生活。孢子体则不能独立生活,必须寄生在配子体上。常见的药用植物有地钱、蛇苔、葫芦藓、金发藓等。

2. 苔纲和藓纲的主要区别是:

形态结构	苔纲	藓纲
配子体 (植物体)	有背腹之分的扁平叶状体。假根由单细胞构成;茎无中轴的分化;叶多数只有一层细胞,无中肋	有原始的茎、叶分化。假根为单列细胞组成;有的茎有中轴的分化;叶在茎上的排列多为螺旋式,常有中肋
原丝体	不发达,不产生芽体,每个原丝体只产生一个植物体	发达,产生多个芽体,每个原丝体形成多个植物体
孢子体	孢蒴的发育在蒴柄延伸之前;蒴柄短且软;孢蒴无蒴齿,多无蒴轴,形成弹丝,多呈四瓣纵裂	孢蒴的发育在蒴柄延伸生长之后;蒴柄长且挺;孢蒴有蒴齿和蒴轴,无弹丝,多为盖裂
生境	多生于热带或亚热带阴湿的土地、岩石和树干上	较苔纲植物耐低温,在温带、寒带、高山冻原、森林、沼泽等地均有

(白云娥)

第九章 蕨类植物门

【要点概览】 蕨类植物多为陆生,有真正的根、茎、叶的分化,有维管组织系统,既是高等的孢子植物,又是原始的维管植物。配子体与孢子体都能独立生活,且孢子体占优势。配子体称原叶体,个体小,常见的蕨类植物都是孢子体。蕨类植物有明显的世代交替。配子体产生颈卵器和精子器,孢子体产生孢子囊。蕨类植物按蕨类植物学家秦仁昌系统分为松叶蕨亚门、石松亚门、水韭亚门、楔叶亚门(木贼亚门)和真蕨亚门五个亚门。其中药用植物较多的是石松亚门、楔叶亚门(木贼亚门)和真蕨亚门。

常见的蕨类植物有石松(中药名:伸筋草)、藤石松(中药名:舒筋草)、蛇足石杉(中药名:千层塔)和扁枝石松(中药名:过江龙)等。

蕨类植物含有黄酮类、生物碱类、酚类、萜类及甾体等化合物。

【知识与能力测评】

一、名词解释

1. 维管植物
2. 孢子叶和营养叶
3. 同型叶和异型叶
4. 孢子同型和孢子异型

二、填空题

1. 蕨类植物体内的维管系统形成中柱,其类型可分为＿＿＿＿、＿＿＿＿、＿＿＿＿和＿＿＿＿等。

2. 蕨类植物的小型叶较原始,由茎的表皮细胞突出而成,无＿＿＿＿和＿＿＿＿,仅有一不分枝的＿＿＿＿。而大型叶有＿＿＿＿,有＿＿＿＿或无,＿＿＿＿多分枝。

3. 蕨类植物孢子囊环带的着生位置有:＿＿＿＿、＿＿＿＿、＿＿＿＿和＿＿＿＿等形式。

4. 蕨类植物生活史中,有两个独立生活的植物体,即＿＿＿＿和＿＿＿＿。其中＿＿＿＿占很大优势。

5. 金毛狗脊来源于＿＿＿＿(科),其＿＿＿＿入药,称＿＿＿＿。

6. 植物海金沙的＿＿＿＿入药,能清热利湿,通淋止痛。

三、选择题

1. 蕨类植物的大型叶幼时( )。

A. 退化　　　　　B. 拳曲　　　　　C. 折叠　　　　　D. 外翻

2. 真蕨亚门植物的叶均为( )。

A. 大型叶　　　　B. 小型叶　　　　C. 营养叶　　　　D. 孢子叶

3. 石杉科植物含多种( )和三萜类化合物,其中( )等成分能治疗阿尔茨海默病。

A. 生物碱 - 石杉碱甲　　　　　　　　　B. 黄酮 - 芸香苷

C. 有机酸 - 绿原酸　　　　　　　　　　D. 酚酸 - 间苯三酚

4.（　　　）为水龙骨科的代表植物，（　　　）为鳞毛蕨科的代表植物。

A. 石韦 - 槲蕨　　　　　　　　　　　　B. 石韦 - 贯众

C. 金毛狗脊 - 贯众　　　　　　　　　　D. 海金沙 - 粗茎鳞毛蕨

5. 紫萁的孢子叶小，羽片极狭窄，卷缩成（　　　）形。

A. 卵状三角　　　　B. 球　　　　　　C. 扁圆　　　　　　D. 线

6. 金毛狗脊的囊群盖两瓣，成熟时形似（　　　）。

A. 圆盾形　　　　　B. 球形　　　　　C. 方形　　　　　　D. 蚌壳

四、问答题

1. 简述蕨类植物有何主要特征。

2. 蕨类植物分为哪几个亚门？如何区分？

3. 粗茎鳞毛蕨有哪些主要特征？写出其来源、入药部位及中药名。真蕨亚门常见药用植物还有哪些？

【参考答案】

一、名词解释

1. 维管植物：在高等植物中的蕨类植物、裸子植物及被子植物这三类植物具有维管系统，被称为维管植物。

2. 孢子叶和营养叶：孢子叶是蕨类植物中能产生孢子囊和孢子的叶，又称能育叶。营养叶是指蕨类植物中只能进行光合作用的叶，又称不育叶。

3. 同型叶和异型叶：同型叶是指有些蕨类植物的叶没有孢子叶和营养叶之分，既能进行光合作用，合成有机物，又能产生孢子囊和孢子，叶的形状也相同，如粗茎鳞毛蕨、石韦等。异型叶是指有些蕨类植物的孢子叶和营养叶的形状和功能完全不相同，如槲蕨、紫萁等。

4. 孢子同型和孢子异型：孢子同型是指蕨类植物产生的孢子大小相同。孢子异型是指蕨类植物产生的孢子有大、小之分，分为大孢子和小孢子。

二、填空题

1. 原生中柱　管状中柱　网状中柱　散状中柱

2. 叶柄　叶隙　叶脉　叶柄　叶隙　叶脉

3. 顶生环带　横行中部环带　斜行环带　纵行环带

4. 孢子体　配子体　孢子体世代

5. 蚌壳蕨科　根茎　狗脊

6. 孢子

三、选择题

1. B　　2. A　　3. A　　4. B　　5. D　　6. D

四、问答题答题要点

1. 参见第 8 版《药用植物学》教材 127 页。

2. 参见第 8 版《药用植物学》教材 132 页。

3. 参见第 8 版《药用植物学》教材 135~139 页。

（汪建平）

第十章　裸子植物门

【要点概览】　裸子植物是一类既保留着颈卵器,又能产生种子,并具维管束的种子植物,是介于蕨类植物和被子植物之间的一类维管植物。它的主要特征为植物体(孢子体)发达,胚珠裸露,产生种子。配子体退化,微小,完全寄生于孢子体上,具多胚现象。

化学成分类型较多,富含黄酮类及双黄酮类、萜类及挥发油等成分。

现存裸子植物分属于5纲,苏铁纲 Cycadopsida、银杏纲 Ginkgopsida、松柏纲 Coniferopsida、红豆杉纲(紫杉纲)Taxopsida、买麻藤纲 Gnetopsida。共有 12 科,71 属,近 800 种。重要的药用植物有苏铁 *Cycas revoluta*、银杏 *Ginkgo biloba*、马尾松 *Pinus massoniana*、金钱松 *Pseudolarix amabilis*、侧柏 *Platycladus orientalis*、三尖杉 *Cephalotaxus fortunei*、红豆杉 *Taxus chinensis*、草麻黄 *Ephedra sinica*、木贼麻黄 *Ephedra equisetina*、中麻黄 *Ephedra intermedia* 等。

【知识与能力测评】

一、名词解释

1. 裸子植物
2. 孢子叶球
3. 假花被

二、填空题

1. 裸子植物区别于种子植物的重要区别点是种子_____。
2. _____科植物中含有紫杉醇(taxol)。
3. 大孢子叶在松柏类中常特化为_____。
4. 大孢子叶在银杏中特化为_____。
5. 大孢子叶在红豆杉中特化为_____。
6. 大孢子叶在罗汉松中特化为_____。
7. 大孢子叶在苏铁中特化为_____。
8. 麻黄属(*Ephedra*)植物中含有多种_____类生物碱。
9. 裸子植物可分为_____、_____、_____、_____、_____等五纲。
10. 具有针形叶的为_____纲植物,其中五针一束的有_____。

三、选择题

1. 裸子植物中具有假花被的为( )。

A. 苏铁纲　　　　B. 银杏纲　　　　C. 红豆杉纲　　　　D. 买麻藤纲

2. 叶三针一束的有( )。

A. 马尾松　　　　B. 红松　　　　C. 油松　　　　D. 云南松

3. 榧树为( )科植物。

A. 三尖杉科　　　　B. 红豆杉科　　　　C. 粗榧科　　　　D. 杉科

4. 种子浆果状,成熟时假花被发育成革质假种皮的为(　　)。

A. 红豆杉　　　　　B. 麻黄　　　　　　C. 银杏　　　　　　D. 红松

5. 松属(*Pinus*)植物的小孢子叶相当于被子植物的(　　)。

A. 心皮　　　　　　B. 雄蕊　　　　　　C. 花药　　　　　　D. 花粉囊

6. 某木雕文物的碎屑离析后显微镜观察,如看到下列哪类细胞就可判断其不可能是柏木制作的(　　)。

A. 筛胞　　　　　　B. 导管分子　　　　C. 纤维　　　　　　D. 管胞

四、问答题

1. 简述裸子植物的主要特征。

2. 何谓多胚现象?

3. 裸子植物的化学成分类型有哪些?

4. 简述红豆杉属植物的分类与分布及药用价值。

5. 简述麻黄科药用植物的种类与分布及药用价值。

6. 简述裸子植物五个纲的检索表特征。

7. 简述银杏科植物的科特征。

8. 试以裸子植物的主要特征分析白果名称是否科学?

【参考答案】

一、名词解释

1. 裸子植物:是介于蕨类植物和被子植物之间的维管植物,保留着颈卵器,又能产生种子,并具有维管束的种子植物。

2. 孢子叶球:裸子植物的孢子叶大多聚生成球果状,称为孢子叶球。

3. 假花被:买麻藤纲的花上具一膜质囊状或肉质管状的类似花被的结构,称为假花被。

二、填空题

1. 裸露于心皮上

2. 红豆杉

3. 珠鳞

4. 珠领或珠座

5. 珠托

6. 套被

7. 羽状大孢子叶

8. 有机胺

9. 苏铁纲　银杏纲　松柏纲　红豆杉纲(紫杉纲)　买麻藤纲

10. 松柏　红松

三、选择题

1. D　　2. D　　3. B　　4. B　　5. B　　6. B

四、问答题

1. 裸子植物的孢子体发达,配子体微小,寄生于孢子体上。裸子植物均为多年生的木本植物,常为单轴分支的大乔木,分枝常有长枝与短枝之分,具发达的主根。少数为亚灌木(如麻黄)或藤本(倪藤)。真中柱,茎内维管束环状排列,具形成层和次生生长;木质部多为管胞,少有导管(麻黄科、买麻藤科),韧皮部中只有筛胞而无伴胞。叶多为针形、条形或鳞形,极少为扁平的阔叶,叶在长枝上成螺旋状排列,簇生在短枝顶部。

胚珠与种子裸露,孢子叶大多聚生成球果状,称为孢子叶球,常为单性同株或异株;小孢子叶(雄蕊)聚生成小孢子叶球;大孢子叶(心皮)丛生或聚生成大孢子叶球,大孢子叶常变态为珠鳞(松柏类)、珠领或珠座(银杏)、珠托(红豆杉)、套被(罗汉松)和羽叶状(苏铁)。

2. 大多数裸子植物具有多胚现象(polyembryony),这是由于一个雌配子体上多个颈卵器的卵细胞同时受精,或是由一个受精卵,在发育过程中,胚原组织分裂为几个胚而形成。

3. 裸子植物的化学成分类型较多,主要有黄酮类。裸子植物中富含黄酮类及双黄酮类化合物,双黄酮类为裸子植物和少数蕨类植物的特征性成分。生物碱是裸子植物中的另一类主要成分,主要存在于三尖杉科、红豆杉科、罗汉松科、麻黄科及买麻藤科。萜类及挥发油普遍存在裸子植物中。树脂、有机酸、木脂素类、昆虫蜕皮激素等也是裸子植物中的常见化学成分。

4. 红豆杉属植物全世界约有 11 种,分布于北半球。我国有 4 种,1 变种:西藏红豆杉 *Taxus wallichiana*、东北红豆杉 *Taxus cuspidata* 产于我国东北地区的小兴安岭南部和长白山地区。云南红豆杉 *Taxus yunnanensis*、红豆杉 *Taxus chinensis*、南方红豆杉(美丽红豆杉)*Taxus chinensis* var. *mairei* 均可提取紫杉醇。野生红豆杉紫杉醇含量一般在 0.004%~0.01% 之间。

5. 草麻黄 *Ephedra sinica*,分布于河北、山西、河南、陕西、内蒙古、辽宁、吉林等地。木贼麻黄 *Ephedra equisetina* 分布于河北、山西、甘肃、陕西、内蒙古、宁夏、新疆等地。中麻黄 *Ephedra intermedia* 分布于甘肃、青海、内蒙古及新疆等地。麻黄科植物含麻黄碱、伪麻黄碱等,为发汗解表药。

6. 植物体呈棕榈状,叶为大型羽状复叶,聚生于茎的顶端。树干短,茎常不分枝的为苏铁纲(Cycadopsida)。

植物体不呈棕榈状,叶为单叶,不聚生于茎的顶端。树干有分枝;叶扇形,先端二裂或为波状缺刻,具二叉状分歧的叶脉,具长柄的为银杏纲(Ginkgopsida)。

叶不为扇形,全缘,不具叉状脉。高大乔木或灌木,叶为针形、条形或鳞片状。果为球果,大孢子叶为鳞片状(珠鳞)两侧对称。种子有翅或无,不具假种皮的为松柏纲(Coniferopsida)。

果不为球果,大孢子叶特化成囊状、杯状、盘状或漏斗状。种子具假种皮的为红豆杉纲(紫杉纲)(Taxopsida)。

木质藤本或小灌木,稀乔木。花具假花被。茎次生木质部中具导管的为买麻藤纲(Gnetopsida)。

7. 落叶大乔木,高可达 40m,树干端直,树皮灰褐色,不规则纵裂,具长枝及短枝。单叶,叶片扇形,顶端 2 浅裂或 3 深裂,有长柄;叶脉二叉状分歧;叶在长枝上螺旋状排列,短枝上 3~5 枚簇生。雌雄异株,球花单生于短枝上;雄球花柔荑花序状,雄蕊多数,花药 2 室;雌球花具长梗,顶端分二叉,大孢子叶特化成一环状突起,称珠领(collar)或珠座,珠领上生一对裸露的直立胚珠。种子核果状,具长梗,椭圆形或近球形,外种皮肉质,成熟时橙黄色,被白粉,味臭;中种皮木质,白色;内种皮膜质,淡红褐色。胚具子叶 2 枚。

8. 白果不是果实,是银杏的种子。裸子植物的胚珠与种子裸露,不包被于子房之中,因此不形成果实。故白果名称不够科学,为沿用的习称。

(许 亮)

第十一章　被子植物门

【要点概览】　被子植物是目前植物界最进化、种类最多、分布最广、应用价值最高的一个类群,这与它复杂而完善的结构特点分不开。在被子植物起源问题上,有两个著名的学说即假花学说和真花学说,由此提出许多分类系统,但比较完善和应用广泛的分类系统有恩格勒系统、哈钦松系统、塔赫他间系统、克朗奎斯特系统。被子植物分为双子叶植物纲和单子叶植物纲,双子叶植物纲又分为原始花被(离瓣花)亚纲与后生花被(合瓣花)亚纲。双子叶植物具有以下特征:直根系,茎维管束呈环状排列,具形成层;叶具网状叶脉;花通常为5或4基数;子叶2枚。单子叶植物具有以下一般特征:须根系;散生中柱,无形成层;平行脉或弧形脉;花通常3基数;胚具1枚顶生子叶。被子植物门共介绍了68个药用植物相对集中或重要的科,学习时应掌握或熟悉科的特征及其重要的代表药用植物。需要掌握的有:蓼科、毛茛科、木兰科、十字花科、蔷薇科、豆科、芸香科、大戟科、五加科、伞形科、唇形科、玄参科、葫芦科、桔梗科、菊科、禾本科、天南星科、百合科、姜科、兰科的特征及其重要药用植物。熟悉桑科、马兜铃科、苋科、石竹科、小檗科、樟科、景天科、杜仲科、锦葵科、山茱萸科、木犀科、龙胆科、夹竹桃科、萝藦科、旋花科、马鞭草科、茄科、爵床科、茜草科、忍冬科、棕榈科、百部科、石蒜科、薯蓣科、鸢尾科的特征及其重要药用植物。

第一节　双子叶植物纲——原始花被(离瓣花)亚纲

【知识与能力测评】

一、名词解释

1. 显花植物

2. 双受精

3. 被丝托

二、填空题

1. 被子植物是目前植物界最进化、种类最多的类群,它的进化特征主要体现在
_____、_____、_____、_____。

2. 双子叶植物花部常_____基数。

3. 蕺菜(鱼腥草)为_____科多年生草本,具_____花序,花序基部有4枚白色_____。

4. 胡椒科植物常具有____气或____气。其中胡椒的学名为_____。

5. 桑科植物的植物体常具____,花____性。分别写出常见植物桑、无花果、大麻的学名:_____、_____、_____。

6. 蓼科多为草本,茎节常____,托叶形成____包于茎节。瘦果或小坚果,常包于_____内。

7. 桑寄生科植物的种子无_____,传播方式为_____。

8. 写出下列药用植物的中文名与所属的科名(中文):

Rheum officinale Baill._____,_____;

Fallopia multiflora(Thunb.)Harald._____,_____;

Achyranthes bidentata Bl._____,_____;

Coptis chinensis Franch._____,_____;

Aconitum carmichaeli Debx._____,_____;

Magnolia officinalis Rehd. et Wils._____,_____;

Schisandra chinensis(Turcz.)Baill._____,_____;

Cinnamomum cassia Presl_____,_____;

Isatis indigotica Fort._____,_____;

Papaver somniferum L._____,_____。

9. 石竹科的特征是:单叶____生,花瓣 4~5,分离,常具____,_____胎座。

10. 莲的果实为_____果,埋于海绵质的_____内。

11. 防己科植物多为多年生草质或木质____本,如_____和_____(中文名)。

12. 木兰科植物是较原始的一类植物,原始性状表现在_____本,_____叶全缘,花常____生,雄蕊、雌蕊_____、_____、_____着生。

13. 木兰科植物八角可做调料或入药,而莽草则有剧毒,不可食用,两者的区别是八角聚合蓇葖果有____个,顶端_____;莽草的聚合蓇葖果有____个,顶端_____。

14. 罂粟科植物含白色或黄色的_____,萼片 2,_____;果为_____果。

15. 十字花科具有_____花冠,_____雄蕊,_____花序,_____果。

16. 蔷薇亚科蔷薇属的果实是多数_____果集于_____内而形成的_____果;悬钩子属的果实是多数_____果集生于_____上而形成的_____果。

17. 豆科植物根部常具_____,因此豆科包含许多绿肥植物。

18. 甘草(乌拉尔甘草)和黄芪均为著名中药。它们的原植物均属于_____科植物。

19. 大戟科植物常含_____;花____性,子房____位,常____室,____胎座。果为_____。

20. 冬青科植物我国仅有一属为_____属。

21. 伞形科植物常含_____,叶柄基部扩大成_____状;_____花序,_____果。

22. *Cornus officinalis* 的中文名为_____。

23. *Angelica sinensis* 的中文名为_____。

24. 伞形科习称学名为_____,规范学名为_____。

25. 人参学名为_____。

26. 巴豆学名为_____。

27. 豆科习称学名为_____。

28. 十字花科规范学名为_____。

29. 小檗科小檗属的_____、_____等根、茎中富含小檗碱,为提取小檗碱的主要原料。

三、选择题

1. 本教材采用的被子植物分类系统为(　　)。

A. 修订的恩格勒系统　　　　　　B. 哈钦松系统

C. 塔赫他间系统　　　　　　　　D. 克朗奎斯特系统

2. 双子叶植物花部常是( )为基数。

A. 2   B. 3 或 4   C. 4 或 5   D. 5 或 6

3. 观察被子植物的花冠是合瓣或离瓣,是依据( )。

A. 花冠顶部情况   B. 花冠基部情况

C. 花萼情况   D. 花被

4. 锦葵科有各种纤维植物,如陆地棉、海岛棉、苘麻等,它们被利用的纤维主要是( )。

A. 木纤维   B. 韧皮纤维

C. 种子的表皮毛   D. 韧皮纤维或种子表皮毛

5. 蔷薇科 4 亚科区分的依据之一是( )。

A. 花萼的类型   B. 花冠的类型

C. 雄蕊的类型   D. 果实的类型

6. 玉兰和含笑的果实是( )。

A. 梨果   B. 荚果   C. 聚合蓇葖果   D. 柑果

7. 豆科 3 亚科的区分主要依据是( )。

A. 花冠   B. 花萼   C. 雌蕊   D. 果实

8. 桑科植物的果实为( )。

A. 聚合果   B. 聚花果   C. 浆果   D. 瓠果

9. 锦葵科植物的雄蕊类型是( )。

A. 离生雄蕊   B. 单体雄蕊   C. 多体雄蕊   D. 聚药雄蕊

10. ( )是我国名花之一,被誉为"国色天香",其根皮入药。

A. 菊花   B. 山茶   C. 兰花   D. 牡丹

11. 中药"莱菔子"的原植物是( )。

A. 菘蓝   B. 白菜   C. 萝卜   D. 乌头

12. 金粟兰科植物具有( )。

A. 单体雄蕊   B. 二体雄蕊   C. 二强雄蕊   D. 多体雄蕊

13. 肉桂属于( )科植物。

A. 樟   B. 防己   C. 景天   D. 罂粟

14. 下列( )科是我国特产,且仅 1 属 1 种。

A. 虎耳草   B. 山茱萸   C. 藤黄   D. 杜仲

15. 中药白木香(土沉香)来自于( )。

A. 瑞香科   B. 桃金娘科   C. 藤黄科   D. 鼠李科

16. 木兰科( )属仅残留 2 种,分别原产于北美和中国。

A. 木兰   B. 观光木   C. 鹅掌楸   D. 含笑

17. 樟科植物花中第( )轮雄蕊花药外向。

A. 1   B. 1 和 3   C. 2   D. 3

18. *Magnolia biloba* 和 *Ginkgo biloba* 学名的种加词均为 *biloba*,其含义是( )。

A. 单叶   B. 复叶   C. 二裂的   D. 两枚叶子

19. 石竹科孩儿参的药用部位是( )。

A. 块茎   B. 块根   C. 根状茎   D. 肉质直根

20. 下列哪个特征是蓼科植物营养器官的主要分类特征（　　）。

A. 具有膜质的托叶鞘　　　　　　　　B. 单叶

C. 单被花　　　　　　　　　　　　　D. 瘦果

21. 蓼科植物的（　　）常宿存，且包于果实的外面。

A. 花托　　　　　B. 苞片　　　　　C 花被片　　　　　D. 花序轴

22. 桑科植物的葎草属与（　　）属植物无乳汁，在一些分类系统里常常另立为一科。

A. 大麻　　　　　B. 榕　　　　　C. 构　　　　　D. 桑

23. 蔷薇科植物路边青的（　　）入药称蓝布正，能益气健脾，补血养阴，润肺化痰。

A. 叶　　　　　B. 茎　　　　　C. 全草　　　　　D. 根

24. 牛膝、土牛膝、川牛膝都属于（　　）科植物。

A. 蔷薇　　　　　B. 豆　　　　　C. 苋　　　　　D. 蓼

25. 下列特征中哪个属于毛茛科（　　）。

A. 叶多对生，少互生　　　　　　　　B. 叶片多缺刻或分裂

C. 叶全缘　　　　　　　　　　　　　D. 掌状复叶

26. 乌头花色艳丽、花型迷人，但主根与侧根均具大毒，中药常有"大辛、大毒、大热"之说，常炮制后入药，其学名是（　　）。

A. *Coptis chinensis*　　　　　　　　B. *Aconitum carmichaelii*

C. *Paeonia lactiflora*　　　　　　　　D. *Aconitum pendulum*

27. 毛茛科植物常为草本，有许多药用植物，广布世界各地，但主产于（　　）。

A. 北温带　　　　B. 亚热带　　　　C. 热带　　　　D. 欧亚大陆

28. 防己科植物常为（　　）。

A. 灌木　　　　　　　　　　　　　　B. 乔木

C. 草质或木质藤本　　　　　　　　　D. 水生植物

29. 十字花科植物常具有（　　）雄蕊。

A. 二强　　　　B. 四强　　　　C. 单体　　　　D. 聚药

30. 花小，淡绿色，花盘显著，种子具有肉质假种皮，具有该特征的植物属（　　）科。

A. 冬青　　　　B. 卫矛　　　　C. 鼠李　　　　D. 景天

31. 一个杯状花序具有（　　）。

A. 雄蕊∞,雌蕊 1　　　　　　　　　B. 雄花∞,雌花∞

C. 花仅 1 朵　　　　　　　　　　　D. 雄花∞,雌花 1

32. （　　）亚科植物常无托叶。

A. 绣线菊　　　　B. 蔷薇　　　　C. 梅　　　　D. 苹果

33. 下列哪种药用植物来自于豆科（　　）。

A. 蒙古黄芪　　　B. 黄芩　　　　C. 黄精　　　　D. 黄檗

34. 蔷薇科的（　　）亚科心皮只有 1 个。

A. 绣线菊　　　　B. 蔷薇　　　　C. 梅　　　　D. 梨

35. 大戟科学名是 Euphorbiaceae,可见此科的模式属为（　　）。

A. 乌桕属　　　　B. 蓖麻属　　　　C. 油桐属　　　　D. 大戟属

36. 五倍子是指（　　）。

A. 盐肤木等寄生植物　　　　　　　　B. 盐肤木等枝叶上的虫瘿

C. 寄生虫 D. 药用成分

37. 中药陈皮是芸香科柑橘类的(　　)干燥后放置长久者。

A. 根皮　　　　　　B. 茎皮　　　　　　C. 果皮　　　　　　D. 内果皮

38. 西洋参原产(　　)。

A. 西欧　　　　　　B. 澳大利亚　　　　C. 巴西　　　　　　D. 北美洲

39. 贯叶金丝桃为当今世界最畅销的草药之一,用于治疗抑郁症等,它属于(　　)科。

A. 瑞香　　　　　　B. 桃金娘　　　　　C. 藤黄　　　　　　D. 锦葵

40. 二年生栽培人参的叶,具有一枚 5 出掌状复叶,习称(　　)。

A. 三花　　　　　　B. 巴掌　　　　　　C. 二甲子　　　　　D. 灯台子

41. *Bupleurum chinense* 的中文名是(　　)。

A. 当归　　　　　　B. 杭白芷　　　　　C. 防风　　　　　　D. 柴胡

42. 黄芦木、红景天、膜荚黄芪、三七所属的科分别为(　　)。

A. 小檗科、景天科、豆科、五加科

B. 芸香科、景天科、豆科、五加科

C. 小檗科、景天科、伞形科、豆科

D. 小檗科、景天科、伞形科、五加科

43. 巴豆所属的科为(　　)。

A. 豆科　　　　　　B. 大戟科　　　　　C. 伞形科　　　　　D. 菊科

44. 关于下述说法错误的是(　　)。

A. 丁香为桃金娘科植物　　　　　　　　B. 延胡索为罂粟科植物

C. 柴胡为伞形科植物　　　　　　　　　D. 枸骨为茄科植物

45. 苜蓿和花生的果实是(　　)。

A. 梨果　　　　　　B. 荚果　　　　　　C. 坚果　　　　　　D. 柑果

46. 橙和柚的果实是(　　)。

A. 梨果　　　　　　B. 荚果　　　　　　C. 蓇葖果　　　　　D. 柑果

47. 雌花生于叶面中脉上的植物是(　　)。

A. 山茱萸　　　　　B. 青荚叶　　　　　C. 蛇床　　　　　　D. 大戟

48. 大戟科植物的果实多为(　　)。

A. 蒴果　　　　　　B. 核果　　　　　　C. 蓇葖果　　　　　D. 浆果

49. 芸香科植物的果实类型通常没有(　　)。

A. 核果　　　　　　B. 瘦果　　　　　　C. 蓇葖果　　　　　D. 柑果

50. 具有假蝶形花冠的植物有(　　)。

A. 合欢　　　　　　B. 决明　　　　　　C. 甘草　　　　　　D. 扁豆

四、问答题

1. 列表比较毛茛科与木兰科有何异同?

2. 为什么说被子植物是当今植物界最进化、最完善的类群?

3. 毛茛科植物有何特征?举出 5 种常见的药用植物中文名。

4. 十字花科有何特征?写出其规范学名和习称学名。举出你所了解的代表植物。

5. 蔷薇科的亚科有何特征?写出亚科检索表(定距式)。

6. 列表比较豆科 3 亚科有何主要特征?

7. 被子植物中单、双子叶植物有何主要区别？

8. 五加科有何主要特征？有哪些重要药用植物？

9. 伞形科有何特征？有哪些重要药用植物？写出科的学名及其中 2 个药用植物的学名。

10. 大戟科主要特征是什么？请列举代表药用植物。

11. 列表比较低等植物与高等植物有何不同？

12. 叙述蓼科有何特征？写出科的学名并写出两种重要药用植物的学名。

13. *Crataegus pinnatifida* Bge. var. *major* N. E. Br. 各部分代表什么含义？

14. 根据下列对某科植物花部特征的描写，试问是何科？写出花程式及花图式。

总状花序；花两性；萼片 4，2 轮；花瓣 4，十字排列；雄蕊 6，四强；子房上位，心皮 2，合生，侧膜胎座；胚珠不定数。

15. 以大戟为例说明大戟科植物的杯状聚伞花序的构造是怎样的？

16. 分析 Ranunculaceae、Magnoliaceae、Papaveraceae、Brassicaceae、Araliaceae、Apiaceae 的科特征，如何编写分科检索表？

17. 列举 3 个植物体具乳汁的科，简述这些科在花部形态上有何特点？

18. 下列各药用植物所属的中文科名是什么？其心皮数是多少？心皮是离生还是合生？子房位置和果实类型如何？（见题例）

（题例：*Lycium barbarum* L.　茄科，心皮 2，合生，子房上位，浆果。）

1) *Isatis indigotica* Fort.

2) *Schisandra chinensis*（Turcz.）Baill.

3) *Fallopia multiflora*（Thunb.）Harald.

4) *Rosa laevigata* Michx.

5) *Cassia tora* L.

6) *Angelica sinensis*（Oliv.）Diels

7) *Leonurus japonicus* Houtt

8) *Atractylodes macrocephala* Koidz.

9) *Fritillaria thunbergii* Miq.

10) *Bletilla striata*（Thunb. ex A. Murray）Rchb. f.

19. 试述下列药用植物有何花冠类型？并写出其学名（命名人可省略）。

菘蓝、甘草（乌拉尔甘草）、丹参、红花、蒲公英、桔梗。

20. 写出下列药用植物所属的科：药用大黄、戟菜、草珊瑚、槲寄生、麦蓝菜、乌头、黄栌木、厚朴、木樨、延胡索。

【参考答案】

一、名词解释

1. 显花植物：花为种子植物特有的繁殖器官，通过开花、传粉、受精过程形成果实和种子，有繁衍后代，延续种族的作用，所以种子植物又称显花植物。

2. 双受精：卵细胞和极核同时和两个精子分别完成融合的过程，是被子植物特有的有性生殖现象，称为双受精。

3. 被丝托：是指由花被、花丝的基部和花托的外周扩展部分联合而成的碟状、杯状、钟状或坛状的结构，也称萼筒。

二、填空题

1. 具有真正的花　胚珠包在子房内　双受精现象　孢子体高度发达

2. 4 或 5

3. 三白草　穗状　苞片

4. 香　辛辣　*Piper nigrum* L.

5. 乳汁　单　*Morus alba* L.　*Ficus carica* L.　*Cannabis sativa* L.

6. 膨大　托叶鞘　宿存的花被

7. 种皮　鸟类传播

8. 药用大黄　蓼科；何首乌　蓼科；牛膝　苋科；黄连　毛茛科；乌头　毛茛科；厚朴　木兰科；五味子　木兰科；肉桂　樟科；菘蓝　十字花科；罂粟　罂粟科

9. 对　爪　特立中央

10. 坚　花托

11. 藤　蝙蝠葛　木防己

12. 木　单　单　多数　离生　螺旋

13. 8~9　无小钩　10~13　有小钩

14. 乳汁　早落　蒴

15. 十字　四强　总状　角

16. 瘦　肉质的壶形花筒(花托)　聚合瘦　核　膨大的花托　聚合核

17. 根瘤

18. 豆

19. 乳液　单　上　3　中轴　蒴果

20. 冬青

21. 挥发油　鞘　复伞形或单伞形　双悬

22. 山茱萸

23. 当归

24. Umbelliferae　Apiaceae

25. *Panax ginseng* C. A. Meyer

26. *Croton tiglium* L.

27. Leguminosae

28. Brassicaceae

29. 匙叶小檗　小黄连刺

三、选择题

1. A	2. C	3. B	4. D	5. D	6. C	7. A	8. B	9. B	10. D
11. C	12. A	13. A	14. D	15. A	16. C	17. D	18. C	19. B	20. A
21. C	22. A	23. C	24. C	25. B	26. B	27. A	28. C	29. B	30. B
31. D	32. A	33. A	34. C	35. B	36. B	37. C	38. D	39. C	40. B
41. D	42. A	43. B	44. D	45. B	46. D	47. B	48. A	49. B	50. B

四、问答题

1. 毛茛科与木兰科的异同

科名	习性	叶	花序	花部结构	果实类型
毛茛科	草本	叶深裂或缺或为复叶,无托叶	花单生或为总状花序、圆锥花序	离生花被,重被花,雄蕊、雌蕊多数,离生螺旋着生在突起的花托上	聚合瘦果或聚合蓇葖果
木兰科	木本,具托叶痕	叶全缘,托叶早落	花单生	离生花被,单被花,雄蕊、雌蕊多数,离生螺旋着生在突起的花托上	聚合蓇葖果或聚合浆果

2. 被子植物种类丰富,类型复杂多样,有极其广泛的适应性,这与它结构的复杂化和完善化是分不开的,具体表现在以下几个方面:①繁殖器官出现了花的结构,更利于传粉和受精。②繁殖器官出现了花、果实的结构,种子包被于果皮中,使种子受到更好地保护和传播,能更好地繁衍后代。③输导组织有了导管、筛管、伴胞,输导水分和有机物质的效率大大提高。④有性生殖中出现了双受精现象,这是植物界最进化的受精方式。双受精产生了三倍体的胚乳,作为后代的营养,不仅有利于后代的发育,而且使后代的生命力和适应环境的能力大大提高。⑤配子体高度简化。雄配子体仅有 2~3 个细胞,雌配子体简化成 7 个细胞 8 个核。这种简化在生物学上具有进化的意义。由于被子植物具备了以上特征,从而使之成为当今植物界最进化、最完善的类群。

3. 参见第 8 版《药用植物学》教材 158 页。

4. 参见第 8 版《药用植物学》教材 167 页。

5. 参见第 8 版《药用植物学》教材 170 页。

6. 豆科 3 亚科的主要特征比较

亚科名	习性	叶	花序	花	果实类型
含羞草亚科	多木本,稀草本	多二回羽状复叶,有叶枕和托叶	头状花序或穗状花序	花辐射对称,花瓣镊合状排列,雄蕊多数	荚果
云实亚科	多木本,稀草本	一至二回羽状复叶,少为单叶,有叶枕和托叶	圆锥花序、总状花序、伞房花序或簇生	花两侧对称,花瓣上升覆瓦状排列,雄蕊 10,多分离	荚果
蝶形花亚科	草本、灌木或乔木	单叶或复叶,有叶枕和托叶	总状花序或头状花序、稀单生	花两侧对称,花瓣下降覆瓦状排列,雄蕊 10,二体雄蕊	荚果

7. 参见第 8 版《药用植物学》教材 149 页。

8. 参见第 8 版《药用植物学》教材 187 页。

9. 参见第 8 版《药用植物学》教材 190 页。

10. 参见第 8 版《药用植物学》教材 179 页。

11. 低等植物与高等植物的不同

	低等植物	高等植物
类群	藻类、菌类和地衣类	苔藓类、蕨类、裸子植物和被子植物
生活环境	多水生或湿生	大多陆生
植物体结构	结构比较简单,植物体没有根、茎、叶的分化,无维管束	植物体有根、茎、叶的分化,除苔藓植物外都有维管组织
生殖器官	多是单细胞的,极少多细胞	多细胞构成
生活史	合子萌发不经过胚而直接发育成新的植物体,有些植物具世代交替现象	合子萌发要经过胚的阶段,由胚再发育为新的植物体,具有明显的世代交替现象

12. 参见第 8 版《药用植物学》教材 154 页。

13. 山里红 *Crataegus pinnatifida* Bge. var. *major* N. E. Br. 的学名中,*Crataegus* 表示属名;*pinnatifida* 表示种名或种加词;Bge. 表示命名人的名字,其中的 "." 表示名字的缩写;var. 表示变种,即山里红是一个变种,*major* 是变种的名字,N. E. Br. 是变种名字命名人的缩写。

14. 该科为十字花科,花程式为 $♀*K_{2+2}C_4A_{2+4}\underline{G}_{(2:2:\infty)}$。花图式略。

15. 参见第 8 版《药用植物学》教材 179 页。

16. Ranunculaceae、Magnoliaceae、Papaveraceae、Brassicaceae、Araliaceae、Apiaceae 分别是毛茛科、木兰科、罂粟科、十字花科、五加科、伞形科。分科检索表如下:

1. 雄蕊、雌蕊多数,离生,螺旋着生。花被片 3 至多数。
　2. 木本植物,含挥发油。叶互生,全缘,具托叶 ································木兰科
　2. 草本植物。单叶或复叶,叶片多缺刻或分裂,无托叶 ················毛茛科
1. 雄蕊常定数 4~5 枚,或雄蕊多数,雌蕊 1 枚。花瓣 4~6 枚。
　3. 子房上位,花瓣 4~6。
　　4. 植物体常含乳汁,萼片 2,早落,花瓣 4~6。蒴果 ················罂粟科
　　4. 植物体含辛辣液汁,萼片 4,花瓣 4,四强雄蕊。角果 ·········十字花科
　3. 子房下位,花瓣 5。
　　5. 常为木本植物,心皮 1~15,合生。浆果或核果 ··················五加科
　　5. 草本植物,含挥发油,心皮 2,合生。双悬果 ·····················伞形科

17. 植物体含乳汁的科有罂粟科、桑科、大戟科。花部特征参见第 8 版《药用植物学》教材 165 页、151 页、179 页。

18. *Isatis indigotica* Fort.　十字花科,心皮 2,合生,子房上位,角果。

Schisandra chinensis(Turcz.)Baill.　木兰科,心皮多数,离生,子房上位,聚合浆果。

Fallopia multiflora(Thunb.)Harald.　蓼科,心皮 3,合生,子房上位,瘦果。

Rosa laevigata Michx.　蔷薇科,心皮多数,离生,子房上位,聚合瘦果。

Cassia tora L.　豆科,心皮 1,子房上位,荚果。

Angelica sinensis(Oliv.)Diels　伞形科,心皮 2,合生,子房下位,双悬果。

Leonurus japonicus Houtt　唇形科,心皮 2,合生,子房上位,坚果。

Atractylodes macrocephala Koidz.　菊科,心皮 2,合生,子房下位,瘦果。

Fritillaria thunbergii Miq.　百合科,心皮 3,合生,子房上位,蒴果。

Bletilla striata(Thunb. ex A. Murray)Rchb. f.　兰科,心皮 3,合生,子房下位,蒴果。

19. 菘蓝 *Isatis indigotica* 十字花冠

甘草(乌拉尔甘草)*Glycyrrhiza uralensis*　蝶形花冠

丹参 *Salvia miltiorrhiza*　唇形花冠

红花 *Carthamus tinctorius*　管状花冠

蒲公英 *Taraxacum mongolicum*　舌状花冠

桔梗 *Platycodon grandiflorum*　钟状花冠

20. 蓼科；三白草科；金粟兰科；桑寄生科；石竹科；毛茛科；小檗科；木兰科；樟科；罂粟科。

(王旭红　王　弘　卢　燕)

第二节　双子叶植物纲——后生花被(合瓣花)亚纲

【知识与能力测评】

一、填空题

1. 夹竹桃科植物花冠喉部具有_____,花冠裂片_____排列,花药常呈_____,种子常具_____。

2. 夹竹桃科特征性活性成分为_____和_____。

3. 列举种子有毛的两个科_____和_____。

4. 马鞭草科药用植物多_____,稀草本,常具_____。

5. 草本、茎四棱、叶对生、有香味、_____花序是唇形科植物特征。

6. 唇形科植物花冠类型有_____、_____和_____,雄蕊可能为_____枚或_____枚。

7. 茄科药用植物所含的生物碱主要是_____、_____和_____。

8. 葫芦科植物为草质藤本,具_____胎座。_____果,稀瓠果。

9. 桔梗科植物常为_____本,常具_____。

10. 菊科头状花序中的小花的花冠类型有_____、_____、_____、_____、_____,雄蕊为_____。

二、选择题

1. 紫金牛科植物特征性成分是(　　　　)。

A. 羟基苯醌类　　　B. 生物碱　　　　C. 黄酮类　　　　D. 挥发油

2. 花粉粒常聚合成花粉块的是下列哪个科(　　　　)。

A. 马钱科　　　　　B. 龙胆科　　　　C. 夹竹桃科　　　D. 萝藦科

3. 下列属于唇形科的药用植物是(　　　　)。

A. 黄连　　　　　　B. 黄芩　　　　　C. 黄檗　　　　　D. 蒙古黄芪

4. 连翘的入药部位是(　　　　)。

A. 全草　　　　　　B. 果实　　　　　C. 茎　　　　　　D. 根

5. 野外辨认植物时,可以通过特殊气味区别的是(　　　　)。

A. 马鞭草科　　　　B. 龙胆科　　　　C. 木犀科　　　　D. 夹竹桃科

6. 野外辨认植物时,可以通过轮伞花序区别的是(　　　　)。

A. 唇形科　　　　　B. 伞形科　　　　C. 五加科　　　　D. 木犀科

7. 野外辨认植物时,可以通过二强雄蕊区别的是(　　　)。

A. 十字花科　　　　B. 豆科　　　　C. 唇形科　　　　D. 菊科

8. 茺蔚子的基源植物是(　　　)。

A. 膜荚黄芪　　　　B. 益母草　　　　C. 牵牛　　　　D. 紫苏

9. 地黄属于(　　　)的植物。

A. 唇形科　　　　B. 玄参科　　　　C. 茄科　　　　D. 旋花科

10. 缬草属于(　　　)的药用植物。

A. 败酱科　　　　B. 忍冬科　　　　C. 车前科　　　　D. 菊科

11. 野外辨认植物时,可以通过草质藤本、有卷须,子房下位、瓠果区别的是(　　　)。

A. 葡萄科　　　　B. 葫芦科　　　　C. 忍冬科　　　　D. 茜草科

12. 下列具有聚药雄蕊的是(　　　)。

A. 菊科　　　　B. 十字花科　　　　C. 玄参科　　　　D. 锦葵科

13. 野外辨认植物时,可以通过头状花序区别的是(　　　)。

A. 桔梗科　　　　B. 菊科　　　　C. 忍冬科　　　　D. 败酱科

14. 红花的入药部位是(　　　)。

A. 头状花序　　　　B. 舌状花　　　　C. 管状花　　　　D. 根茎

15. 花序全是舌状花,具有乳汁的药用植物是(　　　)。

A. 大蓟　　　　B. 白术　　　　C. 茵陈　　　　D. 蒲公英

16. 下列属于木犀科的药用植物有(　　　)。

A. 连翘　　　　B. 丁香　　　　C. 羊踯躅　　　　D. 过路黄

17. 马钱科植物的主要化学成分不包括(　　　)。

A. 番木鳖碱　　　　B. 钩吻碱　　　　C. 东莨菪碱　　　　D. 马钱子碱

18. 下列不属于龙胆科的药用植物有(　　　)。

A. 钩吻　　　　B. 双蝴蝶　　　　C. 龙胆　　　　D. 秦艽

19. 龙胆科药用植物的特征性化学成分是(　　　)。

A. 裂环烯醚萜苷　　　　B. 生物碱　　　　C. 强心苷　　　　D. 挥发油

20. 下列属于萝藦科的药用植物有(　　　)。

A. 萝芙木　　　　B. 罗布麻　　　　C. 罗汉果　　　　D. 杠柳

21. 下列不属于马鞭草科的药用植物有(　　　)。

A. 紫草　　　　B. 蔓荆　　　　C. 海州常山　　　　D. 兰香草

22. 含有菊糖的药用植物有(　　　)。

A. 桔梗　　　　B. 人参　　　　C. 三七　　　　D. 薄荷

23. 下列不属于茄科的药用植物有(　　　)。

A. 枸杞　　　　B. 曼陀罗　　　　C. 龙葵　　　　D. 枸骨

24. 下列属于玄参科的药用植物有(　　　)。

A. 玄参　　　　B. 丹参　　　　C. 手参　　　　D. 华山参

25. 下列不属于爵床科的药用植物有(　　　)。

A. 木蝴蝶　　　　B. 穿心莲　　　　C. 马蓝　　　　D. 九头狮子草

26. 下列不属于茜草科的药用植物有(　　　)。

A. 栀子　　　　B. 巴戟天　　　　C. 大戟　　　　D. 钩藤

27. 茜草科药用植物的主要化学成分不包括(   )。

A. 生物碱　　　　　B. 环烯醚萜苷　　　C. 蒽醌类　　　　　D. 多糖

28. 下列不属于败酱科的药用植物有(   )。

A. 忍冬　　　　　　B. 缬草　　　　　　C. 黄花败酱　　　　D. 甘松

29. 下列不属于葫芦科的药用植物有(   )。

A. 木瓜　　　　　　B. 栝楼　　　　　　C. 绞股蓝　　　　　D. 木鳖子

30. 2020 年版《中国药典》收载的党参基源植物不包括(   )。

A. 党参　　　　　　B. 素花党参　　　　C. 川党参　　　　　D. 管花党参

三、名词解释

1. 合蕊冠

2. 白丑

3. 缘花

四、问答题

1. 夹竹桃科和萝藦科的主要区别是什么?

2. 唇形科的主要特征是什么? 该科有哪些常用药用植物?

3. 玄参科的主要特征是什么? 该科有哪些常用药用植物?

4. 忍冬科的主要特征是什么? 该科有哪些常用药用植物?

5. 桔梗科的主要特征是什么? 该科有哪些常用药用植物?

6. 菊科的两个亚科有何区别? 该科有哪些常用药用植物?

7. 解释花程式 $\phi \uparrow K_{(5)} C_{(5)} A_{4,2} G_{(2:4:1)}$ 中符号和数字等所代表的含义。

8. 人参、党参、苦参、丹参、玄参各为何科植物? 列表写出基源植物的形态鉴别特征。

【参考答案】

一、填空题

1. 鳞片状或毛状附属物　旋转状　箭头状　毛或膜翅

2. 吲哚类生物碱　强心苷

3. 夹竹桃科　萝藦科

4. 木本　特殊气味

5. 轮伞

6. 唇形　假单唇形　单唇形　2　4

7. 托品类　甾体类　吡啶类

8. 侧膜　瓠

9. 草　乳汁

10. 管状　舌状　假舌状　二唇形　漏斗状　聚药雄蕊

二、选择题

1. A　2. D　3. B　4. B　5. A　6. A　7. C　8. B　9. B　10. A

11. B　12. A　13. B　14. C　15. D　16. A　17. C　18. A　19. A　20. D

21. A　22. A　23. D　24. A　25. A　26. C　27. D　28. A　29. A　30. D

三、名词解释

1. 合蕊冠:萝藦科植物的花丝合生成具有蜜腺的筒状,并将雌蕊包围,这种结构称为合蕊冠。

2. 白丑：牵牛的种子白色者称为白丑，黑色的称为黑丑。

3. 缘花：菊科头状花序中的小花有异型者，外围舌状、假舌状或漏斗状花，称缘花。中央的管状花称盘花。

四、问答题

1. 参见第 8 版《药用植物学》198、200 页。

2. 参见第 8 版《药用植物学》205 页。

3. 参见第 8 版《药用植物学》209 页。

4. 参见第 8 版《药用植物学》214 页。

5. 参见第 8 版《药用植物学》218 页。

6. 参见第 8 版《药用植物学》220 页。

7. ☿：两性花；↑：两侧对称；$K_{(5)}$：花萼 5 枚，合生；$C_{(5)}$：花冠 5 枚，合生；$A_{4,2}$：雄蕊 4 枚或 2 枚，分离；$\underline{G}_{(2:4:1)}$：子房上位，2 心皮联合，4 子房室，1 胚珠。

8.

名称	科名	植物形态
人参	五加科	掌状复叶，伞形花序，核果浆果状，红色
党参	桔梗科	草质藤本，有乳汁，钟状花冠，蒴果
苦参	豆科	复叶互生，蝶形花冠，二体雄蕊，荚果条形
丹参	唇形科	全株被腺毛，羽状复叶对生，花冠紫色，二唇形，雄蕊 2 枚。小坚果
玄参	玄参科	单叶对生，花冠二唇形，紫褐色，蒴果，种子细小

（赵　丁　贾景明）

第三节　单子叶植物纲

【知识与能力测评】

一、名词解释

1. 合蕊柱

2. 花葶

3. 颖果

4. 特化唇瓣

5. 假鳞茎

二、填空题

1. 天南星科植物具_____花序，常见药用植物有_____、_____等。

2. 组成禾本科植物花序的基本单位叫_____，它的外方由_____包被，小花由_____包被，里边含有_____等部分，花被常变化为_____，具有_____作用。

3. 莎草科区别于禾本科主要在于：_____，_____，_____。

4. _____科植物具特化唇瓣，雄蕊和雌蕊合生成合蕊柱，花粉常结成花粉块。

5. 每一科填写两种主要药用植物：

鸢尾科_____、_____；石蒜科_____、_____；天南星科_____、_____；姜科_____、_____；兰科_____、_____；百合科_____、_____；禾本科_____、_____。

三、选择题

1. 百合花程式为 $*P_{3+3}A_{3+3}\underline{G}_{(3:3:\infty)}$，据此可知百合花是（   ）。

A. 三基数   B. 四基数   C. 五基数   D. 六基数

2. 下述不是单子叶植物的特征的是（   ）。

A. 胚内仅含 1 片子叶

B. 须根系

C. 茎内维管束成环状排列，具形成层

D. 叶具平行脉或弧形脉

3. 单子叶草本植物，具鳞茎，花两性，辐射对称，3 基数，子房上位。它是（   ）植物。

A. 百合科   B. 石蒜科   C. 薯蓣科   D. 姜科

4. 假鳞茎可存在于（   ）植物中。

A. 百合科   B. 兰科   C. 姜科   D. 石蒜科

5. 雄蕊退化成唇瓣的植物通常属于（   ）科植物。

A. 夹竹桃科   B. 菊科   C. 忍冬科   D. 姜科

6. 不属于天南星科的特征有（   ）。

A. 草本，具根状茎、块茎   B. 具有膜质托叶鞘

C. 肉穗花序，具佛焰苞   D. 浆果，密集于花序轴上

7. 姜科植物的雄蕊常变态成为（   ）。

A. 苞片状   B. 花萼状   C. 花瓣状   D. 花盘状

8. 以鳞茎入药的植物是（   ）。

A. 荸荠与射干   B. 大蒜与射干   C. 荸荠与石蒜   D. 大蒜与石蒜

9. 单子叶植物的气孔器是由（   ）和副卫细胞围成。

A. 肾形保卫细胞   B. 泡状细胞

C. 哑铃型保卫细胞   D. 环型保卫细胞

10. 禾本科植物小穗中小花的花被是（   ）。

A. 缺少的   B. 浆片   C. 内外稃   D. 颖片

11. 姜科植物花中内轮 2 枚连合成显著而美丽的唇瓣，属于（   ）。

A. 花萼状花冠   B. 花冠状花萼

C. 变态的外轮雄蕊   D. 变态的内轮雄蕊

12. 姜科植物花中一般具有（   ）枚能育雄蕊。

A. 1   B. 3   C. 5   D. 6

13. 姜的药用部分是（   ）。

A. 块根   B. 块茎   C. 根状茎   D. 球茎

14. 蒜的蒜薹是（   ）。

A. 变态的叶   B. 变态的茎   C. 花葶   D. 正常生长的茎

15. 贝母属数种药用植物均以（   ）入药。

A. 鳞茎   B. 块茎   C. 球茎   D. 根状茎

16. 薯蓣科植物的叶脉为（   ）。

A. 平行叶脉   B. 叉状叶脉

C. 羽状网脉   D. 基出掌状脉并有网脉

17. 兰科植物花最独特的结构在于（   ）。
A. 雄蕊   B. 合蕊柱   C. 花被   D. 唇瓣
18. 从系统发育看,兰科植物的花原具（   ）枚雄蕊。
A. 3   B. 4   C. 5   D. 6
19. 天冬植株上针形的"叶"实际上是（   ）。
A. 茎   B. 叶   C. 托叶   D. 叶轴
20. 石刁柏作为蔬菜,其食用部分为（   ）。
A. 块茎   B. 花   C. 嫩茎   D. 幼叶
21. 菝葜属植物为攀缘灌木,其借助卷须攀缘。卷须是变态的（   ）。
A. 茎   B. 叶片   C. 叶柄   D. 托叶
22. （   ）属百合科。
A. 广东万年青   B. 万年青   C. 君子兰   D. 朱顶红
23. 薯蓣科植物（   ）器官可供药用或食用。
A. 叶   B. 花   C. 果或种子   D. 根状茎或块茎
24. 兰科植物种子传播媒介为（   ）。
A. 虫   B. 鸟   C. 风   D. 水
25. 兰科植物的（   ）种类茎基或全部常膨大为假鳞茎。
A. 陆生   B. 附生   C. 腐生   D. 寄生

四、问答题

1. 禾本科有哪些主要特征? 可分为哪几个亚科?
2. 兰科植物有什么特征? 举 1~2 例说明其药用价值。
3. 为什么说兰科植物是单子叶植物中虫媒传粉的最高级类型?
4. 百合科花的基本特征是什么? 它与禾本科、兰科在进化上有什么关系?

【参考答案】

一、名词解释

1. 合蕊柱:雄蕊与雌蕊的花柱及柱头合生成一柱状体,称为合蕊柱。
2. 花葶:由植物体的地下部分鳞茎、根状茎、根直接抽出的无叶花茎,称为花葶。
3. 颖果:由 2~3 枚心皮组成的雌蕊所发育成的果实,其子房一室,含一粒种子,果皮与种皮愈合分不开的一种闭果。
4. 特化唇瓣:兰科植物花近轴面(即上面)的一枚花瓣最大,色彩与形态结构特殊,称为特化唇瓣。
5. 假鳞茎:附生的兰科植物往往在茎基部或整个茎膨大为具 1 节或多节、呈各种形状的肉质构造即假鳞茎。

二、填空题

1. 肉穗 天南星 半夏
2. 小穗 颖片 2 枚苞片即外稃和内稃 花被、雄蕊和雌蕊 浆片 撑开内外稃和保护
3. 秆三棱形、实心、无节 叶 3 列、叶鞘封闭 果为坚果
4. 兰
5. 鸢尾科:射干 番红花

石蒜科:石蒜　仙茅

天南星科:半夏　天南星

姜科:姜　阳春砂

兰科:天麻　石斛

百合科:百合　浙贝母

禾本科:薏苡　白茅

三、选择题

1. A　2. C　3. A　4. B　5. D　6. B　7. C　8. D　9. C　10. B
11. D　12. A　13. C　14. C　15. A　16. D　17. B　18. D　19. A　20. C
21. D　22. B　23. D　24. C　25. B

四、问答题

1. 禾本科植物的主要特征:草本或木本(竹类),地下常具根状茎或须根。秆有明显的节和节间,节间常中空。单叶,互生,2列状,具叶鞘、叶片、叶舌三部分。花序以小穗为单位,排成穗状、总状、圆锥状花序。小穗由颖片和1至数枚小花组成,小花由内外稃、2~3枚浆片、雄蕊和雌蕊组成。雄蕊常3枚,稀1,2或6,雌蕊由2~3心皮组成,下位花,花药大,花丝细长,丁字着药。花柱常为2,柱头常羽毛状。果为颖果。种子有丰富胚乳。

禾本科可分为禾亚科和竹亚科。前者多为草本,秆草质,无秆生叶和枝生叶之分。后者为灌木或乔木,茎木质化,叶具秆生叶和枝生叶。

2. 兰科植物特征参见第8版《药用植物学》教材237页。

天麻是兰科植物中常见的药用种类,其块茎能息风止痉,平抑肝阳,祛风通络,可用于治疗头痛、头晕等病症。石斛以茎入药,能益胃生津,滋阴清热。

3. 兰科植物是单子叶植物中虫媒传粉的最高级类型,表现在以下几点:几乎全为草本植物,有陆生、附生和腐生多种类型。花两侧对称,高度特化,内轮花被特化为唇瓣,雄蕊和雌蕊结合成合蕊柱,雄蕊仅1~2枚发育,花粉结合成花粉块,子房下位。种子微小,数量多。

4. 百合科植物的花具典型的2轮3基数花结构,即 $P_{3+3}A_{3+3}\underline{G}_{(3)}$。由此向风媒传粉演化产生花高度简化的禾本科植物,6枚花被片简化成2枚浆片;而向虫媒传粉演化出高度特化的兰科植物,发育雄蕊1~2枚,雄蕊和雌蕊结合成合蕊柱等。

　　　　　　　　　　　　　　　　　　　　　　　　　　　　　　　　　　　　(刘　忠)

第十二章 药用植物资源的保护与可持续利用

【要点概览】 我国具有丰富的生物多样性和药用植物资源,药用植物有1万多种,种类以被子植物最多,根据我国自然区划并结合中药区划,一般将我国的药用植物资源划分为九个区。著名的道地药材如"关药""怀药""浙药""川药"和"南药"等。还有100多种药食两用植物以及有毒药用植物。还有一些资源少成为珍稀濒危药用植物资源。根据稀有、濒危程度不同可分为濒危种(endangered species)、渐危种(vulnerable species)和稀有种(rare species)3类。

生物多样性包括生态系统多样性、物种多样性和遗传多样性。《生物多样性公约》以及国内相关法规是生物多样性保护及珍稀濒危药用植物资源保护的依据。保护的策略方法主要有原地保护、迁地保护等。药用植物资源可持续利用策略包括规范化栽培、提高利用效率以及寻找代用品扩大药源等。

【知识与能力测评】

一、名词解释

1. 生物多样性
2. 生物同质化
3. 原地保护
4. 迁地保护
5. 濒危种
6.《生物多样性公约》
7. 道地药材

二、填空题

1. 生物多样性包括_____、_____和_____三个层次。

2. 我国药用植物种类较多的科有:_____、_____、_____、_____等。

3. 广药、南药主要产于_____区;川药、贵药主产于_____区。

4. 世界自然保护联盟(IUCN)濒危物种红色名录的等级和标准可分为_____、_____、_____、_____、_____以及近危、无危、数据缺乏和未予评估。

5. CITES 全称为:_____。

6.《中国珍稀濒危保护植物名录》列为一级保护的植物为:_____、_____、_____、_____、_____、_____、_____等8种。

三、选择题

1. 我国药用植物种类最多的省区为（　　　）。

A. 云南　　　　　　　B. 海南　　　　　　　C. 广西　　　　　　　D. 四川

2. 根据第 55 届联合国大会第 201 号决议，每年的（　　　）为国际生物多样性日。

A. 12 月 29 日　　　B. 5 月 22 日　　　C. 3 月 12 日　　　D. 2 月 2 日

3. CITES 对全球野生动植物贸易实施控制，将一些有灭绝危险的物种，严格禁止国际商业贸易，并列入（　　　）。

A. 附录 I　　　　　　B. 附录 II　　　　　　C. 附录 III　　　　　　D. 各国行动准则

4.《中国珍稀濒危保护植物名录》（第一册）列入一级重点保护的有 8 种，不包括（　　　）。

A. 秃杉　　　　　　　B. 水杉　　　　　　　C. 红豆杉　　　　　　D. 银杉

5. 以下不属于迁地保存的是（　　　）。

A. 植物园　　　　　　B. 树木园　　　　　　C. 种质圃　　　　　　D. 自然保护区

四、问答题

1. 简述生物多样性及意义。

2. 试述药用植物濒危分级及主要保护方法。

3. 简述我国药用植物资源分区情况。

4. 试述我国植物类道地药材的资源情况。

5. 举例说明药用植物资源可持续利用的策略。

【参考答案】

一、名词解释

1. 生物多样性：生物多样性（biological diversity，biodiversity）指地球上生物圈中所有的生物（动物、植物、微生物）与环境形成的生态复合体以及与此相关的各种生态过程的总和，一般包含三个层次：生态系统多样性、物种多样性和遗传多样性。

2. 生物同质化：一定时段内两个或多个生物区在生物组成和功能上逐渐趋同化。

3. 原地保护：在植物原来的生态环境下就地保存与繁殖野生植物。

4. 迁地保护：即在植物原产地以外的地方保存和繁育植物种质材料。

5. 濒危种：指那些在分布区处于有灭绝危险的物种。这些种类居群不多，数量比较稀少，地理分布有很大局限性，仅生存在特殊或脆弱的生态环境中。其生境和环境的自然或人为改变，都会直接影响种群的大小、存亡，并使一些适应能力差的种类数量骤减或消亡。

6.《生物多样性公约》：是旨在保护全球的生物多样性的一项有法律约束力的公约，于1993 年 12 月 29 日正式生效，我国为公约缔约国。

7. 道地药材：是指在特定地域，特定生态条件、独特栽培和炮制技术等因素的综合作用下，所形成的产地适宜、品种优良、产量较高、炮制考究、疗效突出、市场认可的药材。

二、填空题

1. 生态系统多样性　物种多样性　遗传多样性

2. 菊科　豆科　唇形科　毛茛科

3. 华南　西南

4. 绝灭　野外绝灭　极危　濒危　易危

5.《濒危野生动植物种国际贸易公约》

6. 人参　金花茶　银杉　珙桐　水杉　望天树　秃杉　桫椤

三、选择题

1. A　　2. B　　3. A　　4. C　　5. D

四、问答题

1. 生物多样性(biodiversity)指地球上生物圈中所有的生物(动物、植物、微生物)与环境形成的生态复合体以及与此相关的各种生态过程的总和,一般包含三个层次:生态系统多样性、物种多样性和遗传多样性。生物多样性是人类赖以生存的条件,是经济社会可持续发展的基础,是生态安全和粮食安全的保障。

2. 评估物种濒临灭绝风险的分级标准体系,目前多采用世界自然保护联盟(IUCN)濒危物种红色名录的等级和标准,根据物种绝灭发生的概率,可分为绝灭、野外绝灭、极危、濒危、易危、近危、无危、数据缺乏和未予评估等。

药用植物按稀有、濒危程度不同可分为濒危种、渐危种和稀有种。《野生药材资源保护管理条例》将保护等级分为1~3级。一级为濒临绝灭状态的稀有珍贵野生种;二级为分布区域缩小、资源处于衰竭状态的重要野生种;三级为资源严重减少和主要常用野生种。

3. 在药用植物资源系统调查的基础上,根据其自然属性特点及地域性分布规律,按区内相似性和区际差异性可划分不同级别的药用植物资源区。根据我国自然区划并结合中药区划,一般将我国的药用植物资源划分为九个区,分别为东北区、华北区、华东区、西南区、华南区、内蒙古区、西北区、青藏区和海洋区等。

4. 我国有记载的道地药材资源约有200余种,占常用大宗中药材品种的40%以上,并且主要以植物药为主,如"关药""怀药""浙药""川药"和"南药"等。如浙江有"浙八味"以及铁皮石斛、衢枳壳、乌药、三叶青、覆盆子、前胡、灵芝、西红花等新"浙八味"中药材培育品种。

5. 药用植物资源可持续利用,可以通过药用植物规范化栽培,提高产量与品质,提高药用植物资源的综合利用效率,找珍稀濒危药材的替代种、代用品,扩大药源。例如20世纪50年代末我国植物学和药学专家在云南、广西、海南找到了取代印度蛇根木 *Rauvolfia serpentina* 的降血压资源植物萝芙木 *R. verticillata* 及其多种同属植物。利用组织培养及生物技术培育扩大药源。

(贾景明　黄宝康)

药用植物学综合试卷(一)

一、单项选择题(每小题 0.5 分,共 20 分)

1. 以下属于真核生物的是( )。

   A. 细菌　　　　　B. 放线菌　　　　　C. 蓝藻　　　　　D. 酵母菌

2. 下述属于植物细胞后含物的为( )。

   A. 叶绿体　　　　B. 有色体　　　　　C. 蛋白质　　　　D. 染色质

3. 具托叶鞘的科是( )。

   A. 豆科　　　　　B. 毛茛科　　　　　C. 蓼科　　　　　D. 苋科

4. 禾本科的果实为( )。

   A. 瘦果　　　　　B. 蒴果　　　　　　C. 颖果　　　　　D. 翅果

5. 依茎的生长习性分,葡萄茎属于( )。

   A. 缠绕茎　　　　B. 直立茎　　　　　C. 匍匐茎　　　　D. 攀缘茎

6. 植物分类的基本单位是( )。

   A. 科　　　　　　B. 属　　　　　　　C. 种　　　　　　D. 品种

7. 裸子植物不同于被子植物的主要特征为( )。

   A. 多为木本　　　　　　　　　　　　B. 多为草本

   C. 心皮叶状展开,胚珠裸露　　　　　D. 心皮联合成子房,胚珠包藏于子房内

8. 以下除( )外均为伞形科的特征。

   A. 草本,茎具纵棱　　　　　　　　　B. 具明显托叶鞘

   C. 复伞形花序　　　　　　　　　　　D. 双悬果

9. 桂圆肉、荔枝肉同属( )。

   A. 种子的胚乳　　B. 果肉　　　　　　C. 种子的胚　　　D. 假种皮

10. 裸子植物不属于( )。

   A. 种子植物　　　B. 颈卵器植物　　　C. 维管植物　　　D. 隐花植物

11. 不是直接或间接来源于胚根,而是从茎、叶或其他部位生长出来的根称为( )。

   A. 定根　　　　　B. 须根　　　　　　C. 不定根　　　　D. 直根

12. 根茎和块茎为( )。

   A. 地上茎变态　　B. 正常茎变态　　　C. 地下茎变态　　D. 发育不良

13. 茄、葡萄、枸杞、番茄的果实类型均为( )。

   A. 浆果　　　　　B. 核果　　　　　　C. 假果　　　　　D. 瓠果

14. 下列植物中,哪类植物没有发现有性生殖(　　　)。

A. 苔藓植物　　　　B. 蓝藻　　　　C. 褐藻　　　　D. 蕨类植物

15. 由单心皮发育而成的果实,成熟时心皮一个缝线裂,这种果实称为(　　　)。

A. 荚果　　　　B. 菁葵果　　　　C. 角果　　　　D. 蒴果

16. 石耳属于(　　　)。

A. 真菌类　　　　B. 地衣类　　　　C. 藻类　　　　D. 苔藓类

17. 气孔周围的副卫细胞数目在 3 个以上,形状类似其他表皮细胞,大小基本相同的为
(　　　)。

A. 不定式　　　　B. 不等式　　　　C. 平轴式　　　　D. 直轴式

18. 梨、苹果、南瓜、黄瓜等的子房位置同属(　　　)。

A. 子房下位　　B. 子房半下位　　C. 子房中位　　D. 子房上位

19. 属于次生保护组织的是(　　　)。

A. 周皮　　　　B. 表皮　　　　C. 保卫细胞　　　　D. 蜡被

20. 具有大液泡的植物细胞是(　　　)。

A. 根尖的分生细胞　　　　　　　B. 成熟的叶肉细胞

C. 成熟的导管分子　　　　　　　D. 成熟的筛管分子

21. 我国最早的一部药典是(　　　)。

A.《神农本草经》　　　　　　　B.《本草纲目》

C.《新修本草》　　　　　　　　D.《神农本草经集注》

22. 黄豆发成的豆芽菜体型挺拔,是由于(　　　)的结果。

A. 有发达的机械组织　　　　　　B. 有发达的通气组织

C. 有厚的角质层　　　　　　　　D. 细胞的膨胀现象

23. 具次生构造的茎显微切片的切向纵切面可见(　　　)。

A. 木射线的宽度和高度　　　　　B. 木射线的长度和高度

C. 木射线的宽度、高度和细胞列数　D. 木射线的长度和宽度

24. 一个植物细胞或原生质体可以培养成一完整植株,这证明了(　　　)。

A. 细胞的再生作用　　　　　　　B. 细胞的全能性

C. 细胞的分化　　　　　　　　　D. 细胞的脱分化

25. 天南星科的果实为(　　　)。

A. 坚果　　　　B. 蒴果　　　　C. 浆果　　　　D. 翅果

26. 植物种以下的分类单位有(　　　)。

A. 科　　　　B. 种　　　　C. 属　　　　D. 品种

27. 不属于维管植物的是(　　　)。

A. 兰科　　　　B. 柏科　　　　C. 地钱科　　　　D. 卷柏科

28. 下列描述,除(　　　)外均属于十字花科的特征。

A. 草本,无托叶　　　　　　　　B. 四枚雄蕊,二枚较长

C. 花两性,花瓣四枚　　　　　　D. 雌蕊由二心皮合生,具假隔膜

29. 脂肪是植物细胞内的(　　　)。

A. 质体　　　　B. 线粒体　　　　C. 分泌组织　　　　D. 后含物

30. 木质部与韧皮部并行排列,中间无形成层的维管束类型是(　　　)。

A. 无限外韧型　　　　B. 有限外韧型　　　　C. 双韧型　　　　D. 辐射型

31. 由明显而发达的主根及各级侧根组成的根系称为（　　　）。

A. 定根　　　　B. 须根系　　　　C. 不定根　　　　D. 直根系

32.《中国珍稀濒危保护植物名录》（第一册）列入一级保护的植物不包括（　　　）。

A. 水杉　　　　B. 石杉　　　　C. 银杉　　　　D. 秃杉

33. 输导组织中，横壁穿孔主要发生在（　　　）。

A. 筛胞　　　　B. 伴胞　　　　C. 导管　　　　D. 管胞

34. "雨后春笋"迅速生长主要是由于（　　　）分裂活动的结果。

A. 节上的组织　　B. 顶端分生组织　　C. 居间分生组织　　D. 侧生分生组织

35. 葡萄的卷须属于（　　　）。

A. 叶卷须　　　　B. 茎卷须　　　　C. 托叶卷须　　　　D. 不定根

36. 根尖能从土壤中吸收水分和无机盐是因为其表皮属（　　　）。

A. 腺毛　　　　B. 非腺毛　　　　C. 通气薄壁组织　　　　D. 吸收薄壁组织

37. 具有假种皮的单子叶植物有（　　　）。

A. 荔枝　　　　B. 龙眼　　　　C. 百合　　　　D. 阳春砂

38. 苦瓜、木瓜、南瓜、黄瓜同属（　　　）。

A. 假果　　　　B. 真果　　　　C. 瓠果　　　　D. 葫芦科

39. 禾本科植物的叶在干旱时会内卷成筒状（叶片卷合），主要是由于叶的上表皮存在（　　　）。

A. 传递细胞　　　B. 泡状细胞　　　C. 厚角细胞　　　D. 保卫细胞

40. 属于根茎类药材的为（　　　）。

A. 天麻　　　　B. 麦冬　　　　C. 洋葱　　　　D. 姜

二、多选题（每小题1分，10分）

1. 以下属于细胞后含物的有（　　　）。

A. 质体　　B. 淀粉粒　　C. 溶酶体　　D. 内质网　　E. 钟乳体

2. 以下属于低等植物的有（　　　）。

A. 昆布　　B. 紫菜　　C. 马尾松　　D. 木耳　　E. 石斛

3. 以下含有小檗碱的药用植物为（　　　）。

A. 蒙古黄芪　　B. 黄连　　C. 黄檗　　D. 大黄　　E. 黄精

4. 下列药用植物属于毛茛科的有（　　　）。

A. 虎杖　　B. 虎耳草　　C. 黄连　　D. 大黄　　E. 芍药

5. 根据林奈的双名法，关于学名 *Dendrobium nobile* Lindl. 以下说法正确的是（　　　）。

A. *Dendrobium* 为属名　　B. *nobile* 为种加词　　C. Lindl. 为命名人

D. *nobile* 为亚属名　　E. Lindl. 可以缩写为 L.

6. 以下属于药食两用的药用植物有（　　　）。

A. 银杏　　B. 山楂　　C. 八角　　D. 杏　　E. 甘草

7. 双子叶植物木质茎的周皮主要由（　　　）组成。

A. 树皮　　B. 木栓层　　C. 栓内层　　D. 内皮层　　E. 木栓形成层

8. 十字花科植物的主要特征有（　　　）。

A. 草本，无托叶　　　　　　　　B. 四枚雄蕊，二枚较长

C. 花两性,花瓣四枚　　　　　　　　　D. 雌蕊由二心皮合生,具假隔膜

E. 多具有荚果

9. 以下论述正确的为(　　　　　)。

A. 质体是植物细胞特有的细胞器,白色体、叶绿体、有色体均是质体

B. 聚花果是由整个花序发育而成的果实,无花果也属于聚花果

C. 单子叶植物茎的维管束多属于有限外韧维管束

D. 根的初生韧皮部成熟方式为外始式,而在茎中则为内始式

E. 腺毛既是保护组织,又是分泌组织

10. 以下关于果实的判断错误的是(　　　　　)。

A. 核果是由两心皮合生雌蕊发育而成,中果皮形成坚硬的木质果核

B. 梨果是由单心皮雌蕊发育而来,如梨、苹果、桃、枇杷等的果实,具有一或多个果核

C. 浆果是由单心皮或合生心皮雌蕊发育而成,外果皮薄,中果皮和内果皮肉质多汁

D. 瓠果是假果的一种,由三心皮合生的子房连同花托发育而成,是伞形科所特有的果实

E. 柑果是由多心皮合生雌蕊的上位子房发育而来,是真果的一种

三、名词解释(每小题 2 分,共 20 分)

1. 生物多样性

2. 头状花序

3. 四强雄蕊

4. 植物学名

5. 孢子囊群

6. 通道细胞

7. 假果

8. 二体雄蕊

9. 胎座

10. 双受精

四、填空题(每空 0.5 分,共 10 分)

1. 菌类植物中,药用真菌多数属于_____亚门和_____亚门。

2. *Glycyrrhiza uralensis* 的中文名称是_____。

3. 根的根毛区横切片可看到根的初生构造,由外至内分别为_____、_____和_____。

4. 番红花所属的植物科名为_____,其药用部位为_____。

5. 保护组织依其来源不同,可分为初生保护组织_____和次生保护组织_____。

6. 红花所属的植物科名为_____,其药用部位为_____。

7. 三七所属的植物科名为_____,其药用部位为_____。

8. 周皮是由_____、_____和栓内层三种不同组织构成的复合组织。

9. 质体可以分为_____、_____和_____。

10. 伞形科植物的果实多为_____类型。

五、问答题(5 小题,共 40 分)

1. 蔷薇科可分为哪几个亚科? 如何区分它们? 各列出 2 种药用植物。(8 分)

2. 请举例说明维管束有哪些类型? (6 分)

3. 有的池塘边地表以及山涧潮湿的岩石表面上常长有一层称作青苔的蓝绿色植物,雨

后人踩在上面甚滑,稍不留心就会滑倒摔跤,试分析该植物是藻类还是苔藓类? 说明原因。(8 分)

4. 请举例说明植物有哪些种下分类等级? (8 分)

5. 简述双子叶植物茎和单子叶植物茎的组织构造有哪些区别? 分别画简图示意。(10 分)

药用植物学综合试卷(一)

【参考答案】

一、单项选择题(每小题 0.5 分,共 20 分)

1. D   2. C   3. C   4. C   5. D   6. C   7. C   8. B   9. D   10. D
11. C   12. C   13. A   14. B   15. B   16. B   17. A   18. A   19. A   20. B
21. C   22. D   23. C   24. B   25. C   26. C   27. C   28. B   29. D   30. B
31. D   32. B   33. C   34. C   35. B   36. D   37. D   38. A   39. B   40. D

二、多项选择题(每小题 1 分,共 10 分)

1. BE   2. ABD   3. BC   4. CE   5. ABC
6. ABCDE   7. BCE   8. ACD   9. ABCE   10. CE

三、名词解释(每小题 2 分,共 20 分)

1. 生物多样性:生物多样性是指地球上生物(包括动物、植物、微生物)及其与环境形成的生态复合体以及与此相关的各种生态过程的总和,包括生态系统、种及基因的多样性。

2. 头状花序:头状花序为菊科植物的花序类型,花序轴极度缩短成头状或盘状的花序托,其上密生许多无柄的小花,外围苞片密集成总苞。

3. 四强雄蕊:四强雄蕊是十字花科雄蕊特征,雄蕊 6 枚,4 长 2 短。

4. 植物学名:植物学名是某一植物统一规范的名称,包括属名与种加词及命名人。

5. 孢子囊群:大型叶、较进化的真蕨类植物,其孢子囊常聚集成群,生于孢子叶的背面、边缘或集生在一特化的孢子叶上,称为孢子囊群。

6. 通道细胞:在根的内皮层细胞壁增厚的过程中,有少数正对初生木质部束的内皮层细胞的胞壁不增厚,仍保持着初期发育阶段的结构,这些在凯氏带上壁不增厚的细胞称为通道细胞。

7. 假果:由子房和花的其他部分,如花托、花萼、花序轴共同发育形成的果实。

8. 二体雄蕊:二体雄蕊是花丝联合成两束的雄蕊。

9. 胎座:胎座是胚珠在子房内着生的部位。

10. 双受精:双受精是卵细胞和极核同时与 2 个精子分别融合成胚与胚乳的过程,是被子植物有性生殖特有现象。

四、填空题(每空 0.5 分,共 10 分)

1. 子囊菌 担子菌

2. 甘草

3. 表皮 皮层 维管柱

4. 鸢尾 柱头

5. 表皮 周皮

6. 菊科　不带子房的管状花

7. 五加科　根

8. 木栓层　木栓形成层

9. 白色体　叶绿体　有色体

10. 双悬果

五、问答题(5 小题,共 40 分)

1. 蔷薇科可分为:①绣线菊亚科;②蔷薇亚科;③苹果亚科;④梅亚科。参见第 8 版《药用植物学》170 页。

2. 参见第 8 版《药用植物学》27 页。

3. 该植物属于藻类,藻类(绿藻)的细胞壁外层是果胶质,水湿后黏液化,极易打滑。苔藓类植物吸湿性较强,水湿后并不会打滑。

4. 参见第 8 版《药用植物学》99 页。

5. 单子叶植物茎通常只有初生构造而没有次生构造,与双子叶植物茎在组织构造上最大的不同点是:单子叶植物一般没有形成层和木栓形成层,除少数热带单子叶植物(如龙血树、芦荟等)外,一般单子叶植物只具初生构造;单子叶植物维管束主要是有限外韧维管束(如玉米、石斛)或周木维管束(如香附、重楼),而双子叶植物是无限外韧维管束;横切面观,单子叶植物维管束呈散在排列,而双子叶植物维管束呈环状排列。

药用植物学综合试卷(二)

一、单项选择题(每小题 0.5 分,共 20 分)

1. 植物细胞特有的细胞器是(　　)。

A. 线粒体　　　　　B. 核糖体　　　　　C. 质体　　　　　D. 溶酶体

2. 以下被称为古代最早的药学知识总结的本草是(　　)。

A.《本草纲目》　　　　　　　　　B.《唐本草》

C.《植物名实图考》　　　　　　　D.《神农本草经》

3. 以下不属于细胞器的是(　　)。

A. 叶绿体　　　　　B. 质体　　　　　C. 结晶体　　　　　D. 线粒体

4. 银杏种子的胚具有(　　)子叶。

A. 0 枚　　　　　B. 1 枚　　　　　C. 2 枚　　　　　D. 2 至多枚

5. 具有不均匀加厚的初生壁的细胞是(　　)。

A. 导管细胞　　　　　B. 厚角细胞　　　　　C. 厚壁细胞　　　　　D. 薄壁细胞

6. 下列除(　　)外是不定根。

A. 须根系　　　　　B. 纤维根　　　　　C. 支持根　　　　　D. 攀缘根

7. 依地下茎的变态类型分,百合的药用部位属于(　　)。

A. 根茎　　　　　B. 球茎　　　　　C. 块茎　　　　　D. 鳞茎

8. (　　)的果实由单心皮发育而成,成熟时沿心皮一个缝线开裂。

A. 八角　　　　　B. 菘蓝　　　　　C. 百合　　　　　D. 豌豆

9. 马齿苋、景天、芦荟等的叶同属(　　)。

A. 膜质　　　　　B. 肉质　　　　　C. 草质　　　　　D. 革质

10. 唇形科的花序为( )。

A. 伞房花序　　　 B. 圆锥花序　　　 C. 穗状花序　　　 D. 轮伞花序

11. ( )是由两心皮合生发育而成的果实,有假隔膜,成熟时沿两侧腹缝线自下而上开裂。

A. 荚果　　　　　 B. 蓇葖果　　　　 C. 角果　　　　　 D. 蒴果

12. 不属于葫芦科的植物是( )。

A. 苦瓜　　　　　 B. 南瓜　　　　　 C. 木瓜　　　　　 D. 西瓜

13. 属于地衣类的为( )。

A. 石韦　　　　　 B. 地钱　　　　　 C. 木耳　　　　　 D. 石耳

14. 以假花学说为基础的被子植物分类系统有( )。

A. 哈钦松系统　　　　　　　　　　　　 B. 塔赫他间系统

C. 恩格勒系统　　　　　　　　　　　　 D. 克朗奎斯特系统

15. 不属于瑞香科植物的特征为( )。

A. 花萼管状　　　　　　　　　　　　　 B. 花瓣缺或成鳞片状

C. 子房下位　　　　　　　　　　　　　 D. 雄蕊常着生于萼管的喉部

16. 药用植物银杏的种子入药时叫( )。

A. 火麻仁　　　　 B. 白果　　　　　 C. 五味子　　　　 D. 黄芥子

17. 姜科植物花的唇瓣实质为( )。

A. 花萼　　　　　 B. 花冠　　　　　 C. 退化雄蕊　　　 D. 能育雄蕊

18. 大多数被子植物胚珠的珠被为( )。

A. 1 层　　　　　 B. 2 层　　　　　 C. 3 层　　　　　 D. 4 层

19. 薯蓣科的果实为( )。

A. 瘦果　　　　　 B. 蒴果　　　　　 C. 颖果　　　　　 D. 翅果

20. 裸子植物的种子具有( )子叶。

A. 0 枚　　　　　 B. 1 枚　　　　　 C. 2 枚　　　　　 D. 2 至多枚

21. ( )为细胞壁内增加了脂肪性的木栓质的结果。

A. 木质化　　　　 B. 角质化　　　　 C. 木栓化　　　　 D. 硅质化

22. 清朝吴其浚所著的本草是( )。

A.《本草纲目》　 B.《新修本草》　 C.《神农本草经》　 D.《植物名实图考》

23. 木栓层、木栓形成层、栓内层合称( )。

A. 表皮　　　　　 B. 树皮　　　　　 C. 周皮　　　　　 D. 根被

24. 叶绿素 a、叶绿素 b、胡萝卜素、叶黄素为( )含有的四种主要色素。

A. 叶绿体　　　　 B. 白色体　　　　 C. 有色体　　　　 D. 植物色素

25. 能进行光合作用、制造有机养料的组织是( )。

A. 基本薄壁组织　　　　　　　　　　　 B. 同化薄壁组织

C. 贮藏薄壁组织　　　　　　　　　　　 D. 吸收薄壁组织

26. 玉米靠近泥土的茎节上产生一些不定根深入土中,此根称为( )。

A. 须根系　　　　 B. 纤维根　　　　 C. 支柱根　　　　 D. 攀缘根

27. 豌豆的卷须属于( )。

A. 茎卷须　　　　 B. 叶卷须　　　　 C. 托叶卷须　　　 D. 不定根

28. 菌根中与根共生的是（　　）。

A. 细菌　　　　　　　B. 固氮菌　　　　　　C. 真菌　　　　　　　D. 放线菌

29. 叶的主脉明显,有数条,由叶基辐射状伸向叶缘,并由侧脉及细脉织成网状的为（　　）。

A. 掌状网脉　　　　　B. 羽状网脉　　　　　C. 弧形脉　　　　　　D. 辐射脉

30. 下列花序中不属于有限花序的为（　　）。

A. 轮伞花序　　　　　B. 总状花序　　　　　C. 二歧聚伞花序　　　D. 多歧聚伞花序

31. 单粒种子的果实,成熟时果皮与种皮愈合不易分离,是（　　）。

A. 颖果　　　　　　　B. 瘦果　　　　　　　C. 坚果　　　　　　　D. 胞果

32. 枸杞、番茄、葡萄等的果实属于（　　）。

A. 浆果　　　　　　　B. 核果　　　　　　　C. 瓠果　　　　　　　D. 梨果

33. 以下属于被子植物的是（　　）。

A. 竹柏　　　　　　　B. 卷柏　　　　　　　C. 侧柏　　　　　　　D. 黄檗

34. 林奈的双名法中第一个词为（　　）。

A. 属名　　　　　　　B. 种名　　　　　　　C. 目名　　　　　　　D. 科名

35. 以下不属于兰科植物的特征为（　　）。

A. 花单性　　　　　　　　　　　　　　　　B. 多为草本

C. 唇瓣常特化　　　　　　　　　　　　　　D. 雄蕊与花柱形成合蕊柱

36. 松科的球果是（　　）。

A. 假果,为花被成木质鳞片和翅果集生而成

B. 真果,外为木质果皮内有种子

C. 由多数种鳞和种子聚生而成

D. 由许多花聚生形成的果实

37. 具胞果的科是（　　）。

A. 豆科　　　　　　　B. 毛茛科　　　　　　C. 蓼科　　　　　　　D. 苋科

38. 水稻上、下表皮的主要区别是（　　）。

A. 气孔数目　　　　　　　　　　　　　　　B. 表皮细胞形状

C. 泡状细胞的有无　　　　　　　　　　　　D. 角质层的厚度

39. 既有保护作用,又有分泌功能的是（　　）。

A. 腺毛　　　　　　　B. 非腺毛　　　　　　C. 冠毛　　　　　　　D. 根毛

40. 以下判断错误的为（　　）。

A. 髓射线属于输导薄壁组织　　　　　　　　B. 肉桂的油细胞属于内部分泌组织

C. 天麻、天冬均具有地下块根　　　　　　　D. 锦葵科植物往往具有单体雄蕊

二、多选题(每小题 1 分,共 10 分)

1. 以下属于低等植物的有（　　）。

A. 昆布　　　　B. 紫菜　　　　C. 马尾松　　　　D. 木耳　　　　E. 石斛

2. 海带属于（　　）。

A. 低等植物　　B. 孢子植物　　C. 维管植物　　　D. 有胚植物　　E. 高等真菌

3. 以下含有小檗碱的植物有（　　）。

A. 蒙古黄芪　　B. 黄连　　　　C. 黄檗　　　　　D. 掌叶大黄　　E. 黄精

4. 下列药用植物属于蔷薇科的有(   )。

A. 虎杖   B. 虎耳草   C. 山楂   D. 翻白草   E. 仙鹤草

5. 根据林奈的双名法,学名 *Dendrobium Nobile* lindl. 书写不正确之处包括(   )。

A. *Dendrobium*   B. *Nobile*   C. lindl.

D. 全错   E. 该学名无错误

6. 下列属于桔梗科的药用植物有(   )。

A. 沙参   B. 手参   C. 丹参   D. 苦参   E. 党参

7. 以下属于我国原卫生部颁布的药食两用种类的有(   )。

A. 白果   B. 山楂   C. 八角   D. 杏仁   E. 甘草

8. 以下哪个植物类群属于颈卵器植物(   )。

A. 藻类   B. 苔藓类   C. 蕨类   D. 裸子植物   E. 被子植物

9. 十字花科植物的主要特征有(   )。

A. 草本,无托叶   B. 四枚雄蕊,二枚较长

C. 花两性,花瓣四枚   D. 雌蕊由二心皮合生,具假隔膜

E. 多具有荚果

10. 以下植物中其种子具外胚乳的有(   )。

A. 肉豆蔻   B. 槟榔   C. 姜   D. 石竹   E. 荔枝

三、填空题(共 10 小题,每空 0.5 分,共 10 分)

1. 常见的草酸钙晶体有方晶、_____、_____、砂晶、棱晶等形状。

2. 地下变态茎仍具有茎的一般特征,如根状茎,具有_____、_____、_____,可与根相区别。

3. 蕨类植物可以分为_____、_____、水韭纲、石松纲和真蕨纲。

4. *Coptis chinensis* 的中文名称是_____,属_____科。

5. 一种植物的完整学名包括_____、_____和命名人三部分。

6. 按照化学组成,植物细胞中的晶体分_____结晶和_____结晶两种。

7. 茎节上产生一些不定根,深入土中增强茎干支持力量,这种根称为_____。

8. 枝条插入土中后生的根是_____。

9. *Salvia miltiorrhiza* 的中文名称是_____,属_____科。

10. 颈卵器植物包括_____、_____、_____三大类群。

四、名词解释(每小题 2 分,共 20 分)

1. 毛茸

2. 蒴果

3. 淀粉鞘

4. 颖果

5. 假种皮

6. 分生组织

7. 边材

8. 定根

9. 合蕊柱

10. 假蝶形花冠

五、问答题(5 小题,共 40 分)

1. 薄壁组织分为哪几类? 各有何特点? (8 分)

2. 双子叶植物根的次生构造是怎样形成的? (8 分)

3. 请比较大蒜与石蒜所属的科有何异同点? 并各写代表植物 2~4 种。(6 分)

4. 根据植物组织构造原理,解释为什么"老树中空还能生存"及"树怕剥皮"? (8 分)

5. 植物学家普遍认为兰科植物代表了单子叶植物最进化的类群,试分析原因。(10 分)

药用植物学综合试卷(二)

【参考答案】

一、单项选择题(每小题 0.5 分,共 20 分)

1. C　　2. D　　3. C　　4. C　　5. B　　6. B　　7. D　　8. A　　9. B　　10. D

11. C　12. C　13. D　14. C　15. C　16. B　17. C　18. D　19. B　20. D

21. C　22. D　23. C　24. A　25. B　26. C　27. B　28. C　29. A　30. B

31. A　32. A　33. D　34. A　35. A　36. C　37. D　38. C　39. A　40. C

二、多项选择题(每小题 1 分,共 10 分)

1. ABD　　2. AB　　3. BC　　4. CDE　　5. BC

6. AE　　7. ABCDE　8. CDE　　9. ACD　　10. ABCD

三、填空题(每空 0.5 分,共 10 分)

1. 针晶　簇晶

2. 节　节间　顶芽

3. 松叶蕨纲　木贼纲

4. 黄连　毛茛

5. 属名　种加词

6. 草酸钙　碳酸钙

7. 支持根

8. 不定根

9. 丹参　唇形

10. 苔藓植物　蕨类植物　裸子植物

四、名词解释(每小题 2 分,共 20 分)。

1. 毛茸:是由表皮细胞分化而成的凸起物。植物地上器官表皮上的毛茸具有保护和减少水分蒸发或有分泌物质的作用。有分泌作用的毛茸,称为腺毛;没有分泌作用,称为非腺毛。

2. 蒴果:果实由两个或以上合生心皮发育而成,成熟后开裂,常含多数种子,如曼陀罗等。

3. 淀粉鞘:某些植物在其茎的皮层最内一层细胞含有许多淀粉粒,被称为淀粉鞘,如蚕豆。

4. 颖果:单粒种子、果皮和种皮愈合难分,由 2~3 心皮合生的闭果,如禾本科植物薏苡、大麦等。

5. 假种皮:位于种皮外部,由珠柄或胎座延伸发育而成的结构。

6. 分生组织:分生组织是由一群具有分生能力的细胞所构成的,能不断进行细胞分裂、分化,增加细胞的数目,使植物体得以生长。

7. 边材:木本植物木质茎在木材横切面上靠近形成层的部分,颜色较浅,质地较松软,具有输导作用。

8. 定根:凡是直接或间接由胚根发育而成的主根及其各级侧根称为定根,有固定生长部位。

9. 合蕊柱:花的雌蕊和雄蕊互相愈合,多为柱状,顶端着生着一个花药,为兰科特征之一。

10. 假蝶形花冠:由 5 离生花瓣构成,两侧对称花冠,且旗瓣、翼瓣、龙骨瓣上升呈覆瓦状排列。

五、问答题(5 小题,共 40 分)

1. 薄壁组织依其结构、功能的不同可分为一般薄壁组织、通气薄壁组织、同化薄壁组织、输导薄壁组织、吸收薄壁组织、储藏薄壁组织等。

一般薄壁组织主要起填充和联系其他组织的作用。通气薄壁组织细胞间隙特别发达,常形成大的空隙或通道,具有储藏空气的功能。同化薄壁组织细胞中有叶绿体,能进行光合作用,制造营养物质。输导薄壁组织细胞较长,有输导水分和养料的作用。吸收薄壁组织主要功能是从土壤中吸收水分和矿物质等,并运送到输导组织中。储藏薄壁组织含有大量淀粉、蛋白质、脂肪油或糖等营养物质。

2. 由于根中形成层细胞的分裂、分化,不断产生新的组织,使根逐渐加粗。这种使根增粗的生长称为次生生长,由次生生长所产生的各种组织叫次生组织,由这些组织所形成的结构叫次生构造。包括形成层的活动及次生维管组织的形成,木栓形成层的发生及周皮的形成。各部分形成过程参见第 8 版《药用植物学》教材 36 页。

3. 大蒜属于百合科,科特征为:多年生草本,稀灌木或亚灌木,常具鳞茎或根茎。单叶互生或基生,少对生或轮生。花两性,辐射对称,成穗状、总状或圆锥花序;花被片 6,花瓣状,排成两轮,分离或合生;雄蕊 6 枚;子房上位,3 心皮合生 3 室,中轴胎座,每室胚珠多数。蒴果或浆果。如百合,川贝母。

石蒜属于石蒜科,科特征为:多年生草本,有鳞茎或根茎。叶基生,常条形。花两性,辐射对称,单生或多成伞形花序,其下有干膜质总苞片 1 至数枚,花被片 6,花瓣状,成 2 轮排列,分离或下部合生。雄蕊 6,花丝分离,少数基部扩大合生成管状的副花冠。子房下位,3 心皮,3 室,中轴胎座。每室胚珠多数。蒴果,稀浆果状。如石蒜,仙茅等。

4. 木本植物木质茎从里到外依次是髓、木质部、形成层、韧皮部。木质部里有导管,起输送水分作用。形成层具有分裂能力,不断分裂形成新的木质部和韧皮部。韧皮部里有筛管,运输养分供植物生长。"老树中空"是指树的木质部或髓部分渐渐老死,树虽然空心了,但是木质部仍有一部分残存,尚具备向上运输水分的功能,故老树还能生存。而通过剥皮则将韧皮部及外方组织全部剥去,运输养分功能全部失去,因此植物会死亡。

5. 兰科几乎全为草本植物,有陆生、附生和腐生多种类型,兰科已知种类约 2 万种,约占单子叶植物的 1/4 ;花部的所有特征表现了对虫媒传粉的高度适应。花两侧对称,高度特化,具有各种不同的形状、大小和颜色,有香气。内轮花被中央 1 片特化为唇瓣,唇瓣结构复杂,基部常形成具有蜜腺的囊或距;雄蕊数目减少,仅 1~2 枚发育,雌蕊结合成合蕊柱,柱头常具有喙状小突起的蕊喙。花粉结合成花粉块,子房下位;种子微小,数量多。

(黄宝康)

药用植物学综合试卷(三)

一、选择题(每小题 0.5 分,共 20 分)。

1. 液泡内所含有的各种物质混合液又称为(　　)。
A. 细胞液　　　　　B. 原生质　　　　　C. 细胞质　　　　　D. 基质

2. 叶轴短缩,在其顶端着生有三片以上呈掌状展开小叶的复叶的是(　　)。
A. 羽状复叶　　　　B. 三出复叶　　　　C. 掌状复叶　　　　D. 单身复叶

3. 具二体雄蕊的科是(　　)。
A. Rosaceae　　　　B. Ranunculaceae　　C. Leguminosae　　D. Solanaceae

4. 与花生入土结实、小麦的拔节抽穗等有关的是(　　)。
A. 次生生长　　　　B. 居间生长　　　　C. 侧生生长　　　　D. 异常生长

5. 单子叶植物茎的内部构造中维管束类型是(　　)。
A. 有限外韧型　　　B. 无限外韧型　　　C. 辐射型　　　　　D. 周木型

6. 乳汁管属于(　　)。
A. 分泌组织　　　　B. 保护组织　　　　C. 输导组织　　　　D. 机械组织

7. 当植物形成新的导管后,较老的一些导管往往由于(　　)的产生而失去输导功能。
A. 胼胝体　　　　　B. 侵填体　　　　　C. 果胶　　　　　　D. 纤维素

8. 花序轴肉质肥大呈棒状,外具佛焰苞的花序为(　　)。
A. 穗状花序　　　　B. 肉穗花序　　　　C. 头状花序　　　　D. 隐头花序

9. 属于地衣类的为(　　)。
A. 石韦　　　　　　B. 地钱　　　　　　C. 木耳　　　　　　D. 石耳

10. 苔藓类植物是(　　)。
A. 孢子体寄生在原叶体上　　　　　　B. 配子体寄生在孢子体上
C. 配子体与孢子体均能独立生活　　　D. 孢子体寄生在配子体上

11. 植物体常有透明油腺点,子房上位,形成柑果,该植物属于(　　)。
A. 蔷薇科　　　　　B. 大戟科　　　　　C. 豆科　　　　　　D. 芸香科

12. 裸子植物输导水分和无机盐的细胞是(　　)。
A. 导管　　　　　　B. 管胞　　　　　　C. 伴胞　　　　　　D. 筛胞

13. 根上的侧根是由(　　)产生的。
A. 表皮　　　　　　B. 皮层　　　　　　C. 中柱鞘　　　　　D. 髓

14. 具有托叶鞘的植物属于(　　)。
A. Ranunculaceae　　B. Polygonaceae　　C. Umbelliferae　　D. Araceae

15. 药用植物猪苓的药用部位为(　　)。
A. 菌核　　　　　　B. 根状菌索　　　　C. 子实体　　　　　D. 子座

16. 具复伞形花序的科为(　　)。
A. Compositae　　　B. Araliaceae　　　C. Umbelliferae　　D. Araceae

17. 百合学名 *Lilium brownii* F. E. Brown var. *viridulum* Baker 属于(　　)。
A. 变型　　　　　　B. 变种　　　　　　C. 种　　　　　　　D. 亚种

18. 以下属于外部分泌组织的是（   ）。

A. 蜜腺　　　　　　B. 非腺毛　　　　　　C. 油管　　　　　　D. 树脂道

19. Leguminosae 具有的果实类型是（   ）。

A. 荚果　　　　　　B. 翅果　　　　　　C. 蒴果　　　　　　D. 核果

20. 根的初生构造形成于（   ）。

A. 生长点　　　　　B. 根冠　　　　　　C. 成熟区　　　　　D. 伸长区

21. 属于基生胎座的科为（   ）。

A. Polygonaceae　　B. Cruciferae　　　C. Leguminosae　　D. Solanaceae

22. 主根发达，主根与侧根界限非常明显的根系称为（   ）。

A. 直根系　　　　　B. 须根系　　　　　C. 不定根系　　　　D. 纤维根系

23. 属于输导组织的细胞是（   ）。

A. 木栓细胞　　　　B. 表皮细胞　　　　C. 薄壁细胞　　　　D. 筛管细胞

24. 由 5 个合生心皮，下位子房和花筒一起发育形成的果实为（   ）。

A. 浆果　　　　　　B. 梨果　　　　　　C. 蒴果　　　　　　D. 瓠果

25. 花冠分离，子房下位的花是（   ）。

A. 益母草　　　　　B. 菘蓝　　　　　　C. 人参　　　　　　D. 向日葵

26. 菘蓝的雄蕊类型为（   ）。

A. 二强雄蕊　　　　B. 四强雄蕊　　　　C. 单体雄蕊　　　　D. 二体雄蕊

27. 菊花的雄蕊类型为（   ）。

A. 二强雄蕊　　　　B. 四强雄蕊　　　　C. 单体雄蕊　　　　D. 聚药雄蕊

28. 具蝶形花冠的是（   ）。

A. 黄精　　　　　　B. 厚朴　　　　　　C. 槐　　　　　　　D. 当归

29. 花柱基部膨大形成花柱基的是（   ）。

A. 黄精　　　　　　B. 向日葵　　　　　C. 厚朴　　　　　　D. 当归

30. 被子植物输导水分和无机盐的主要组织是（   ）。

A. 管胞　　　　　　B. 导管　　　　　　C. 伴胞　　　　　　D. 筛管

31. 大多数裸子植物和蕨类植物输导水分和无机盐的组织为（   ）。

A. 管胞　　　　　　B. 导管　　　　　　C. 伴胞　　　　　　D. 筛管

32. 大豆的胎座类型是（   ）。

A. 中轴胎座　　　　B. 侧膜胎座　　　　C. 基生胎座　　　　D. 边缘胎座

33. Campanulaceae 所具有的胎座是（   ）。

A. 中轴胎座　　　　B. 侧膜胎座　　　　C. 特立中央胎座　　D. 基生胎座

34. 不具有分泌作用的结构是（   ）。

A. 非腺毛　　　　　B. 腺毛　　　　　　C. 腺鳞　　　　　　D. 黏液道

35. 番红花、唐菖蒲、荸荠的地下茎的变态属于（   ）。

A. 根状茎　　　　　B. 球茎　　　　　　C. 鳞茎　　　　　　D. 块茎

36. 下列不是植物细胞内贮藏的营养物质的为（   ）。

A. 蛋白质　　　　　B. 核糖体　　　　　C. 脂肪　　　　　　D. 淀粉粒

37. 属于无限花序的是（   ）。

A. 二歧聚伞花序　　B. 伞房花序　　　　C. 轮伞花序　　　　D. 多歧聚伞花序

38. 下列果实中哪个不属于聚合果（   ）。

A. 无花果 　　　　　 B. 莲 　　　　　　　 C. 八角茴香 　　　　 D. 五味子

39. 以下哪个植物类群不属于颈卵器植物（   ）。

A. 藻类植物 　　　　 B. 苔藓类植物 　　 C. 蕨类植物 　　　　 D. 裸子植物

40. 一朵完全花不一定包括（   ）。

A. 花萼 　　　　　　 B. 花柄 　　　　　　 C. 花冠 　　　　　　 D. 花蕊

二、多项选择题（每小题 1 分，共 10 分）

1. 不属于植物细胞的特有结构的有（   ）。

A. 细胞壁 　　　　　　 B. 细胞核 　　　　　　　 C. 线粒体

D. 细胞膜 　　　　　　 E. 叶绿体

2. 以下属于分泌组织的有（   ）。

A. 腺毛 　　　　　　　 B. 蜜腺 　　　　　　　　 C. 盐腺

D. 油细胞 　　　　　　 E. 黏液细胞

3. 藻类不属于（   ）。

A. 低等植物 　　　　　 B. 孢子植物 　　　　　　 C. 维管植物

D. 有胚植物 　　　　　 E. 颈卵器植物

4. 以下属于豆科植物的为（   ）。

A. 蒙古黄芪 　　　　　 B. 黄芩 　　　　　　　　 C. 黄檗

D. 多序岩黄芪 　　　　 E. 红花

5. 植物根中通常含有菊糖的植物有（   ）。

A. 菊科 　　　 B. 毛茛科 　　　 C. 桔梗科 　　　 D. 五加科 　　　 E. 桑科

6. 以下属于孢子植物的有（   ）。

A. 昆布 　　　 B. 石松 　　　 C. 马尾松 　　　 D. 木耳 　　　 E. 石斛

7. 具有轮伞花序的植物有（   ）。

A. 薄荷 　　　 B. 夏枯草 　　　 C. 人参 　　　 D. 三七 　　　 E. 当归

8. 属于根茎类药材为（   ）。

A. 大黄 　　　 B. 杜仲 　　　 C. 石蒜 　　　 D. 姜 　　　 E. 五味子

9. 《中国药典》（2020 年版）收载的以银杏为基源植物的中药入药部位包括（   ）。

A. 种子 　　　 B. 果实 　　　 C. 叶 　　　 D. 假种皮 　　　 E. 根皮

10. 以下判断正确的是（   ）。

A. 双子叶植物通常具有网状叶脉

B. 单子叶植物均为草本

C. 双子叶植物多为常绿植物

D. 双子叶植物多为直根系，单子叶植物多为须根系

E. 双子叶植物均为高大乔木

三、填空题（每空 0.5 分，共 10 分）

1. 髓射线外连_____，内接髓，具有横向运输和贮藏作用。

2. 最小的一种质体为_____，与积累贮藏物质有关。

3. 地衣类植物按形态可划分为叶状地衣、_____和枝状地衣。

4. 单子叶植物根中少数正对初生木质部角的内皮层细胞壁不增厚，这些细胞称

为_____。

5. 有限花序类型常见的有_____、_____、_____和轮伞花序 4 种类型。

6. 十字花科植物常有_____花序,_____雄蕊,雌蕊 2 心皮合生形成_____果。

7. 菊科植物常草本,_____花序,花的萼片常变成_____。

8. 通过根尖的成熟区作一横切面,其初生构造由外至内分别为_____、_____、_____。

9. 叶的叶序类型有_____、_____、轮生和簇生等。

10. 在肉果类型中,桃为_____果,橘为_____果,南瓜为_____果。

四、名词解释(每小题 2 分,共 20 分)

1. 真果

2. 子实体

3. 复雌蕊

4. 颈卵器植物

5. 中轴胎座

6. 通道细胞

7. 单身复叶

8. 孢蒴

9. 合蕊柱

10. DNA barcoding

五、问答题(5 小题,共 40 分)

1. 简述被子植物的主要形态特征,并比较单子叶植物纲与双子叶植物纲。(8 分)

2. 请解读花程式 ☿↑ $K_{(5)}C_5A_{(9)+1}\underline{G}_{1:1:\infty}$。(8 分)

3. 试述 *Rheum palmatum* L. 所在科的主要特征,并举 2~3 种药用植物。(8 分)

4. 写出 *Arisaema erubescens* Schott 的中文名及科名,并简述该科形态特征。(8 分)

5. 试述双子叶植物茎的初生构造特征,并比较与单子叶植物茎内部构造特征的区别。(8 分)

药用植物学综合试卷(三)

【参考答案】

一、选择题(每小题 0.5 分,共 20 分)

1. A	2. C	3. C	4. B	5. A	6. A	7. B	8. B	9. D	10. D
11. D	12. B	13. C	14. B	15. A	16. C	17. B	18. A	19. A	20. C
21. A	22. A	23. D	24. B	25. C	26. B	27. D	28. C	29. D	30. B
31. A	32. D	33. A	34. A	35. B	36. B	37. B	38. A	39. A	40. B

二、多项选择题(每小题 1 分,共 10 分)

1. BCD	2. ABCDE	3. CDE	4. AD	5. AC
6. ABD	7. AB	8. AD	9. AC	10. AD

三、填空题(每空 0.5 分,共 10 分)

1. 皮层

2. 白色体

3. 壳状地衣

4. 通道细胞

5. 单歧聚伞花序 二歧聚伞花序 多歧聚伞花序

6. 总状花序 四强(6 枚) 角

7. 头状 冠毛

8. 表皮 皮层 维管柱

9. 互生 对生

10. 核 柑 瓤

四、名词解释(每小题 2 分,共 20 分)

1. 真果:是指单纯由子房发育而来的果实。

2. 子实体:高等真菌在繁殖时期形成能产生孢子的菌丝体。

3. 复雌蕊:由两个以上心皮彼此连合构成的雌蕊。

4. 颈卵器植物:苔藓植物、蕨类植物和裸子植物在有性生殖过程中,在配子体上产生精子器和卵子器的结构,故合称为颈卵器植物。

5. 中轴胎座:是指合生心皮雌蕊,子房多室,胚珠着生于心皮边缘向子房中央愈合的中轴上的胎座。

6. 通道细胞:在根的内皮层细胞壁增厚的过程中,有少数正对初生木质部束的内皮层细胞的胞壁不增厚,仍保持着初期发育阶段的结构,这些在凯氏带上壁不增厚的细胞称为通道细胞。

7. 单身复叶:单身复叶是一种特殊形态的复叶,叶轴的顶端具有一片发达的小叶,两侧的小叶退化成翼状,其顶生小叶与叶轴连接处有一明显的关节。

8. 孢蒴:苔藓植物的孢子囊。如葫芦藓、金发藓等。

9. 合蕊柱:兰科植物花中 1 或 2 枚雄蕊和花柱(包括柱头)完全愈合而成一柱体,称合蕊柱。

10. DNA barcoding:也称 DNA 条形码,是指利用基因组中一段公认的标准的、相对较短的 DNA 片段,作为物种标记而建立的一种新的方法。

五、问答题(5 小题,共 40 分)

1. 被子植物的特征是孢子体高度发达;具有真正的花;胚珠被心皮所包被;具有独特的双受精现象;具有果实;具有高度发达的输导组织。单子叶植物纲与双子叶植物纲的主要区别特征参见第 8 版《药用植物学》教材 149 页。

2. 花程式 $\male\female$*$K_{(4)}C_{(4)}A_2\underline{G}_{(2:2:2)}$ 表示两性花,辐射对称花;花萼 4 枚,联合;花冠 4 枚,联合;雄蕊 2 枚,分离。子房上位,由 2 心皮组成 2 子房室,每室内胚珠 2 枚。

3. *Rheum officinale* Baill. 是掌叶大黄,为蓼科植物,该科主要特征:草本,节膨大,节上常有托叶鞘,多膜质。花两性,圆锥花序;花单被,花被片 3~6,多宿存;子房上位。瘦果或小坚果,常包于宿存的花被内。蓼科常见药用植物还有何首乌、大黄、虎杖等。

4. *Arisaema erubescens* (Wall.) Schott 中文名是天南星,天南星科,通常为多年生草本,常具块茎或根茎,叶柄基部常有膜质鞘,叶脉网状。花小,两性或单性,肉穗花序,具佛焰苞;单性同株或异株,子房上位。浆果,密集于花序轴上。其他有半夏、石菖蒲等。

5. 双子叶植物茎的初生构造包括表皮、皮层、初生维管束、髓射线和髓等部分。

参见第 8 版《药用植物学》教材 45 页。

与双子叶植物茎的初生构造相比,单子叶植物茎无皮层、髓、髓射线之分,称为基本薄壁组织;维管束散在,无形成层,为有限外韧型维管束;具维管束鞘。

(葛 菲　许 亮)

药用植物学综合试卷(四)

一、单项选择题(每小题 0.5 分,共 20 分)

1. (　　　)通常只存在于被子植物的木质部中。
A. 导管　　　　　　　B. 伴胞　　　　　　　C. 筛管　　　　　　　D. 筛胞

2. 植物学上的根皮是指(　　　)。
A. 木栓层　　　　　　B. 皮层　　　　　　　C. 栓内层　　　　　　D. 周皮

3. 糊粉粒是下列哪种物质的一种储存形式(　　　)。
A. 淀粉　　　　　　　B. 葡萄糖　　　　　　C. 脂肪　　　　　　　D. 蛋白质

4. 花柄长短不等,下部花柄较长,越向上部花柄越短,各花排在同一平面上的为(　　　)。
A. 伞房花序　　　　　B. 头状花序　　　　　C. 伞形花序　　　　　D. 复伞形花序

5. 植物组织培养是依据植物细胞所具有的(　　　)。
A. 特化性　　　　　　B. 分裂性　　　　　　C. 再生性　　　　　　D. 全能性

6. 双子叶植物根初生构造的维管束类型是(　　　)。
A. 有限外韧型　　　　B. 无限外韧型　　　　C. 双韧型　　　　　　D. 辐射型

7. 顶花先开的花序是(　　　)。
A. 有限花序　　　　　B. 伞房花序　　　　　C. 头状花序　　　　　D. 伞形花序

8. 具有轮伞花序的科是(　　　)。
A. 玄参科　　　　　　B. 唇形科　　　　　　C. 五加科　　　　　　D. 百合科

9. 菊科和桔梗科一些植物根中多含有(　　　)。
A. 淀粉粒　　　　　　B. 菊糖　　　　　　　C. 橙皮苷　　　　　　D. 三者均有

10. 含黏液细胞,具草酸钙针晶束的科是(　　　)。
A. 天南星科　　　　　B. 木兰科　　　　　　C. 菊科　　　　　　　D. 毛茛科

11. 3 片或 3 片以上的叶着生在节间极度缩短的茎枝上,为叶(　　　)。
A. 对生　　　　　　　B. 互生　　　　　　　C. 簇生　　　　　　　D. 轮生

12. 完全叶在组成上以下哪个不是必需的?(　　　)。
A. 叶片　　　　　　　B. 叶柄　　　　　　　C. 托叶　　　　　　　D. 叶鞘

13. 花中雄蕊的花丝联合成多束,为(　　　)。
A. 二强雄蕊　　　　　B. 多体雄蕊　　　　　C. 二体雄蕊　　　　　D. 聚药雄蕊

14. 植物细胞壁胞间层(中层)的主要化学成分是(　　　)。
A. 纤维素　　　　　　B. 蛋白质　　　　　　C. 半纤维素　　　　　D. 果胶

15. 属于有限花序的是(　　　)。
A. 伞形花序　　　　　B. 伞房花序　　　　　C. 轮伞花序　　　　　D. 隐头花序

16. 石细胞和纤维均属于(　　　)。
A. 厚角组织　　　　　B. 厚壁组织　　　　　C. 薄壁组织　　　　　D. 导管细胞

17. 由 5 心皮合生的下位子房连同花托和萼筒发育而成的果实是（　　）。

A. 梨果　　　　　　B. 瓠果　　　　　　C. 浆果　　　　　　D. 菁葖果

18. 由整个花序发育成的果实是（　　）。

A. 八角茴香　　　　B. 无花果　　　　　C. 莲蓬　　　　　　D. 木瓜

19. 一般单子叶植物具有（　　）。

A. 网状脉　　　　　B. 平行脉　　　　　C. 掌状脉　　　　　D. 羽状脉

20. 蔷薇科中具有上位子房, 果实为核果的亚科是（　　）。

A. 绣线菊亚科　　　B. 桃亚科　　　　　C. 苹果亚科　　　　D. 蔷薇亚科

21. 植物细胞的特有结构为（　　）。

A. 细胞壁　　　　　B. 细胞核　　　　　C. 线粒体　　　　　D. 细胞膜

22. 下列属于细胞后含物的是（　　）。

A. 质体　　　　　　B. 淀粉粒　　　　　C. 溶酶体　　　　　D. 内质网

23. 由纤维束及其外侧包围着许多含有晶体的薄壁细胞所组成的复合体, 称（　　）。

A. 嵌晶纤维　　　　B. 异晶细胞　　　　C. 含晶纤维　　　　D. 晶鞘纤维

24. 木质部内外两侧都有韧皮部, 这种维管束为（　　）。

A. 无限外韧维管束　　　　　　　　　　B. 有限外韧维管束

C. 双韧维管束　　　　　　　　　　　　D. 周韧维管束

25. 所谓榕树的"独木成林", 是由于茎枝向下生长的（　　）扎入土中形成支柱根。

A. 气生根　　　　　B. 攀缘　　　　　　C. 呼吸根　　　　　D. 寄生根

26. 叶的上下表皮内侧均有栅栏组织, 这种叶称为（　　）。

A. 两面叶　　　　　B. 等面叶　　　　　C. 异形叶　　　　　D. 同型叶

27. 花中所有雄蕊的花丝相互联合, 花药分离, 这种雄蕊为（　　）。

A. 聚药雄蕊　　　　B. 二体雄蕊　　　　C. 二强雄蕊　　　　D. 单体雄蕊

28. 藻类属于（　　）。

A. 低等植物　　　　B. 高等植物　　　　C. 维管植物　　　　D. 有胚植物

29. 含有 1 粒种子的果实, 成熟后果皮与种皮不易分离, 为（　　）。

A. 瘦果　　　　　　B. 颖果　　　　　　C. 胞果　　　　　　D. 坚果

30. 下列植物中（　　）的植物富含生物碱。

A. 蓼科　　　　　　B. 十字花科　　　　C. 茄科　　　　　　D. 五加科

31. 光镜下可看到的细胞器是（　　）。

A. 微丝　　　　　　B. 核糖体　　　　　C. 叶绿体　　　　　D. 内质网

32. 周皮上的通气结构是（　　）。

A. 气孔　　　　　　B. 皮孔　　　　　　C. 穿孔　　　　　　D. 纹孔

33. 所有植物的种子均具有（　　）。

A. 相同的子叶数　　B. 胚乳　　　　　　C. 胚　　　　　　　D. 外胚乳

34. 具有潜在分生能力, 转为束间形成层的是（　　）的细胞。

A. 髓射线　　　　　B. 维管射线　　　　C. 木射线　　　　　D. 韧皮射线

35. 银杏叶的脉序为（　　）。

A. 平行脉　　　　　B. 网状脉　　　　　C. 叉状脉　　　　　D. 掌状脉

36. 下列花序中不属于有限花序的是（　　）。

A. 轮伞花序　　　　B. 总状花序　　　　C. 二歧聚伞花序　　　　D. 多歧聚伞花序

37. 大蒜的蒜瓣是（　　）。

A. 块茎　　　　　　B. 鳞茎　　　　　　C. 球茎　　　　　　　D. 腋芽

38. 仙人掌上的刺是（　　）。

A. 茎刺　　　　　　B. 皮刺　　　　　　C. 叶刺　　　　　　　D. 托叶刺

39. 豌豆的胎座是（　　）。

A. 边缘胎座　　　　B. 侧膜胎座　　　　C. 中轴胎座　　　　　D. 特立中央胎座

40. 下列花序中，花的开放次序由下向上的是（　　）。

A. 轮伞花序　　　　B. 蝎尾花序　　　　C. 多歧聚伞花序　　　D. 伞房花序

二、多选题（每小题1分，共10分）

1. 植物细胞中含有 DNA 的有（　　）。

A. 细胞壁　　　B. 细胞核　　　C. 线粒体　　　D. 细胞膜　　　E. 叶绿体

2. 下列不属于细胞后含物的是（　　）。

A. 质体　　　　B. 淀粉粒　　　C. 溶酶体　　　D. 内质网　　　E. 结晶

3. 海带属于（　　）。

A. 低等植物　　B. 孢子植物　　C. 维管植物　　D. 有胚植物　　E. 隐花植物

4. 颈卵器植物包括的类群有（　　）。

A. 藻类　　　　B. 苔藓类　　　C. 蕨类　　　　D. 裸子植物　　E. 被子植物

5. 以下属于显花植物的有（　　）。

A. 昆布　　　　B. 石耳　　　　C. 马尾松　　　D. 木耳　　　　E. 石斛

6. 含有小檗碱的药用植物或中药有（　　）。

A. 大黄　　　　B. 黄连　　　　C. 黄檗　　　　D. 黄芪　　　　E. 三颗针

7.《中国药典》(2020年版)中收载的以菘蓝为基源植物的中药药用部位有（　　）。

A. 根　　　　　B. 茎　　　　　C. 叶　　　　　D. 花　　　　　E. 果实

8. 含黏液细胞，具草酸钙针晶束的植物有（　　）。

A. 天南星　　　B. 半夏　　　　C. 大黄　　　　D. 甘草　　　　E. 何首乌

9. 下列药用植物属于毛茛科的有（　　）。

A. 虎杖　　　　B. 虎耳草　　　C. 黄连　　　　D. 大黄　　　　E. 芍药

10. 以下描述正确的是（　　）。

A. 菊科植物具有头状花序

B. 菊科植物的花药结合成聚药雄蕊

C. 菊科植物子房下位，形成瘦果

D. 菊科包括舌状花亚科和管状花亚科，其中管状花亚科常含乳汁

E. 菊科植物全部为草本植物

三、名词解释（每小题2分，共20分）

1. 纹孔

2. 凯氏带

3. 双受精

4. 人为分类系统

5. 细胞器

6. 聚合果

7. 周皮

8. 双名法

9. 聚花果

10. 离生单雌蕊

四、填空题(每空 0.5 分,共 10 分)

1. 分生组织按其来源和功能的不同可分为_____、_____、_____。

2. 被子植物演化系统有两大学派:_____与_____。

3. 单纹孔多存在于薄壁细胞、_____和_____的细胞壁上。

4. 次生维管组织中由形成层产生的射线称_____射线,分为_____射线和_____射线。

5. 按茎的生长习性分类,活血丹的茎称_____茎,地锦的茎称_____茎。

6. 在木质茎横切面上,靠近形成层色浅的部分称_____材,而中心色深的部分称_____材,其中_____材具输导作用。

7. 具有_____、_____和_____三部分的叶称完全叶。

8. 子房室的数目由心皮数和结合状态而定。心皮数目往往可由_____或_____的分裂数、子房上的主脉数以及子房室数来判断。

五、问答题(6 小题,共 40 分)

1. 如何识别无限花序与有限花序?其包括哪些类型? (6 分)

2. 如何根据苞鳞与种鳞的着生位置区分松科和柏科? (6 分)

3. 什么叫传粉?传粉有哪些方式?植物有哪些适应异花传粉的性状? (8 分)

4. 蔷薇科分为几个亚科?如何区分这些亚科? (6 分)

5. 试述双子叶植物根与茎初生结构的异同点。(6 分)

6. 试述双子叶植物根中形成层、木栓形成层的产生过程,及它们形成的次生结构。(8 分)

药用植物学综合试卷(四)

【参考答案】

一、单项选择题(每小题 0.5 分,共 20 分)

1. A　　2. D　　3. D　　4. A　　5. D　　6. D　　7. A　　8. B　　9. B　　10. A

11. C　　12. D　　13. B　　14. D　　15. C　　16. B　　17. A　　18. B　　19. B　　20. B

21. A　　22. B　　23. D　　24. C　　25. A　　26. C　　27. D　　28. A　　29. B　　30. C

31. C　　32. B　　33. C　　34. A　　35. C　　36. B　　37. B　　38. C　　39. A　　40. D

二、多项选择题(每小题 1 分,共 10 分)

1. BCE　　2. ACD　　3. ABE　　4. BCD　　5. CE

6. BCE　　7. AC　　8. AB　　9. CE　　10. ABC

三、名词解释(每小题 2 分,共 20 分)

1. 纹孔:次生壁形成时并不是均匀增厚的,初生壁完全没有次生壁覆盖的区域形成一个空隙,称为纹孔。

2. 凯氏带:裸子植物和双子叶植物根内皮层细胞壁常木质化或木栓化增厚,在内皮层细胞的径向壁(侧壁)和上下壁(横壁)上形成一条带状结构,环绕成一圈,称为凯氏带。

3. 双受精:双受精是被子植物有性生殖特有的现象,是卵细胞和极核同时与两个精子分别完成融合的过程。

4. 人为分类系统:仅根据植物的形态、习性、用途进行分类,未考察植物之间的亲缘关系和演化关系,这种分类方法称为人为分类系统。

5. 细胞器:细胞器是细胞中具有一定形态结构、成分和特定功能的微器官,也称拟器官。

6. 聚合果:由 1 朵花中许多离生单雌蕊聚集生长在花托上,并与花托共同发育成的果实称聚合果。

7. 周皮:周皮是一种复合组织,由木栓层、木栓形成层、栓内层三种不同组织构成的组织。

8. 双名法:植物双名法是指规定每个植物的学名由两个拉丁词组成,第一个词是属名,第二个词是种加词,后附命名人的名字。

9. 聚花果:由整个花序发育而成的果实,也称复果。

10. 离生单雌蕊:在一朵花内生有多数离生的单雌蕊,称离生单雌蕊。

四、填空题(每空 0.5 分,共 10 分)

1. 原生分生组织　初生分生组织　次生分生组织
2. 真花学说　假花学说
3. 石细胞　韧皮纤维
4. 维管　韧皮　木
5. 匍匐　平卧
6. 边　心　边
7. 叶柄　叶片　托叶
8. 柱头　花柱

五、问答题(6 小题,共 40 分)

1. 无限花序与有限花序的种类参见第 8 版《药用植物学》教材 75~76 页。

无限花序是指花的开放顺序由花轴的下部向上部、由边缘向中心开放。有限花序与无限花序相反。开花期间,花序轴顶端或中心的花先开放,因而限制了花序轴的继续生长,各花由内向外或由上而下陆续开放。

2. 松科植物叶针形或条形,在长枝上螺旋着生,在短枝上簇生或束生。球花雌雄同株,雄球花具多数雄蕊,雌球花具多数珠鳞,每珠鳞具 2 倒生胚珠,苞鳞与种鳞分离。球果大型,种鳞多数,螺旋排列,与苞鳞离生,每种鳞有 2 枚种子,种子常有翅。

柏科植物叶鳞形或刺形,鳞形叶交互对生,刺形叶 3~4 枚轮生,球花雌雄同株或异株,雄蕊、珠鳞交互生或 3 枚轮生。球果小型,种鳞少数(3~6),交互对生或轮生,苞鳞和种鳞完全合生,种子 1 至多粒。

3. 成熟的花粉粒借外力的作用传递到雌蕊柱头上的过程,称为传粉。传粉一般可分为自花传粉和异花传粉两种方式。成熟的花粉粒传到同一朵花的雌蕊柱头上的过程,称为自花传粉。如水稻、豆类等都进行自花传粉。异花传粉是指一朵花的花粉粒传送到另一朵花的柱头上的过程。异花传粉可发生在同株异花间,也可发生在同一品种或同种内的不同植株之间,如玉米、向日葵等都进行异花传粉。异花传粉植物的花由于长期自然选择和演化的结果,在结构上和生理上以及行为上产生了一些特殊的适应性变化,使自花传粉不可能实现,主要表现在:①花单性,如蓖麻为雌雄同株,柳树为雌雄异株。②雌、雄蕊异熟,使两性花避免自花传粉,如向日葵。③雌、雄蕊异长、异位,如报春花。④自花不孕,如荞麦。

4. 蔷薇科分为绣线菊亚科、蔷薇亚科、梅(杏、李、桃)亚科、梨(苹果)亚科。

蔷薇科四亚科检索表

  1. 果实开裂;多不具托叶⋯⋯⋯⋯⋯⋯⋯⋯⋯⋯⋯⋯⋯⋯⋯⋯⋯⋯⋯⋯⋯⋯⋯⋯⋯1. 绣线菊亚科

  1. 果实不开裂;具托叶。

    2. 子房上位。

      3. 心皮通常多数;聚合瘦果或小核果⋯⋯⋯⋯⋯⋯⋯⋯⋯⋯⋯⋯⋯⋯⋯⋯2. 蔷薇亚科

      3. 心皮通常一枚;核果⋯⋯⋯⋯⋯⋯⋯⋯⋯⋯⋯⋯⋯⋯⋯⋯⋯⋯⋯⋯⋯⋯⋯3. 梅亚科

    2. 子房下位或半下位⋯⋯⋯⋯⋯⋯⋯⋯⋯⋯⋯⋯⋯⋯⋯⋯⋯⋯⋯⋯⋯⋯⋯⋯⋯4. 梨亚科

5. 双子叶植物根与茎初生结构的异同点见下表

	根	茎
表皮	有根毛,起吸收作用	有少量气孔,主要起保护作用
皮层	内皮层细胞有凯氏带	外皮层有少量机械组织和同化组织
维管柱鞘	有	无
木质部和韧皮部	相间排列	内外排列
髓	木质部和韧皮部外始式发育 有或无	木质部内始式,韧皮部外始式发育 有发达的髓和髓射线

6. 当双子叶植物根开始形成次生结构时,初生木质部与初生韧皮部之间的薄壁细胞恢复分裂能力形成断断续续的形成层,紧接着,靠近初生木质部的维管柱鞘细胞恢复分裂能力形成一个完整的形成层,但此时的形成层是波浪形的,然后初生韧皮部处的形成层的分裂速度快于初生木质部处形成层的分裂速度,最终把形成层拉成圆形,圆形的形成层形成后形成层各处的分裂速度相等。

形成层为一层扁平的细胞,它们不断进行细胞分裂,向内产生新的木质部,加于初生木质部的外方,叫次生木质部。向外产生新的韧皮部,加于初生韧皮部的内方,叫次生韧皮部。次生木质部和次生韧皮部为次生维管组织,是次生构造的主要部分。此时的维管束变为无限外韧的维管束。维管束之间的薄壁细胞叫髓射线。形成层在一定的部位上也分生一些薄壁细胞,这些薄壁细胞呈辐射状排列,叫维管射线。木射线和韧皮射线又叫次生射线,具有横向运输水分和营养物质的功能。

木栓形成层的发生及周皮的形成:由于形成层的分裂活动,使得根不断加粗,外周的表皮和皮层在加粗的过程中因不能进行相应的加粗而被挤压破坏,在表皮和皮层被破坏前,维管柱鞘等处的细胞恢复分裂能力,形成木栓形成层,向外产生木栓层,向内产生栓内层(后生皮层)。木栓层、木栓形成层、栓内层合称为周皮。周皮可以不断产生,而把老的周皮推向外方。

(王旭红　黄宝康)

药用植物学综合试卷(五)

一、选择题(每小题0.5分,共20分)

1. 在双子叶植物根、茎的显微构造中,具横向运输和贮藏作用的结构是( )。

A. 射线 B. 管胞和导管 C. 筛管和伴胞 D. 导管

2. 叶片形状的确定,最主要的依据是( )。

A. 叶端

B. 叶基

C. 叶片的长与宽比例及最宽处所在位置

D. 叶脉

3. 桃花花托凹陷呈杯状,但不与子房愈合,花被和雄蕊着生在花托上缘的子房周围,称上位子房,这种花称为( )。

A. 周位花 B. 下位花 C. 上位花 D. 中位花

4. 茎卷须、单性花、瓠果的是( )。

A. 茵陈蒿 B. 栝楼 C. 蒲公英 D. 龙芽草

5. 花柄长短不等,下部花柄较长,越向上部花柄越短,各花排在同一平面上的为( )。

A. 伞房花序 B. 头状花序 C. 伞形花序 D. 复伞形花序

6. 下列对应关系正确的是( )。

A. 土豆——根的变态 B. 萝卜——茎的变态

C. 红薯——根的变态 D. 藕——叶的变态

7. 下列具叶鞘、复伞形花序、双悬果的一组药用植物是( )。

A. 何首乌和人参 B. 膜荚黄芪和薄荷

C. 柴胡和百合 D. 当归和防风

8. 气孔周围的副卫细胞,其长轴与保卫细胞长轴垂直的气孔类型为( )。

A. 环式 B. 不定式 C. 直轴式 D. 平轴式

9. 下面哪类植物的有性生殖摆脱了对水的依赖? ( )

A. 苔类、藓类、蕨类、裸子植物 B. 藓类、蕨类、裸子植物

C. 蕨类、裸子植物 D. 裸子植物

10. 枸杞、八角茴香的果实类型分别为( )。

A. 聚合果和聚花果 B. 浆果和聚合果

C. 核果和聚合蓇葖果 D. 梨果和蓇葖果

11. 地黄、宁夏枸杞分别属于( )药用植物。

A. 玄参科和茄科 B. 唇形科和菊科

C. 玄参科和葫芦科 D. 伞形科和茄科

12. 下列属于桔梗科的一组药用植物是( )。

A. 桔梗和三七 B. 党参和人参

C. 细柱五加和沙参 D. 党参和沙参

13. 蔷薇科中具有上位子房,果实为核果的亚科是( )。

A. 绣线菊亚科 B. 蔷薇亚科 C. 苹果亚科 D. 梅亚科

14. 以下有关凯氏带的叙述中不正确的是(　　　)。

A. 凯氏带是仅在根的内皮层细胞中存在的结构

B. 凯氏带控制着皮层和维管柱之间的物质运输

C. 凯氏带是内皮层细胞径向壁和横向壁上具栓质化和木质化增厚的结构

D. 如果将内皮层细胞放入高渗溶液中,使其发生质壁分离,凯氏带处的质膜不会与细胞壁分离

15. 花程式中 $*K_0 C_3 A_{(5)} \underline{G}_{(2:1:1)}$ 可表示(　　　)。

A. 两侧对称花　　　　B. 单被花　　　　C. 边缘胎座　　　　D. 花冠合生

16. 下述药用植物中属于毛茛科的植物为(　　　)。

A. 黄檗　　　　　　B. 黄连　　　　　　C. 膜荚黄芪　　　　D. 黄芩

17. 花中雄蕊 4 枚,2 长 2 短,这种雄蕊类型为二强雄蕊,下列(　　　)常为该雄蕊类型。

A. 唇形科　　　　　B. 伞形科　　　　　C. 豆科　　　　　　D. 十字花科

18. 黄瓜、大豆的胎座分别是(　　　)。

①边缘胎座　　②特立中央胎座　　③侧膜胎座　　④中轴胎座

A. ①②　　　　　　B. ③①　　　　　　C. ①④　　　　　　D. ①③

19. 柑橘类果实的食用部分是(　　　)。

A. 内果皮　　　　　　　　　　　B. 发达的胎座

C. 种皮上的肉质腺毛(汁囊)　　　　D. 内果皮上的肉质腺毛(汁囊)

20. 细胞壁形成时,次生壁在初生壁上不是均匀增厚,在很多地方留有一些没有增厚的部分呈凹陷状结构,称为(　　　)。

A. 细胞连丝　　　　B. 纹孔腔　　　　　C. 纹孔口　　　　　D. 纹孔

21. 茎的初生韧皮部分化成熟的方向是(　　　)。

A. 不定式　　　　　B. 外始式　　　　　C. 内始式　　　　　D. 双始式

22. 茎中的初生射线是指(　　　)。

A. 韧皮射线　　　　　　　　　　B. 木射线

C. 髓射线　　　　　　　　　　　D. 韧皮射线和木射线

23. 双子叶木本植物茎由外向内的结构依次是(　　　)。

A. 髓、维管形成层、树皮、木质部、树皮　　　B. 树皮、髓、维管形成层、木质部

C. 树皮、维管形成层、木质部、髓　　　　　　D. 髓、维管形成层、木质部

24. 在木本植物中,下列哪些组织结构中存在活细胞?　(　　　)。

A. 韧皮部的筛管和韧皮射线　　　　B. 木质部的导管和木射线

C. 韧皮部的韧皮纤维　　　　　　　D. 木质部的木纤维

25. 银杏植物学名书写正确的是哪一个(　　　)。

A. Coptis Chinensis franch.　　　　　　B. *Ginkgo biloba* L.

C. *Isatis indigotica* Fortune　　　　　　D. aconitum carmichaelii Debx.

26. 下列细胞属于输导组织的是(　　　)。

A. 厚角组织　　　　B. 石细胞　　　　　C. 乳汁管　　　　　D. 筛管

27. 以假花学说为基础的被子植物分类系统有(　　　)。

A. 哈钦松系统　　　　　　　　　B. 塔赫他间系统

C. 恩格勒系统　　　　　　　　　D. 克朗奎斯特系统

28. 下列属于五加科的一组药用植物是（   ）。

A. 羊乳和沙参   B. 党参和人参

C. 刺五加和沙参   D. 人参和三七

29. 下列特征不能判断组成子房的心皮数的依据是（   ）。

A. 柱头分裂数   B. 胚珠数   C. 子房室数   D. 花柱分裂数

30. 蝶形花冠中位于最外方的是（   ）。

A. 旗瓣   B. 翼瓣   C. 龙骨瓣   D. 唇瓣

31. 植物的双受精过程（   ）。

A. 既产生双倍体细胞，又产生单倍体细胞

B. 既产生双倍体细胞，又产生三倍体细胞

C. 只产生双倍体细胞

D. 只产生三倍体细胞

32. 花程式中子房二心皮、一室、一个胚珠的表示形式为（   ）。

A. $G_{(2+1+1)}$ B. $G_{2:1:1}$ C. $G_{(2:1:1)}$ D. G_{2+1+1}

33. 在植物根的次生构造中，木栓形成层最初来源于（   ）。

A. 中柱鞘   B. 皮层   C. 纤维柱   D. 韧皮层

34. 由纤维束和含有晶体的薄壁细胞所组成的复合体称为（   ）。

A. 嵌晶纤维   B. 晶鞘纤维   C. 分隔纤维   D. 分枝纤维

35. 下列说法不正确的是（   ）。

A. 苔藓植物属于高等植物

B. 维管植物包括蕨类植物、裸子植物和被子植物

C. 颈卵器植物只包括苔藓植物和蕨类植物

D. 苔藓植物属于有胚植物

36. 下列不属于被子植物的主要特征的是（   ）。

A. 孢子体高度发达   B. 具有真正的花

C. 具双受精现象   D. 有多胚现象

37. 下列药用植物具有方茎、叶对生、花冠唇形的一组药用植物是（   ）。

A. 甘草和膜荚黄芪   B. 天麻和菘蓝

C. 薄荷和藿香   D. 防风和紫苏

38. 下列有关银杏的描述不正确的是（   ）。

A. 种子外种皮肉质

B. 是在冰川时期没有受到侵害而闻名于世的"活化石"

C. 银杏叶片扇形，2 裂

D. 银杏果实入药，称为白果

39. 不是十字花科植物的主要特征的是（   ）。

A. 多总状花序   B. 四强雄蕊

C. 蝶形花冠   D. 角果

40. 下列具轮伞花序的一组药用植物是（   ）。

A. 当归和白芷   B. 菊花和虎杖

C. 柴胡和半夏   D. 黄芩和藿香

二、多选题(每小题 1 分,共 10 分)

1. 下述属于植物细胞后含物的为(　　　　)。

A. 叶绿体　　　　B. 有色体　　　　C. 蛋白质　　　　D. 钟乳体　　　　E. 白色体

2. 周皮在组成上包括(　　　　)。

A. 树皮　　　　　　　　B. 木栓层　　　　　　　　C. 栓内层

D. 木栓形成层　　　　　E. 内皮层

3. 以下(　　　　)为伞形科的特征。

A. 草本,茎具纵棱　　　　B. 具明显托叶鞘　　　　C. 复伞形花序

D. 双悬果　　　　　　　　E. 头状花序

4. 属于维管植物的是(　　　　)。

A. 兰科　　　　　　　　B. 柏科　　　　　　　　C. 地钱科

D. 卷柏科　　　　　　　E. 三白草科

5. 具有假种皮的植物有(　　　　)。

A. 荔枝　　　　B. 龙眼　　　　C. 百合　　　　D. 砂仁　　　　E. 掌叶大黄

6. 药用植物菘蓝是(　　　　)。

A. 果实入药　　　B. 花入药　　　C. 根入药　　　D. 叶入药　　　E. 种子入药

7. 茄、葡萄、枸杞、番茄均为(　　　　)。

A. 浆果　　　B. 核果　　　C. 真果　　　D. 瓠果　　　E. 坚果

8. 以下属于五加科的药用植物有(　　　　)。

A. 孩儿参　　　B. 人参　　　C. 西洋参　　　D. 竹节参　　　E. 沙参

9. 以下判断错误的是(　　　　)。

A. 气孔是周皮上气体交换的通道

B. 表皮、周皮、纤维和石细胞均属于保护组织

C. 厚角组织和厚壁组织都是死细胞

D. 气孔器中的保卫细胞属于死细胞

E. 乳汁管中的乳细胞属于生活细胞

10. 关于缠绕茎和攀缘茎的论述正确的是(　　　　)。

A. 缠绕茎细长柔弱不能直立,以茎自身作螺旋状缠绕他物向上生长

B. 缠绕茎可以通过卷须、吸盘、不定根等缠绕他物向上生长

C. 攀缘茎细长不能直立,也不能缠绕他物上升

D. 攀缘茎以特有的结构如卷须、吸盘、不定根等攀附他物向上生长

E. 栝楼具有攀缘茎

三、填空题(每小题 1 分,共 10 分)

1. 根、茎的初生构造形成后,由于木栓形成层和_____进行分裂活动,产生次生生长,形成次生构造。

2. 在维管植物中,维管束是由_____和木质部组成的束状结构,是植物的输导系统。

3. 蝶形花冠由 5 枚分离花瓣组成,即 1 枚旗瓣、2 枚翼瓣和 2 枚_____。

4. 植物组织一般可分为分生组织、基本组织、保护组织、分泌组织、_____、机械组织六类。

5. 菊科为头状花序,聚药雄蕊,子房下位,果实类型为连萼_____。

6. 植物分类检索表是鉴定植物种类的工具,常见的形式有_____检索表和平行式检索表两种形式。

7. 蔷薇科根据花托、托杯、雌蕊心皮数目、子房位置和果实类型分为绣线菊亚科、_____、苹果亚科、梅亚科。

8. 双子叶植物叶片的内部构造都有三种基本构造,即表皮、_____和叶脉。

9. 托叶形成托叶鞘的科是_____。

10. 导管是被子植物和少数裸子植物木质部的输导组织。常见的导管类型有:环纹导管、螺纹导管、梯纹导管、网纹导管和_____。

四、名词解释(每小题 2 分,共 20 分)

1. flower

2. placenta

3. 角果

4. 原生质体

5. 聚药雄蕊

6. 真花学说

7. 细胞分类学

8. 二强雄蕊

9. 伞形花序

10. 蝶形花冠

五、问答题(5 小题,共 40 分)

1. 简述菊科的识别要点,为什么说菊科是双子叶植物中较进化的类群? (8 分)

2. 唇形科的主要特征是什么? 列出该科常见的 4 种药用植物。(8 分)

3. 以鸢尾根的横切面为例,从外到内说明根的初生构造特点。(8 分)

4. 将荠菜、西府海棠、紫藤、连翘、紫丁香和夏至草编制一个检索表。(8 分)

5. 在野外采集到一株有花或果的标本,但不知是哪一科、属、种,你该怎么办? (8 分)

药用植物学综合试卷(五)

【参考答案】

一、选择题(每小题 0.5 分,共 20 分)

1. A   2. C   3. A   4. B   5. A   6. C   7. D   8. C   9. D   10. B
11. A   12. D   13. D   14. A   15. B   16. B   17. B   18. B   19. D   20. D
21. B   22. C   23. C   24. A   25. B   26. D   27. C   28. D   29. B   30. A
31. B   32. C   33. A   34. B   35. C   36. D   37. C   38. D   39. C   40. D

二、多项选择题(每小题 1 分,共 10 分)

1. CD   2. BCD   3. ACD   4. ABDE   5. ABD
6. CD   7. AC   8. BCD   9. ABCD   10. ACDE

三、填空题 (每小题 1 分,共 10 分)

1. 形成层

2. 韧皮部

3. 龙骨瓣

4. 输导组织

5. 瘦果

6. 定距式

7. 蔷薇亚科

8. 叶肉

9. 蓼科

10. 孔纹导管

四、名词解释(每小题 2 分,共 20 分)

1. flower: 花是由花芽发育而成,是节间极度缩短、不分枝的、适应生殖的变态枝。

2. placenta: 胚珠在子房内着生的部位称胎座。

3. 角果: 由两心皮合生的上位子房发育而成。开始为 1 室,后在心皮边缘生出假隔膜将子房分为两室,成熟后沿两侧腹缝线开裂成两片,种子着生在假隔膜的两边,这种果实类型为角果。

4. 原生质体: 是细胞内有生命的物质的总称,包括细胞质、细胞核、质体、线粒体等,是细胞的主要部分,细胞的一切代谢活动都在这里进行。

5. 聚药雄蕊: 雄蕊的花药连合成筒状,花丝分离,这种雄蕊类型称为聚药雄蕊。

6. 真花学说: 被子植物的花是 1 个简单的孢子叶球,它是由裸子植物中早已绝灭的本内苏铁目,特别是拟苏铁 *Cycadeoidea dacotensis* 具两性孢子叶的球穗花进化而来的,这种理论称为真花学说。

7. 细胞分类学: 是利用细胞的性状(主要是染色体的各种性状)和现象来研究动植物的自然分类、进化关系和起源的一门学科。

8. 二强雄蕊: 雄蕊 4 枚,分离,2 长 2 短的雄蕊类型被称为二强雄蕊。

9. 伞形花序: 伞形花序是指花序轴缩短,在总花梗顶端着生许多放射状排列、花柄近等长的小花,全形如张开的伞的花序类型。

10. 蝶形花冠: 是指花瓣 5 片分离,排成蝶形,上面一片最大称旗瓣,侧面两片较小称翼瓣,最下面两片形小且上部稍联合并向上弯曲呈龙骨状,称龙骨瓣,这种花冠类型称蝶形花冠。

五、问答题(5 小题,共 40 分)

1. 菊科的识别要点:①头状花序有总苞(含舌状花或管状花);②萼片变成冠毛或鳞片;③聚药雄蕊;④连萼瘦果。

菊科是双子叶植物中较进化的类群,主要表现是:①草本,生活周期短;②繁殖方式多种多样,除种子繁殖外,还可用块根、块茎、根状茎等进行营养繁殖;③花结构(如头状花序、聚药雄蕊、合瓣花、雌蕊早于雄蕊成熟等)有利于异花传粉和后代的繁衍;④果实多有冠毛或刺毛、鳞片、钩刺等,有利于果实远距离传播。

2. 唇形科的主要特征是:多草本,茎四棱形。叶常对生。花两性,两侧对称,花萼 4~5,宿存,花冠二唇形,雄蕊 4 枚,二强,或仅有 2 枚发育;雌蕊由 2 心皮组成,子房上位,常 4 深裂成假 4 室,花柱常着生于子房裂隙的基底。果实由 4 个坚果组成。

该科常见的药用植物如:丹参、黄芩、益母草、薄荷、藿香等。

3. 根的初生构造主要包括表皮、皮层和维管柱,有的有髓。

(1)表皮:排列紧密,外壁不角质化,有的表皮细胞形成根毛。

(2) 皮层：①外皮层，靠近表皮的一层细胞，排列紧密。②皮层薄壁细胞，壁薄，排列疏松，有吸收、运输、储藏作用。③内皮层，皮层最内一层细胞，排列整齐紧密，无细胞间隙，横切面观察凯氏点增厚(径向壁木栓化增厚)或马蹄形增厚(径向壁、上下壁和内切向壁增厚)，位于木质部束顶端少数未增厚的细胞为通道细胞。

(3) 维管柱(中柱)：①维管柱鞘，位于内皮层和维管束之间的一层薄壁细胞，有潜在的分裂能力。②维管束，由初生木质部和初生韧皮部组成，初生木质部和初生韧皮部相间排列，初生木质部先后分化成熟为原生木质部和后生木质部，发育方式为外始式。被子植物的初生木质部由导管、管胞、木纤维和木薄壁细胞组成；裸子植物的初生木质部只有管胞。被子植物初生韧皮部一般有筛管和伴胞，韧皮薄壁细胞，偶有韧皮纤维组成；裸子植物的初生韧皮部只有筛胞。③多数单子叶植物有髓。

4. 荠菜、西府海棠、紫藤、连翘、紫丁香和夏至草的检索表如下。

```
1. 草本植物
    2. 十字形花冠 ·································································· 荠菜
    2. 唇形花冠 ···································································· 夏至草
1. 木本植物
        3. 藤本，蝶形花冠 ···················································· 紫藤
        3. 灌木或小乔木，非蝶形花冠
            4. 花冠合生
                5. 先端 4 裂，花黄色，雄蕊 2 枚 ······················ 连翘
                5. 先端 4 裂，花紫色，雄蕊 2 枚 ······················ 紫丁香
            4. 花冠离生，5 片，雄蕊多数 ······························· 西府海棠
```

5. 依据经典分类方法：①首先抓住该植物最突出、最显著的外部形态学特征入手，其步骤是先看花后看果，再看茎叶特征。②然后使用检索表，将外部形态特征各项与植物检索表对照查对，从科到属种逐步检索。③种检索出来后，再用工具书(如《中国高等植物图鉴》《中国植物志》等工具书)核对。如果主要形态特征都符合，说明已经查对了，否则要重新检索查对。④如果条件有限查不出来，则可到科研院所或高等院校核对腊叶标本。⑤请教老师、专家。

(白云娥　孙立彦　薛　焱)

药用植物学综合试卷(六)

一、选择题(每小题 0.5 分，共 20 分)

1. 植物细胞中包围液泡的膜，称为(　　)。

A. 细胞(质)膜　　　B. 液泡膜　　　C. 核膜　　　D. 内质网

2. 植物细胞与动物细胞不同，其中不是主要区别的是(　　)。

A. 质体　　　B. 液泡　　　C. 细胞壁　　　D. 高尔基体

3. 韧皮纤维属于(　　)。

A. 薄壁组织　　　B. 分生组织　　　C. 保护组织　　　D. 机械组织

4. 细胞壁角质化是指(　　)。

A. 细胞壁增生脂肪性角质　　　　　　B. 细胞壁增生木质素

C. 细胞壁含硅质　　　　　　　　　　D. 细胞壁增生脂肪性木栓质

5. 细胞壁木质化是指( )。

A. 细胞壁增生脂肪性角质　　　　　　　B. 细胞壁增生木质素

C. 细胞壁含硅质　　　　　　　　　　　　D. 细胞壁增生脂肪性木栓质

6. 不属于细胞后含物的是( )。

A. 淀粉粒　　　　B. 草酸钙结晶　　　　C. 纹孔　　　　D. 脂肪油

7. 树皮剥去后,树就会死亡,是因树皮不仅包括周皮,还有( )。

A. 栓内层　　　　B. 韧皮部　　　　C. 木栓形成层　　　　D. 木质部

8. 下面既是保护组织又是分泌组织的是( )。

A. 腺毛　　　　B. 气孔　　　　C. 非腺毛　　　　D. 蜜腺

9. 药用部位为皮部是指( )。

A. 周皮　　　　B. 形成层以外　　　　C. 韧皮部　　　　D. 皮层以外

10. 栅栏组织属于( )。

A. 薄壁组织　　　　B. 分生组织　　　　C. 保护组织　　　　D. 机械组织

11. 根有定根和不定根之分,定根中有主根,主根是从( )发育而来。

A. 直根系　　　　B. 不定根　　　　C. 定根　　　　D. 胚根

12. 次生射线位于木质部的称木射线,位于韧皮部的称韧皮射线,两者合称为( )。

A. 髓射线　　　　B. 初生射线　　　　C. 维管射线　　　　D. 原生射线

13. 葡萄的卷须属于( )。

A. 叶卷须　　　　B. 茎卷须　　　　C. 托叶卷须　　　　D. 不定根

14. 下列花序中为有限花序的是( )。

A. 轮伞花序　　　　B. 伞形花序　　　　C. 伞房花序　　　　D. 头状花序

15. 豆科植物花的雄蕊常为( )。

A. 二体雄蕊　　　　B. 离生雄蕊　　　　C. 二强雄蕊　　　　D. 聚药雄蕊

16. 子房全部与花托完全愈合的现象称( )。

A. 子房上位,下位花　　　　　　　　　　B. 子房半下位,周位花

C. 下位子房,上位花　　　　　　　　　　D. 子房上位,周位花

17. 大豆的胎座的类型是( )。

A. 边缘胎座　　　　　　　　　　　　　　B. 侧膜胎座

C. 中轴胎座　　　　　　　　　　　　　　D. 特立中央胎座

18. 瓠果是( )的主要特征。

A. 桔梗科　　　　B. 葫芦科　　　　C. 忍冬科　　　　D. 菊科

19. 柑果、核果、浆果、瓠果属于( )。

A. 单果　　　　B. 干果　　　　C. 裂果　　　　D. 聚合果

20. 双悬果为伞形科的特征,其分果有( )条棱。

A. 4　　　　B. 3　　　　C. 6　　　　D. 5

21. 十字花科植物所特有的果实为( )。

A. 蓇葖果　　　　B. 荚果　　　　C. 角果　　　　D. 蒴果

22. 纤维和油管分别属于( )组织。

A. 基本组织;分生组织　　　　　　　　　B. 分生组织;保护组织

C. 保护组织;机械组织　　　　　　　　　D. 机械组织;分泌组织

23. 由纤维束和含有晶体的薄壁细胞所组成的复合体称为（   ）。
A. 嵌晶纤维   B. 分隔纤维   C. 晶鞘纤维   D. 分枝纤维

24. 双悬果为分果,是（   ）的主要科特征。
A. 伞形科   B. 蔷薇科   C. 十字花科   D. 豆科

25. 侧根发生在根的（   ）。
A. 内皮层   B. 中柱鞘   C. 木质部   D. 韧皮部

26. 花中所有雄蕊的花丝相互联合,花药分离,这种雄蕊为（   ）。
A. 聚药雄蕊   B. 二体雄蕊   C. 二强雄蕊   D. 单体雄蕊

27. 银杏的叶序为（   ）。
A. 互生叶序   B. 对生叶序   C. 簇生叶序   D. 轮生叶序

28. 双子叶植物根的初生构造的维管束的类型为（   ）。
A. 有限外韧维管束   B. 无限外韧维管束
C. 双韧维管束   D. 辐射维管束

29. 禾本科植物所特有的果实为（   ）。
A. 颖果   B. 双悬果   C. 角果   D. 荚果

30. 藻类植物中形态结构分化得最高级的一大类群是（   ）。
A. 蓝藻门   B. 绿藻门   C. 红藻门   D. 褐藻门

31. 绿藻门含有叶绿素（   ）等光合色素。
A. a,b   B. a,d   C. a,c   D. a,e

32. 啤酒酵母、麦角、冬虫夏草菌、竹黄为（   ）植物。
A. 担子菌亚门   B. 半知菌亚门   C. 子囊菌亚门   D. 藻状菌亚门

33. 地衣植物是藻菌的（   ）。
A. 共生复合体   B. 寄生体   C. 附属体   D. 腐生复合体

34. 苔藓植物有配子体和孢子体两种植物,其中孢子体（   ）于配子体上。
A. 腐生   B. 共生   C. 寄生   D. 半寄生

35. 胚珠裸露于心皮上,无真正的果实的植物为（   ）。
A. 双子叶植物   B. 被子植物   C. 单子叶植物   D. 裸子植物

36. 金毛狗脊属于（   ）。
A. 木贼亚门   B. 石松亚门   C. 水韭亚门   D. 真蕨亚门

37. 仅有一属一种,并且是中国特产的裸子植物是（   ）。
A. 杜仲   B. 麻黄   C. 银杏   D. 松

38. 来源于芸香科植物的中药是（   ）。
A. 五味子   B. 党参   C. 麦冬   D. 黄柏

39. 属于蓼科的药用植物有（   ）。
A. 黄连   B. 掌叶大黄   C. 人参   D. 当归

40. 十字花科植物的雄蕊大多为（   ）。
A. 四强雄蕊   B. 二强雄蕊   C. 聚药雄蕊   D. 单体雄蕊

二、多项选择题(每小题 1 分,共 10 分)

1. 下列属于细胞后含物的是（   ）。
A. 质体   B. 淀粉粒   C. 溶酶体   D. 内质网   E. 结晶

2. 下列描述的形态特征,属于十字花科的特征为( )。

A. 草本,无托叶　　　　　　　　　　B. 四枚雄蕊,二枚较长

C. 花两性,花瓣四枚　　　　　　　　D. 雌蕊由二心皮合生,具假隔膜

E. 果实类型为角果

3. 兰科植物的特征为( )。

A. 花单性　　　　　　　　　　　　　B. 多为草本

C. 唇瓣常特化　　　　　　　　　　　D. 雄蕊与花柱形成合蕊柱

E. 果实类型为角果

4. 以下植物分类拉丁词缩写含义正确的为( )。

A. f.——变型　　　　B. spp.——种(复数)　　　C. cv.——栽培变种

D. ssp.——亚种　　　E. var.——变种

5. 以下属于被子植物亚门双子叶植物纲的为( )。

A. 地榆　　　B. 白及　　　C. 芸香　　　D. 麻黄　　　E. 石花菜

6. 在光学显微镜下可见到植物细胞的结构有( )。

A. 核仁　　　　　　　B. 液泡　　　　　　　C. 草酸钙晶体

D. 叶绿体　　　　　　E. 核糖体蛋白体

7. 下列拉丁学名的中文植物名及其所属科名对应正确的为( )。

A. *Angelica sinensis*——当归,伞形科

B. *Ginkgo biloba*——银杏,银杏科

C. *Pinellia ternata*——浙贝母,百合科

D. *Bletilla striata*——白及,兰科

E. *Datura metel*——白花曼陀罗,毛茛科

8. 以下植物类群对应描述的特征正确的为( )。

A. Solanaceae 常含托品类、甾体类和吡啶类生物碱

B. Asteraceae 头状花序,瘦果常具冠毛

C. Orchidaceae 唇瓣常特化,雄蕊与雌蕊形成合蕊柱

D. Euphorbia L. 常含有毒乳汁,多歧聚伞杯状花序

E. Umbelliferae 十字花冠,四强雄蕊,角果有假隔膜

9. 以下关于蕨类和菌类的论述正确的有( )。

A. 真菌属于真核异养植物

B. 蕨类植物的孢子体能独立生活,配子体必须寄生在孢子体上

C. 担子菌亚门在有性生殖过程中形成担子和担孢子

D. 蕨类植物的孢子体比配子体更发达,它们都能独立生活

E. 子囊菌亚门在有性生殖时形成子囊和子囊孢子

10. 以下各植物类群判断错误的是( )。

A. 百合科、兰科、石蒜科植物均具有假鳞茎

B. 石松、石杉、石耳、石蕊、海石花均属于低等植物

C. 人参、党参、拳参均属于五加科植物

D. 阳春砂、益智、温郁金、白豆蔻、草果均属于姜科植物

E. 瑞香科植物花瓣常缺,花萼合生成管状,故该科属后生花被亚纲

三、名词解释(每小题 2 分,共 20 分)

1. 完全叶
2. 维管束
3. 双受精
4. 四强雄蕊
5. 晶鞘纤维
6. 两面叶
7. 被丝托
8. 子座
9. 聚花果
10. 凯氏点

四、填空题(每空 0.5 分,共 10 分)

1. 植物细胞区别于动物细胞的三大结构为_____、_____和_____。
2. *Salvia miltiorrhiza* 的中文名称是_____。
3. 被子植物演化系统有_____和_____两大学派。
4. 决明所属的植物科名为_____,其药用部位为_____。
5. 菘蓝所属的科植物的果实类型为_____,该科植物具有_____花冠和_____雄蕊。
6. 黄连所属的植物科名为_____,其药用部位为_____。
7. 聚合果是由许多离生单雌蕊与_____共同发育而成,聚花果则由_____发育而成。
8. 植物外部分泌组织有_____、_____等。
9. 地衣根据形态可分为_____、_____和_____三种类型。

五、问答题(5 小题,共 40 分)

1. 淀粉粒分几种类型? 各有何特征? (6 分)
2. 双子叶植物气孔类型有几种? 各种类型的特点是什么? (6 分)
3. 简述单子叶植物根与双子叶植物次生根的显微构造特征,并绘简图说明。(8 分)
4. 写出药用植物浙贝母、黄檗、菘蓝、金银花、天麻、龙芽草的科名及植株类型,例:人参—五加科,多年生草本。(6 分)
5. 石蒜和大蒜各属什么科? 请比较所在科的形态特征,并各列举 3 种药用植物。(6 分)
6. 结合当前实际形势,试述你对我国药用植物资源开发利用的看法。(8 分)

药用植物学综合试卷(六)

【参考答案】

一、选择题(每小题 0.5 分,共 20 分)

1. B	2. D	3. D	4. A	5. B	6. C	7. B	8. A	9. B	10. A
11. D	12. C	13. B	14. A	15. A	16. C	17. A	18. B	19. A	20. D
21. C	22. D	23. C	24. A	25. B	26. C	27. C	28. D	29. D	30. D
31. A	32. C	33. A	34. C	35. D	36. D	37. C	38. D	39. B	40. A

二、多项选择题(每小题 1 分,共 10 分)

1. BE 　　 2. ACDE 　　 3. BCD 　　 4. ABCDE 　　 5. AC

6. ABCD 　　 7. ABD 　　 8. ABCD 　　 9. ACDE 　　 10. ABCE

三、名词解释(每小题 2 分,共 20 分)

1. 完全叶:叶片、叶柄、托叶俱全的叶称为完全叶。

2. 维管束:维管束是蕨类植物、裸子植物、被子植物的输导系统,贯穿于整个植物体的内部,除了具有输导功能外,同时对植物体还起着支持作用。主要由韧皮部与木质部组成。

3. 双受精:精子进入胚囊后,一个与卵细胞结合,形成二倍体的受精卵,另一个与两极核细胞结合,形成三倍体的胚乳,这一过程称双受精作用,是被子植物所特有的现象。

4. 四强雄蕊:雄蕊 6 枚,4 枚较长 2 枚较短。

5. 晶鞘纤维:纤维束连同含嵌有晶体的薄壁细胞所组成的复合体。

6. 两面叶:叶片的内部构造中,栅栏组织紧接上表皮下方,海绵组织位于栅栏组织和下表皮之间,称两面叶。

7. 被丝托:是指由花被、花丝的基部和花托的延伸部分联合而成的碟状、杯状至坛状的结构,也称托杯。

8. 子座:子囊菌类在营养生长向繁殖阶段过渡时,由菌丝密结形成的容纳子实体的菌丝褥座,称为子座。

9. 聚花果:聚花果是由整个花序发育而成的果实。

10. 凯氏点:双子叶植物根的初生构造中,内皮层细胞壁常木质化或木栓化增厚,在横切面上相邻两个内皮层细胞的径向壁上则呈点状,故称为凯氏点。

四、填空题(每空 0.5 分,共 10 分)

1. 细胞壁　液泡　质体

2. 丹参

3. 真花学说　假花学说

4. 豆科　种子

5. 角果　十字　四强

6. 毛茛科　根茎

7. 花托　整个花序

8. 腺毛　蜜腺或腺表皮、盐腺、排水器等(答出两个即视为正确)

9. 壳状地衣　叶状地衣　枝状地衣

五、问答题(5 小题,共 40 分)

1. 淀粉粒有 3 种类型:单粒、复粒、半复粒。

其特征如下:①单粒,只有一个脐点的淀粉粒。脐点位于中心或一端。②复粒,具有 2 个或以上脐点,每个脐点有各自层纹的淀粉粒。由若干分粒相聚合而成。③半复粒,具有 2 个或 2 个以上脐点,每个脐点除有各自的层纹外,在外边还有共同的层纹包被的淀粉粒。

2. 双子叶植物气孔类型根据气孔的轴式类型一般分为 5 种。各种类型的特点如下:

(1)平轴式:气孔周围的副卫细胞为 2 个,其长轴与气孔的长轴平行。

(2)直轴式:气孔周围的副卫细胞为 2 个,其长轴与气孔的长轴垂直。

(3)不定式:气孔周围的副卫细胞在 3 个以上,其大小基本相同,并与其他表皮细胞形状相似。

(4) 不等式:气孔周围的副卫细胞为 3~4 个,但大小不等,其中一个特别小。

(5) 环式:气孔周围的副卫细胞数目不定,其形状较其他表皮细胞狭窄,围绕气孔周围排列成环状。

3. 单子叶植物根:有表皮、内皮层(常为木栓化加厚,横切面呈 U 字形,间有通道细胞)、初生维管束(辐射型)和髓(发达)。

双子叶植物次生根:主要不同在于有形成层、木栓形成层活动及次生维管组织(次生木质部、次生韧皮部)和周皮的形成。根外层的表皮破坏剥落,由周皮行保护功能。

绘图略。

4. 浙贝母——百合科,多年生草本。

黄檗——芸香科,落叶乔木。

菘蓝——十字花科,二年生草本。

金银花——忍冬科,常绿缠绕性藤本。

天麻——兰科,多年生腐生草本。

龙芽草——蔷薇科,多年生草本。

5. 石蒜属于石蒜科,大蒜属于百合科。

百合科常具鳞茎或根状茎。花被片 6,排成两轮,子房上位,3 心皮合生成 3 室,中轴胎座,蒴果或浆果。药用植物如百合,浙贝母、川贝母。

石蒜科常具鳞茎或根状茎。花被片 6,排成两轮,子房下位,蒴果。药用植物如仙茅、石蒜、大叶仙茅。

6. 略。

（白云娥　葛　菲）

药用植物学综合试卷(七)

一、选择题(每小题 0.5 分,共 20 分)

1. 草酸钙结晶一般存在于细胞的(　　　)中。

A. 细胞核　　　　　B. 细胞壁　　　　　C. 液泡　　　　　D. 细胞质

2. 木间木栓通常发生于(　　　)。

A. 外皮层　　　　　B. 内皮层　　　　　C. 韧皮部　　　　　D. 木质部

3. 单雌蕊的子房可具有(　　　)。

A. 特立中央胎座　　B. 边缘胎座　　　　C. 中轴胎座　　　　D. 侧膜胎座

4. 大黄的根状茎有许多"星点"。这些星点发生在(　　　)。

A. 皮层　　　　　　B. 木质部　　　　　C. 韧皮部　　　　　D. 髓部

5. 药材中的"根皮"包括(　　　)。

A. 表皮和韧皮部　　B. 韧皮部和木质部　C. 表皮和周皮　　　D. 韧皮部和周皮

6. 叶的细胞中含有大量叶绿体的是(　　　)。

A. 上表皮　　　　　B. 栅栏组织　　　　C. 海绵组织　　　　D. 下表皮

7. 以下植物学名书写正确的是(　　　)。

A. *Coptis Chinensis* franch.　　　　　　B. *Polygonum multiflorum* Thunb.

C. *Paeonia Lactiflora* Pall.　　　　　　　　D. *aconitum carmichaeli* Debx.

8. 下列哪个特征是蓼科植物的特征之一(　　　)。

A. 具有膜质的托叶鞘　　　　　　　　B. 复叶

C. 单性花　　　　　　　　　　　　　　D. 木本

9. 药材天麻的药用部位是(　　　)。

A. 根状茎　　　　　　B. 块根　　　　　　C. 块茎　　　　　　D. 鳞茎

10. 雄蕊六枚,分离,四长两短,此种雄蕊为(　　　)。

A. 二强雄蕊　　　　　B. 二体雄蕊　　　　C. 四强雄蕊　　　　D. 单体雄蕊

11. 单子叶植物根的维管束类型是(　　　)。

A. 辐射型　　　　　　B. 有限外韧型　　　C. 无限外韧型　　　D. 双韧型

12. 植物分类的基本单位是(　　　)。

A. 种　　　　　　　　B. 亚种　　　　　　C. 变种　　　　　　D. 变型

13. 根尖中,能够控制根的向地性生长,感受重力的部位是(　　　)。

A. 根冠　　　　　　　B. 分生区　　　　　C. 伸长区　　　　　D. 成熟区

14. 大多数蕨类植物和裸子植物运输有机养料的组织是(　　　)。

A. 导管　　　　　　　B. 筛管　　　　　　C. 管胞　　　　　　D. 筛胞

15. 具有不均匀加厚的初生壁的细胞是(　　　)。

A. 导管细胞　　　　　B. 厚角细胞　　　　C. 厚壁细胞　　　　D. 薄壁细胞

16. 根的初生构造中显著的特征是具有(　　　)。

A. 外韧维管束　　　　B. 辐射维管束　　　C. 周木维管束　　　D. 周韧维管束

17. 根的初生木质部的分化成熟方式是(　　　)。

A. 外起源　　　　　　B. 内起源　　　　　C. 外始式　　　　　D. 内始式

18. 由单心皮发育形成,成熟时沿腹缝线和背缝线同时裂开成两片,为(　　　)。

A. 蓇葖果　　　　　　B. 荚果　　　　　　C. 角果　　　　　　D. 蒴果

19. 五加科的花序为(　　　)。

A. 伞形花序　　　　　B. 伞房花序　　　　C. 轮伞花序　　　　D. 聚伞花序

20. 姜科药用植物具有(　　　)。

A. 退化雄蕊　　　　　B. 二强雄蕊　　　　C. 单体雄蕊　　　　D. 二体雄蕊

21. 药用植物人参的拉丁学名正确的是(　　　)。

A. *Panax ginseng*　　　　　　　　　　　B. *Panax notoginseng*

C. *Angelica sinensis*　　　　　　　　　　D. *Panax quinquefolius*

22. 下列药用植物中具有三出复叶的是(　　　)。

A. 女贞　　　　　　　B. 半夏　　　　　　C. 人参　　　　　　D. 槐

23. 下列药用植物中具有苞片的是(　　　)。

A. 贝母　　　　　　　B. 半夏　　　　　　C. 麻黄　　　　　　D. 玫瑰

24. 某些植物的叶片失去水分时能卷曲成筒是因为其上表皮有运动细胞,具这样特性的有(　　　)的植物。

A. 禾本科　　　　　　B. 毛茛科　　　　　C. 伞形科　　　　　D. 蔷薇科

25. 下列特征为木兰科具有的是(　　　)。

A. 草本　　　　　　　　　　　　　　　　B. 具有托叶鞘

C. 不含挥发油   D. 聚合蓇葖果或聚合浆果

26. 毛茛科黄连属的药用植物多含有(   )。

A. 乌头碱   B. 小檗碱   C. 唐松草碱   D. 甜菜碱

27. 下列哪个器官是蕨类植物的配子体(   )。

A. 孢子   B. 精子   C. 孢子囊   D. 原叶体

28. 凤梨的果实类型属于(   )。

A. 浆果   B. 聚合果   C. 聚花果   D. 梨果

29. 下列不属于假果的是(   )。

A. 苹果   B. 梨   C. 南瓜   D. 桃

30. 下列药用植物中具有皮刺的是(   )。

A. 贝母   B. 菝葜   C. 红花   D. 玫瑰

31. 在植物茎中具横向输导营养的结构是(   )。

A. 射线   B. 皮层   C. 周皮   D. 髓

32. 木本植物茎增粗时,细胞数目最明显增加的部分是(   )。

A. 韧皮部   B. 维管形成层   C. 木质部   D. 周皮

33. 木材的三切面中,切向切面可以看到(   )。

A. 射线细胞群呈纺锤形,显示了射线的高度、宽度和细胞列数

B. 年轮呈同心圆及射线放射状排列

C. 仅可见射线的高度和宽度

D. 射线细胞为长方形,显示了射线的高度和长度

34. 伴胞存在于(   )。

A. 木质部   B. 韧皮部   C. 皮层   D. 髓部

35. 三原型根的侧根发生于(   )。

A. 原生木质部和原生韧皮部之间   B. 正对着原生木质部

C. 正对着原生韧皮部   D. 初生韧皮部和初生木质部之间

36. 细胞中具有遗传物质的载体是(   )。

A. 细胞质   B. 线粒体   C. 核质   D. 染色体

37. 组成地衣髓层的是(   )。

A. 藻类细胞   B. 疏松菌丝   C. 紧密菌丝   D. 类圆形薄壁细胞

38. 花序中小花柄长短不等,下部小花柄长,向上逐渐缩短,上部近平顶状,这种花序类型是(   )。

A. 伞房花序   B. 伞形花序   C. 轮伞花序   D. 总状花序

39. 种子植物种皮的发育来自(   )。

A. 子房壁   B. 珠心   C. 珠被   D. 胎座

40. 冬虫夏草药材包括"虫"和"草"两部分,其分别属于(   )。

A. 菌核和子实体   B. 子实体和菌核   C. 菌核和子座   D. 子座和菌核

二、多项选择题(每小题1分,共10分)

1. 以下属于植物器官的通气结构的有(   )。

A. 气孔   B. 皮孔   C. 腺毛   D. 蜡被   E. 纹孔

2. 有关花的描述,以下判断正确的是(   )。

A. 既有花萼又有花冠的花称为重瓣花

B. 一朵花中雄蕊与雌蕊都有的称完全花

C. 毛茛科植物花的雄蕊多数,离生,常螺旋状排列

D. 唇形科植物与马鞭草科植物常具有唇形花冠和二强雄蕊

E. 子房下位的花,一定是上位花

3. 以下关于根的描述错误的是(　　　　　)。

A. 根系有两种类型,直根系由主根发育而来,须根系由侧根发育而来

B. 在植物根的初生构造中,木质部与韧皮部内外排列

C. 根中木质部发育的方式为内始式,韧皮部发育的方式则为外始式

D. 茎与根最根本的区别是茎有节和节间

E. 直接或间接由胚根发育而成的主根及侧根都是定根

4. 羽状复叶与生有单叶的小枝的主要区别有(　　　　　)。

A. 羽状复叶的叶轴顶端无顶芽,小叶的叶腋无腋芽

B. 落叶时整个复叶一起脱落,小枝一般不落

C. 小枝的单叶的叶腋有腋芽

D. 复叶的小叶与叶轴常排在一平面上

E. 单叶小枝的先端有顶芽

5. 以下有关细胞的描述错误的是(　　　　　)。

A. 植物细胞均具有胞间层、初生壁和次生壁

B. 植物细胞的后含物包括淀粉粒、糊粉粒、造粉体及质体等

C. 厚壁组织的细胞壁全面增厚,其细胞为生活的活细胞

D. 表皮细胞、纤维细胞、石细胞均属于保护组织

E. 所有植物细胞均存在叶绿体

6. 胚珠在子房内着生的部位称为胎座,胎座通常(　　　　　)。

A. 发生于心皮的腹缝线上

B. 由两个以上心皮构成的胎座一定不是边缘胎座

C. 特立中央胎座肯定是多心皮合生雌蕊

D. 基生胎座只有一枚胚珠

E. 中轴胎座和特立中央胎座的子房都为多室

7. 以下果实类型属于真果的有(　　　　　)。

A. 西瓜　　　　　B. 番茄　　　　　C. 杏　　　　　D. 梨　　　　　E. 苹果

8. 以下属于茎卷须的有(　　　　　)。

A. 葡萄的卷须　　　　　B. 豌豆的卷须　　　　　C. 栝楼的卷须

D. 丝瓜的卷须　　　　　E. 菝葜的卷须

9. 姜科植物的特征有(　　　　　)。

A. 多年生草本　　　　　B. 多含挥发油　　　　　C. 雄蕊常退化成花瓣状

D. 种子具有假种皮　　　E. 花被片 6 枚,2 轮排列

10. 植物体含有乳汁的科有(　　　　　)。

A. 大戟科　　　　　B. 伞形科　　　　　C. 罂粟科　　　　　D. 五加科　　　　　E. 桑科

三、名词解释（每小题 2 分，共 20 分）

1. 气孔
2. 有限外韧维管束
3. 春材
4. 瘦果
5. 完全花
6. 种
7. 木射线
8. 双名法
9. 假花学说
10. 隐头花序

四、填空题（每空 0.5 分，共 10 分）

1. 髓射线也叫＿＿射线，位于＿＿之间的薄壁组织区域，内通＿＿，外达＿＿。
2. 植物细胞区别于动物细胞的三大结构为＿＿＿＿、＿＿＿＿和＿＿＿＿。
3. 真菌类常见的菌丝组织体有＿＿＿＿、＿＿＿＿、＿＿＿＿。
4. 五加科的主要化学成分类型有＿＿＿＿、＿＿＿＿、＿＿＿＿。
5. 毛茛科的特征性成分为＿＿＿＿和＿＿＿＿。
6. 植物分类的基本单位是＿＿＿＿；基本单位以下常有＿＿＿＿和＿＿＿＿等分类等级。
7. 果实的果皮是由＿＿＿＿发育而来，种子是由＿＿＿＿发育而来。

五、问答题（6 小题，共 40 分）

1. 简述单子叶植物和双子叶植物的主要区别。（5 分）
2. 简述唇形科、玄参科、马鞭草科的主要异同点。（8 分）
3. 如何区分单叶的小枝条与羽状复叶？（5 分）
4. 禾本科植物一个小穗由 1 至数朵小花组成。说出一朵小花是由哪几部分组成？（5 分）
5. 五加科植物有何主要特征？列举出 5 种主要药用植物及其药用部位。（8 分）
6. 试述你对药用植物资源可持续利用的认识与建议。（9 分）

药用植物学综合试卷（七）

【参考答案】

一、选择题（每小题 0.5 分，共 20 分）

1. C   2. D   3. B   4. D   5. D   6. B   7. B   8. A   9. C   10. C
11. B   12. A   13. A   14. D   15. B   16. B   17. C   18. B   19. A   20. A
21. A   22. B   23. B   24. A   25. D   26. B   27. D   28. C   29. D   30. D
31. A   32. D   33. A   34. B   35. B   36. D   37. B   38. A   39. C   40. C

二、多项选择题（每小题 1 分，共 10 分）

1. AB   2. ACD   3. ABC   4. ABCDE   5. ABCDE
6. ACD   7. BC   8. ACD   9. ABCDE   10. ACE

三、名词解释(每小题 2 分,共 20 分)

1. 气孔:是植物进行气体交换的通道。由两个保卫细胞和它们之间的空隙组成。

2. 有限外韧维管束:韧皮部位于外侧,木质部位于内侧,中间没有形成层。

3. 春材:由于气候温和,雨量充足,形成层活动旺盛,所形成的次生木质部中的细胞,径大壁薄,质地疏松,色泽较淡,叫春材,或早材。

4. 瘦果:含单粒种子的果实,成熟时果皮易与种皮分离。

5. 完全花:花萼、花冠、雄蕊和雌蕊均有的花,称完全花。

6. 种:植物分类的基本单位,是具有一定形态、生理学特征和具有一定自然分布区,并具有相当稳定性质的种群。

7. 木射线:位于次生木质部的起横向运输和贮藏作用的薄壁组织。

8. 双名法:林奈提出的双名法规定,每种植物的拉丁学名由属名和种加词二部分组成,后面加命名人。

9. 假花学说:以恩格勒为代表提出的假花学说(Pseudanthium theory)认为,被子植物的花和裸子植物的球花完全一致,原始被子植物具单性花,如来自裸子植物麻黄类的弯柄麻黄 *Ephedra campylopoda*。被子植物的每个雄蕊和心皮,分别相当于 1 个极端退化的雄花和雌花。

10. 隐头花序:花序轴肉质膨大而下陷呈囊状,其内壁着生多数无柄的单性小花。如无花果、薜荔的果实。

四、填空题(每空 0.5 分,共 10 分)

1. 初生　初生维管束　髓部　皮层
2. 细胞壁　液泡　质体
3. 菌索　菌核　子座
4. 皂苷　黄酮　香豆精(挥发油)
5. 生物碱　毛茛苷
6. 种　亚种　变种
7. 子房壁　胚珠

五、问答题(6 小题,共 40 分)

1. 单子叶植物和双子叶植物的主要区别见下表。

	双子叶植物纲	单子叶植物纲
根	直根系	须根系
茎	维管束环状排列,有形成层	维管束散生,无形成层
叶	网状脉	平行脉
花	4 或 5 基数,花粉粒具 3 个萌发孔。	3 基数,花粉粒具 1 个萌发孔。
胚	2 枚子叶	1 枚子叶

2. 唇形科、玄参科、马鞭草科的相同点:均有唇形花冠、2 强雄蕊;叶序多对生,无托叶;2 心皮、子房上位。不同点:唇形科、马鞭草科常含挥发油,玄参科无;唇形科果实为 4 枚小坚果,玄参科为蒴果,马鞭草科常为核果或蒴果状而裂成 4 枚小坚果。

3. 关键在于叶轴和小枝的区别:第一,羽状复叶的叶轴先端无顶芽,而单叶小枝的先端具顶芽;第二,羽状复叶的小叶叶腋无腋芽,仅在总叶柄腋内有腋芽,而小枝上单叶的叶腋具腋芽;第三,羽状复叶的小叶与叶轴常成一平面,而小枝上单叶与小枝常成一定角度;第四,落叶时羽状复叶是整个脱落或小叶先落,然后叶轴连同总叶柄一起脱落,而小枝一般不落,只有单叶脱落。

4. 禾本科植物的每一朵小花在形态上包括稃片、浆片、雌蕊群、雄蕊群四部分。其中,稃片为小苞片,分为外稃和内稃,外稃厚硬,顶端或背部常生有芒,内稃膜质。浆片相当于花被片,位于内外稃之间,子房基部,呈透明肉质状。

5. 五加科的主要特征为:木本、藤本或多年生草本;掌状复叶或羽状复叶互生;花两性,伞形花序或头状花序,或再集合成圆锥状或总状花序;花瓣 5、10,分离,雄蕊与花瓣同数;雌蕊 2~15 心皮合生,子房下位,花盘位于子房顶部;浆果或核果。人参(根)、西洋参(根)、刺五加(根及根状茎或茎)、三七(根和根状茎)。

6. 答案略。

（李　明　黄宝康）

药用植物学综合试卷(八)

一、单项选择题(每小题 0.5 分,共 20 分)

1. 使根伸长的生长是(　　)。
A. 初生生长　　　　B. 次生生长　　　　C. 正常生长　　　　D. 异常生长

2. 由 5 个合生心皮,下位子房和花筒一起发育形成的果实为(　　)。
A. 浆果　　　　B. 梨果　　　　C. 蒴果　　　　D. 瓠果

3. 具有蝶形花冠和荚果的科是(　　)。
A. Rosaceae　　　　B. Ranunculaceae　　　　C. Leguminosae　　　　D. Solanaceae

4. 韭菜割了还能长主要是由于(　　)。
A. 次生生长　　　　B. 居间生长　　　　C. 侧生生长　　　　D. 异常生长

5. 菖蒲根状茎的内部构造中维管束类型是(　　)。
A. 有限外韧型　　　　B. 无限外韧型　　　　C. 辐射型　　　　D. 周木型

6. 旱金莲的排水器属于(　　)。
A. 分泌组织　　　　B. 保护组织　　　　C. 输导组织　　　　D. 机械组织

7. 根的中柱鞘细胞具有潜在的(　　)。
A. 分生能力　　　　B. 分化能力　　　　C. 合成能力　　　　D. 结合能力

8. 植物细胞的液泡内所含有的物质不太可能为(　　)。
A. 糖类　　　　B. 有机酸　　　　C. 草酸钙结晶　　　　D. 核苷酸

9. 药用植物灵芝属于(　　)。
A. 藻类植物门　　　　B. 地衣植物门　　　　C. 真菌植物门　　　　D. 裸子植物门

10. 蕨类植物是(　　)。
A. 孢子体寄生在原叶体上　　　　B. 配子体寄生在孢子体上
C. 配子体与孢子体均能独立生活　　　　D. 孢子体寄生在配子体上

11. 具有原生质体的生活细胞是(　　)。
A. 石细胞　　　　B. 导管　　　　C. 纤维　　　　D. 薄壁细胞

12. 属于保护组织的细胞是(　　)。
A. 木栓细胞　　　　B. 表皮细胞　　　　C. 薄壁细胞　　　　D. 筛管细胞

13. 以下各大植物类群中属于低等植物的是（　　　）。

A. 被子植物门　　　B. 裸子植物门　　　C. 真菌门　　　D. 苔藓植物门

14. 以下（　　　）的植物多富含三萜皂苷成分。

A. Ranunculaceae　　B. Araliaceae　　　C. Umbelliferae　　D. Araceae

15. 药用植物猪苓的药用部位为（　　　）。

A. 菌核　　　　　　B. 根状菌索　　　　C. 子实体　　　　D. 子座

16. 具双悬果的科为（　　　）。

A. Compositae　　　B. Araliaceae　　　C. Umbelliferae　　D. Araceae

17. *Lilium brownii* F.E. Brown var. *viridulum* Baker 的分类等级属于（　　　）。

A. 变型　　　　　　B. 变种　　　　　　C. 种　　　　　　D. 亚种

18. 大戟科植物中含有的外部分泌组织有（　　　）。

A. 蜜腺　　　　　　B. 非腺毛　　　　　C. 油管　　　　　D. 树脂道

19. 芍药具有的果实类型是（　　　）。

A. 蓇葖果　　　　　B. 翅果　　　　　　C. 蒴果　　　　　D. 核果

20. 根尖的构造中,根毛出现于（　　　）。

A. 生长点　　　　　B. 根冠　　　　　　C. 成熟区　　　　D. 伸长区

21. 丹参的雄蕊类型为（　　　）。

A. 二强雄蕊　　　　B. 四强雄蕊　　　　C. 单体雄蕊　　　D. 二体雄蕊

22. 红花的雄蕊类型为（　　　）。

A. 二强雄蕊　　　　B. 四强雄蕊　　　　C. 聚药雄蕊　　　D. 二体雄蕊

23. 以下植物具蝶形花冠和荚果的是（　　　）。

A. 黄精　　　　　　B. 向日葵　　　　　C. 厚朴　　　　　D. 槐

24. 以下植物以根入药具有挥发油的是（　　　）。

A. 大黄　　　　　　B. 向日葵　　　　　C. 当归　　　　　D. 厚朴

25. 被子植物输导水分和无机盐的主要组织是（　　　）。

A. 管胞　　　　　　B. 导管　　　　　　C. 伴胞　　　　　D. 筛管

26. 大多数裸子植物和蕨类植物输导水分和无机盐的组织是（　　　）。

A. 管胞　　　　　　B. 导管　　　　　　C. 伴胞　　　　　D. 筛管

27. 由 3 心皮下位子房发育而来的假果的果实类型为（　　　）。

A. 荚果　　　　　　B. 浆果　　　　　　C. 瓠果　　　　　D. 梨果

28. 单粒种子的果实类型是（　　　）。

A. 荚果　　　　　　B. 浆果　　　　　　C. 瓠果　　　　　D. 瘦果

29. 具有上位花盘特征的科是（　　　）。

A. Malvaceae　　　　B. Cruciferae　　　C. Umbelliferae　　D. Orchidaceae

30. 具有单体雄蕊特征的科是（　　　）。

A. Malvaceae　　　　B. Cruciferae　　　C. Umbelliferae　　D. Rosaceae

31. *Ephedra sinica* Stapf 的中文名为（　　　）。

A. 丹参　　　　　　B. 黄连　　　　　　C. 冬虫夏草菌　　　D. 草麻黄

32. 常用药材明党参的药用部位是（　　　）。

A. 肥大直根　　　　B. 块根　　　　　　C. 不定根　　　　D. 根状茎

33. 以下植物中属于蕨类植物的是（   ）。

A. 茯苓　　　　　　　B. 卷柏　　　　　　　C. 药用厚朴　　　　　D. 葛仙米

34. 单子叶植物叶上表皮细胞有排列成扇形的与叶子的卷曲有关的是（   ）。

A. 石细胞　　　　　　B. 运动细胞　　　　　C. 叶肉细胞　　　　　D. 保卫细胞

35. 柔荑花序上的小花常常是（   ）。

A. 两性花　　　　　　B. 重被花　　　　　　C. 无性花　　　　　　D. 单性花

36. 在植物细胞中，淀粉常常储存于下列哪种细胞器中。（   ）

A. 叶绿体　　　　　　B. 液泡　　　　　　　C. 白色体　　　　　　D. 线粒体

37. 苎麻是一种良好的纺织植物，其用来纺织的纤维是（   ）。

A. 木纤维　　　　　　B. 韧皮纤维　　　　　C. 晶鞘纤维　　　　　D. 嵌晶纤维

38. 在双子叶植物根的次生结构中，维管束的类型是（   ）。

A. 无限外韧型　　　　B. 有限外韧型　　　　C. 辐射型　　　　　　D. 周木型

39. 由多心皮合生，果实成熟后开裂方式多样的果实是（   ）。

A. 蓇葖果　　　　　　B. 荚果　　　　　　　C. 角果　　　　　　　D. 蒴果

40. 下列哪种分类学系统的理论基础是假花学说（   ）。

A. 恩格勒　　　　　　B. 哈钦松　　　　　　C. 塔赫他间　　　　　D. 克朗奎斯特

二、多项选择题（每小题 1 分，共 10 分）

1. 大豆的花冠类型和胎座类型是（   ）。

A. 唇形花冠　　　　　　　B. 蝶形花冠　　　　　　　C. 基生胎座

D. 边缘胎座　　　　　　　E. 中轴胎座

2. Campanulaceae 所在植物类群具有的特征是（   ）。

A. 中轴胎座　　　　　　　B. 侧膜胎座　　　　　　　C. 特立中央胎座

D. 角果　　　　　　　　　E. 蒴果

3. 不具有分泌作用的结构是（   ）。

A. 非腺毛　　　　　　　　B. 腺毛　　　　　　　　　C. 油细胞

D. 管胞　　　　　　　　　E. 黏液道

4. 属于地下茎的变态是（   ）。

A. 根状茎　　　　　　　　B. 小鳞茎　　　　　　　　C. 假鳞茎

D. 块茎　　　　　　　　　E. 小块茎

5. *Gastrodia elata* Bl. 的子房位置和胎座类型为（   ）。

A. 子房上位　　　　　　　B. 子房下位　　　　　　　C. 中轴胎座

D. 侧膜胎座　　　　　　　E. 边缘胎座

6. 下列是植物细胞内贮藏的营养物质的有（   ）。

A. 蛋白质　　　　　　　　B. 高尔基体　　　　　　　C. 核糖体

D. 淀粉粒　　　　　　　　E. 脂肪

7. 以下属于无限花序的是（   ）。

A. 伞形花序　　　　　　　B. 伞房花序　　　　　　　C. 二歧聚伞花序

D. 轮伞花序　　　　　　　E. 多歧聚伞花序

8. 下列果实中属于聚合果的有（   ）。

A. 凤梨　　　　B. 莲　　　　C. 无花果　　　　D. 五味子　　　　E. 八角茴香

9. 关于无花果的描述正确的是（　　　　）。

A. 无花果是不开花形成的果实　　　　B. 无花果不存在双受精现象

C. 无花果为桑科榕属植物　　　　　　D. 无花果的花序类型为隐头花序

E. 无花果形成的果实是假果

10. 在木材切向纵切面上可看到的射线形态特征是（　　　　）。

A. 射线呈放射状　　　　　　　　　　B. 射线呈纺锤状

C. 可见射线的长度和宽度　　　　　　D. 可见射线的长度和高度

E. 可见射线的高度和宽度

三、填空题（每空 0.5 分，共 10 分）

1. 菌类植物的异养生活方式包括_____和_____。

2. 具有双悬果特征的科是_____。

3. 保护组织包被在植物各个器官的表面，保护着植物的内部组织，可以分为初生保护组织（称为表皮）和次生保护组织（称为_____）。

4. 叶片的内部构造中，栅栏组织紧接上表皮下方，海绵组织位于栅栏组织与下表皮之间，这种叶称为_____。

5. 单子叶植物根的内皮层细胞壁增厚的过程中，少数正对初生木质部角的内皮层细胞壁不增厚，这些细胞称为_____。

6. 根据导管上形成的纹理或纹孔的不同，将导管分为：_____、_____、_____、_____和_____五类。

7. 蕨类植物中，运输水分的输导组织是_____。

8. 下列药用植物变态根的类型：地黄为_____根，浮萍为_____根，肉苁蓉为_____根。

9. 银杏属于_____木、连翘属于_____木、牡丹属于_____木，而芍药则属于草本。

10. 复叶的类型主要有三出复叶、_____复叶、_____复叶、单身复叶。

四、名词解释（每小题 2 分，共 20 分）

1. 晶鞘纤维

2. 双名法

3. 子实体

4. 被子植物双受精

5. 二强雄蕊

6. 纹孔

7. 细胞分化

8. 钟乳体

9. 凯氏带

10. 离生心皮雌蕊

五、问答题（5 小题，共 40 分）

1. 简述导管和管胞的主要区别。（6 分）

2. 试述被子植物的主要特征。（6 分）

3. 简述被子植物常见的气孔类型及其特点。（7 分）

4. 简述厚角组织与厚壁组织的主要区别。（6 分）

5. 豆科植物甘草为重要药用植物,根据下图综合分析回答以下问题:(15 分)

(1)写出甘草的复叶类型、花冠类型及其花瓣组成。(3 分)

(2)甘草花萼裂片 5,雄蕊 10 枚,2 体雄蕊,子房上位,种子多数。结合上述信息写出甘草花程式。(6 分)

(3)根的次生构造由外向内分别由什么组成? 附录图 1-1(右)甘草根的横切面简图中,1-4 分别代表什么? (6 分)

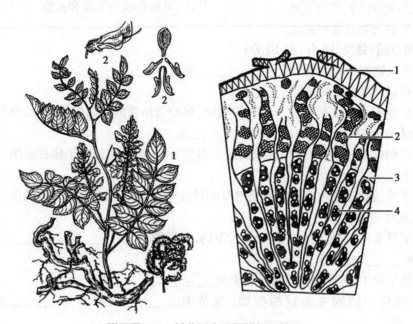

附录图 1-1   甘草形态及根横切面简图

药用植物学综合试卷(八)

【参考答案】

一、单项选择题(每小题 0.5 分,共 20 分)

1. A	2. B	3. C	4. B	5. D	6. A	7. A	8. D	9. C	10. C
11. D	12. A	13. C	14. B	15. A	16. C	17. B	18. A	19. A	20. C
21. A	22. C	23. D	24. C	25. B	26. A	27. C	28. D	29. C	30. A
31. D	32. A	33. B	34. B	35. D	36. C	37. B	38. A	39. D	40. A

二、多项选择题(每小题 1 分,共 10 分)

1. BD	2. AE	3. AD	4. AD	5. BD
6. ADE	7. AB	8. BDE	9. CDE	10. BE

三、填空题(每空 0.5 分,共 10 分)

1. 寄生　腐生

2. 伞形科

3. 周皮

4. 两面叶

5. 通道细胞

6. 环纹导管　螺纹导管　梯纹导管　网纹导管　具缘纹孔导管

7. 管胞

8. 储藏根或块根　水生根　寄生根

9. 乔　灌　亚灌

10. 掌状　羽状

四、名词解释(每小题2分,共20分)

1. 晶鞘纤维:纤维束连同含有晶体的薄壁细胞所组成的复合体。

2. 双名法:国际植物命名法规规定,拉丁语表示植物的种名,包括:属名＋种加词＋命名人。

3. 子实体:很多高等真菌在生殖时期形成有一定形状和结构,能产生孢子的菌丝体,叫子实体。

4. 被子植物双受精:精子进入胚囊后,一个与卵细胞结合,形成二倍体的受精卵,另一与两极核细胞结合,形成三倍体的胚乳,这一过程称双受精作用,是被子植物所特有的现象。

5. 二强雄蕊:一朵花中雄蕊4枚,分离,2长2短。

6. 纹孔:在细胞壁的次生壁形成时,原初生纹孔场处,不形成次生壁,这种没有次生壁的区域称为纹孔。

7. 细胞分化:在个体发育过程中,细胞在形态、结构和功能上的特化过程。

8. 钟乳体:碳酸钙结晶,形如一串悬垂的葡萄,多存在于植物叶的表皮细胞中,一端与细胞壁连接。

9. 凯氏带:根的初生构造中,内皮层细胞的径向壁(侧壁)和上下壁(横壁)局部增厚(木质化或木栓化),增厚部分呈带状,称凯氏带。

10. 离生心皮雌蕊:一个心皮构成的雌蕊称单雌蕊,有的植物一朵花中有两个以上彼此分离的单雌蕊。

五、问答题(5小题,共40分)

1. 导管和管胞的主要区别有:导管是被子植物的主要输水组织,较进化,管胞是裸子植物的输水组织,较原始;导管的输导能力强于管胞;导管粗短平截,由导管分子端壁融合后首尾相接进行输导,管胞细长,两端尖斜,彼此嵌插,由侧壁上单个纹孔相接进行输导。

2. 被子植物的主要特征为:孢子体高度发达,器官组织分化更加精细。形态、生境、营养方式多样。传粉方式多样。配子体进一步退化。花两性,具双受精现象。具封闭的子房和真正意义的果实。

3. 气孔类型及特点为:①平轴式,气孔器周围通常有两个副卫细胞,其长轴与保卫细胞和气孔的长轴平行。②直轴式,气孔器周围通常也有两个副卫细胞,但其长轴与保卫细胞和气孔的长轴垂直。③不等式,气孔器周围的副卫细胞为3~4个,但大小不等,其中一个明显小。④不定式,气孔器周围的副卫细胞数目不定,其大小基本相同,而形状与其他表皮细胞基本相似。⑤环式,气孔器周围的副卫细胞数目不定,其形状比其他表皮细胞狭窄,围绕气孔器排列成环状。

4. 厚角组织与厚壁组织的主要区别有:①生活状态不同,厚角组织为生活细胞,厚壁组织为死亡细胞;②增厚方式不同,厚角组织为初生壁不均匀增厚,厚壁组织为次生壁全面增厚;③机械强度不同,厚角组织主要为纤维素增厚,机械强度小,厚壁组织木质素增厚,机械强度大。

5.(1)奇数羽状复叶;蝶形花冠:1枚旗瓣、2枚翼瓣、2枚龙骨瓣。

(2) $\lightning,\uparrow$ $K_{(5)}C_5A_{(9)+1,10,\infty}\underline{G}_{1:1:1\sim\infty}$

(3)根的次生构造由外向内分别由木栓层、木栓形成层、栓内层、初生韧皮部、次生韧皮部、形成层、次生木质部、初生木质部构成。1-4分别代表:1-木栓层、2-韧皮部、3-形成层、4-木质部。

(许　亮　温学森)

药用植物学综合试卷(九)

一、选择题(每小题0.5分,共20分)

1. 细胞器中属于亚显微结构的有(　　　)。

　A. 质体　　　　　　B. 液泡　　　　　　C. 线粒体　　　　　　D. 高尔基体

2. 叶绿体光合作用产生的淀粉为(　　　)。

　A. 贮藏淀粉　　　　B. 同化淀粉　　　　C. 单粒淀粉　　　　　D. 复粒淀粉

3. 区分草酸钙和碳酸钙结晶的最佳试剂是(　　　)。

　A. 浓硫酸　　　　　B. 稀盐酸　　　　　C. 醋酸　　　　　　　D. 氢氧化钠溶液

4. 水稻拔节,葱、蒜、韭的叶子上部被割后,下部叶子还能继续生长,是(　　　)活动的结果。

　A. 原分生组织　　　B. 次生分生组织　　C. 侧生分生组织　　　D. 居间分生组织

5. 具有不均匀加厚的初生壁的细胞是(　　　)。

　A. 导管细胞　　　　B. 厚角细胞　　　　C. 石细胞　　　　　　D. 薄壁细胞

6. 具有腺鳞的科有(　　　)。

　A. 唇形科　　　　　B. 伞形科　　　　　C. 大戟科　　　　　　D. 芸香科

7. 气孔周围的副卫细胞数目不定,形状、大小与表皮细胞相似,这种气孔轴式为(　　　)。

　A. 平轴式　　　　　B. 环式　　　　　　C. 不定式　　　　　　D. 不等式

8. 具有支持功能,且为生活细胞的是(　　　)。

　A. 纤维　　　　　　B. 厚角组织细胞　　C. 石细胞　　　　　　D. 管胞

9. 被子植物根的初生构造中,维管束类型为(　　　)。

　A. 有限外韧型　　　B. 双韧型　　　　　C. 周韧型　　　　　　D. 辐射型

10. 纤维束外侧包围着许多含草酸钙晶体的薄壁组织所组成的复合体,为(　　　)。

　A. 晶纤维　　　　　B. 嵌晶纤维　　　　C. 含晶纤维　　　　　D. 镶晶纤维

11. 使根伸长的生长是(　　　)。

　A. 初生生长　　　　B. 次生生长　　　　C. 居间生长　　　　　D. 异常生长

12. 木本植物,单叶,子房下位,心皮2~5,梨果,属于(　　　)亚科。

　A. 绣线菊　　　　　B. 蔷薇　　　　　　C. 梨　　　　　　　　D. 桃

13. 侧根起源于(　　　)。

　A. 表皮　　　　　　B. 皮层　　　　　　C. 中柱鞘　　　　　　D. 髓

14. 根的初生构造形成于(　　　)。

　A. 生长点　　　　　B. 根冠　　　　　　C. 伸长区　　　　　　D. 成熟区

15. 根周皮上的通气结构是(　　　)。

　A. 气孔　　　　　　B. 皮孔　　　　　　C. 穿孔　　　　　　　D. 纹孔

16. 植物学上的根皮是指（　　　）。

A. 木栓层　　　　　B. 皮层　　　　　C. 栓内层　　　　　D. 周皮

17. 当根开始进行加粗生长时，首先是形成（　　　）进行活动。

A. 形成层　　　　　B. 木栓形成层　　　C. 中柱鞘　　　　　D. 周皮

18. 根中异常形成层始终保持分生能力的是（　　　）。

A. 商陆　　　　　　B. 牛膝　　　　　　C. 川牛膝　　　　　D. 膜荚黄芪

19. 单子叶植物茎的内部构造中维管束类型是（　　　）。

A. 辐射型　　　　　B. 无限外韧型　　　C. 有限外韧型　　　D. 周木型

20. 茎中的初生射线是指（　　　）。

A. 韧皮射线　　　　B. 髓射线　　　　　C. 木射线　　　　　D. 韧皮射线和木射线

21. 次生射线位于木质部的称木射线，位于韧皮部的称韧皮射线，两者合称为（　　　）。

A. 髓射线　　　　　B. 初生射线　　　　C. 维管射线　　　　D. 异型射线

22. 内树皮指的是（　　　）。

A. 栓内层　　　　　B. 次生韧皮部　　　C. 木栓形成层　　　D. 木质部

23. 榕树的"独木成林"，是从枝上产生很多气生根伸入土壤中形成（　　　）。

A. 支柱根　　　　　B. 支持茎　　　　　C. 侧枝　　　　　　D. 呼吸根

24. 茎之所以能产生分枝，形成地上部分，是因为茎尖有（　　　）。

A. 茎冠　　　　　　B. 伸长区　　　　　C. 叶原基　　　　　D. 腋芽原基

25. 番红花、唐菖蒲、荸荠的地下茎的变态属于（　　　）。

A. 根状茎　　　　　B. 球茎　　　　　　C. 鳞茎　　　　　　D. 块茎

26. 洋葱、大蒜、贝母、百合属于（　　　）。

A. 球茎　　　　　　B. 块茎　　　　　　C. 鳞茎　　　　　　D. 块根

27. 茎以卷须、吸盘、不定根攀缘他物向上生长，如葡萄、爬山虎等的茎称（　　　）。

A. 直立茎　　　　　B. 缠绕茎　　　　　C. 攀缘茎　　　　　D. 匍匐茎

28. 在木本茎的次生木质部中，执行纵向输导功能的主要是（　　　）。

A. 边材　　　　　　B. 心材　　　　　　C. 髓部　　　　　　D. 木射线

29. 机械组织不发达，贮藏组织发达的一般是（　　　）。

A. 直立茎　　　　　B. 缠绕茎　　　　　C. 攀缘茎　　　　　D. 地下变态茎

30. 当木质茎进行次生生长 3~4 年后，消失了的内部结构一般为（　　　）。

A. 木栓层　　　　　B. 初生木质部　　　C. 初生韧皮部　　　D. 髓射线

31. 叶轴短缩，在其顶端着生有三片以上呈掌状展开小叶的复叶是（　　　）。

A. 羽状复叶　　　　B. 三出复叶　　　　C. 掌状复叶　　　　D. 单身复叶

32. 植物的花常聚集成肉穗花序，具有佛焰苞的植物属于（　　　）。

A. Ranuculaceae　　B. Polygonaceae　　C. Umbelliferae　　D. Aracaee

33. 叶 3 片或 3 片以上着生在节间极度缩短的茎枝上，为叶（　　　）。

A. 对生　　　　　　B. 互生　　　　　　C. 簇生　　　　　　D. 轮生

34. 叶片形状的确定，最主要的依据是（　　　）。

A. 叶端形状　　　　　　　　　　　　　B. 叶基形状

C. 叶缘形状　　　　　　　　　　　　　D. 叶片的长与宽之比其最宽的位置

35. 二叉脉序常见于（　　　）植物。

A. 蕨类　　　　　　B. 后生花被亚纲　　　C. 原始花被亚纲　　D. 单子叶

36. 同一植株上长有不同形状叶子的现象,称为(　　　)。

A. 两面叶　　　　　　B. 异型叶　　　　　　C. 异形叶性　　　　D. 异面叶

37. 与花生入土结实有关的是子房柄(　　　)。

A. 次生生长　　　　　B. 居间生长　　　　　C. 侧生生长　　　　D. 异常生长

38. 具二体雄蕊的科是(　　　)。

A. Rosaceae　　　　　B. Ranunculaceae　　　C. Leguminosae　　　D. Solanaceae

39. 具复伞形花序的科为(　　　)。

A. Compositae　　　　B. Araliaceae　　　　　C. Araceae　　　　　D. Umbelliferae

40. 植物体常含乳汁,花单性,常为杯状聚伞花序,3 心皮上位子房,蒴果。该植物可能
为(　　　)。

A. 菊科　　　　　　　B. 大戟科　　　　　　C. 桔梗科　　　　　D. 夹竹桃科

二、多项选择题(每小题 1 分,共 10 分)

1. 植物分生组织从来源上可分为(　　　　)。

A. 原生分生组织　　　　B. 初生分生组织　　　　　C. 次生分生组织

D. 居间分生组织　　　　E. 侧生分生组织

2. 以下属于细胞后含物的有(　　　　)。

A. 淀粉粒　　　　　　　B. 草酸钙结晶　　　　　　C. 钟乳体

D. 叶绿体　　　　　　　E. 糊粉粒

3. 叶片的显微结构主要包括(　　　　)三部分。

A. 表皮　　　　B. 叶肉组织　　　C. 叶脉　　　　D. 气孔　　　　E. 毛茸

4. 以下花冠和雄蕊类型描述正确的有(　　　　)。

A. 菘蓝为十字花冠,四强雄蕊　　　　　B. 甘草为蝶形花冠,二体雄蕊

C. 丹参为唇形花冠,两枚雄蕊　　　　　D. 红花为冠状花冠,聚药雄蕊

E. 蒲公英为舌状花冠,聚药雄蕊

5. 以块根作为入药部位的为(　　　　)。

A. 麦冬　　　　B. 地黄　　　C. 孩儿参　　　D. 百部　　　　E. 天麻

6. 双子叶植物茎及根状茎的维管束类型可能为(　　　　)。

A. 双韧维管束　　　　　B. 周韧维管束　　　　　C. 辐射维管束

D. 髓维管束　　　　　　E. 无限外韧维管束

7. 关于气孔,以下判断正确的是(　　　　)。

A. 保卫细胞周围副卫细胞数目不定,大小基本相同,形状与表皮细胞相似的气孔轴式
为不等式

B. 平轴式气孔具有保卫细胞两个,副卫细胞两个

C. 直轴式气孔具有两个保卫细胞和一个副卫细胞

D. 气孔的保卫细胞充水膨胀时,此时气孔缝隙张开

E. 气孔主要分布于叶片和幼嫩的茎枝上

8. 具有上位子房的科(或亚科)有(　　　　)。

A. 兰科　　　B. 梨亚科　　　C. 梅亚科　　　D. 毛茛科　　　E. 葫芦科

9. 以下具有聚花果的植物有(　　　　)。

A. 凤梨　　　　　B. 无花果　　　　C. 桑　　　　　D. 五味子　　　　E. 葡萄

10. 药用植物资源保护的方法有(　　　　　)。

A. 原地保护　　　　　　B. 迁地保护　　　　　　C. 建立种子库

D. 建立保护区　　　　　E. 依法进行分级保护

三、填空题(每空 0.5 分,共 10 分)

1. 髓射线外连_____,内接髓,具有横向运输和贮藏作用。

2. 最小的一种质体为_____,与积累贮藏物质有关。

3. 地衣类植物按形态可划分为叶状地衣、_____和枝状地衣。

4. 单子叶植物根中少数正对初生木质部角的内皮层细胞壁不增厚,这些细胞称为_____。

5. 十字花科植物常有_____花序,_____雄蕊,雌蕊_____,心皮合生形成_____果。

6. 菊科植物常为草本,_____花序,花的萼片常变成_____。

7. 在受精后的胚珠中,受精卵发育成_____,受精极核发育成_____。

8. 在肉果类型中,桃为_____果,橘为_____果,苹果为_____果,南瓜为_____果。

9. 被称为四大怀药的原植物是_____、_____、_____、_____。

四、名词解释(每小题 2 分,共 20 分)

1. 真果

2. 子实体

3. 复雌蕊

4. 维管植物

5. 中轴胎座

6. 子座

7. 花程式

8. 泡状细胞

9. 原产地模式标本

10. 单性结实

五、问答题(6 小题,共 40 分)

1. 简述被子植物的主要形态特征,并比较单子叶植物纲与双子叶植物纲的特点。(8 分)

2. 请解读花程式 $\male\female\uparrow\ K_{(5)}C_5A_{(9)+1}\underline{G}_{1:1:\infty}$。(5 分)

3. 试述 *Rheum officinale* Baill. 所在科的主要特征,并举 2~3 种药用植物。(5 分)

4. 写出 *Pinellia ternata*(Thunb.)Breit. 的中文名及科名,并简述该科的形态特征。(6 分)

5. 比较伞形科与五加科的特征,完成以下表格内容。(6 分)

科名	五加科	伞形科
学名		
习性(木本、草本等)		
叶		
花		
果实		
代表植物 2 个 (中文名)		

6. 从表皮、皮层、维管柱及髓等几个方面比较双子叶植物根、茎的初生结构。(10 分)

药用植物学综合试卷(九)

【参考答案】

一、选择题(每小题 0.5 分,共 20 分)

1. D   2. B   3. C   4. D   5. B   6. A   7. C   8. B   9. D   10. A

11. A   12. C   13. C   14. D   15. B   16. D   17. A   18. A   19. C   20. B

21. C   22. B   23. A   24. D   25. B   26. C   27. C   28. A   29. D   30. C

31. C   32. D   33. C   34. D   35. A   36. C   37. B   38. C   39. D   40. B

二、多项选择题(每小题 1 分,共 10 分)

1. ABC   2. ABCE   3. ABC   4. ABCDE   5. ABC

6. ABCDE   7. BDE   8. CD   9. ABC   10. ABCDE

三、填空题(每空 0.5 分,共 10 分)

1. 皮层

2. 白色体

3. 壳状地衣

4. 通道细胞

5. 总状   四强(6 枚)   2   角

6. 头状   冠毛

7. 胚   胚乳

8. 核   柑   梨   瓠

9. 地黄   牛膝   菊花   薯蓣

四、名词解释(每小题 2 分,共 20 分)

1. 真果:是指单纯由子房发育而来的果实。

2. 子实体:高等真菌在繁殖时期形成能产生孢子的菌丝体。

3. 复雌蕊:由两个以上心皮彼此连合构成的雌蕊。

4. 维管植物:蕨类植物、裸子植物和被子植物体内具有维管系统,故合称为维管植物。

5. 中轴胎座:是指合生心皮雌蕊,子房多室,胚珠着生于心皮边缘向子房中央愈合的中轴上的胎座。

6. 子座:子座是囊菌类在营养生长向繁殖阶段过渡时,由菌丝密结形成的容纳子实体的菌丝褥座。

7. 花程式:是用字母、数字和符号来表示花各部分的组成、排列、位置和彼此关系的公式。

8. 泡状细胞:泡状细胞指禾本科植物叶的上表皮中的一些特殊大型薄壁细胞,这些细胞具有大型液泡,在横切面上略呈扇形,干旱时细胞失水收缩,使叶子卷曲而可减少水分蒸发。由于这种细胞与叶片的卷曲和张开有关,因此又称运动细胞。

9. 原产地模式标本:当得不到某种植物的模式标本时,根据记载去该植物的模式标本产地采到同种植物标本,并选出一个标本代替模式标本,称原产地模式标本。

10. 单性结实：果实的形成需经过传粉和受精作用，但有的植物只经过传粉而未经受精作用也能发育成果实，称单性结实。

五、问答题(6 小题,共 40 分)

1. 被子植物的特征是孢子体高度发达；具有真正的花；胚珠被心皮所包被；具有独特的双受精现象；具有果实；具有高度发达的输导组织。

单子叶植物纲与双子叶植物纲的主要区别特征主要可从根系类型、茎中形成层有无、叶脉类型、花类型和种子子叶数目比较。参见第 8 版《药用植物学》教材 149 页。

2. 花程式 $\male\female\uparrow$ $K_{(5)}C_5A_{(9)+1}$ $\underline{G}_{1:1:\infty}$ 表示两性花，两侧对称花；花萼 5 枚，联合；花冠 5 枚，分离；二体雄蕊，9 枚联合，1 枚分离。子房上位，由 1 心皮组成 1 子房室，子房室内胚珠多数。

3. *Rheum officinale* Baill. 是药用大黄，为蓼科植物。该科主要特征：草本，节膨大，节上常有托叶鞘，多膜质。花两性，圆锥花序；花单被，花被片 3~6，多宿存；子房上位。瘦果或小坚果，常包于宿存的花被内。蓼科常见药用植物还有何首乌、掌叶大黄、虎杖等。

4. *Pinellia ternata* (Thunb.) Breit. 的中文名是半夏，为天南星科植物。该科植物通常为多年生草本，常具块茎或根茎，叶柄基部常有膜质鞘，叶脉网状。花小，两性或单性，肉穗花序，具佛焰苞；单性同株或异株，子房上位。浆果，密集于花序轴上。该科其他药用植物有半夏、石菖蒲等。

5. 伞形科与五加科的特征如下表所示。

科名	五加科	伞形科
学名	Araliaceae	Umbelliferae (Apiaceae)
习性	木本或草本	多年生草本
叶	叶互生，掌状复叶或羽状复叶	叶互生或基生，三出复叶或羽状复叶
花	花两性，稀单性或杂性，辐射对称，伞形花序或圆锥花序。花萼小，5，花瓣 5、10，分离；雄蕊与花瓣同数，互生，稀为花瓣的两倍或更多；花盘位于子房顶部，子房下位，心皮 1~15，合生，常 2~5 室，每室 1 胚珠	花小，两性或杂性，多辐射对称，伞形或复伞形花序；萼齿 5 或不明显；花瓣 5；雄蕊 5；子房下位；2 心皮，2室，每室 1 胚珠
果实	浆果或核果	双悬果
代表植物	三七、人参	当归、川芎

6. 双子叶植物根、茎的初生结构各部分比较见下表。

	根	茎
表皮	属于吸收基本组织。细胞壁不加厚、不角质化。具根毛，具吸收能力。一层细胞	属于初生保护组织。细胞壁常角质化加厚，具保护作用，具毛茸。一层细胞
皮层	多层薄壁细胞，所占比例较大，分为外皮层、中皮层、内皮层	多层皮层薄壁细胞，所占比例较小，无内皮层结构
维管柱	为辐射型的维管束，维管束鞘明显，初生木质部和初生韧皮部均为外始式的	为无限外韧型的维管束，维管束鞘不明显。初生木质部为内始式，初生韧皮部为外始式
髓	常无髓	髓部明显

（葛 菲　王旭红）

药用植物学综合试卷(十)

一、单项选择题(每小题 0.5 分,共 20 分)

1. 影响较大、使用较广的恩格勒(A. Engler)被子植物分类系统的分类方法属于( )。
　A. 自然分类系统　　　　　　　　　B. 人为分类系统
　C. DNA 分类系统　　　　　　　　　D. 化学分类系统

2. 藻体呈卷曲状,富含蛋白质、维生素,能防治营养不良症,增强免疫力的藻类为( )。
　A. 螺旋藻　　　　B. 蛋白核小球藻　　　C. 石莼　　　　D. 葛仙米

3. 何首乌块根横切面上可看到一些大小不等的圆圈状花状纹理,是其药材鉴别的重要特征,该特征是何首乌块根的( )。
　A. 初生构造　　　B. 次生构造　　　　C. 三生构造　　　D. 根尖的构造

4. 药用植物木贼和问荆属于( )。
　A. 被子植物　　　B. 裸子植物　　　　C. 蕨类植物　　　D. 苔藓植物

5. 雄蕊四枚,分离,两长两短,如益母草、地黄的雄蕊,此种雄蕊称为( )。
　A. 二强雄蕊　　　B. 二体雄蕊　　　　C. 四强雄蕊　　　D. 单体雄蕊

6. 花被各片边缘彼此覆盖,但有一片完全在外,一片完全在内称为( )。
　A. 重覆瓦状　　　B. 覆瓦状　　　　　C. 镊合状　　　　D. 旋转状

7. 腺毛是一类( )。
　A. 不具分泌作用,也无头柄之分的表皮毛
　B. 具分泌作用,但无头柄之分的表皮毛
　C. 具分泌作用,有头柄之分的表皮毛
　D. 不具分泌作用,有头柄之分的表皮毛

8. 下列哪种药用植物的树皮、枝叶、根皮可提取紫杉醇(taxol),具有抗癌作用。( )
　A. 麻黄　　　　　B. 侧柏　　　　　　C. 红豆杉　　　　D. 银杏

9. 花程式中拉丁文字母缩写"A"表示( )。
　A. 雌蕊群　　　　B. 花冠　　　　　　C. 花萼　　　　　D. 雄蕊群

10. 由单心皮或离生心皮单雌蕊发育而成的果实,成熟后沿腹缝线或背缝线一侧开裂,如八角茴香、芍药,其果实的类型是( )。
　A. 蓇葖果　　　　B. 荚果　　　　　　C. 角果　　　　　D. 蒴果

11. 药用植物"松萝"入药具有祛风湿、通经络、抗菌消炎之功效,"松萝"属于( )。
　A. 裸子植物　　　B. 地衣植物　　　　C. 苔藓植物　　　D. 蕨类植物

12. 在野外识别药用植物时,具有复伞形花序特征的药用植物属于( )。
　A. 唇形科　　　　B. 伞形科　　　　　C. 五加科　　　　D. 豆科

13. 以下不属于植物细胞特有的结构或细胞器的是( )。
　A. 细胞壁　　　　B. 质体　　　　　　C. 线粒体　　　　D. 液泡

14. 存在于被子植物根的初生构造中的维管束类型是( )。
　A. 周韧维管束　　B. 无限外韧维管束　C. 辐射维管束　　D. 周木维管束

15. 银杏的白果属于（　　　）。

A. 核果 B. 坚果 C. 浆果 D. 种子

16. 下列具有聚药雄蕊的是（　　　）。

A. 伞形科 B. 毛茛科 C. 豆科 D. 菊科

17. 根的内皮层以内的所有组织构造统称为（　　　）。

A. 维管柱 B. 中柱鞘 C. 木质部 D. 韧皮部

18. 药用植物七叶一枝花和贝母属于下列哪个科。（　　　）

A. 豆科 B. 毛茛科 C. 唇形科 D. 百合科

19. 子房全部与凹下的花托愈合,花的其他部分着生于子房的上方称（　　　）。

A. 上位子房 B. 下位子房

C. 半下位子房 D. 周位花

20. 筛管、伴胞和筛胞是输送光合作用制造的有机营养物质的输导组织,存在于植物的（　　　）。

A. 木质部 B. 韧皮部 C. 皮层 D. 髓部

21. 一个种下分离群,其与原种有显著的性状差异,同时具有不同的分布区,该类群应该是（　　　）。

A. 变种 B. 变型 C. 亚种 D. 品种

22. 艾的学名为 *Artemisia* argyi Levl. et Vant.,其中书写错误的是（　　　）。

A. *Artemisia* B. argyi C. Levl. D. et

23. （　　　）是植物所产生的,一种具有繁殖或休眠作用的生殖细胞,能直接发育成一个新个体。

A. 胚子 B. 种子 C. 合子 D. 孢子

24. （　　　）植物世代交替的特点为:孢子体占优势,孢子体和配子体均可独立生活。

A. 苔藓植物 B. 蕨类植物 C. 裸子植物 D. 被子植物

25. 海带属于（　　　）。

A. 蓝藻 B. 红藻 C. 绿藻 D. 褐藻

26. 冬虫夏草菌春季萌发形成的地上部分是（　　　）。

A. 孢子体 B. 子座 C. 子实体 D. 孢子囊

27. 一种植物具有托叶鞘,其可能是（　　　）。

A. 掌叶大黄 B. 黄连 C. 地黄 D. 黄精

28. 一种植物具有块茎和肉穗花序,其可能是（　　　）。

A. 半夏 B. 党参 C. 当归 D. 延胡索

29. 以下为唇形科与玄参科的主要区别的特征为（　　　）。

A. 是否具有黄酮 B. 是否具有蒴果

C. 是否具有四强雄蕊 D. 花冠是否两侧对称

30. 一个植物具有显著的萼筒,其可能是（　　　）。

A. 毛茛科 B. 蔷薇科 C. 桔梗科 D. 忍冬科

31. 一种草本植物尚未开花,其具有大型三出复叶,其叶柄基部呈鞘状半包茎,茎中空具有纵棱,全株具挥发油,请问其可能属于（　　　）。

A. 芸香科 B. 唇形科 C. 伞形科 D. 菊科

32. 伞形科与五加科植物的特征比较接近,其主要区别点在于(　　　　)。

A. 雌蕊分离还是合生　　　　　　　　B. 子房上位还是下位

C. 伞形花序还是复伞形花序　　　　　D. 肉果还是干果

33. 一种刚刚开花的木本植物,具有二回羽状复叶,叶柄基部膨大,花辐射对称,5基数,花萼花瓣基部合生,具单心皮雌蕊,边缘胎座,其可能属于(　　　　)。

A. 蔷薇科　　　　B. 毛茛科　　　　C. 忍冬科　　　　D. 豆科

34. (　　　　)具有轮伞花序。

A. 人参　　　　B. 玄参　　　　C. 党参　　　　D. 丹参

35. 一种植物花冠辐射对称,6枚雄蕊,子房上位,具有蒴果,其可能属于(　　　　)。

A. 罂粟科　　　　B. 百合科　　　　C. 玄参科　　　　D. 桔梗科

36. 一种植物雄蕊花丝贴生在合生的花冠上,具有挥发油,其可能是(　　　　)。

A. 橘　　　　B. 膜荚黄芪　　　　C. 荆芥　　　　D. 桔梗

37. 一种植物具有聚药雄蕊,其可能是(　　　　)的植物。

A. 豆科　　　　B. 桔梗科　　　　C. 伞形科　　　　D. 菊科

38. 近年来作为新资源食品资源植物引种栽培的玛卡属于(　　　　)科植物。

A. 豆科　　　　B. 桔梗科　　　　C. 十字花科　　　　D. 菊科

39.《中国药典》(2020年版)一部取消了天仙藤的收载,天仙藤的原植物为(　　　　)。

A. 马兜铃　　　　B. 凤仙花　　　　C. 关木通　　　　D. 续随子

40. 有大毒,外用蚀疮的巴豆属于(　　　　)科植物。

A. 大戟科　　　　B. 马钱科　　　　C. 豆科　　　　D. 夹竹桃科

二、多项选择题(每小题1分,共10分)

1. 下列属于唇形科的药用植物有(　　　　)。

A. 甘草　　B. 丹参　　C. 薄荷　　D. 广藿香　　E. 益母草

2. 下列属于菌类的药用植物有(　　　　)。

A. 地钱　　　　B. 灵芝　　　　C. 茯苓

D. 冬虫夏草菌　　E. 海带

3. 下列属于低等植物的有(　　　　)。

A. 藻类植物　　　　B. 菌类植物　　　　C. 地衣植物

D. 苔藓植物　　　　E. 蕨类植物

4. 下列属于毛茛科的药用植物有(　　　　)。

A. 芍药　　B. 乌头　　C. 膜荚黄芪　　D. 当归　　E. 黄连

5. 下列哪些属于双子叶植物常见的气孔轴式类型。(　　　　)

A. 不定式　　B. 直轴式　　C. 不等式　　D. 哑铃形　　E. 平轴式

6. 植物分类学是对植物进行(　　　　),并探索各类群之间亲缘关系的一门基础学科。

A. 科学描述　　　　B. 命名　　　　C. 分群归类

D. 栽培管理　　　　E. 开发利用

7. 物种是分类的基本单位,是指具有一定的(　　　　),以及一定的自然分布区的生物类群。

A. 形态特征　　　　B. 生理特征　　　　C. 生态特征

D. 遗传特征   E. 化学特征

8. 防风是学名为 *Saposhnikovia Divaricata*(*Turcz.*)Schischk.，其中书写正确的是（   ）。

A. *Saposhnikovia*   B. *Divaricata*   C.（*Turcz.*）

D. Schischk.   E. 全部正确

9. 唇形科与玄参科的的共同特征为（   ）。

A. 子房上位   B. 蒴果   C. 四强雄蕊   D. 轮伞花序   E. 叶对生

10. 以下属于濒危药用植物资源保护的方法有（   ）。

A. 原地保护   B. 迁地保护   C. 寻找代用品

D. 人工栽培   E. 最大商业化开发

三、填空题（每空 0.5 分，共 10 分）

1. 植物的内部分泌组织按其组成、形状和分泌物不同可分为____、____、____和乳汁管。

2. 植物的学名必须用拉丁文表示，命名是采用林奈倡导的_____，包括_____和_____两部分。

3. 木栓化的细胞壁的显微鉴别方法是_____。

4. 根的初生构造中，双子叶植物根的内皮层常呈_____加厚，而单子叶植物根的内皮层常呈_____加厚。

5. 周皮形成时，枝条的外表同时形成一种通气的结构即_____，它常发生于原先_____的位置。

6. 地衣植物是_____植物和_____植物的共生体。

7. 金钗石斛的学名是_____。

8. 写出下列各科的花序类型：十字花科_____；菊科_____；天南星科_____。

9. 蕨类植物的叶有一显著特征是幼时_____。蕨类植物的生活史中_____体占优势。

10. 苔藓植物是自养的高等植物，其雌性生殖器官叫_____。

四、名词解释（每小题 2 分，共 20 分）

1. 凯氏带
2. 单雌蕊
3. 直轴式气孔
4. 无限花序
5. 聚药雄蕊
6. 心皮
7. 总状花序
8. 蓇葖果
9. 居群
10. 麻黄果

五、问答题（6 小题，共 40 分）

1. 请写出豆科植物的主要特征及其各亚科的区别点并写出检索表。（8 分）

2. 阐述苔藓植物门和蕨类植物门的植物各有何主要特征？（6 分）

3. 请写出菊科植物的主要特征及其各亚科的区别点是什么？（6分）

4. 请根据附录图 1-2 植物根的组织构造，写出括号内对应的内部构造名称。(6分)

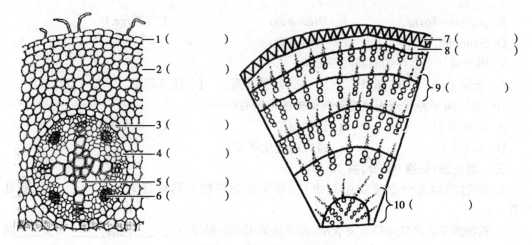

附录图 1-2 某植物根的组织构造图

5. 什么是输导组织？被子植物的输导组织有哪些？被子植物运输水分的输导组织类型有哪些？（8分）

6. 试述近几年药用植物分类研究方面的新进展。(6分)

药用植物学综合试卷(十)

【参考答案】

一、单项选择题(每题 0.5 分,共 20 分)

1. A	2. A	3. C	4. C	5. A	6. B	7. C	8. C	9. D	10. A
11. B	12. B	13. C	14. C	15. D	16. D	17. A	18. D	19. B	20. B
21. C	22. B	23. D	24. B	25. D	26. B	27. A	28. A	29. B	30. B
31. C	32. D	33. D	34. D	35. B	36. C	37. D	38. C	39. A	40. A

二、多项选择题(每题 1 分,共 10 分)

1. BCDE	2. BCD	3. ABC	4. ABE	5. ABCE
6. ABC	7. AB	8. AD	9. AC	10. ABCD

三、填空题(每空 0.5 分,共 10 分)

1. 分泌细胞 分泌腔 分泌道

2. 双名法 属名 种加词

3. 加苏丹Ⅲ试液可染成红色

4. 凯氏带或凯氏点 马蹄形或 U 形

5. 皮孔 气孔

6. 菌类 藻类

7. *Dendrobium nobile* Lindl.

8. 总状花序 头状花序 肉穗花序(佛焰花序)

9. 拳卷　孢子体

10. 颈卵器

四、名词解释(每小题 2 分,共 20 分)

1. 凯氏带:在内皮层细胞的径向壁(侧壁)和上下壁(横壁)上,形成木质化或木栓化增厚的带状结构,环绕径向壁和上下壁而呈一整圈,称为凯氏带。

2. 单雌蕊:由一个心皮构成的雌蕊。

3. 直轴式气孔:气孔周围的副卫细胞为 2 个,其长轴与气孔的长轴垂直。

4. 无限花序:花序轴在开花期内可继续伸长,产生新的花蕾,花的开放顺序是由花序轴下部依次向上开放,或花序轴缩短,花由边缘向中心开放,这种花序称无限花序。

5. 聚药雄蕊:雄蕊的花药连合呈筒状,而花丝分离。

6. 心皮:雌蕊由叶变态而来,这种变态叶特称为心皮。

7. 总状花序:花序轴细长,其上着生花柄近等长的小花。

8. 菁葖果:单心皮雌蕊,子房 1 室,果实成熟后沿着腹缝线或背缝线一侧开裂。

9. 居群:每种物种,往往由若干居群(种群,population)所组成。一个居群又由许多个体(植株)所组成,而各个居群总是不连续地分布于一定的居住场所或区域内,由于不同居群的生长环境总有一些差异,往往会产生一些不大的变异。

10. 麻黄果:麻黄科植物种子浆果状,成熟时,假花被发育成革质假种皮,外层苞片增厚呈肉质,红色,俗称麻黄果。

五、问答题(6 小题,共 40 分)

1. 豆科特征:草本、灌木、乔木或藤本。茎直立或蔓生,根部常有根瘤。叶常互生,多为羽状或掌状复叶,少为单叶,多具托叶和叶枕(叶柄基部膨大的部分),花两性,花萼 5 裂,花瓣 5,少合生,雄蕊多为 10 枚,常成二体雄蕊(9+1 或 5+5),稀多数,心皮 1,子房上位,1 室,边缘胎座,胚珠一至多数,荚果,种子无胚乳。依据花的对称性、花瓣卷叠方式,雄蕊类型可分为三个亚科:含羞草亚科、云实(苏木)亚科和蝶形花亚科。

1. 花辐射对称,花瓣镊合状排列,通常在基部以上合生;雄蕊通常为多数,稀与花瓣同数……含羞草亚科

1. 花两侧对称;花瓣覆瓦状排列;雄蕊定数,通常为 10 枚。

　　2. 花冠假蝶形;花瓣上升覆瓦状排列,即最上面一花瓣(旗瓣)位于最内方;雄蕊 10 枚或更少,通常离生……云实亚科

　　2. 花冠蝶形;花瓣下降覆瓦状排列,即最上面一花瓣(旗瓣)位于最外方;雄蕊 10 枚,通常二体雄蕊……蝶形花亚科

2. 苔藓植物门的特征:具孢子体和配子体,具明显的世代交替,配子体比孢子体发达,在世代交替中占优势,能独立生活;孢子体寄生于配子体上,不能独立生活。配子体的雌、雄生殖器官由多细胞组成(具颈卵器、精子器);配子体在生活史中占优势,为绿色植物体;有原丝体构造;无维管束;生活在阴湿环境中,植物体小,具胚。

蕨类植物门的特征:具孢子体和配子体,孢子体比配子体发达,在世代交替中占优势,能独立生活;配子体不发达(孢子 - 原叶体形成),常寄生于孢子体上,能独立生活;配子体的雌、雄生殖器官由多细胞组成(具颈卵器、精子器);具维管束(中柱类型多样);大多数具有根、茎、叶分化;具胚。

3. 菊科植物的主要特征:草本,稀木本。有的种类具乳汁或树脂道。叶互生,少对生或

轮生。头状花序,外有由 1 层或数层总苞片所组成的总苞围绕;花萼退化呈冠毛状、鳞片状、刺状或缺如;花冠管状、舌状或假舌状(先端 3 齿、单性)。头状花序中的小花有异型或同型。雄蕊 5,花药结合形成聚药雄蕊;子房下位,2 心皮 1 室。瘦果,顶端常有刺状、羽状冠毛或鳞片。本科通常分为两个亚科 ①管状花亚科:整个花序全为管状花或中央为管状花,边缘为舌状花。植物体无乳汁,有的含挥发油。②舌状花亚科:整个花序全为舌状花,植物体具乳汁。

4. ①表皮;②皮层;③内皮层;④中柱鞘;⑤木质部;⑥韧皮部;⑦木栓层;⑧皮层;⑨异型维管束;⑩正常维管束。

5. 输导组织是担负植物体中水分和溶于水中各种物质的输送组织。

被子植物输导组织包括:导管、筛管和伴胞。

被子植物运输水分的输导组织为导管,包括:环纹导管、螺纹导管、梯纹导管、孔纹导管和网纹导管。

6. 答案略。

(李　涛　王戊梅　王旭红)

附录 2　显微镜使用及制片与绘图技术

一、显微镜及其使用

(一) 显微镜的类型

显微镜是研究植物细胞结构、组织特征和器官构造的必备仪器。根据所用光源的不同可分为光学显微镜和电子显微镜两大类。

1. 光学显微镜　是以可见光作为光源,用玻璃制作透镜的显微镜。可分为单式显微镜和复式显微镜两类。①单式显微镜结构简单,放大镜由一个透镜组成,放大倍数在 10 倍以下。构造稍复杂的单式显微镜为解剖显微镜,由几个透镜组成,其放大倍数在 200 倍以下。②复式显微镜结构较复杂,至少由两组以上透镜组成,其有效放大倍数可达 1 250 倍,最高分辨率为 0.2μm。除一般实验使用的普通生物显微镜外,重要的还有供研究用的暗视野显微镜、相差显微镜和荧光显微镜等。

2. 电子显微镜　是使用电子束作为光源的显微镜。分为透射电子显微镜(transmission electron microscope,TEM)和扫描电子显微镜(scanning electron microscope,SEM)。SEM 用聚焦电子束在试样表面逐点扫描成像,而 TEM 用透过样品的电子束使其成像。电子显微镜以特殊的电极和磁极作为透镜代替玻璃透镜,能分辨相距 2 埃左右的物体,放大倍数可达 80 万 ~120 万倍,其分辨率比光学显微镜大 1 000 倍,是观察超微结构的重要精密仪器。

近来发展的激光扫描共聚焦显微镜(lasers scanning confocal microscopy,LSCM)是采用激光作为光源,在传统光学显微镜的基础上采用共轭聚焦原理和装置,经计算机分析处理,可对观察样品进行断层扫描和成像,无损观察和分析细胞的三维空间结构。可对活细胞进行动态观察及荧光标记观察。

(二) 光学显微镜的构造

光学显微镜又可分为单式显微镜和复式显微镜两类。单式显微镜结构简单,常用的如放大镜,由一个透镜组成;解剖镜为构造稍复杂的单式显微镜,由几个镜头组成;复式显微镜结构较复杂,至少有两组以上透镜组成,是植物形态解剖实验最常用的显微镜,复式显微镜不管是单筒镜,还是双筒镜,基本结构均包括保证成像的光学系统和用以装置光学系统的机械部分。

1. 机械装置部分　是显微镜的骨架,光学系统部分就镶嵌在它的上面,由镜座、镜柱、镜臂、镜筒、物镜转换器、载物台(镜台)、调焦装置和聚光器调节螺旋等组成。

(1)镜座:显微镜的底座,支持整个镜体,使显微镜放置稳固。

(2)镜柱:镜座上面直立的短柱,支持镜体上部的各部分。

(3)镜臂:弯曲如臂,下连镜柱,上连镜筒,为取放镜体时手握的部分。现在大部分显微镜的镜柱和镜臂合为一体。

(4)镜筒:为显微镜上部圆形中空的长筒,其上端置目镜,下端与物镜转换器相连,并使目镜与物镜的配合保持一定距离。镜筒能保护成像的光路和亮度。

(5)物镜转换器:为接于镜筒下端的圆盘,可自由转动。盘上有 3~4 个安装物镜的螺旋孔。当旋转转换器时,物镜即可固定在使用的位置上,保证物镜与目镜的光线合轴。

(6)载物台(镜台):为放置玻片标本的平台,中央有一通光孔。两旁装有一对压片夹,或装有机械移动器,一方面可固定玻片标本,同时可以向前后左右各方向移动,使待观察的目的物调节于视野的中央(需要注意:转换物镜时要把住转换器的边缘而绝不能把住物镜旋转,以免造成显微镜光轴倾斜影响显微镜的性能)。

(7)调焦装置:用以调节物镜和标本之间的距离,得到清晰的物像。在镜臂两侧有粗、细调焦螺旋各 1 对(弯筒显微镜的调焦螺旋在镜柱两侧),旋转时可使镜筒上升或下降。大的一对为粗调焦螺旋,旋转一圈可使镜筒移动 2mm 左右;小的一对为细调焦螺旋,旋转一周可使镜筒移动约 0.1mm。

(8)聚光器调节螺旋:在镜柱的一侧,旋转时可使聚光器上下移动,借以调节光线强弱。

2. 光学系统部分 由成像系统和照明系统组成。成像系统包括物镜和目镜,照明系统包括光源、反光镜和聚光器。

(1)物镜:安装在镜筒下端的物镜转换器上,可分为低倍、高倍和油浸物镜三种。物镜可将被检物体做第 1 次放大,一般其上均刻有放大倍数和数值孔径(NA),即镜口率。

物镜最下面透镜的表面与盖玻片上表面的距离称为工作距离。物镜的放大倍数越高,工作距离就越小,在使用时要特别注意。

(2)目镜:安装在镜筒上端,可将物镜所成的像进一步放大。其上刻有放大倍数,如 5×、10× 和 16× 等。

(3)光源:多数显微镜为内置光源。也可用太阳散射光或日光灯作为光源。

(4)反光镜:是一个圆形的两面镜。一面是平面镜,能反光;另一面是凹面镜,兼有反光和汇集光线的作用。反光镜具有转动关节,可做各种方向的翻转,将光线反射在聚光器上。

(5)聚光器:装于载物台下,有聚光镜和虹彩光圈等组成,可将平行的光线汇集成束,集中于一点以增强被检物体的照明。聚光器可以上下移动以调节视野的亮度。

(三) 显微镜的使用

1. 取镜和放置 每次实验时按照固定编号从镜盒中取出显微镜,取镜时应右手握住镜臂,左手平托镜座,保持镜体直立,严禁用单手提着镜子走,防止目镜滑落。放置在桌上时,一般应放在座位的左侧,距桌边约 8~10cm 处,以便观察和防止脱落。

2. 对光(内置光源显微镜无须此项操作) 一般常用日光灯做光源,也可用由窗户进入的散射光,避免用直射阳光。对光时先把低倍镜转到中央,对准载物台上的通光孔,然后用左眼或双眼从目镜向下注视,同时转动反光镜,使镜面向着光源,光弱时可用凹面镜。当在镜筒内见到一个圆形而明亮的视野时,再利用聚光镜或虹彩光圈调节光的强度,直至镜内出现明亮一致的视野为止。

3. 低倍物镜的使用 观察任何标本,都必须先用低倍镜,因低倍镜的视野大,容易发现目标和确定要观察的部位。

(1)放置切片:升高镜筒,把玻片标本放在载物台中央,使材料正对通光孔,然后用压片夹压住载玻片的两端。

(2)调整焦点：两眼从侧面注视物镜，并慢慢按顺时针方向转动粗调焦螺旋，使镜筒徐徐下降至物镜离玻片约 5mm 处。用左眼或双目注视镜筒内，同时按逆时针方向转动粗调焦螺旋使镜筒上升，直到看见清晰的物像为止(注意不可在调焦时边观察边下降镜筒，否则会使物镜和玻片触碰，压碎玻片，损伤物镜)。如一次看不到物像，应重新检查材料是否放在光轴线上，重新移正材料，再重复上述操作过程直至物像出现和清晰为止。

为了使物像更加清晰，此时可轻微转动细调焦螺旋使物像最清晰。当细调焦螺旋向上或向下转不动时，即表明已达极限，切勿再硬拧，而应重新调节粗调焦螺旋，拉开物镜与标本间的距离，再反拧细调焦螺旋，约 10 圈左右(一般可动范围为 20 圈)。有的显微镜可把微调基线拧到指示微调范围的两条白线之间，再重新调整焦点至物像清晰为止。

(3)低倍镜的观察：焦点调好后，可根据需要移动玻片使要观察的部分在最佳位置上。找到物像后，还可根据材料的厚薄、颜色、成像反差强弱是否合适等再调节，如视野太亮，可降低聚光器或缩小虹彩光圈，反之则升高聚光器或开大光圈，使物像最为清楚。

4. 高倍物镜的使用

(1)选定目标：因高倍物镜只能将低倍视野中心的一部分加以放大，故在使用高倍镜前应在低倍物镜中选好目标并移至视野的中央，转动物镜转换器，把低倍物镜移开，换上高倍物镜，并使之与镜筒成一直线(因高倍镜工作距离很短，操作要小心，防止镜头碰击玻片)。

(2)调整焦点：在正常情况下，当高倍物镜转正之后，在视野中即可见模糊物像，只要稍调动细调焦螺旋，即可见到最清晰的物像。

初用一台显微镜时，要注意它的高、低倍物镜是否能如上述情况很好配合。如果高倍物镜离盖玻片较远看不到物像时，则需重新调整焦点；此时应从侧面注视物镜，并小心转动粗调焦螺旋使镜筒慢慢下降到高倍物镜头几乎要与切片接触时为止(小心勿压碎玻片标本和损坏镜头)，然后再由目镜观察，同时转动粗调焦螺旋，稍微升高镜筒至见到物像后，换调细调焦螺旋，使物像更加清晰为止。

(3)调节亮度：在换用高倍镜观察时，视野变小变暗，所以要重新调节视野的亮度，此时可以升高聚光器，或放大虹彩光圈，用凹面镜以增加进光量、调亮光源亮度等。

5. 油镜的使用　在使用油镜之前，先用低倍镜选好目标，再变换成高倍镜调整焦点，并将目标移到视野中心，然后再换用油镜。

使用油镜时，要先在盖玻片上滴加 1 滴香柏油，才能使用。用油镜观察制片时，绝对不许使用粗调焦螺旋，只能用细调焦螺旋调节焦点。如果盖玻片过厚，必须换成薄片方可聚焦，否则会压碎玻片，损伤镜头。

油镜使用后，应立即以擦镜纸蘸少许清洁剂(乙醚：无水乙醇 =7：3 的混合液)擦去镜头上的油迹。

(四) 测微尺的使用

测微尺包括目镜测微尺和台式测微尺。目镜测微尺为一块圆形玻片，玻片中央有 10×10 网格(总面积 $1mm^2$)，测量时，将其放在目镜中的隔板上来测量经显微镜放大后的细胞物像。由于不同目镜、物镜组合的放大倍数不相同，目镜测微尺每格实际表示的长度也不一样，因此实测前必须校正。把台式测微尺置于载物台上，刻度朝上。先用低倍镜观察，对准焦距，视野中看清镜台测微尺的刻度后，转动目镜，使目镜测微尺与镜台测微尺的刻度平行，移动推动器，使两尺重叠。再使两尺的 "0" 刻度完全重合(A 点)，定位后，仔细寻找两尺第二个完全重合的刻度(B 点)，计数两重合刻度之间目镜测微尺的格数 m 和台式测微尺的格

数 n（附录图 2-1）。因为台式测微尺的刻度每格长 10μm，则目镜测微尺每格所代表的长度 = $n \times 10$μm/m。例如目镜测微尺 9 小格正好与镜台测微尺 35 小格重叠，则目镜测微尺上每小格长度为 =35 × 10μm/9 = 38.9μm。取下台式测微尺换上待测载玻片即可进行测定。用高倍镜或油镜时须用同法分别校正目镜测微尺每小格所代表的长度。

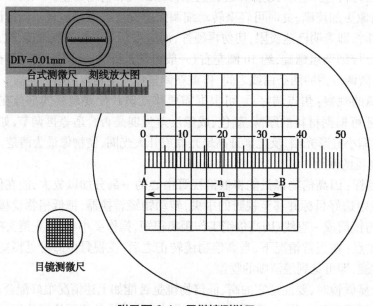

附录图 2-1　显微镜测微尺

(五) 显微镜的使用和保管的注意事项

1. 应随时保持清洁，机械部分可用软毛巾擦拭。光学部分的灰尘必须先用镜头毛刷或吹风球除去灰尘，再用特备的擦镜纸去擦拭，绝不能用手指或其他粗糙物如纱布等擦拭，以免损伤透镜；若透镜上污垢较多，可用擦镜纸沾少许二甲苯（二甲苯不能太多，否则进入镜头后会使透镜松开）擦拭。

2. 用显微镜观察时，要用双眼，勿紧闭一眼。用单筒显微镜注意左眼窥镜，右眼作图。

3. 所观察标本必须加盖盖玻片，制作带水或试剂的玻片标本，必须两面擦干再放到载物台上观察，并且不可使用倾斜关节，以免溶液流出污染和腐蚀镜体。

4. 如遇机件失灵，使用困难时，应立即报告指导教师解决，绝不可强行转动，更不能自己拆卸，以免造成损坏。

5. 显微镜使用后的整理。观察结束，应先升高镜筒，取下玻片，再转动物镜转换器，使物镜镜头与通光孔错开，再降下镜筒，并将反光镜还原成与桌面垂直，擦净镜体；罩上防尘罩。仍用右手握住镜臂，左手平托镜体，按号放回镜箱中。镜盒内应放一小袋蓝绿色的硅胶干燥剂防潮。

二、植物切片、制片技术

(一) 临时装片法

临时装片法是将少量的植物材料，如薄的表皮、切片或粉末等，置于载玻片上的水滴中（或根据观察的需要选用其他的封藏剂），然后加盖盖玻片制成玻片标本的方法。一般作为临时观察使用。制作方法如下：①准备好清洁的载玻片和盖玻片。②用滴管在载玻片中央滴1~2滴蒸馏水或其他封藏剂。③用镊子、解剖针或毛笔挑选小而薄的材料，放置于载玻片上的水滴中。④加盖玻片：右手持镊子，轻轻夹住盖玻片，使盖玻片边缘与水滴的边缘接触，然后慢慢放下，使盖玻片下的空气逐渐被水挤出而不产生气泡。盖时注意尽量避免产生气泡，否则妨碍观察。如制片时产生的气泡过多，可取下盖玻片重新盖，如气泡较少可将载玻片稍倾斜，用镊子的柄部在气泡的下面轻轻敲打载玻片，气泡便可从高的地方逸出。⑤制好的临时制片，应让封藏剂充满整个盖玻片，但不能溢出，如有溢出，用吸水纸吸去盖玻片周围溢出的封藏剂，如果封藏剂未布满盖玻片，可从盖玻片边缘注满。⑥临时装片如需短期保存，可滴入稀甘油。

常见的临时制片有：表面制片、粉末制片、徒手切片等。

1. 表面制片

(1) 器具试剂

器具：显微镜、刀片、小培养皿、镊子、毛笔、吸水纸、纱布、载玻片、盖玻片等。

试剂：蒸馏水。

(2) 内容与方法：适用于叶类、草类药材表皮细胞及其附属物的观察。用刀片在其表面划一个小井字，使井字中央的小块的边长为 3~5mm，然后用镊子轻轻撕下井字中央这一小块透明的表皮，使表面朝上放在载玻片上的水滴中，表皮遇水展开，如没有展开，可用镊子轻轻拨动，使材料展平，盖上盖玻片，置显微镜下观察。

2. 粉末制片

(1) 器具试剂

器具：显微镜、刀片、解剖针、镊子、毛笔、吸水纸、纱布、载玻片、盖玻片、酒精灯等。

试剂：水合氯醛试剂、甘油等。

(2) 内容与方法：将药材粉末少许，置载玻片上，然后根据观察的需要而采用不同的试剂处理后封片观察。粉末制片中最常用的是透化制片，其中水合氯醛是一种常用的透化剂。

用解剖针挑取少量药材粉末置载玻片中央，然后滴加水合氯醛试剂 1~2 滴，在酒精灯上微微加热透化，并用干净的解剖针小心搅拌，待溶液部分蒸发后（注意：切勿蒸干），再添加水合氯醛试剂 1~2 滴，并用滤纸吸去已带色的多余试剂，同法加热。如此反复操作，直至材料颜色变浅而透明时停止透化，滴加稀甘油 1 滴，盖上盖玻片，置显微镜下观察。

3. 徒手切片

(1) 器具试剂

器具：显微镜、刀片、小培养皿、镊子、毛笔、吸水纸、纱布、载玻片、盖玻片等。

试剂：10% 番红水溶液、0.5% 固绿（用 95% 的乙醇配制）、乙醇（100%、95%、80%、70%、50%）、二甲苯、蒸馏水、甘油、中性树胶等。

(2) 内容与方法：徒手切片法是用刀片把新鲜的或预先固定好的或软化好的材料切成薄片。其优点是工具简单，方法简单易学，所需时间短，即切即可观察；若需染色制成永久片，也花时间不长，还有一个独特的优点是可看到自然状态下的形态与颜色，但不易切薄切全，切片厚度不均，不能做成连续切片。

1) 取材：如果所切的材料大小、硬度适中，像一般草本植物的根、茎、叶柄等，可直接用手拿着材料切。切片时，如切草本植物的幼茎，先将材料切成断面不超过 3~5mm，长约 2~3cm

的小段,并尽可能将其一端切成平面。用左手三个指头夹住材料,并使其高于手指之上,拿正,以免刀口切伤手指。右手持刀片(刀锋要快),平放在左手的示指之上,刀口向内,且与材料断面平行,左手不动,然后右手用臂力(不要用腕力),自左前方向右后方拉刀滑行切片,挥刀要快,用力要均匀,切片要求平而薄,每次切片必须一刀切下,不可来回拉锯,把材料切成正而平的薄片。如附录图 2-2 所示。

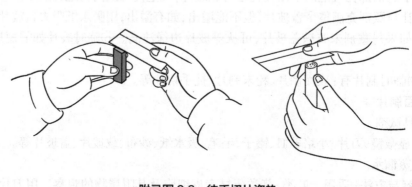

附录图 2-2   徒手切片姿势

如果材料太小、太软或太薄,如叶片、小根、小茎之类,就要用支持物夹着材料去切。萝卜、胡萝卜的贮藏根,马铃薯的块茎或通草等均可用作支持物。切片时,先把支持物切成小块或小段,并从中间劈开一小段,再把材料切成适当的长度或大小,夹入支持物内(如要材料的横切面,则直夹入支持物内,要纵切面则横夹入支持物内)一起进行切片。

如果材料太硬,如木本植物的茎或木材,切片很困难,需先进行软化处理。即将材料切成小块,用水反复煮沸,然后放入 50% 甘油液中(用蒸馏水配制),经数星期后取出切片。浸润时间的长短,随材料的大小和硬度而定。

2) **切片**:连续切下数片后,用湿毛笔将切片从刀片上轻轻地移入盛水的培养皿中。切到一定数量后,进行选片。在切片过程中要注意刀片与材料始终要带水,这样一则增加刀的润滑;二则可以保持材料湿润,不至于因失水而细胞变形及产生气泡。刀片用后应立即擦干,在刀口上涂上凡士林或机油包好以免生锈。

3) **选片**:用毛笔在培养皿中挑选出正与薄的切片,进行临时装片,然后根据观察的需要而采用不同的试剂处理后封片观察。如果是用支持物夹着切的,选片时应先将支持物的切片取出后再进行选片。如果切片需要染色和保存下来,切片先要固定。关于固定液的选择,染色的方法,请看后面的石蜡切片法。此处介绍一种简便而常用的方法,有助于熟悉切片制成永久制片的过程。其步骤为:

材料切片→70% 乙醇固定 5 分钟→50% 乙醇 1~5 分钟→蒸馏水 3 分钟→1% 番红试液染色 2~4 小时→蒸馏水 3 分钟→50% 乙醇 1~5 分钟→70% 乙醇 1~5 分钟→80% 乙醇 1~5 分钟→0.5% 固绿染色 30~60 秒→95% 乙醇(数秒)→纯乙醇Ⅰ30 秒→纯乙醇Ⅱ5 分钟→乙醇 - 二甲苯(1:2)5 分钟→二甲苯 5 分钟→中性树胶封片。

注意切片有三种切面。

横切面:是垂直于茎或根的长轴而切的切面。

径向切面:是通过中心而切的纵切面。

切向切面(弦切面):是垂直于半径而切的纵切面。

(二) 石蜡切片法

1. 器具试剂

器具：石蜡切片机、烘箱、显微镜、染色缸、小培养皿、镊子、毛笔、吸水纸、纱布、载玻片、盖玻片等。

试剂：10% 番红水溶液、0.5% 固绿(用 95% 的乙醇配制)、乙醇(100%、95%、80%、70%、50%)、二甲苯、蒸馏水、甘油、中性树胶等。

2. 内容与方法　石蜡切片法是制作永久性玻片标本最常用的一种方法。它是把材料封埋在石蜡里面，用旋转切片机切片，可以切出很薄的切片。凡是精细的结构，大都用石蜡切片。全部过程包括：固定→洗涤→脱水与硬化→乙醇→埋蜡→切片→粘片→脱蜡→染色→脱水→透明→胶封。

(1) 取材：根据实验和研究目的要求，选取典型而有代表性的材料，将材料处理干净(注意保持原来的特征不被损坏)，再将材料切割成 3~5mm 的小段。

(2) 固定：将切割好的材料投入到盛有固定液的小瓶中，盖上瓶塞后用注射针管进行抽气，使固定液能迅速浸入材料。固定液就是把细胞杀死，使细胞的原生质凝固，死后不发生变化，尽可能保持原来的结构以供观察。良好的固定液应穿透力强，使细胞立刻致死，原生质全部凝固，不发生任何变形，增强折光率，并且不妨碍染色。固定液的用量最少为材料体积的 20 倍以上。

固定液的种类很多，单一固定液包括乙醇、福尔马林、乙酸等。

A. 乙醇用作固定液，常用纯乙醇或 95% 乙醇。乙醇穿透力强，固定时间常在 1 小时以内。高浓度乙醇有使材料收缩的作用。70% 乙醇可作为保存液。配制低浓度乙醇可用普通 95% 乙醇。乙醇为还原剂，不能与铬酸、锇酸、重铬酸钾等氧化剂配合。乙醇可使核酸、蛋白质及肝糖原等发生沉淀，但能溶解脂肪及拟脂。

B. 福尔马林，即甲醛溶液，具强烈刺激性的气味。固定用的浓度为 4%~10%。甲醛也是强还原剂，不能与铬酸、锇酸等氧化剂配合。经固定后，材料变硬，通常不引起皱缩，但随后经过他种溶剂处理时，就容易出现皱缩。所以甲醛一般不单独作固定液，而与其他溶剂混合使用。

C. 乙酸：为无色透明的液体，刺激性极强，冷则凝结成固体，故又叫冰醋酸。乙酸穿透性很强，单独使用使原生质膨胀，故常与乙醇、甲醛等合用，乙酸为固定染色体的优良固定液，因此在固定染色体的固定液中，几乎都含有乙酸。乙酸可与水和乙醇配成各种比例的溶液，所用浓度为 0.2%~5%，也常与其他固定剂配合使用。

混合固定液由几种溶剂和药物，按一定比例配制而成。常用的如：FAA 固定液(又称万能固定液)。FAA 固定液在植物研究上应用最多，为植物组织最常用的固定液。固定时间不限，短则一天，长可延至数月或数年，野外工作使用非常便利，并且固定的材料不妨碍染色，但对染色体的固定效果不佳。其配方为：50% 乙醇(适合柔软材料)或 70% 乙醇(适合坚硬材料)90ml，乙酸 5ml，福尔马林 5ml，混匀。

(3) 洗涤：材料固定后，药剂残留在组织中，易使组织破坏，必须用水或乙醇洗去。凡用水溶液配制的固定液，特别是含有铬酸、重铬酸钾的固定液，一律用水洗；凡用乙醇配制的固定液，一律用同浓度的乙醇洗；如固定液中含有苦味酸，在 70% 乙醇中停留稍久时，可除去黄色。如用氯化汞(升汞)固定的材料，在洗涤时须加碘液，可除去汞的结晶。

(4) 脱水与硬化：材料洗涤后，大多含水，而水与石蜡不能混合，必须洗去。去水用乙醇,材料由水转入乙醇中,不能操之过急,乙醇须由低浓度渐至高浓度。通常按30%、50%、70%、80%、90%的浓度逐渐升高,每次须经半小时,材料大的,时间须延长。若暂时不能埋蜡,材料可放在70%乙醇中保存,可经久不坏。在高浓度乙醇中不能过久,因乙醇能使材料硬化,过久则材料硬而脆,切时易破碎。

(5)脱乙醇与透明:脱水后的材料含有乙醇,乙醇与蜡也不能混合,仍须除去。脱乙醇通常用二甲苯,材料由乙醇入二甲苯,也须渐次进行,先入纯乙醇二甲苯混合液,再入纯二甲苯中,纯二甲苯须换一、二次才行,每次时间约半小时。二甲苯不仅能脱去乙醇,并且可透明材料,所以又叫透明剂。

(6)埋蜡:材料脱乙醇透明后,要进行浸蜡,再进行埋蜡。埋蜡是把材料封埋在石蜡里面,便于切片。一方面材料太小太软,石蜡硬度适中,材料封在石蜡中靠石蜡支持,才能切成薄片。另一方面,材料封埋后,不仅材料外面包着蜡,材料内面所有空隙也都充满着蜡。这样,材料的各部分都能保持原来的结构与位置,切片不致发生破裂或其他变形。

所用石蜡,质地必须纯净,熔点通常在48~56℃范围内,以52℃的石蜡用得较多。在材料不硬,天气不热时,宜用较低熔点的石蜡。材料硬,天气热的情形下,宜用高熔点的石蜡。石蜡选定后,将其切成小块,置瓷皿中加热熔蜡,待石蜡近于全部熔化时,置于温箱中。在进行封埋的全部过程中,石蜡的温度以高于熔点2℃为宜,过低石蜡很快凝固,过高则会伤害材料。

浸蜡应渐次进行,一般先用石蜡和二甲苯的混合液浸蜡,再用纯石蜡换一、二次,每次的时间视材料大小而定,通常每次半小时,材料大,时间必须加长。在浸蜡的过程中,须注意温度,不能超过2℃。浸蜡后,须将材料封埋在蜡块中,通常以薄纸折成纸盒(如附录图2-3所示)。在盒内底上,用软铅笔标记好材料名称及日期等,然后把蜡倒入盒内,用热镊子将材料移入纸盒中,根据所需切面妥善放置,再以两手平持纸盒,移至冷水中,冷却凝固后,将纸撕去,即获蜡块,至此埋蜡完成。

折纸盒按下列顺序折叠:①折 AA′ 及 BB′;②折 CC′ 及 DD′;③折 CE′ 与 AE′、向外夹出 EE′,同样折出 FF′,GG′ 及 HH′;④使 CE′E 与 E′IE 两三角形相叠,并沿 E′C 和 EI 重叠的折痕向后转折,同样折其余三个角;⑤折 EIJF 向外,同样折出 GKLH,即折成所需的纸盒。

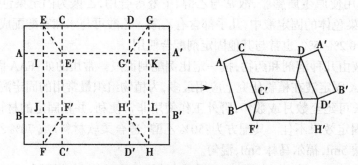

附录图 2-3 浸蜡纸盒折线图

(7)切片:石蜡切片用旋转切片机,一个旋转切片机可分为三个部分,一个是安装切片刀的部分,有调节刀片斜度和固着刀片的螺旋;一个是安装材料的部分,也有螺旋可以调节材料的位置;另一个是操纵在旋转中向前推进的部分,控制着切片的厚薄,是比较重要而复杂的部分。

切片步骤：

A. 先将冷凝的蜡块切成小块，粘固在小木头上。

B. 安装切片刀：刀的斜度非常重要，最好以先切除的蜡块试刀，以确定刀的斜度，一经调整适合后，就不要随便变动，以免每次试刀的麻烦。

C. 修整蜡块：刀片角度调好后，将刀片移近蜡块，使小蜡块的下边与刀锋平行，然后把它固定，再转下蜡块，呈矩形才行。只有平整的蜡块，才能切出平整的蜡带。

D. 最后根据需要，调整控制切片厚度的旋钮。调好后将其固定。

上述四个步骤完成后，就可进行切片，将切出的蜡带，平展于盒内以供粘片。

(8) 粘片：材料切成薄片后，须将切片粘在载玻片上，加热展开，这叫展片或粘片。所用载玻片必须清洁才能使用。粘片时，需把胶液（或称粘贴剂）置于载玻片上，再取切片，浮置胶液上，然后置烘片台上，使切片展开烫平，以材料不现皱纹为度。最后将切片依次排好，用滤纸吸去多余水分，同时以记号笔在玻片上编号，放入温箱中烘干，温度 30~40℃，约 1 小时即干。常用的胶液有下列三种：

A. 明胶液：这是粘片最常用的胶液，简便优良，配法是 100ml 蒸馏水中，加明胶 4mg，加热熔化，过滤即得。

B. 梅氏蛋白质：鸡蛋清 50ml，甘油 50ml 搅拌，加水杨酸钠 1g，调匀过滤。应用时以滤液 15 滴，放入蒸馏水 50ml 中即得。

C. Land 氏液：阿拉伯胶 1g，重铬酸钾 0.2g，蒸馏水 100ml，搅匀备用。

(9) 脱蜡：玻片烘干后，须将蜡脱去，才能染色，脱蜡用二甲苯，再经乙醇入水中，而后染色，其顺序如下：

二甲苯→ 1/2 二甲苯 +1/2 纯乙醇→ 100% 乙醇→ 95% 乙醇→ 85% 乙醇→ 70% 乙醇→ 50% 乙醇→ 30% 乙醇→水→染色。

以上各步骤需 5~10 分钟。

(10) 染色（以番红 - 固绿对染法为例）：

番红用 1% 的水溶液，固绿用 0.5% 的乙醇液（用 95% 的乙醇配制），染色步骤如下：

切片脱蜡渐次到蒸馏水→ 1% 番红试液染色 1~12 小时→蒸馏水洗去多余染料→ 35% 乙醇 1~5 分钟→ 50% 乙醇脱色 1~5 分钟→ 70% 乙醇 1~5 分钟→ 80% 乙醇 1~5 分钟→ 0.5% 固绿染色 10~30 秒→ 95% 乙醇（数秒）→纯乙醇Ⅰ 30 秒→纯乙醇Ⅱ 3~5 分钟→乙醇 - 二甲苯（1:1）5 分钟→二甲苯 5 分钟→中性树胶封片。

用番红和固绿组合染色的切片，木化、栓化和角质的细胞壁被番红染成鲜红色，纤维素的细胞壁被固绿染成绿色。对于维管束的观察，木质部染红，韧皮部染绿，区分效果好。

在 50% 乙醇中脱色过程，需经实践掌握火候，如脱色不够，绿色较难染好，脱红色太过分，做出来的切片红色太淡，甚至全是绿色，失掉了二色染法的用意。

染色时间也不是绝对的，常因材料种类及切片的厚薄而不同，在没有把握时，最好选用少数材料试染，试染成功后，再依次大批染色。

(11) 脱水、透明、胶封：脱水用乙醇，由低浓度乙醇至高浓度乙醇依次进行，最后入纯乙醇更换一次，用二甲苯透明，用树胶封片，其步骤与前面所述永久制片相同。

(三) 组织解离法

组织解离法的原理是用一些化学药品配成解离液，溶解细胞的胞间层，使细胞彼此分离,从而获得分散的、单个的完整细胞,以便观察不同组织的细胞形态和特征。解离液的种类很多,需要根据解离材料的大小和性质而定,如果材料中木质化细胞较少,可选用氢氧化钾解离液;木质化细胞多材料较硬,则选用硝酸或氯酸钾、硝酸溶液。

内容与方法:

1. 取材　将材料先切成小块或长 1cm 火柴棍粗细的小条,放入小瓶或试管中,加入解离液,加入的量约为材料的 20 倍,然后在酒精灯或电炉上加热,也可放在 40℃左右的恒温箱中,加热时间依材料块的大小而定。草本植物可不必加热。

2. 检查材料是否解离　取出材料少许,放在载玻片上的水滴中,加盖玻片,轻轻敲压,以细胞的胞间层溶解,细胞彼此能够分离为准。

3. 洗酸保存　倒出解离液,用清水浸洗已解离好的材料。将小瓶或试管静置,待材料完全下沉后,倒去上面的清液,如此反复多次,直至没有任何黄色为止(也可用离心机洗酸),然后移至 70% 乙醇中保存。

三、植物显微结构绘图方法与技术

(一) 绘图法

形态学研究实验结果常常需要进行科学绘图,它与艺术绘图在表现形式上有所不同,应力求清晰、真实,一般只用线和点来表现实物的轮廓和明暗。为了正确描绘显微镜下所见检体的形态大小,还需要用有特殊装置的显微镜描绘器来进行。通常实验课需要用手绘图法。

1. 准备用具。2H 和 2B 或 HB 绘图铅笔一支,橡皮一块,直尺和三角尺各一把。铅笔必须削得很细。

2. 先将实物仔细观察清楚,明确绘图的目的要求,然后在实验报告纸上安排所绘之图的位置及大小。用 2H 铅笔轻轻画出轮廓及主要部分。图中各部分的比例要很准确。最后用 2B 铅笔划定线条,用小圆点或短线的疏密,表示检查标本的明暗及立体感。在表示明暗时,注意不要用铅笔平涂。

3. 描绘显微镜下所观察的检查标本时,应当先用低倍镜仔细观察标本,逐渐移动载玻片检体,并在其中选择最典型的部分,仔细研究观察后,再开始绘图。此时可先粗略绘制器官的各部分组织分布的轮廓,然后再在高倍镜下观察,详细地绘制细胞和组织的详图。绘图时必须要把图纸放在显微镜右边的台上,距离眼睛 25cm 左右,观察时左眼看目镜,右眼和右手配合进行绘图,左手则用来调节焦距或拨动标本等。

4. 图画好后,应用平行直线在图的右侧注明图中组成部分的名称,如右侧写不下,可将部分名称注在左侧。图的名称写在图的下方。同时也要注明目镜与物镜刻度乘积的放大倍数,但这种放大倍数的表示,仅是代表当场所用目镜与物镜绘图时记录的相近倍数,并不是正确的放大倍数,要正确的表示放大倍数,必须以显微镜描绘器绘下的图为准。

(二) 图示法

如何才能表达出各种细胞及组织的形态,用什么样的线条、点、面来表示它们,又怎样排列组合,是十分重要的。在国际上,在各国共同的生物学图绘制方法上,有统一的表示法,即为植物组织形态和细胞的图示法(附录图 2-4)。

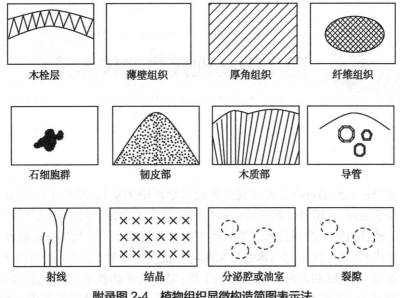

附录图 2-4　植物组织显微构造简图表示法

(三) 显微摄影技术

随着数码相机与显微摄影技术的广泛应用,使用数码照片记录显微结构已十分普遍。显微摄影是把显微镜的物镜和目镜所组成的光学成像系统作为照相机的镜头来拍摄一般用肉眼无法看清的标本,经过底片或相纸感光,或者使数码相机、摄像机的 CCD 光电元件感光成像,获得对微小物体的"放大摄影",免去了手工绘图,极大地方便了教学科研而且更真实、更直观。

利用传统的光学相机和显微镜连接,让被摄物体成像于黑白或彩色胶片上,制成负片,再把它冲印放大成照片(正片)。也可成像于反转片上,直接制成正片,用于幻灯投影。利用具有特殊镜头结构的数码相机,通过专用接筒连接到显微镜上,把被摄物体成像于数码相机的内存中。还可以在显微镜上加接专用连接镜头,接上 CCD 摄录镜头,再把动态的图像传送到计算机上,通过软件在显示器上表现出动态图像并保存下来。拍摄的照片一般为压缩的 JPEG 文件,可以在计算机上显示编辑,也可以打印出照片。

显微图像分析系统(microscopic image analysis system)也被广泛应用,由显微图像分析软件以及显微镜组成。通过计算机采集显微镜中的图像,并通过快捷的桌面软件操作,可以获得高品质数字成像,并有自动计数、显微测量功能。

(薛　焱　黄宝康)

生物技术(biotechnology)是指以现代生命科学理论为基础,结合工程技术手段和其他基础科学的科学原理,按照预先的设计改造生物体或加工生物原料,为人类生产出所需要的产品或达到某种目的的一系列技术。第一代生物技术是以非纯种微生物自然发酵工艺为标志的传统生物技术;第二代生物技术是以采用纯种微生物发酵工艺为标志的近代生物技术,如抗生素的提取、氨基酸的发酵以及酶制剂工程;第三代生物技术是以重组 DNA 技术为标志的现代生物技术,通过遗传物质直接改造获得基因重组工程菌或转基因动植物,促进了"基因工程""蛋白质工程"技术的发展。

药用植物生物技术是指以药用植物组织细胞为基本单位,在离体条件下进行培养、繁殖或人为的精细操作,使细胞的某些生物学特性按人们的意愿发生改变,从而改良品种或创造新物种,或加速繁殖药用植物个体,或获得有用物质的过程。

依据研究对象与技术手段差异可分为细胞工程、基因工程、酶工程、发酵工程以及蛋白质工程等技术。

一、细胞工程

细胞工程(cell engineering)是应用细胞生物学和分子生物学的理论和方法,按照人们的预期设计,在细胞水平上进行的遗传操作及大规模的细胞和组织培养。由于植物的一个细胞犹如一株潜在的植株,具有发育上和理论上的潜在全能性(totipoteney),故在适宜的条件下一个植物细胞可以形成一株完整的植株,可利用植物组织细胞培养及其他遗传操作技术对药用植物进行修饰,生产有用的生物产品,培养有价值的植株,并产生新的物种或品系。可将植物体的某一部分经无菌处理后置于人工培养基中使其组织或细胞增殖进而按照需要进行培养。通过细胞、组织培养可达到药用植物快速繁殖的目的,也可直接生产天然代谢产物。如试管苗的大规模培养具有繁殖量大、生长速度快和减少病毒感染的优点,到目前为止已有 100 多种药用植物经过离体培养获得试管植株。罗汉果、地黄、红豆杉、长春花、铁皮石斛、金线莲等珍稀药用植物也成功快速繁殖或脱毒组织培养。

药用植物细胞工程技术主要包括:应用于离体快繁、脱病毒种苗生产等的分生组织培养技术;用于体细胞无性系变异、突变体筛选、遗传转化等的愈伤组织培养技术;用于单倍体育种等的花药和小孢子培养技术;用于植物次生代谢物(通常是药物、色素等)生产、人工种子生产等的大规模细胞培养技术;用于体细胞杂交、遗传转化等的原生质体培养技术等。

种质资源是培育优良品种的遗传物质基础。利用组织培养结合低温、超低温冷冻贮藏可用来保存种质资源。病毒病是影响药用植物产量和质量的重要因素。由病毒病造成的大幅度减产,已成为药用植物生产上的重要障碍。利用植物茎尖分生组织的脱毒培养获得脱毒苗,再通过组织培养快繁就可以获得大量脱毒优良种苗,供生产上应用。

细胞悬浮培养是植物细胞培养技术的应用和发展,已建立的人参、西洋参、紫草等药用植物细胞悬浮培养体系,有效成分含量已达到或超过原植株。影响次生代谢产物积累的培养条件通常有:愈伤组织及其接种量、培养基(碳源、氮源及植物生长激素等)、物理因素(光照、pH 值、温度及摇床转速等)以及细胞培养周期。通常可以利用诱导子的加入、前体化合物的加入、毛状根培养及两相培养等方法提高次生代谢产物的积累。

二、基因工程

基因工程(genetic engineering)是克隆或人工合成目的基因,按照预先的设计,将目的基因和载体重组在一起,以一定的方式导入生物体内,让受体生物的遗传性状发生预期的改变,或者让受体生物产生目的基因编码的蛋白质,其核心内容是转基因技术(transgenic technology),亦即将人工合成或分离到的某些外源基因,通过微生物(细菌、病毒等)介导、显微注射或基因枪轰击(金或钨微粒)等途径导入到宿主生物体(如动物、植物和微生物)内的技术。这些转入的外源基因能够整合到转基因生物体的染色体中,并能稳定地遗传给下一代,生产出特定基因编码的蛋白质或其他具有生物活性的物质,从而改变宿主生物的某些性能或特征。利用基因工程技术获得的生物体被称为遗传修饰生物体(genetically modified organism,GMO)。基因工程包括:外源目的基因的克隆或人工合成、植物基因转化载体系统的构建、目的基因的遗传转化系统的建立、外源基因的检测以及品种培育等技术。

植物转基因的主要方法有农杆菌介导法、聚乙二醇介导法、基因枪法、花粉管通道法、电激穿孔法、显微注射法及超声波导入法等。其中农杆菌介导法应用技术较为成熟,先往根癌农杆菌中转入连接有目的基因的植物表达载体,然后用该农杆菌侵染植物,将载体上的目的基因导入并整合到植物基因组中,从而完成目的基因的转化,获得转基因植株。

目前除转基因大豆等农产品外,基因工程技术还应用于提高药用植物的抗病性、提高中药产量、改善代谢途径、提高活性成分含量。转基因生物产品的风险和安全性问题也备受关注和争议。

三、酶工程

酶工程(enzyme engineering)是利用酶的催化作用进行物质转化的技术,是将生物体内具有特定催化作用的酶类或细胞、细胞群分离出来,在体外借助工业手段和生物反应器进行催化反应来生产某种产品的工程技术。酶(enzyme)是由细胞产生的具有催化能力的物质。全世界已发现的酶有 3 000 多种,工业化生产的酶有几百种。酶工程是酶的生产与应用的技术过程,主要是通过人工操作,获得人们所需的酶,并通过各种方法使酶发挥其催化功能。它既包括利用人工酶催化方法,对药用植物中的药效成分进行修饰,以提高药物品质;也包括利用人工酶催化方法改进中药制剂过程,如降解淀粉、蛋白、果胶等杂质,分解植物组织,提高药液制剂的澄清度,降低提取难度等。现代酶工程技术因其具有反应特异性高、快速、高效、反应条件温和且易于控制等优点,在医药、食品、轻工、化工、能源、环保等领域被广泛应用。利用定向生物转化技术可将天然药物中的高含量成分转化成目标高活性成分,就可以大大提高微量目标成分的含量,使其可达到产业化生产目的。

酶工程主要包括各类自然酶的生产开发技术,酶的分离、纯化和鉴定技术,酶的固定化技术,酶分子改造技术,固定化酶反应器的研制技术,酶的应用技术等。

四、发酵工程

发酵工程(fermentation engineering),又称为微生物工程,即利用现代工程技术手段用微生物的特殊功能生产有用的物质,或直接将微生物应用于工业生产的一种技术。

发酵工程主要包括菌体(微生物)生产选育技术、微生物生产繁殖技术、发酵产品分离纯化和后处理技术、新菌种培育技术、发酵工程设备研制技术等。利用真菌类自身发酵产生次生代谢物,如灵芝菌丝体、冬虫夏草菌丝体发酵等。有固体发酵(solid fermentation)和液体发酵(liquid fermentation)之分。猴头菌、云芝、蜜环菌等采取固体发酵方式生产。液体发酵技术具有可以进行工业化连续生产、规模大、产量高、发酵周期短和生产效益高等优点。目前适合液体发酵的药用真菌有70余种。人参细胞的工业化发酵培养,反应器规模已实现工业化生产。1985年Tabata在紫草细胞工业化培养生产紫草素获得成功,目前工业上用的紫草素主要来自发酵培养。

五、蛋白质工程

蛋白质工程(protein engineering)是指通过对蛋白质化学、蛋白质晶体学和蛋白质动力学的研究,获得有关蛋白质理化特性和分子特性的信息,在此基础上对编码蛋白质的基因进行有目的的设计和改造,通过基因工程技术获得可以表达蛋白质的转基因生物系统,这个生物系统可以是转基因微生物、转基因植物、转基因动物,甚至可以是细胞系统。

其内容主要有两个方面:根据需要合成具有特定氨基酸序列和空间结构的蛋白质;确定蛋白质化学组成、空间结构与生物功能之间的关系。在此基础之上,实现从氨基酸序列预测蛋白质的空间结构和生物功能,设计合成具有特定生物功能的全新的蛋白质。

六、次生代谢工程

代谢工程(metabolic engineering)是指利用多基因重组技术有目的地对细胞代谢途径进行修饰、改造,改变细胞特性,并与细胞基因调控、代谢调控及生化工程相结合,为实现构建新的代谢途径生产特定目的产物而发展起来的一个新的学科领域。1991年美国学者Bailey提出次生代谢工程概念。次生代谢工程就是用DNA重组技术修饰生成次生代谢物的生化反应途径或引进新的生化反应,从而直接提高或抑制某个或某些特定次生代谢物的合成,改善细胞性能。随着药用植物次生代谢物生物合成途径的日渐探明,应用代谢工程技术对植物次生代谢途径进行遗传改良,以大幅度提高目标产物的量已成为研究的热点,其中苯丙素类、萜类及生物碱类化合物通过次生代谢工程方法提高药用植物体内的量已取得较大进展。

其中毛状根培养体系是通过发根农杆菌 *Agrobacterium rhizogenes* 侵染药用植物细胞后,将其自身携带的Ri质粒上的T-DNA基因转移并整合进入药用植物细胞基因组当中,从而诱导药用植物细胞产生大量毛状不定根。由于毛状根具有激素自养、生长迅速、生长周期短等特点,同时由于它是分化程度很高的器官培养物,所以代谢通路的表达比较完整,活性物质的高效合成较为稳定。人参、甘草、菘蓝、长春花等40多种药用植物成功建立了毛状根培养系统,并从中获得了黄酮类、生物碱类、蒽醌类、皂苷类、萜类等次生代谢产物。

七、DNA分子标记技术

DNA分子标记(DNA molecular marker)是指电泳后能以一定的方法检测到的可以反

映基因组某种变异特征的 DNA 片段,是建立在 DNA 的多态性基础之上的可识别的等位基因。这种 DNA 片段可以通过限制性内切酶切割、PCR 扩增或两者结合来获得。由于其不受外界环境因素和生物体发育阶段及器官组织差异的影响,具有多态性高、准确性高、重现性好等优点。

分子标记技术大致可分为三类:第一类以分子杂交技术为核心,其代表性技术有限制性片段长度多态性(restriction fragment length polymorphism,RFLP)标记,主要是以低拷贝序列为探针进行分子杂交。第二类是以 PCR 技术为核心的各种 DNA 指纹技术,按照 PCR 所需要引物类型可分为:①单引物 PCR 标记,其多态性来源于单个随机引物作用下扩增产物长度或序列的变异,其代表性技术有随机扩增多态性 DNA(random amplified polymorphism DNA,RAPD)、简单序列中间区域标记(inter-simple sequence repeat polymorphism,ISSR)等;②双引物选择性扩增的 PCR 标记,主要通过引物 3′ 端碱基的变化获得多态性,其代表性技术有扩增片段长度多态性标记技术(amplified restriction fragment polymorphism,AFLP);③以 DNA 序列分析为核心的分子标记技术,其代表是特定序列位点标记技术(sequence-tagged site,STS)、简单重复序列标记技术(simple sequence repeats,SSR)、序列特征扩增区域标记技术(sequence-characterized amplified regions,SCAR)等。第三类为一些新型的分子标记,如单核苷酸多态性标记技术(single nucleotide polymorphism,SNP),其原理是同一位点的不同等位基因之间常常只有一个或几个核苷酸的差异,可在分子水平上对单个核苷酸差异进行检测。通过针对特定物种选择不同的分子标记,可以进行分子鉴定。可用植物的叶片、种子,或药用真菌的菌丝、孢子提取较为完整的 DNA,利用通用引物扩增短的特定序列 DNA 来实现快速鉴定。

分子标记除了大量用于中药基源鉴定、种质资源研究分析外,还可用于药用植物遗传连锁图的构建,重要药用植物 QTL 定位及克隆。利用分子标记开展重要农艺和产量性状的定位是分子育种的基础。

八、DNA 条码技术

DNA 条形码(DNA barcoding)技术是新近发展的一种分子鉴定技术,可利用引物扩增短的 DNA 条形码序列来实现药用植物及中药材的快速准确鉴定。随着分子生物学技术的进步和生物信息学的发展,2003 年加拿大动物学家 Paul Hebert 首次将 "DNA barcoding" 引入生物界,如同超市中以条形码识别产品,DNA barcoding 以 A、G、C 和 T 四个碱基在基因中的排列顺序识别物种。通过使用一个或几个具有足够变异的短标准 DNA 片段作为物种的条形码,对物种进行快速、准确的识别和鉴定。寻找中药材品种的有效鉴定方法是中药现代化的科学关键问题之一,现有的形态、显微、超微结构和指纹图谱等方法,在中药材鉴定和质量评价研究中发挥了重要作用,但对加工后的中药饮片、粉末和含有生药原型的传统中成药(丸剂、散剂等)鉴定存在较大局限性。DNA 条形码技术提供了信息化的分类学标准和有效的生物分类学手段,具有取材广泛性、鉴定准确性、使用方便性及信息通用性特点,是药用植物及中药材快速准确鉴定的新趋势。

九、基因组学

基因组(genome)是一个物种所有基因的总和,基因组学是研究物种基因组结构、功能及表达产物的学科。即是对某一物种细胞、组织或器官的所有基因进行核苷酸序列分析、基因定位和基因功能分析的一门学科。广义基因组学在 DNA（基因组）、RNA（转录组）和蛋白质（蛋白质组）三个水平研究细胞或组织的所有基因,揭示各基因的精确结构、相互关系及表达调控,对生物的整体遗传特性进行系统研究,阐明基因组的组成与结构特征,以及生物体如何利用基因发挥特定生物学功能。1986 年,美国科学家 Thomas Roderick 首次提出基因组学（genomics）的概念;20 世纪 70 年代,人类与水稻等几个物种基因组计划的启动,推动了基因组学的发展;21 世纪初,随着人类基因组草图绘制工作完成,生命科学进入以转录组学（transcriptomics）和蛋白质组学（proteomics）为核心的后基因组学（post-genomics）,即功能基因组学（functional genomics）时代。

根据研究内容侧重点的不同,基因组学主要分为四个领域:结构基因组学（structural genomics）、功能基因组学（functional genomics）、比较基因组学（comparative genomics）和表观基因组学（epigenomics）。

十、蛋白质组学

蛋白质组（proteome）是 1994 年由澳大利亚 Macquarie 大学的 Wilkins 与 Williams 提出的,其定义是一个基因组、一个细胞或组织所表达的全部蛋白质以及它们的表达模式。蛋白质组学（proteomics）是指应用各种技术手段来研究蛋白质组的一门新兴科学,其目的是从整体角度分析细胞内动态变化的蛋白质组成成分、表达水平与修饰状态,了解蛋白质之间的相互作用与联系,揭示蛋白质功能与细胞生命活动规律。

蛋白质组学有两种研究策略:①“竭泽法”,即采用高通量的蛋白质组研究技术分析生物体内尽可能多乃至接近所有的蛋白质,这种观点从大规模、系统性的角度来看待蛋白质组学,但由于蛋白质表达随时间和空间不断变化,要分析生物体内所有的蛋白质难以实现;②“功能法”,即研究不同时期细胞蛋白质组成的变化,如蛋白质在不同环境下的差异表达,以发现有差异的蛋白质种类为主要目标。目前,蛋白质的动态变化研究已经成为蛋白质组学研究的核心内容。

十一、合成生物学

合成生物学（synthetic biology）是指按照一定的规律和已有的知识,设计和建造新的生物部件、装置和系统;或重新设计已有的天然生物系统,为人类的特殊目的服务。合成生物学的研究有望解决能源、化工原料、医药健康、环境等问题。在解决医药健康问题方面,由于真菌、放线菌、植物能够产生结构新颖、生物活性多样的次级代谢产物,大部分临床抗生素来源于这些次级代谢产物。其中很多药物分子由于天然含量低、提取困难等因素,目前主要还是通过全合成或半合成方式得到,成本较高。通过合成生物学手段,将产生这些代谢产物的基因簇进行异源表达并利用发酵工程进行大规模制备,以解决原料供应瓶颈问题,但也涉及很多代谢途径改造、密码子优化、避免瓶颈效应等问题。

十二、生物信息学

生物信息学（bioinformatics）是指运用计算机技术和信息技术开发新的算法和统计方法,对生物实验数据进行分析,确定数据所含的生物学意义,并开发新的数据分析工具以实现对各种信息获取和管理的学科。包括生物学数据的研究、存档、显示、处理和模拟,基因遗传和物理图谱的处理,核苷酸和氨基酸序列分析,新基因的发现和蛋白质结构的预测等。

十三、生物转化技术

生物转化(biotransformation,bioconversion)也称生物催化(biocatalysis),是指利用酶或有机体(细胞、细胞器等)作为催化剂,以生物体系以外的天然或合成有机化合物为底物(exogenous substrate),实现化学转化的过程。具有高效、高选择性、催化条件温和等优点。生物体中的酶具有优良的化学选择性、区域选择性和立体选择性,同时还具有反应条件温和、副产物少、不造成环境污染和后处理简单等优点。可以通过生物转化技术,获得低毒高效的中药有效成分,或对多种先导化合物进行化学结构修饰和改造。利用酶作为生物催化剂对目标成分进行生物转化,修饰其结构或活性位点,从而获得新活性化合物。

（张　磊）

附录 4　若干野外考察实习基地简介

一、天目山

(一) 地理交通

天目山地处浙江省杭州市西北部临安区境内,位于北纬 30°18′~30°25′,东经 119°23′~119°29′,由东西两峰组成,东峰大仙顶海拔 1 480m,称为东天目山;西峰仙人顶海拔 1 506m,称为西天目山,两峰遥相对峙。两峰之巅各天成一池,宛若双眸仰望苍穹,因而得名"天目"。

天目山气候属中亚热带向北亚热带过渡型,受海洋暖湿气流影响,季风强盛,四季分明。气候温和,年平均气温 8.8~14.8℃,最冷月平均气温 2.6~3.4℃,极值最低气温 -20.2~-13.1℃,最热月平均气温 19.9~28.1℃,极值最高气温 29.1~38.2℃。无霜期 209~235 天。雨水充沛,年雨日 159~183 天,年降水量达 1 390~1 870mm;积雪期较长,比区外多 10~30 天,形成浙江西北部的多雨中心。年雾日 64~255 天。春秋季较短,冬夏季偏长。

天目山土壤随着海拔升高由亚热带红壤向湿润的温带型棕黄壤过渡。海拔 600m 以下为红壤,海拔 600m 至 1 200m 为黄壤,海拔 1 200m 以上为棕黄壤。森林土壤腐殖质丰富。

天目山于 1956 年被国家林业部划为森林禁伐区,作为自然保护区加以保护,1986 年经国务院批准列为国家级自然保护区,1996 年加入联合国教科文组织"人与生物圈"保护区网,所辖地域总面积 4 284 公顷,距杭州市区约 90km,距上海市区约 250km。杭徽高速经临安至藻溪出口右(北)转,沿藻天公路 14km 可至西天目山景区大门。禅源寺至天目书苑区域均适合开展野外教学,天目山保护区管理局有标本室可供参观。近年来有 50 多所科研院校在天目山建立了野外实践教学基地。

(二) 植被与资源

天目山山体古老,系下古生界地质构造活动为始,继奥陶纪末褶皱断裂隆起成陆,燕山期火山运动渐呈主体,为"江南古陆"一部分。经第四纪冰川作用,地貌独特,峰奇石怪,天然自成,素有"江南奇山"之称。

天目山独特而又多变的自然环境,孕育了丰富多彩的植被类型。常绿阔叶林是地带性植被,星散分布于海拔 700m 以下的低山丘陵;常绿、落叶阔叶混交林是天目山植被的精华,集中分布于禅源寺附近和海拔 850~1 100m 的山坡和沟谷;落叶阔叶林是天目山中亚热带向北亚热带的过渡性植被,主要分布于海拔 1 100~1 380m 的高海拔地段;落叶矮林是天目山的山顶植被,分布于海拔 1 380m 以上;针叶林是天目山的特色植被,尤以柳杉林最具特色,海拔 350~1 100m 均有分布;竹林主要为毛竹林。

天目山自然条件优越,植物资源丰富,据调查有大型真菌 28 科 115 种,地衣 3 科 48 种,苔藓植物 60 科 142 属 151 种,蕨类植物 35 科 68 属 151 种,种子植物 151 科 764 属 1 718 种(含部分引种栽培植物),被誉为"天然植物园"。

天目山保存着冰川时期遗留的孑遗植物,如连香树、银杏等物种。天目山野生银杏被誉为全球银杏之祖。在狮子口路旁最大一株银杏高 30m,胸径 1.23m。在开山老殿下方最高一株金钱松高 56m,胸径 1.07m,材积 19.3m^3。在三祖塔右侧最大 1 株柳杉高 48m,胸径 2.26m,材积 81.8m^3。在南苑左侧最大一株枫香树高 35m,胸径 1.1m,材积 14.8m^3。在七里亭附近 1 株蓝果树高 25m,胸径 80cm。天目山稀有或特有植物多,以"天目"命名的物种有 37 种,如天目木兰 *Magnolia amoena* 花苞可利尿消肿、止咳解毒。天目木姜子 *Litsea auriculata* 果、根皮可治蛲虫病,外敷治伤筋。天目紫茎 *Stewartia gemmata* 树皮可舒筋活血。天目地黄 *Rehmannia chingii* 根可清热凉血,补益肝肾。天目藜芦 *Veratrum schindleri* 根、根茎可祛瘀止痛,杀虫。

(三) 代表药用植物

1. **蕨类植物**　凤尾蕨 *Pteris cretica* var. *nervosa*、石韦 *Pyrrosia lingua*、贯众 *Cyrtomium fortunei*、海金沙 *Lygodium japonicum*、翠云草 *Selaginella uncinata* 等。

2. **裸子植物**

红豆杉科:南方红豆杉 *Taxus chinensis* var. *mairei*▼、榧树 *Torreya grandis* 等。

三尖杉科:三尖杉 *Cephalotaxus fortunei* 等。

松科:金钱松 *Pseudolarix amabilis*▼等。

杉科:柳杉 *Cryptomeria fortunei* 等。

银杏科:银杏 *Ginkgo biloba*▼。

3. **被子植物**

三白草科:蕺菜 *Houttuynia cordata* 等。

金粟兰科:丝穗金粟兰 *Chloranthus fortunei*、天目金粟兰 *Chloranthus tianmushanensis*★等。

胡桃科:山核桃 *Carya cathayensis*◆★等。

桦木科:天目铁木 *Ostrya rehderiana*★▼等。

桑科:小构树(楮) *Broussonetia kazinoki*、珍珠莲 *Ficus sarmentosa* var. *henryi*、薜荔 *Ficus pumila* 等。

荨麻科:浙江蝎子草(大蝎子草) *Girardinia chingiana*★、庐山楼梯草 *Elatostema stewardii*、悬铃叶苎麻 *Boehmeria tricuspis* 等。

蓼科:何首乌 *Fallopia multiflora*◆、虎杖 *Reynoutria japonica*、野荞麦(金荞麦) *Fagopyrum cymosum*、金荞麦 *Fagopyrum dibotrys*▼等。

苋科:牛膝 *Achyranthes bidentata*◆等。

石竹科:簇生卷耳 *Cerastium fontanum* subsp. *triviale*、牛繁缕(鹅肠菜) *Myosoton aquaticum* 等。

连香树科:连香树 *Cercidiphyllum japonicum*▼等。

毛茛科:短萼黄连 *Coptis chinensis* var. *brevisepala*▼、还亮草 *Delphinium anthriscifolium*、天葵 *Semiaquilegia adoxoides*、铁线莲 *Clematis florida* 等。

木通科:三叶木通 *Akebia trifoliata* 等。

小檗科:八角莲 *Dysosma versipellis*▼、六角莲 *Dysosma pleiantha* 等。

防己科:蝙蝠葛 *Menispermum dauricum*◆等。

木兰科:凹叶厚朴 *Magnolia officinalis* subsp. *biloba*▼、黄山木兰(黄山玉兰) *Magnolia* *cylindrica* ▼、天目木兰(天目玉兰)*Magnolia amoena* ▼、华中五味子 *Schisandra sphenanthera*、南五味子 *Kadsura longipedunculata*、天目木姜子 *Litsea auriculata* ★▼、鹅掌楸 *Liriodendron chinense* ▼等。

樟科：山胡椒 *lindera glauca* ◆、樟 *Cinnamomum camphora*、浙江楠 *Phoebe chekiangensis* 等。

罂粟科：博落回 *Macleaya cordata*、小花黄堇 *Corydalis racemosa*、荷青花 *Hylomecon japonica* 等。

十字花科：荠(荠菜)*Capsella bursa-pastoris*、北美独行菜 *Lepidium virginicum*、蔊菜 *Rorippa indica* 等。

景天科：垂盆草 *Sedum sarmentosum* 等。

虎耳草科：落新妇 *Astilbe chinensis*、虎耳草 *Saxifraga stolonifera* ◆、黄山梅 *Kirengeshoma palmata* 等。

金缕梅科：枫香树 *Liquidambar formosana* ◆等。

杜仲科：杜仲 *Eucommia ulmoides* ▼。

蔷薇科：华紫珠 *Callicarpa cathayana*、山莓 *Rubus corchorifolius*、蓬藟 *Rubus hirsutus* ◆、掌叶覆盆子 *Rubus chingii* ◆、莓叶委陵菜 *Potentilla fragarioides*、蛇含委陵菜 *Potentilla kleiniana*、黄山花楸 *Sorbus amabilis*、龙芽草 *Agrimonia pilosa*、地榆 *Sanguisorba officinalis* 等。

豆科：山蚂蝗(尖叶长柄山蚂蟥)*Podocarpium podocarpum* var. *oxyphyllum*、葛(野葛)*Pueraria lobata* ◆等。

牻牛儿苗科：老鹳草 *Geranium wilfordii* ◆等。

芸香科：山鸡椒 *Litsea cubeba*、竹叶花椒 *Zanthoxylum armatum* ◆等。

苦木科：臭椿 *Ailanthus altissima* 等。

楝科：苦楝(楝)*Melia azedarach* 等。

大戟科：乌桕 *Sapium sebiferum*、白背叶 *Mallotus apelta*、野桐 *Mallotus japonicas* var. *floccosus* ◆、青灰叶下珠 *Phyllanthus glaucus* 等。

漆树科：盐肤木 *Rhus chinensis* ◆等。

冬青科：枸骨 *Ilex cornuta* 等。

卫矛科：扶芳藤 *Euonymus fortunei* ◆、丝棉木(白杜)*Euonymus maackii* 等。

省沽油科：野鸦椿 *Euscaphis japonica* 等。

槭树科：鸡爪槭 *Acer palmatum*、天目槭 *Acer sinopurpurascens*、茶条槭 *Acer ginnala* subsp. *ginnala* 等。

葡萄科：白蔹 *Ampelopsis japonica*、乌蔹莓 *Cayratia japonica*、青龙藤 *Biondia henryi* 等。

梧桐科：梧桐 *Firmiana platanifolia* 等。

猕猴桃科：中华猕猴桃 *Actinidia chinensis*、对萼猕猴桃 *Actinidia valvata* 等。

山茶科：紫茎 *Stewartia sinensis* 等。

金丝桃科：元宝草 *Hypericum sampsonii* 等。

堇菜科：紫花地丁 *Viola philippica* 等。

旌节花科：中国旌节花 *Stachyurus chinensis* ◆等。

胡颓子科：胡颓子 *Elaeagnus pungens* 等。

八角枫科：八角枫 *Alangium chinense*、瓜木 *Alangium platanifolium* 等。

五加科：常春藤 *Hedera nepalensis* var. *sinensis*、楤木 *Aralia chinensis* ◆等。

伞形科：前胡 *Peucedanum praeruptorum*、鸭儿芹 *Cryptotaenia japonica* ◆等。

山茱萸科：山茱萸 *Cornus officinalis* ◆等。

杜鹃花科：南烛（乌饭树）*Vaccinium bracteatum* 等。

紫金牛科：朱砂根 *Ardisia crenata* 等。

报春花科：珍珠草（矮桃）*Lysimachia clethroides*、过路黄 *Lysimachia christinae* 等。

柿树科：老鸦柿 *Diospyros rhombifolia* 等。

木犀科：女贞 *Ligustrum lucidum* ◆等。

马钱科：蓬莱葛 *Gardneria multiflora*、醉鱼草 *Buddleja lindleyana* 等。

夹竹桃科：络石 *Trachelospermum jasminoides* ◆等。

萝藦科：蔓剪草 *Cynanchum chekiangense* 等。

紫草科：梓木草 *Lithospermum zollingeri*、附地菜 *Trigonotis peduncularis* 等。

马鞭草科：牡荆 *Vitex negundo* var. *cannabifolia* ◆、莸 *Caryopteris divaricata* ◆、马鞭草 *Verbena officinalis* 等。

唇形科：白毛夏枯草（紫背金盘）*Ajuga nipponensis*、风轮菜 *Clinopodium chinense*、丹参 *Salvia miltiorrhiza*、紫参（华鼠尾草）*Salvia chinensis* ◆、舌瓣鼠尾草 *Salvia liguiloba*、夏枯草 *Prunella vulgaris*、水苏 *Stachys japonica*、益母草 *Leonurus japonicus*、紫苏 *Perilla frutescens* ◆、连钱草（活血丹）*Glechoma longituba* ◆、野芝麻 *Lamium barbatum* ◆、香茶菜 *Rabdosia amethystoides* 等。

茄科：白英 *Solanum lyratum*、龙葵 *Solanum nigrum* 等。

玄参科：天目地黄 *Rehmannia chingii* ◆、婆婆纳 *Veronica polita* ◆、白花泡桐 *Paulownia fortunei*、沙氏鹿茸草 *Monochasma savatieri* 等。

苦苣苔科：半蒴苣苔（降龙草）*Hemiboea subcapitata*、浙皖粗筒苣苔 *Briggsia chienii* 等。

爵床科：九头狮子草 *Peristrophe japonica*、半边莲 *Lobelia chinensis* 等。

车前科：车前 *Plantago asiatica* ◆等。

茜草科：茜草 *Rubia cordifolia*、香果树 *Emmenopterys henryi* ▼、鸡矢藤 *Paederia foetida* 等。

忍冬科：蝴蝶戏珠花 *Viburnum plicatum* var. *tomentosum* ◆、接骨草（陆英）*Sambucus javanica* 等。

败酱科：宽叶缬草 *Valeriana officinalis* var. *latifolia*、败酱 *Patrinia scabiosaefolia* 等。

葫芦科：绞股蓝 *Gynostemma pentaphyllum* ◆等。

菊科：一枝黄花 *Solidago decurrens*、三脉叶马兰（三脉紫菀）*Aster ageratoides*、兔儿伞 *Syneilesis aconitifolia* ◆、千里光 *Senecio scandens* ◆、墨旱莲（鳢肠）*Eclipta prostrata*、大蓟（蓟）*Cirsium japonicum*、杭蓟（天目蓟）*Cirsium tianmushanicum* ★、天名精 *Carpesium abrotanoides* ◆、泥胡菜 *Hemistepta lyrata* ◆、蒲儿根 *Sinosenecio oldhamianus* ◆、蒲公英 *Taraxacum mongolicum* ◆、野菊 *Dendranthema indicum*、黄花蒿 *Artemisia annua*、鼠曲草 *Pseudognaphalium affine* 等。

禾本科：荩草 *Arthraxon hispidus*、野燕麦 *Avena fatua*、淡竹叶 *Lophatherum gracile*、毛竹 *Phyllostachys eludis*、菰 *Zizania latifolia* 等。

莎草科：莎草（香附子）*Cyperus rotundus* ◆等。

天南星科：天南星 *Arisaema erubescens*、华东磨芋 *Amorphophallus sinensis*、滴水珠 *Pinellia cordata*、半夏 *Pinellia ternata* ◆、石菖蒲（金钱蒲）*Acorus gramineus* ◆等。

百部科：百部 *Stemona japonica*、黄精叶钩吻（金刚大）*Croomia japonica* ▼等。

百合科：七叶一枝花 *Paris polyphylla* var. *chinensis*、北重楼 *Paris verticillata*、天目贝

母 *Fritillaria monantha*★、天冬 *Asparagus cochinchinensis*、宝铎草 *Disporum sessile*◆、延龄草 *Trillium tschonoskii*★▼、独花兰 *Changnienia amoena*★▼、玉竹 *Polygonatum odoratum*、紫萼 *Hosta ventricosa*、荞麦叶大百合 *Cardiocrinum cathayanum*、菝葜 *Smilax china*、油点草 *Tricyrtis macropoda*◆等。

　　石蒜科：石蒜 *Lycoris radiata* 等。

　　薯蓣科：穿龙薯蓣 *Dioscorea nipponica*◆等。

　　鸢尾科：蝴蝶花 *Iris japonica*◆、小花鸢尾 *Iris speculatrix*◆等。

　　姜科：襄荷 *Zingiber mioga* 等。

　　兰科：天麻 *Gastrodia elata*★▼、白及 *Bletilla striata*◆等。

（张　磊　黄宝康）

注：
　◆ 常见资源量大植物
　★ 特色植物
　@ 模式植物
　▼ 珍稀濒危植物

二、金佛山

(一) 地理交通

　　金佛山是重庆市第一个国家级自然保护区,地处重庆市南川区境内,东邻武隆区、贵州省道真自治县,南连贵州省正安县、桐梓县,西靠重庆市万盛经济技术开发区,北及南川城界,系大娄山脉延伸至四川盆地东南部的突异山峰,是四川盆地东南缘与云贵高原的过渡地带,位于东经 106°54′~107°27′,北纬 28°46′~29°38′,在长江以南,乌江以西,面积 1 300km²,海拔 340~2 251m。

　　金佛山属典型的石灰岩喀斯特地貌,地层岩性主要为寒武纪、奥陶纪、二叠纪、三叠纪灰岩、白云岩、白云灰岩及黏土岩、粉砂岩为主的碎岩夹碳酸岩。在漫长的地质年代里经外力风化、侵蚀、切割、冲刷、搬运,形成了奇峰异石、陡岩绝壁、低山峡谷等不同景观。土壤可分为黄壤、黄棕壤及山地草甸土三大类型。黄壤大约分布在海拔 1 400m 以下,主要是农业生产分布区;黄棕壤约分布在 1 400m 以上,和黄壤有交错镶嵌的现象,在这一地区,除了保存有局部森林植被外,大部分地方已经被开垦;草甸土分布在山顶平坦洼陷的区域。

　　金佛山属亚热带湿润季风气候,夏热冬寒,湿润多雨,阳光少,雾多,并具有冬短、春早、夏长、雨热同季、气候垂直变化明显的特征。年均温 16.6℃左右,极端最高温度 39.8℃,极端最低温度 –5.3℃。年均降雨量 1 400mm,降雨主要集中在夏季。常年有霜期 26 天,雾天 260 天左右,相对湿度年均 90%,降雪从 11 月到来年 3 月。由于金佛山地形复杂,沟谷相间,天气也因此变幻无常,气象万千,一会儿风和日丽,一会儿细雨绵绵,一会儿阳光灿烂,一会儿云雾迷蒙,造就了"金山烟雨""金山云海""金山日出""金佛晚霞"等独特的气象景观。

　　到金佛山交通可以走多个路线,从重庆市内经渝湘高速到三泉镇可到金佛山北坡大门,也可经先锋镇到金佛山西坡大门,或者经金山镇到金佛山南坡大门。

(二) 植被与资源

　　金佛山自然保护区森林覆盖率达 85% 以上,原始森林保存面积较大。根据吴征镒植物区系(1979)分区,属于泛北极植物区,中国 - 日本森林植物亚区,华中植物地区。本区属

于中国 - 日本森林植物区系的核心部分,植物区系丰富而古老,金佛山自然保护区孑遗种属植物丰富。有记载或调查中发现的植物已经达到 294 科 1 588 属 5 600 余种,其中野生种子植物 160 科 1 111 属 4 093 种,分别占全国种子植物 301 科 2 900 属 24 550 种的 53.16%、38.31% 和 16.67%,其中包含模式产地植物 347 种,地方特有植物 136 种,珍稀濒危及国家重点保护植物 81 种。国家一级保护的有银杉 *Cathaya argyrophylla*、水杉 *Metasequoia glyptostroboides*、珙桐 *Davidia involucrata*、人参 *Panax ginseng*、桫椤 *Alsophila spinulosa*;二级有银杏、水青树、鹅掌楸、独蒜兰、野生茶、篦子三尖杉、杜仲、连香树、福建柏等;三级有领春木、天麻、红豆树、云南七叶树、穗花杉、黄枝油杉、金钱槭、厚朴、楠木、八角莲等。银杉、方竹、大叶茶、杜鹃王、银杏被称为“金山五绝”。金佛山由于海拔较高,山地各部位的气候、土壤类型比较复杂,加上长期以来或多或少受人为活动的影响,因此植被类型较多。主要有亚热带常绿阔叶林、常绿阔叶与落叶阔叶混交林、山地矮林、亚热带针叶林、灌丛、草甸六种植被类型。其中,亚热带常绿阔叶林是该区水平地带性最重要的植被,也是垂直地带性的基带植被。

金佛山自然保护区植被资源及植物区系的主要特征为:

1. 常绿阔叶林和常绿阔叶与落叶阔叶混交林是较重要的两种植被类型。组成常绿阔叶林主要有山毛榉科、杜鹃花科、樟科、紫金牛科、杜英科、山矾科、山茶科、忍冬科等科的植物。组成常绿阔叶落叶与阔叶混交林的植物以山毛榉科、榆科、小檗科、桦木科、槭树科、蔷薇科等科的种类为主。保护区中的绝大多数珍稀濒危植物分布于这两种类型的植物群落中,如华榛、连香树、青檀、杜仲、银叶桂、金钱槭、伯乐树、珙桐等。此外,在山地矮林和灌丛等植物群落中也分布有少量的珍稀濒危植物。

2. 地理成分复杂,但具有明显的温带性质。保护区的珍稀濒危植物如华榛、黄连、峨眉黄连、厚朴、鹅掌楸等属于温带成分。

3. 植物区系古老。金佛山自然保护区属于中国 - 日本森林植物亚区的核心部分,特别表现在区系的古老性方面,保留了很多第三纪甚至更古老的孑遗植物,如银杉、水杉、穗花杉、福建柏、鹅掌楸、珙桐等珍稀濒危植物。

4. 特有植物分布和热带亚洲分布占优势。在自然保护区的 43 属 47 种珍稀濒危植物中,中国特有分布属、种的数量最多,为 13 属 13 种。特有的珍稀濒危植物有银杏、银杉、水杉、青檀、杜仲、金钱槭、伯乐树、银鹊树、珙桐、明党参、猬实、独花兰、金佛山兰。该区还是银杉和金佛山兰的为数极少的零星分布区之一。金佛山自然保护区珍稀濒危植物中热带亚洲(印度 - 马来西亚)分布有 8 属 9 种。热带亚洲成分有福建柏、穗花杉、舌柱麻、巴东木莲、长瓣短柱茶、云南山茶花、胡豆莲、龙眼、木瓜红。

5. 单型属、少型属较多。自然保护区珍稀濒危植物的各类成分中,单型属(所在属仅含 1 种)、少型属(所在属含 2~3 种)有 19 属,而以中国特有分布型最为集中,共 13 属,它们大多是经过第四纪冰期作用后残留下来的古老属。

药用植物野外实习通常以三泉镇作为实习驻地,以此辐射到半河、老龙洞、石板沟、马嘴、山王坪、卧龙潭、大河坝、风吹岭、金顶、药池坝、绝壁栈道等地,有不同海拔、不同生境的植被类型和药用植物。

(三) 代表药用植物

1. **蕨类植物**　翠云草 *Selaginella uncinata*、兖州卷柏 *Selaginella involvens*、问荆 *Equisetum arvense*、节节草 *Equisetum ramosissimum*◆、瓶尔小草 *Ophioglossum vulgatum*、狭叶瓶尔小草

Ophioglossum thermale、紫萁 *Osmunda japonica*、海金沙 *Lygodium japonicum* ◆、芒萁 *Dicranopteris dichotoma* ◆、金毛狗脊 *Cibotium barometz*、单叶贯众 *Cyrtomium hemionitis*、肾蕨 *Nephrolepis auriculata*、蕨菜 *Pteridium aquilinum* var. *latiusculum*、银粉背蕨 *Aleuritopteris argentea* ★、铁线蕨 *Adiantum capillus-veneris*、单芽狗脊 *Woodwardia unigemmata* ◆★、贯众 *Cyrtomium fortunei* ◆、石韦 *Pyrrosia lingua*、槲蕨 *Drynaria roosii* ★、小黑桫椤 *Alsophila metteniana*、粗齿桫椤 *Gymnosphaera denticulata*。

2. 裸子植物　苏铁 *Cycas revoluta*、银杏 *Ginkgo biloba*、马尾松 *Pinus massoniana*、金钱松 *Pseudolarix amabilis*、柏木 *Cupressus funebris*、侧柏 *Platycladus orientalis*、罗汉松 *Podocarpus macrophyllus*、三尖杉 *Cephalotaxus fortunei* ★、篦子三尖杉 *Cephalotaxus oliveri*、福建柏 *Fokienia hodginsii*、巴山榧树 *Torreya fargesii*、红豆杉 *Taxus chinensis* ★。

3. 被子植物

三白草科: 鱼腥草 *Houttuynia cordata* ◆、三白草 *Saururus chinensis* 等。

金粟兰科: 及已 *Chloranthus serratus* 等。

胡桃科: 核桃 *Juglans regia* ◆、化香树 *Platycarya strobilacea* 等。

桑 科: 小构树 *Broussonetia kazinoki*、构树 *Broussonetia papyrifera* ◆、柘树 *Cudrania tricuspidata*、无花果 *Ficus carica*、葎草 *Humulus scandens* ◆、黄桑 *Morus alba* 等。

荨麻科: 苎麻 *Boehmeria nivea*、楼梯草 *Elatostema involucratum*、红火麻 *Girardinia cuspidata*、大蝎子草 *Girardinia palmata* ◆、糯米团 *Gonostegia hirta* ◆等。

马兜铃科: 马兜铃 *Aristolochia dedilis*、金山马兜铃 *Aristolochia jinshanensis* ★、单叶细辛 *Asarum himalaicum* ★、细辛 *Asarum sieboldii* 等。

蓼科: 金荞麦 *Fagopyrum dibotrys* ◆、荞麦 *Fagopyrum esculentum*、何首乌 *Fallopia multiflorum* ◆、萹蓄 *Polygonum aviculare*、头花蓼 *Polygonum capitatum*、火炭母 *Polygonum chinense* ◆、水蓼 *Polygonum hydropiper*、荭蓼 *Polygonum orientale*、杠板归 *Polygonum perfoliatum* ◆、虎杖 *Reynoutria japonica* ◆、酸模 *Rumex acetosa*、羊蹄 *Rumex japonicus* ◆等。

藜科: 土荆芥 *Chenopodium ambrosioides*、藜 *Chenopodium album*、地肤 *Kochia scoparia* 等。

苋科: 土牛膝 *Achyranthes aspera* ◆、牛膝 *Achyranthes bidentata*、红叶牛膝 *Achyranthes bidentata* var. *bidentata* f. *rubra* ★、柳叶牛膝 *Achyranthes longifolia*、红柳叶牛膝 *Achyranthes longifolia* f. *rubra*、青葙 *Celosia argentea*、鸡冠花 *Celosia cristata*、川牛膝 *Cyathula officinalis*、千日红 *Gomphrena globosa* 等。

紫茉莉科: 紫茉莉 *Mirabilis jalapa* 等。

商陆科: 商陆 *Phytolacca acinosa* ◆等。

马齿苋科: 马齿苋 *Portulaca oleracea*、土人参 *Talinum paniculatum* ◆等。

落葵科: 落葵 *Basella rubra* ◆等。

石竹科: 瞿麦 *Dianthus superbus*、漆姑草 *Sagina japonica* 等。

睡莲科: 莼菜 *Brasenia schreberi*、莲 *Nelumbo nucifera*、睡莲 *Nelumbo tetragona* 等。

毛茛科: 大火草 *Anemone tomentosa*、威灵仙 *Caltha chinensis*、黄连 *Coptis chinensis*、还亮草 *Delphinium anthriscifolium*、白头翁 *Pulsatilla chinensis*、回回蒜 *Ranunculus chinensis*、西南毛茛 *Ranunculus ficariifolius* ◆、毛茛 *Ranunculus japonicus*、石龙芮 *Ranunculus sceleratus* ◆、扬子毛茛 *Ranunculus sieboldii* ★、天葵 *Semiaquilegia adoxoides*、尖叶唐松草 *Thalictrum acutifolium*、南川升麻 *Cimicifuga nanchuanensis* ★、芍药 *Paeonia lactiflora*、牡丹 *Paeonia suffruticosa* 等。

大血藤科：大血藤 *Sargentodoxa cuneata* 等。

木通科：木通 *Akebia quinata*、三叶木通 *Akebia trifoliata* 等。

小檗科：豪猪刺 *Berberis julianae*★、八角莲 *Dysosma versipellis*、淫羊藿 *Epimedium brevicornu*★、阔叶十大功劳 *Mahonia bealei*、十大功劳 *Mahonia fortunei*◆、细梗十大功劳 *Mahonia gracilipes*、南天竹 *Nandina domestica*◆等。

防己科：防己 *Sinomenium acutum* 等。

木兰科：鹅掌楸 *Liriodendron chinensis*、白玉兰 *Magnolia denudata*、荷花玉兰 *Magnolia grandiflora*、紫玉兰 *Magnolia liliflora*、厚朴 *Magnolia officinalis*、凹叶厚朴 *Magnolia officinalis* ssp. *bilobe*★、巴东木莲 *Manglietia patungensis*、华中五味子 *Schisandra sphenanthera* 等。

蜡梅科：蜡梅 *Chimonanthus praecox*◆等。

樟科：樟树 *Cinnamomum camphora*、肉桂 *Cinnamomum cassia*、木姜子 *Litsea cubeba*◆等。

罂粟科：白屈菜 *Chelidonium majus*、紫堇 *Corydalis edulis*★、黄堇 *Corydalis pallida* 等。

白花菜科：白花菜 *Cleome gynandra* 等。

十字花科：荠（荠菜）*Capsella bursa-pastoris*、弯曲碎米荠 *Cardamine flexuosa*、播娘蒿 *Descurainia sophia*、葶苈 *Draba nemorosa*、菘蓝 *Isatis indigotica*、萝卜 *Raphanus sativus* 等。

景天科：费菜 *Sedum aizoon*、凹叶景天 *Sedum emarginatum*、佛甲草 *Sedum lineare* 等。

虎耳草科：黄常山 *Dichroa febrifuga*◆、虎耳草 *Saxifraga stolonifera* 等。

金缕梅科：枫香树 *Liquidambar formosana* 等。

杜仲科：杜仲 *Eucommia ulmoides*。

蔷薇科：龙芽草 *Agrimonia pilosa*、野山楂 *Crataegus cuneata*、山楂 *Crataegus pinnatifida*、蛇莓 *Duchesnea indica*◆、枇杷 *Eriobotrya japonica*、水杨梅 *Geum aleppicum*、委陵菜 *Potentilla chinensis*、翻白草 *Potentilla discolor*、蛇含委陵菜 *Potentilla kleiniana*◆、杏树 *Prunus armeniaca*、山桃 *Prunus davidiana*、郁李 *Prunus japonica*、桃 *Prunus persica*、樱桃 *Prunus pseudocerasus*、李 *Prunus salicina*、火棘 *Pyracantha fortuneana*◆、月季花 *Rosa chinensis*、金樱子 *Rosa laevigata*、缫丝花 *Rosa roxburghii*◆、插田泡 *Rubus coreanus* 等。

豆科：合欢 *Albizia julibrissin*◆、山合欢 *Albizia kalkora*、锦鸡儿 *Caragana sinica*、甘葛 *Pueraria edulis*、葛（野葛）*Pueraria lobata*★、苦参 *Sophora flavescens*◆、槐 *Sophora japonica* 等。

酢浆草科：白花酢浆草 *Oxalis acetosella*、山酢浆草 *Oxalis acetosella* ssp. *griffithii*★、酢浆草 *Oxalis corniculata*◆等。

牻牛儿苗科：老鹳草 *Geranium wilfordii*◆、南川老鹳草 *Geranium rosthornii*★、天竺葵 *Pelargonium hortorum* 等。

芸香科：酸橙 *Citrus aurantium*、齿叶黄皮树 *Clausena dunniana*、吴茱萸 *Evodia rutaecarpa*、石虎 *Evodia rutaecarpa* var. *officinalis*★、黄檗 *Phellodendron amurense*、竹叶椒 *Zanthoxylum armartum* 等。

苦木科：臭椿 *Ailanthus altissima* 等。

楝科：苦楝 *Melia azedarach*、川楝 *Melia toosendan*、地黄连 *Munronia sinica*★等。

大戟科：铁苋菜 *Acalypha australis*◆、泽漆 *Euphorbia helioscopia*、斑地锦 *Euphorbia maculata*、算盘子 *Glochidion puberum*、余甘子 *Phyllanthus emblica*、叶下珠 *Phyllanthus urinaria*、蓖麻 *Ricinus communis*、乌桕 *Sapium sebiferum*、油桐 *Vernicia fordii* 等。

马桑科：马桑 *Coriaria sinica*★。

漆树科：盐肤木 *Rhus chinensis* 等。

冬青科：枸骨 *Ilex cornuta*、南川冬青 *Ilex nanchuanensis*★等。

卫矛科：卫矛 *Euonymus alatus* 等。

省沽油科：野鸭椿 *Euscaphis japonica* 等。

凤仙花科：凤仙花 *Impatiens balsamina*。

鼠李科：枳椇 *Hovenia acerba*、枣 *Ziziphus jujuba* 等。

葡萄科：乌蔹莓 *Cayratia japonica*◆等。

锦葵科：秋葵 *Abelmoschus esculentus*、黄蜀葵 *Abelmoschus manihot*、苘麻 *Abutilon theophrasti*、木芙蓉 *Hibiscus mutabilis*、木槿 *Hibiscus syriacus* 等。

藤黄科：湖南连翘 *Hypericum ascyron*、赶山鞭 *Hypericum attrenuatum* 等。

柽柳科：柽柳 *Tamarix chinensis* 等。

堇菜科：紫花地丁 *Viola philippica* 等。

瑞香科：结香 *Edgeworthia chrysantha* 等。

胡颓子科：长叶胡颓子 *Elaeagnus bockii* 等。

石榴科：石榴 *Punica granatum* 等。

使君子科：使君子 *Quisqualis indica*★等。

五加科：五加 *Acanthopanax gracilistylus*、白簕 *Acanthopanax trifoliatus*、通脱木 *Tetrapanax papyriferus* 等。

伞形科：积雪草 *Centella asiatica*◆、重齿当归 *Angelica biserrata*、野胡萝卜 *Daucus carota*◆、川防风 *Ligusticum brachylobum*◆★、小窃衣 *Torilis japonica*、窃衣 *Torilis scabra*◆等。

山茱萸科：青荚叶 *Helwingia japonica*★、山茱萸 *Cornus officinalis* 等。

紫金牛科：紫金牛 *Ardisia japonica*、朱砂根 *Ardisia crenata* 等。

报春花科：珍珠草 *Lysimachia clethroides*、金钱草 *Lysimachia christinae*、大叶排草 *Lysimachia fordiana* 等。

安息香科：安息香 *Styrax tonkinensis*、金山安息香 *Styrax huana*★等。

木犀科：女贞 *Ligustrum lucidum* 等。

马钱科：醉鱼草 *Buddleja lindleyana*◆、密蒙花 *Buddleja officinalis* 等。

龙胆科：獐牙菜 *Swertia bimaculata* 等。

夹竹桃科：长春花 *Catharanthus roseus*、萝芙木 *Rauvolfia verticillata*◆、红果萝芙木 *Rauvolfia verticillata* f. *rubrocarpa*★等。

萝藦科：萝藦 *Metaplexis japonica*、青蛇藤 *Periploca calophylla*、杠柳 *Periploca sepium* 等。

旋花科：打碗花 *Calystegia hederacea*◆、菟丝子 *Cuscuta chinensis*◆、马蹄金 *Dichondra repens*◆、大花牵牛 *Pharbitis indica*、圆叶牵牛 *Pharbitis purpurea* 等。

马鞭草科：臭牡丹 *Clerodendrum bungei*◆、马缨丹 *Lantana camara*◆、马鞭草 *Verbena officinalis*◆、黄荆 *Vitex negundo*◆、牡荆 *Vitex negundo* var. *cannabifolia* 等。

唇形科：筋骨草 *Ajuga ciliata*、风轮菜 *Clinopodium chinense*◆、香薷 *Elsholtzia ciliata*、连钱草 *Glechoma longituba*◆、益母草 *Leonurus japonicus*◆、家薄荷 *Mentha canadensis* var. *piperascens*、荆芥 *Nepeta cataria*、白苏 *Perilla frutescens*、野生紫苏 *Perilla frutescens* var. *acuta*、紫苏 *Perilla frutescens*◆、丹参 *Salvia miltiorrhiza* 等。

茄科：枸杞 *Lycium chinense*、假酸浆 *Nicandra physaloides*、酸浆 *Physalis alkekengi*◆、少

花龙葵 *Solanum americanum* ◆、刺天茄 *Solanum indicum*、野海茄 *Solanum japonense* ◆、白英 *Solanum lyratum* ◆等。

玄参科：通泉草 *Mazus japonicus* ◆、浙玄参 *Scrophularia ningpoensis*、阴行草 *Siphonostegia chinensis*、毛蕊花 *Verbascum thapsus* 等。

紫葳科：凌霄 *Campsis grandiflora* 等。

爵床科：九头狮子草 *Peristrophe japonica* ★等。

车前科：车前 *Plantago asiatica* ◆、大车前 *Plantago major* 等。

茜草科：栀子 *Gardenia jasminoides*、白花蛇舌草 *Hedyotis diffusa* ◆、耳叶鸡矢藤 *Paederia cavaleriei*、鸡矢藤 *Paederia foetida* ◆、中华茜草 *Rubia chinensis*、茜草 *Rubia cordifolia*、钩藤 *Uncaria rhynchophylla*、华钩藤 *Uncaria sinenesis* 等。

忍冬科：忍冬 *Lonicera japonica*、血满草 *Sambucus adnata* ◆★、接骨草 *Sambucus chinensis* ◆、接骨木 *Sambucus williamsii* 等。

败酱科：败酱 *Patrinia scabiosaefolia*、白花败酱 *Patrinia villosa*、缬草 *Valeriana officinalis* ◆★等。

川续断科：川续断 *Dipsacus asperoides* ◆★等。

葫芦科：绞股蓝 *Gynostemma pentaphyllum* ◆★、栝楼 *Trichosanthes kirilowii*、中华栝楼 *Trichosanthes rosthornii* 等。

桔梗科：沙参 *Adenophora stricta*、杏叶沙参 *Adenophora hunanensis*、党参 *Codonopsis pilosula*、川党参 *Codonopsis tangshen* ★、半边莲 *Lobelia chinensis* ◆、桔梗 *Platycodon grandiflorum* 等。

菊科：牛蒡 *Arctium lappa*、苦蒿 *Artemisia absinthium* ◆、茵陈 *Artemisia capillaris* ◆、牡蒿 *Artemisia japonica* ◆、艾蒿 *Artemisia argyi* ◆、紫菀 *Artemisia tataricus* ◆、苍术 *Atractylodes lancea*、关苍术 *Atractylodes japonica*、白术 *Atractylodes macrocephala* ◆、云木香 *Saussurea costus* ★、鬼针草 *Bidens pilosa*、天名精 *Carpesium abrotanoides* ◆、小蓟 *Cephalanoplos segetum* ◆、大蓟 *Cephalanoplos japonicum* ◆、宽叶鼠曲草 *Gnaphalium adnatum*、鼠曲草 *Gnaphalium affine* ◆、长梗千里光 *Senecio diversipinnus*、千里光 *Senecio scandens* ◆、深裂千里光 *Senecio scandens* var. *incisus* ◆、豨莶草 *Siegesbeckia orientalis* ◆、腺梗豨莶 *Siegesbeckia pubescens* 等。

香蒲科：香蒲 *Typha orientalis* 等。

黑三棱科：黑三棱 *Sparganium stoloniferum* 等。

泽泻科：东方泽泻 *Alisma orientale* 等。

禾本科：荩草 *Arthraxon hispidus* ◆、薏苡 *Coix lachryma-jobi*、香茅 *Cymbopogon citratus*、白茅 *Imperata cylindrica* var. *major* ◆等。

天南星科：海芋 *Alocasia macrorrhiza*、磨芋 *Amorphophallus rivieri* ★、刺南星 *Arisaema asperatum*、天南星 *Arisaema erubescens* ◆、野芋 *Colocasia antiquorum*、芋 *Colocasia esculenta*、千年健 *Homalomena occulta*、龟背竹 *Monstera deliciosa*、滴水珠 *Pinellia cordata*、掌叶半夏 *Pinellia pedatisecta* ◆、半夏 *Pinellia ternata* ◆、水浮莲 *Pistia stratioles*、犁头尖 *Typhonium divaricatum*、独角莲 *Typhonium giganteum*、马蹄莲 *Zantedeschia aethiopica*、花南星 *Arisaema lobatum* ＠ 等。

莎草科：莎草（香附子）*Cyperus rotundus* ◆等。

鸭跖草科：鸭跖草 *Commelina communis* ◆、大包鸭跖草 *Commelina paludosa* 等。

雨久花科：凤眼莲 *Eichhornia crassipes* 等。

百部科: 蔓生百部 *Stemona japonica*◆、直立百部 *Stemona sessilifolia* 等。

龙舌兰科: 龙舌兰 *Agave americana* 等。

百合科: 火葱 *Allium ascalonicum*、葱 *Allium fistulosum*◆、芦荟 *Aloe vera* var. *chinensis*、知母 *Anemarrhena asphodeloides*◆、天冬 *Asparagus cochinchinensis*、刺文竹 *Asparagus densiflorus*、羊齿天冬 *Asparagus filicinus*、天冬 *Asparagus munitus*、石刁柏 *Asparagus officinalis*、大百合 *Cardiocrinum giganteum*、万寿竹 *Disporum cantoniense*◆、野百合 *Lilium borownii*、百合 *Lilium brownii* var. *viridulum*◆、卷丹 *Lilium lancifolium*、禾叶山麦冬 *Liriope graminifolia*◆、长梗山麦冬 *Liriope longipedicellata*、阔叶山麦冬 *Liriope platyphylla*◆、山麦冬 *Liriope spicata*◆、沿阶草 *Ophiopogon bodinieri*◆、麦冬 *Ophiopogon japonicus*◆、七叶一枝花 *Paris polyphylla* var. *chinensis*、卷叶黄精 *Polygonatum cirrhifolium*、垂叶黄精 *Polygonatum curvistylum*、多花黄精 *Polygonatum cyrtonema*、玉竹 *Polygonatum odoratum*◆、吉祥草 *Reineckia carnea*◆、南川百合 *Lilium rosthornii*@、南川盆距兰 *Gastrochilus nanchuanensis*@、金佛山竹根七 *Disporopsis jinfushannensis*★、金佛山黄精 *Polygonatum ginfoshanicum*★、金佛山百合 *Lilium jinfushanense*★、菝葜 *Smilax china*◆等。

薯蓣科: 黄独 *Dioscorea bulbifera*★、薯蓣 *Dioscorea opposita*◆等。

鸢尾科: 射干 *Belamcanda chinensis*、雄黄兰 *Crocosmia* × *crocosmiflora*、唐菖蒲 *Gladiolus gandavensis*◆等。

芭蕉科: 地涌金莲 *Musella lasiocarpa*★、芭蕉 *Musa basjoo* 等。

姜科: 姜黄 *Curcuma longa*◆、南川山姜 *Alpinia nanchuanwnsis*★等。

美人蕉科: 美人蕉 *Canna indica*◆。

兰科: 白及 *Bletilla striata*、石斛 *Dendrobium nobile*、天麻 *Gastrodia elata*、见血青 *Liparis nervosa*、独蒜兰 *Pleione bulbocodioides* 等。

(张 磊　黄宝康)

三、庐山

(一) 地理交通

　　庐山地处江西省北部,位于庐山市境内,地理位置位于东经 115°50′~116°10′,北纬 29°28′~29°45′,北临长江,东南濒鄱阳湖。传周代有匡氏兄弟七人上山修道,结庐为舍,因名庐山,又称匡山、匡庐。庐山是一座历史文化名山,晋代慧远在庐山创建了东林寺等寺庙,创立的"净土"学说成为"净土宗"思想来源。此外,众多文人墨客登临庐山,留下"不识庐山真面目,只缘身在此山中""飞流直下三千尺,疑是银河落九天"等许多不朽诗篇。近代,英、俄、美、法、日等二十余国在庐山还修建了教堂、银行、商店、学校、医院等机构。

　　庐山地处中国东部亚热带东南季风区域,面江临湖,山高谷深,具亚热带季风湿润区和山地气候特征,春迟、夏短、秋早、冬长。年降水量大于 1 400mm,年平均有雨日达 168 天,年平均相对湿度 80%,年平均气温 11.6~17.3℃,夏季极端最高温度 32℃。年平均有雾日 190.6 天,常年云雾缭绕,云海弥漫,给庐山增添了妙景。庐山景色优美,春山如梦,夏山如滴,秋山如醉,冬山如玉,著名景点有黄龙寺、三宝树、仙人洞、锦绣谷、含鄱口、五老峰和三叠泉等。良好的气候和优美的自然环境,使庐山成为世界著名的避暑胜地。

　　庐山的土壤分布表现为明显的垂直分布规律,从山麓至山顶依次为:海拔 400m 以下为红壤,海拔 400~800m 为山地黄壤,海拔 800~1 100m 为山地黄棕壤,海拔 1 100m 以上为山地棕壤。1982 年国务院批准庐山为国家重点风景名胜区,1996 年联合国批准庐山为"世界文化景观",列入《世界遗产名录》。庐山也是首届世界地质公园和首批国家地质公园,具有丰富的地质学景观,共发现一百余处重要冰川地质遗迹,是中国第四纪冰川地质学的诞生地。庐山距九江市 36km,距南昌市 120km,距武汉市 241km,其中,从山脚到牯岭镇盘山公路有 23km。庐山风景区的芦林湖、植物园、含鄱口、五老峰、石门涧、三宝树、剪刀峡、汉阳峰等区域均适合开展野外教学。

(二) 植被与资源

庐山在距今两千多万年前的喜马拉雅造山运动中,形成了现今地垒式断块山形态。山麓海拔在 800m 以下的植被为常绿阔叶林带,海拔在 800~1 100m 的植被为常绿和落叶阔叶混交林带,海拔 1 100m 以上的植被为落叶阔叶林带。通过多年的资源保护,目前森林覆盖率高达 80.73%。庐山丰富的植被给庐山四季的自然美披上了绚丽的色彩,也给庐山地表提供了丰富的水源。庐山因有着丰富的植物、动物资源,是一个良好的生物研究基地。1934年,胡先骕先生创建了中国第一个亚热带山地植物园——庐山植物园,秦仁昌先生为第一任主任。

庐山山地环境的复杂性,提供了保存古老类型植物的有利条件,因此庐山有着丰富的植物种质资源和濒临灭绝的物种。现已查明高等植物有 2 473 种(包括变种、亚种和变型),采自庐山及其周边邻近地区的标本作为模式标本的植物有 61 种、19 变种,分属 46 科、63 属,其中许多是以庐山(或牯岭)命名的植物。"水甘松香涧谷深,黄精枸杞生成林",俗称"寸步必有药"的庐山,药用植物资源极为丰富。药用植物有 1 859 种,其中药用藻类 4 种,药用真菌 22 种,药用地衣 10 种,药用苔藓 21 种,药用蕨类 131 种,药用种子植物 1 611 种,常用中药 328 种,药用珍稀濒危植物 137 种,药用观赏植物 180 余种,药用特有种植物 116 种,农兽药植物 169 种。

(三) 代表药用植物

1. **蕨类植物**　石松 *Lycopodium japonicum*、细叶卷柏 *Selaginella labordei*、蛇足石杉 *Huperzia serrata*、问荆 *Equisetum arvense*、紫萁 *Osmunda japonica*、海金沙 *Lygodium japonicum*、蕨 *Pteridium aquilinum* var. *latiusculum*、井栏边草 *Pteris multifida*◆、凤丫蕨 *Coniogramme japonica*、东方荚果蕨 *Matteuccia orientalis*、狗脊 *Woodwardia japonica*、贯众 *Cyrtomium fortunei*◆、瓦韦 *Lepisorus thunbergianus*、石韦 *Pyrrosia lingua*、庐山石韦 *Pyrrosia sheareri*@★等。

2. **裸子植物**　银杏 *Ginkgo biloba*、雪松 *Cedrus deodara*、金钱松 *Pseudolarix amabilis*、黄山松 *Pinus taiwanensis*、柳杉 *Cryptomeria fortunei*、水杉 *Metasequoia glyptostroboides*、日本香柏 *Thuja standishii*、三尖杉 *Cephalotaxus fortunei*、南方红豆杉 *Taxus chinensis* var. *mairei*、粗榧 *Cephalotaxus sinensis*、侧柏 *Platycladus orientalis* 等。

3. **被子植物**

三白草科:蕺菜(鱼腥草)*Houttuynia cordata*◆等。

金粟兰科:及已 *Chloranthus serratus*、草珊瑚 *Sarcandra glabra*◆等。

胡桃科:枫杨 *Pterocarya stenoptera*、青钱柳 *Cyclocarya paliurus*、化香树 *Platycarya strobilacea* 等。

壳斗科:栗(板栗)*Castanea mollissima*、茅栗 *Castanea seguinii*、锥栗 *Castanea henryi* 等。

桑科:构树 *Broussonetia papyrifera*◆、薜荔 *Ficus pumila*、桑 *Morus alba*、鸡桑 *Morus australis* 等。

荨麻科：序叶苎麻 *Boehmeria clidemioides* var. *diffusa*、庐山楼梯草 *Elatostema stewardii*@★、糯米团 *Gonostegia hirta*、冷水花 *Pilea notata*、透茎冷水花 *Pilea pumila* 等。

蓼科：金线草 *Antenoron filiforme*、金荞麦 *Fagopyrum dibotrys*、虎杖 *Reynoutria japonica*、水（辣）蓼 *Polygonum hydropiper*、戟叶蓼 *Polygonum thunbergii*、羊蹄 *Rumex japonicus*、酸模 *Rumex acetosa*、杠板归 *Polygonum perfoliatum*、何首乌 *Fallopia multiflora* 等。

苋科：牛膝 *Achyranthes bidentata*、红叶牛膝 *Achyranthes bidentata* var. *bidentata* f. *rubra*、柳叶牛膝 *Achyranthes longifolia*、千日红 *Gomphrena globosa* 等。

商陆科：商陆 *Phytolacca acinosa* 等。

石竹科：繁缕 *Stellaria media* 等。

毛茛科：威灵仙 *Clematis chinensis*、毛茛 *Ranunculus japonicus*、华东唐松草 *Thalictrum fortunei* 等。

木通科：木通 *Akebia quinata*、三叶木通 *Akebia trifoliata*、大血藤 *Sargentodoxa cuneata* 等。

防己科：粉防己 *Stephania tetrandra*、蝙蝠葛 *Menispermum dauricum*♦等。

小檗科：阔叶十大功劳 *Mahonia bealei*、十大功劳 *Mahonia fortunei*、南天竹 *Nandina domestica*、三枝九叶草（箭叶淫羊藿）*Epimedium sagittatum*、庐山小檗 *Berberis virgetorum*、豪猪刺 *Berberis julianae* 等。

木兰科：鹅掌楸 *Liriodendron chinense*★、玉兰 *Magnolia denudata*、凹叶厚朴（庐山厚朴）*Magnolia officinalis* subsp. *biloba*★@、含笑花 *Michelia figo*、五味子 *Schisandra chinensis*、华中五味子 *Schisandra sphenanthera*、木莲 *Manglietia fordiana*、红毒茴（莽草）*Illicium lanceolatum* 等。

樟科：樟 *Cinnamomum camphora*、山胡椒 *Lindera glauca*、乌药 *Lindera aggregata*、三桠乌药 *Lindera obtusiloba*、山鸡椒 *Litsea cubeba*、白楠 *Phoebe neurantha* 等。

罂粟科：紫堇 *Corydalis edulis*、血水草 *Eomecon chionantha*、博落回 *Macleaya cordata* 等。

景天科：凹叶景天 *Sedum emarginatum*、垂盆草 *Sedum sarmentosum*、大叶火焰草 *Sedum drymarioides*♦等。

十字花科：荠（荠菜）*Capsella bursa-pastoris*、蔊菜 *Rorippa indica*、芸苔（油菜）*Brassica campestris*、独行菜 *Lepidium apetalum*♦等。

虎耳草科：虎耳草 *Saxifraga stolonifera*、落新妇 *Astilbe chinensis*♦、中国绣球（伞形绣球）*Hydrangea chinensis*、绣球 *Hydrangea macrophylla*、牯岭山梅花 *Philadelphus sericanthus* var. *kulingensis* 等。

金缕梅科：枫香树 *Liquidambar formosana*♦、金缕梅 *Hamamelis mollis*、蜡瓣花 *Corylopsis sinensis*、檵木 *Loropetalum chinense* 等。

蔷薇科：华空木（野珠兰）*Stephanandra chinensis*、中华绣线菊 *Spiraea chinensis*、小叶石楠 *Photinia parvifolia*♦、石灰花楸 *Sorbus folgneri*、龙芽草 *Agrimonia pilosa*♦、蛇莓 *Duchesnea indica*、蛇含委陵菜 *Potentilla kleiniana*、三叶委陵菜 *Potentilla freyniana*、山莓 *Rubus corchorifolius*、山樱花 *Cerasus serrulata*、野山楂 *Crataegus cuneata*、枇杷 *Eriobotrya japonica* 等。

豆科：山槐 *Albizia kalkora*、黄檀 *Dalbergia hupeana*、大叶胡枝子 *Lespedeza davidii*、美丽胡枝子 *Lespedeza formosa*、粉葛 *Pueraria lobata* var. *thomsonii*、刺槐 *Robinia pseudoacacia*、红车轴草 *Trifolium pratense*、白车轴草 *Trifolium repens*、牯岭野豌豆 *Vicia kulingiana*、皂荚

Gleditsia sinensis、紫荆 *Cercis chinensis* 等。

酢浆草科: 酢浆草 *Oxalis corniculata*、红花酢浆草 *Oxalis corymbosa* 等。

大戟科: 山乌桕 *Sapium discolor*、青灰叶下珠 *Phyllanthus glaucus* ◆、铁苋菜 *Acalypha australis* ◆、湖北算盘子 *Glochidion wilsonii*、蓖麻 *Ricinus communis* 等。

漆 树 科: 盐 肤 木 *Rhus chinensis* ◆、黄 连 木 *Pistacia chinensis*、野 漆 *Toxicodendron succedaneum* 等。

冬青科: 枸骨 *Ilex cornuta*、冬青 *Ilex chinensis*、猫儿刺 *Ilex pernyi* 等。

卫矛科: 南蛇藤 *Celastrus orbiculatus*、卫矛 *Euonymus alatus* ◆等。

省沽油科: 野鸦椿 *Euscaphis japonica* 等。

槭树科: 青榨槭 *Acer davidii*、鸡爪槭 *Acer palmatum*、三角槭 *Acer buergerianum* 等。

凤仙花科: 凤仙花 *Impatiens balsamina*、牯岭凤仙花 *Impatiens davidi* ★@ 等。

鼠李科: 牯岭勾儿茶 *Berchemia kulingensis*、枳椇 *Hovenia acerba* 等。

葡萄科: 桑叶葡萄(野葡萄)*Vitis heyneana* subsp. *ficifolia*、显齿蛇葡萄 *Ampelopsis grossedentata* 等。

山茶科: 山茶 *Camellia japonica*、油茶 *Camellia oleifera*、茶 *Camellia sinensis*、厚皮香 *Ternstroemia gymnanthera*、木荷 *Schima superba*、紫茎 *Stewartia sinensis* 等。

堇菜科: 南山堇菜 *Viola chaerophylloides* ◆、紫花堇菜 *Viola grypoceras*、紫花地丁 *Viola philippica* 等。

旌节花科: 中国旌节花 *Stachyurus chinensis* 等。

柳叶菜科: 倒挂金钟 *Fuchsia hybrida*、月见草 *Oenothera biennis* 等。

五加科: 常春藤 *Hedera nepalensis* var. *sinensis* ◆、楤木 *Aralia chinensis* ◆、细柱五加 *Acanthopanax gracilistylus*、刺楸 *Kalopanax septemlobus* 等。

伞形科: 鸭儿芹 *Cryptotaenia japonica* ◆、拐芹 *Angelica polymorpha*、紫花前胡 *Angelica decursiva* ◆、香 根 芹 *Osmorhiza aristata*、直 刺 变 豆 菜 *Sanicula orthacantha* ◆、短 毛 独 活 *Heracleum moellendorffii*、积雪草 *Centella asiatica*、天胡荽 *Hydrocotyle sibthorpioides* ◆等。

山茱萸科: 灯台树 *Bothrocaryum controversa* ◆、四照花 *Dendrobenthamia japonica* var. *chinensis* ◆、青荚叶 *Helwingia japonica* 等。

杜鹃花科: 兴安杜鹃(满山红)*Rhododendron dauricum*、云锦杜鹃 *Rhododendron fortunei*、羊踯躅(闹羊花)*Rhododendron molle* ◆、杜鹃(映山红)*Rhododendron simsii* 等。

报春花科: 过路黄 *Lysimachia christinae*、临时救(聚花过路黄)*Lysimachia congestiflora*、珍珠草 *Lysimachia clethroides* 等。

木犀科: 小叶女贞 *Ligustrum quihoui*、金钟花 *Forsythia viridissima* 等。

龙胆科: 双蝴蝶 *Tripterospermum chinense* 等。

夹竹桃科: 络石 *Trachelospermum jasminoides*、长春花 *Catharanthus roseus* 等。

萝藦科: 牛皮消 *Cynanchum auriculatum* 等。

马鞭草科: 大青 *Clerodendrum cyrtophyllum*、黄荆 *Vitex negundo*、牡荆 *Vitex negundo* var. *cannabifolia*、华紫珠 *Callicarpa cathayana*、豆腐柴 *Premna microphylla* 等。

唇形科: 薄荷 *Mentha canadensis*、紫苏 *Perilla frutescens*、夏枯草 *Prunella vulgaris*、鼠尾草 *Salvia japonica*、风轮菜 *Clinopodium chinense*、活血丹 *Glechoma longituba*、益母草 *Leonurus japonicus* 等。

茄科：龙葵 *Solanum nigrum*♦、白英 *Solanum lyratum*、曼陀罗 *Datura stramonium* 等。

车前科：车前 *Plantago asiatica*♦等。

爵床科：爵床 *Rostellularia procumbens*、九头狮子草 *Peristrophe japonica*、白接骨 *Asystasiella neesiana* 等。

茜草科：茜草 *Rubia cordifolia*、六月雪 *Serissa japonica*♦、栀子 *Gardenia jasminoides*、香果树 *Emmenopterys henryi*、鸡矢藤 *Paederia foetida*、猪殃殃 *Galium aparine* var. *tenerum* 等

忍冬科：接骨草 *Sambucus chinensis*♦、接骨木 *Sambucus williamsii*、忍冬（金银花）*Lonicera japonica*♦、荚蒾 *Viburnum dilatatum*♦、庐山荚蒾 *Viburnum Dilatatum* var. *fulvotomentosum*、半边月（水马桑）*Weigela japonica* var. *sinica* 等。

葫芦科：绞股蓝 *Gynostemma pentaphyllum*、栝楼 *Trichosanthes kirilowii* 等。

败酱科：败酱 *Patrinia scabiosaefolia*、白花败酱 *Patrinia villosa* 等。

桔梗科：羊乳 *Codonopsis lanceolata*、桔梗 *Platycodon grandiflorum*♦、轮叶沙参 *Adenophora tetraphylla* 等。

菊科：香青 *Anaphalis sinica*、奇蒿 *Artemisia anomala*、黄花蒿 *Artemisia annua*、青蒿 *Artemisia carvifolia*、艾 *Artemisia argyi*、野菊 *Dendranthema indicum*、蒲公英 *Taraxacum mongolicum*、三脉紫菀 *Aster ageratoides*、天名精 *Carpesium abrotanoides*、鬼针草 *Bidens pilosa*、金鸡菊 *Coreopsis drummondii*、一年蓬 *Erigeron annuus*、蜂斗菜 *Petasites japonicus*、鼠曲草 *Gnaphalium affine*、牛蒡 *Arctium lappa*、千里光 *Senecio scandens* 等。

禾本科：白茅 *Imperata cylindrica*、狗牙根 *Cynodon dactylon*、淡竹叶 *Lophatherum gracile*、箬竹 *Indocalamus tessellatus*、狼尾草 *Pennisetum alopecuroides*、狗尾草 *Setaria viridis*、牛筋草 *Eleusine indica* 等。

莎草科：莎草（香附子）*Cyperus rotundus*、三头水蜈蚣 *Kyllinga triceps* 等。

天南星科：天南星 *Arisaema erubescens*、石菖蒲 *Acorus tatarinowii*、半夏 *Pinellia ternata*、灯台莲 *Arisaema sikokianum* var. *serratum*♦等。

石蒜科：石蒜 *Lycoris radiata*♦、忽地笑 *Lycoris aurea* 等。

百合科：百合 *Lilium brownii* var. *viridulum*、萱草 *Hemerocallis fulva*、玉簪 *Hosta plantaginea*、麦冬 *Ophiopogon japonicus*、紫萼 *Hosta ventricosa*、多花黄精 *Polygonatum cyrtonema*♦、菝葜 *Smilax china*♦、牛尾菜 *Smilax riparia*、油点草 *Tricyrtis macropoda*♦、藜芦 *Veratrum nigrum*、七叶一枝花 *Paris polyphylla* var. *chinensis*、玉竹 *Polygonatum odoratum* 等。

薯蓣科：纤细薯蓣 *Dioscorea gracillima*♦、粉背薯蓣 *Dioscorea collettii*、薯蓣 *Dioscorea opposita*♦、盾叶薯蓣 *Dioscorea zingiberensis* 等。

姜科：襄荷 *Zingiber mioga* 等。

鸢尾科：鸢尾 *Iris tectorum*、蝴蝶花 *Iris japonica* 等。

兰科：独花兰 *Changnienia amoena*、斑叶兰 *Goodyera schlechtendaliana* 等。

（葛　菲）

四、长白山

(一) 地理交通

长白山横亘在吉林省东南部中朝两国的国境线上，因其主峰白头山多白色浮石与四季积雪而得名，是我国东北境内海拔最高、喷口最大的火山体。主峰白云峰海拔2 691m,总面

积近 760km²。天池位于长白山顶,为典型的火山口湖,湖面海拔 2 192m,面积 9.82km²。

长白山自然保护区建于 1960 年,1980 年加入了联合国教科文组织"人与生物圈"计划,成为世界生物圈保留地之一。1986 年经国务院批准成为国家级自然保护区,是最早被批准的国家级保护区之一。

长白山自然保护区位于吉林省安图、抚松、长白三县交界处,东经 127°42′55″~128°16′48″,北纬 41°41′49″~42°51′18″,以天池为中心,总面积为 196 465 公顷,其中森林面积 16 081 公顷,草地面积 5 683 公顷,森林覆盖率 87.9%,是一个以森林生态系统为主要保护对象的自然综合体自然保护区,蕴藏有丰富的药用植物资源。

长白山自然保护区气候属于受季风影响的大陆山地气候,受地势高低影响大,冬季漫长寒冷,夏季较短,温暖湿润。年平均温度 7.3℃,日照时间每年 2 300 小时,无霜期一般 100 天,在海拔较高的地方仅 60 天。降水很丰富,年平均降水量 700~1 400mm,其中 60%~70% 集中在 6~9 月份,在海拔较高的山峰,降水主要以雪的形式存在,冬天雪的厚度一般为 50cm,有的地方可超过 70cm。

长白山保护区的土壤随着气候、地势、海拔高度的不同而不同,海拔从低到高垂直分布着 4 种类型的土壤:海拔 700~1 600m 属于暗棕色森林土,1 100~1 700m 为棕色针叶土(山地棕色森林土),1 700~2 000m 为山地草甸森林土,2 000m 以上为山地苔原土。暗棕色森林土其地貌为熔岩台地,植被以阔叶红松林为主,以及白桦、椴木等;棕色针叶林土其地貌属倾斜熔岩高原,受河流的切割,河谷多呈"U"形隘谷,植被以云杉、冷杉和鱼鳞松为主,土层厚度达 30~40cm。

交通线路:由安图或抚松经二道白河镇可到达长白山北坡或沿环区公路到达西坡山门,亦可由抚松经松江河镇到达西坡山门。

(二) 植被与资源

长白山植被的垂直地带性分布明显,可以看到从温带到寒带的不同植物类型,植物的分层分布情况十分清晰。在山脚主要是阔叶林,往上直到海拔 1 000m 左右是针叶和阔叶混合林。在混合林带,树木品种繁多,不同季节的风霜雨雪,使大森林的景观变化多端、千姿百态。海拔 1 000~1 800m 之间是针叶林带,这里山高林密,生长着最有经济价值的各种针叶树,这些树树干笔直,生机盎然。再往上到近 2 000m 是岳桦林带,岳桦树可适应高山寒冷潮湿的严酷气候,躯干短曲多枝,树皮斑纹极富图案趣味。2 000m 以上没有树木,为苔原地带,每年六、七月间,这一带盛开着各种颜色的鲜花,景色瑰丽。2 700m 左右是冻原,常年积雪。

长白山自然保护区不仅植物类型复杂多样,而且种类十分丰富。目前已知有野生植物 2 357 种,分属于 73 目 246 科。其中,真菌类植物 15 目 37 科 430 种,地衣类植物 2 目 22 科 200 种,苔藓类植物 14 目 57 科 311 种,蕨类植物 7 目 19 科 80 种,裸子植物 2 目 3 科 11 种,被子植物 33 目 108 科 1 325 种。

长白山自然保护区的野生植物中,有国家一级保护植物人参 *Panax ginseng*、长白松 *Pinus sylvestris* var. *sylvestriformis*,国家二级保护植物刺人参(东北刺人参)*Oplopanax elatus*、狭叶瓶尔小草 *Ophioglossum thermale* 等,国家三级保护植物有朝鲜崖柏 *Thuja koraiensis*、天麻 *Gastrodia elata* 等。植物区系成分复杂,有第三纪孑遗植物种如红松 *Pinus koraiensis*、东北红豆杉 *Taxus cuspidata* 等;第三纪末第四纪初随大陆冰川南移而滞留的极地和西伯利亚植物种,如笃斯越橘 *Vaccinium uliginosum* var. *alpinum* 等;有在冰期向欧洲东移的植物种,

如石松 *Lycopodium clavatum*、林奈草 *Linnaea borealis*；有间冰期随暖温带北移而遗存的植物种，如天女木兰 *Magnolia sieboldii*、葛枣猕猴桃 *Actinidia polygama*、狗枣猕猴桃 *Actinidia kolomikta* 等；有的属于朝鲜和日本等东洋植物种；还有许多长白山特有种，如长白松、长白山罂粟 *Papaver radicatum* var *pseudoradicatum* 等。众多植物种类、各区系成分交汇在一起，使长白山成为东北亚最大的药用植物种质基因库。

长白山北坡药用植物资源较丰富，可作为野外实习场所，注意保护植物，不能随便采挖。

（三）代表药用植物

据调查统计，长白山区共有药用高等植物 129 科 481 属 1 063 种。其中蕨类植物有 19 科 28 属 49 种；裸子植物有 3 科 7 属 13 种；被子植物有 107 科 446 属 1 001 种。

长白山的药用植物具有明显的垂直分带现象，可将药用植物生长的区域划分为五个带。每个带具体分布的种类如下：

[阔叶林带] 海拔 500m 以下：该带气候温和，雨量丰沛，无霜期长，药用植物种类比较丰富。药用植物主要有：

1. **菌类植物** 木耳 *Auricularia auricular*◆、彩绒革盖菌（云芝）*Coriolus versicolor*◆、蜜环菌 *Armillaria mellea*◆、大马勃 *Calvatia gigantean*、羊肚菌 *Morchella esculenta*◆等。

2. **蕨类植物** 狭叶瓶尔小草 *Ophioglossum thermale*、小卷柏 *Selaginella helvetica*、卷柏 *Selaginella tamariscina*◆、有柄石韦 *Pyrrosia petiolosa*、问荆 *Equisetum arvense*◆等。

3. **裸子植物** 杜松（崩松）*Juniperus rigida*◆等。

4. **被子植物**

杨柳科：山杨 *Populus davidiana*◆等。

胡桃科：胡桃楸 *Juglans mandshurica*◆等。

桦木科：榛 *Corylus heterophylla*◆等。

壳斗科：蒙古栎 *Quercus mongolica*◆等。

榆科：榆 *Ulmus pumila*◆等。

桑科：桑 *Morus alba*◆、葎草 *Humulus scandens*◆等。

蓼科：杠板归（贯叶蓼）*Polygonum perfoliatum*◆等。

石竹科：孩儿参 *Pseudostellaria heterophylla*◆、兴安石竹 *Dianthus chinensis* var. *versicolor*、东北石竹 *Dianthus chinensis*◆等。

毛茛科：黄花乌头 *Aconitum coreanum*◆、白头翁 *Pulsatilla chinensis*◆等。

木兰科：五味子 *Schisandra chinensis*★等。

十字花科：荠（荠菜）*Capsella bursa-pastoris*◆等。

景天科：长药八宝 *Hylotelephium spectabile*◆等。

蔷薇科：地榆 *Sanguisorba officinalis*◆、东北扁核木 *Prinsepia sinensis*、玫瑰 *Rosa rugosa* 等。

豆科：苦参 *Sophora flavescens*◆、胡枝子 *Lespedeza bicolor*◆、葛 *Pueraria lobata*◆、鸡眼草 *Kummerowia striata*◆、野大豆 *Glycine soja*◆等。

远志科：远志 *Polygala tenuifolia*◆等。

大戟科：一叶萩（叶底珠）*Flueggea suffruticosa*◆等。

卫矛科：卫矛 *Euonymus alatus*、南蛇藤 *Celastrus orbiculatus*◆、东北雷公藤 *Tripterygium regelii*◆等。

葡萄科：山葡萄 *Vitis amurensis*◆等。

　　猕猴桃科：软枣猕猴桃 *Actinidia arguta*◆等。

　　堇菜科：东北堇菜 *Viola mandshurica*◆等。

　　五加科：刺五加 *Acanthopanax senticosus*◆等。

　　伞形科：蛇床 *Cnidium monnieri*◆、大叶柴胡 *Bupleurum longiradiatum* 等。

　　木犀科：暴马丁香 *Syringa reticulata* var. *amurensis*◆等。

　　萝藦科：徐长卿 *Cynanchum paniculatum*◆、白薇 *Cynanchum atratum* 等。

　　紫草科：紫草 *Lithospermum erythrorhizon*◆等。

　　唇形科：夏枯草 *Prunella vulgaris*◆、益母草 *Leonurus japonicus*◆、东北薄荷 *Mentha sachalinensis*。

　　车前科：车前 *Plantago asiatica*◆等。

　　忍冬科：接骨木 *Sambucus williamsii*◆等。

　　败酱科：败酱 *Patrinia scabiosaefolia* 等。

　　桔梗科：桔梗 *Platycodon grandiflorum*◆、党参 *Codonopsis pilosula*◆等。

　　菊科：牛蒡 *Arctium lappa*◆、蒲公英 *Taraxacum mongolicum*◆、腺梗豨莶 *Siegesbeckia pubescens*◆、苦苣菜 *Sonchus oleraceus* 等。

　　泽泻科：泽泻 *Alisma orientale*◆等。

　　百合科：黄精 *Polygonatum sibiricum*◆、玉竹 *Polygonatum odoratum*◆。

　　薯蓣科：穿龙薯蓣 *Dioscorea nipponica*◆等。

　　[针阔混交林带]　海拔 500~1 100m：该带无霜期长，雨量适宜，土质肥沃，生态环境十分优越，是长白山区药用植物种类最集中的一个带，约占总数的 80% 以上。药用植物主要有：

　　1. 菌类植物　金顶侧耳 *Pleurotus citrinopileatus*、侧耳 *Pleurotus ostreatus*◆、灵芝 *Ganoderma lucidum*、树舌 *Ganoderma applanatum*、木蹄 *Pyropolyporus fomentarius*、猪苓 *Polyporus umbellatus*◆、羊肚菌 *Morchella esculenta*◆、蜜环菌 *Armillaria mellea*◆等。

　　2. 蕨类植物　石松 *Lycopodium japonicum*、中华石松 *Lycopodium chinense*◆、多穗石松 *Lycopodium annotinum*◆、木贼 *Equisetum hyemale*◆、粗茎鳞毛蕨（绵马贯众）*Dryopteris crassirhizoma*◆、荚果蕨 *Matteuccia struthiopteris*◆、对开蕨 *Phyllitis scolopendrium*◆★等。

　　3. 裸子植物　朝鲜崖柏 *Thuja koraiensis*◆、红松 *Pinus koraiensis*◆、长白松 *Pinus sylvestris* var. *sylvestriformis*◆★@、东北红豆杉（紫杉）*Taxus cuspidata* 等。

　　4. 被子植物

　　榆科：大果榆 *Ulmus macrocarpa*◆等。

　　桑寄生科：槲寄生 *Viscum coloratum*◆。

　　马兜铃科：木通马兜铃 *Aristolochia manshuriensis* 等。

　　石竹科：瞿麦 *Dianthus superbus*◆等。

　　毛茛科：北乌头 *Aconitum kusnezoffii*、升麻 *Cimicifuga foetida*、草玉梅 *Anemone rivularis*◆、宽苞翠雀花 *Delphinium maackianum*、驴蹄草 *Caltha palustris* 等。

　　小檗科：大叶小檗 *Berberis amurensis* 等。

　　木兰科：五味子 *Schisandra chinensis*◆等。

　　蔷薇科：秋子梨（山梨）*Pyrus ussuriensis*◆、山杏 *Armeniaca sibirica*◆、珍珠梅 *Sorbaria sorbifolia*、山刺玫 *Rosa davurica*◆、刺蔷薇 *Rosa acicularis*、山荆子 *Malus baccata*◆等。

　　豆科：豆茶决明 *Cassia nomame*◆、膜荚黄芪 *Astragalus membranaceus*◆、野大豆 *Glycine* *soja* 等◆。

芸香科：黄檗 *Phellodendron amurense*◆等。

大戟科：一叶萩(叶底珠)*Flueggea suffruticosa*◆等。

卫矛科：东北雷公藤 *Tripterygium regelii*◆、南蛇藤 *Celastrus orbiculatus*◆等。

鼠李科：鼠李 *Rhamnus davurica* 等。

葡萄科：蛇葡萄 *Ampelopsis glandulosa*◆等。

猕猴桃科：狗枣猕猴桃 *Actinidia kolomikta*◆等。

堇菜科：紫花地丁 *Viola philippica*◆等。

柳叶菜科：月见草 *Oenothera biennis*◆等。

五加科：人参 *Panax ginseng* 等。

伞形科：白芷 *Angelica dahurica*◆等。

岩高兰科：东北岩高兰 *Empetrum nigrum* var. *japonicum*◆等。

木犀科：水曲柳 *Fraxinus mandchurica*◆等。

萝藦科：萝藦 *Metaplexis japonica*◆等。

旋花科：金灯藤 *Cuscuta japonica*◆等。

唇形科：益母草 *Leonurus japonicus*◆、錾菜 *Leonurus pseudomacranthus* 等。

茜草科：茜草 *Rubia cordifolia* 等。

忍冬科：鸡树条 *Viburnum opulus* var. *calvescens*、蓝靛果(蓝果忍冬)*Lonicera caerulea* var. *edulis*◆等。

桔梗科：党参 *Codonopsis pilosula*◆、桔梗 *Platycodon grandiflorum*◆等。

菊科：麻叶千里光 *Senecio cannabifolius*◆等。

香蒲科：香蒲 *Typha orientalis* 等。

泽泻科：东方泽泻 *Alisma orientale* 等。

天南星科：东北天南星 *Arisaema amurense*◆、狭叶南星 *Arisaema angustatum* 等。

百合科：北重楼 *Paris verticillata*、平贝母 *Fritillaria ussuriensis*◆等。

薯蓣科：穿龙薯蓣 *Dioscorea nipponica*◆等。

兰科：天麻 *Gastrodia elata*、手参 *Gymnadenia conopsea* 等。

[针叶林带] 海拔 1 100~1 700m：该带气候阴冷潮湿、无霜期短,海拔 1 400m 以上药用植物种类较少。药用植物主要有：

1. **菌类植物**　硫磺菌 *Laetiporus sulphureus*◆、网纹灰包(马勃)*Lycoperdon perlatum*◆等。

2. **地衣类植物**　长松萝 *Usnea longissima*◆、环裂松萝 *Usnea diffracta*◆等。

3. **苔藓类植物**　粗叶泥炭藓 *Sphagnum squarrosum* 等。

4. **蕨类植物**　多穗石松 *Lycopodium annotinum*◆、木贼 *Equisetum hyemale*◆、犬问荆 *Equisetum palustre* 等。

5. **裸子植物**　朝鲜崖柏 *Thuja koraiensis*◆、臭冷杉 *Abies nephrolepis*◆、红皮云杉 *Picea koraiensis*、红松 *Pinus koraiensis*◆、长白松 *Pinus sylvestris* var. *sylvestriformis*◆★@、西伯利亚刺柏 *Juniperus sibirica* 等。

6. **被子植物**

木兰科：天女木兰 *Magnolia sieboldii* 等。

虎耳草科：梅花草 *Parnassia palustris*、唢呐草 *Mitella nuda* 等。

蔷薇科：花楸树 *Sorbus pohuashanensis*◆、库叶悬钩子 *Rubus sachalinensis*◆、山楂海棠 *Malus komarovii*◆★、山刺玫 *Rosa davurica*◆等。

卫矛科：东北雷公藤 *Tripterygium regelii*◆等。

瑞香科：长白瑞香 *Daphne koreana*◆等。

五加科：刺参（东北刺人参）*Oplopanax elatus* 等。

鹿蹄草科：圆叶鹿蹄草 *Pyrola rotundifolia* 等。

杜鹃花科：杜香 *Ledum palustre* 等。

岩高兰科：东北岩高兰 *Empetrum nigrum* var. *japonicum* 等。

列当科：草苁蓉 *Boschniakia rossica* 等。

桔梗科：聚花风铃草 *Campanula glomerata*◆等。

菊科：林荫千里光 *Senecio nemorensis* 等。

［**岳桦林带**］（海拔 1 700~2 000m）：该带占据了火山锥体下部，由于气温低，风力大，土壤为山地草灰化土，药用植物种类更加稀少。药用植物主要有：

1. **菌类植物**　鸡油菌 *Cantharellus cibarius*、皱盖罗鳞伞 *Rozites caperata* 等。

2. **蕨类植物**　多穗石松 *Lycopodium annotinum* 等。

3. **裸子植物**　偃松 *Pinus pumila*、西伯利亚刺柏 *Juniperus sibirica* 等。

4. **被子植物**

桦木科：东北桤木（东北赤杨）*Alnus mandshurica*◆、岳桦 *Betula ermanii*★★等。

蓼科：山蓼（肾叶山蓼）*Oxyria digyna* 等。

石竹科：高山瞿麦 *Dianthus superbus* var. *speciosus*◆、高山石竹 *Dianthus chinensis* var. *morii*★等。

木兰科：天女木兰 *Magnolia sieboldii* 等。

毛茛科：长白金莲花 *Trollius japonicus*★、西伯利亚铁线莲 *Clematis sibirica* 等。

蔷薇科：金露梅 *Potentilla fruticosa*、长白蔷薇 *Rosa koreana*、山刺玫 *Rosa davurica*◆、花楸树 *Sorbus pohuashanensis*◆、库叶悬钩子 *Rubus sachalinensis*◆等。

伞形科：高山芹 *Coelopleurum saxatile* 等。

杜鹃花科：牛皮杜鹃 *Rhododendron aureum*、越橘 *Vaccinium vitis-idaea*◆、笃斯越橘 *Vaccinium uliginosum*◆等。

忍冬科：蓝靛果（蓝果忍冬）*Lonicera caerulea* var. *edulis*◆、北极花（林奈草）*Linnaea borealis*◆等。

败酱科：黑水缬草 *Valeriana amurensis* 等。

菊科：高山紫菀 *Aster alpinus* 等。

兰科：斑花杓兰 *Cypripedium guttatum* 等。

［**高山苔原带**］　海拔 2 000~2 691m：该带位于火山锥体上部，气候十分恶劣，无霜期仅有 60 余天，药用植物很少，主要有：

1. **蕨类植物**　地刷子石松 *Lycopodium complanatum*◆、高山扁枝石松 *Diphasiastrum alpinum* 等。

2. **裸子植物**　高山桧 *Juniperus sibirca* 等。

3. **被子植物**

杨柳科：长白柳 *Salix polyadenia* var. *tschanbaischanica*@ 等。

蓼科：倒根蓼 *Polygonum ochotense*、山蓼（肾叶山蓼）*Oxyria digyna* 等。

景天科：高山红景天 *Rhodiola cretinii* subsp. *Sinoalpina*、长白红景天 *Rhodiola angusta*、红景天 *Rhodiola rosea* 等。

罂粟科：长白山罂粟 *Papaver radicatum* var. *pseudoradicatum* 等。

虎耳草科：长白虎耳草 *Saxifraga laciniata* 等。

蔷薇科：金露梅 *Potentilla fruticosa* 等。

杜鹃花科：牛皮杜鹃 *Rhododendron aureum* 等。

龙胆科：高山龙胆 *Gentiana algida* 等。

兰科：手参 *Gymnadenia conopsea* 等。

（葛 菲 贾景明）

五、峨眉山

（一）地理交通

峨眉山地处四川盆地西南，东经 103°10′~103°37′，北纬 29°16′~29°43′，北距四川省会成都约 160km，是国家重点风景名胜区，中国"四大佛教名山"之一，风景秀丽，植物资源丰富，有"峨眉天下秀"之美誉。

峨眉山为邛崃山南段余脉，为典型的褶皱断块山脉。其成山历史可追溯到地质年代的中生代末期，由于燕山运动造山活动，峨眉山地质构造初具轮廓。到了第三纪，喜马拉雅运动造山活动的结果，峨眉山山体成形，伴随着青藏高原的隆升，最终形成了现在的峨眉山，是四川盆地向青藏高原递进的过渡带。山体呈南北走向，西坡较缓，东坡陡峭。峨眉山包括大峨山、中峨山、小峨山几座山，其中中峨山和小峨山人迹罕至。峨眉山主峰万佛顶在大峨山，海拔 3 099m。从山脚至山顶约百余里，上山小路皆由石板砌成，蜿蜒曲径，云中蔓延，沿途峰峦叠嶂，山清水秀，奇花异草，争奇斗艳，一派仙境美景，尽显眼前。

峨眉山地理位置特殊，地质地貌典型，自然景观优美，生态环境完好，是我国著名的旅游风景名胜区。与五台山、普陀山、九华山一起，为我国四大佛教名山，历史文化丰富，集自然景观与人文景观于一体。1982 年成为国家重点风景名胜区，1996 年 12 月被联合国教科文组织世界遗产委员会列入《世界遗产名录》。

峨眉山处于亚热带季风气候区，但受区域地形影响，气候上夏雨冬阴、常年湿润。同时，由于海拔高坡度大，气候垂直变化明显：平原部分属亚热带湿润季风气候，年均温 17.2℃，最冷月平均气温约 7℃，最热月平均气温 26℃；海拔 1 500~2 500m 的中山部分逐渐过渡到温带气候；海拔 2 500m 以上的亚高山部分属寒带气候，年均温仅为 3℃，最冷月均温约 –6℃，最热月均温约 12℃，从 10 月起直到来年 4 月，将近半年时间为冰雪覆盖。交通方面，从峨眉山市内到山麓的报国寺 7km。峨眉山市东距乐山市 37km，两地之间每 10 分钟对开旅游中巴，从早上直至下午，十分便利。现有高速公路、铁路从成都经由新津区、彭山区、眉山市、夹江县而通达，车程约 2 小时。

（二）植被与资源

峨眉山属川西平原连接康藏高原的过渡地段，地形地貌复杂，气候、土壤区域特征变化大，为各种植物的生长提供了良好的生态环境，被称为"古老的植物王国"，植物种类多达 3 700 余种，其中高等植物中苔藓植物 330 多种，蕨类植物约 500 种，裸子植物 8 科 27 种，被子植物近 2 400 种，共计 3 250 多种。有 200 余种植物被列为珍稀濒危物种，其中被收入《中国珍稀濒危保护植物名录》(1984)的有 34 种,被收入《国家重点保护野生植物名录》(1999)的有 23 种。珙桐和桫椤是世界级稀有物种,有植物活化石之称,此外,篦子三尖杉、峨眉黄连、峨眉冷杉、川八角莲、大叶泡囊草、红豆树等也都是名贵的珍稀物种和药用植物。

峨眉山植被茂盛,垂直分布特征明显。海拔 600~2 000m 的范围分布着常绿阔叶树-针叶树混交林,下半段常绿阔叶树以刺栲、润楠、木荷等喜暖湿亚热带区系成分为主,上半段以山毛榉科青冈、甜槠、柯等较耐寒的亚热带植物区系成分为主,针叶树主要有马尾松林、杉木和柏木,毛竹林发育良好。海拔 2 000~2 500m 为常绿阔叶树-落叶阔叶树混交林带。青冈栎、甜槠栲、柯在此带延续分布,而落叶阔叶树有水青冈、珙桐、金钱槭、七叶树、水青树等。在海拔 2 500~2 800m 分布的是常绿阔叶树-落叶阔叶树-针叶树混交林,针叶树种主要为铁杉、冷杉等温带植物区系成分,落叶阔叶树以槭树科、椴树科、桦木科成分为主,而常绿阔叶树是一些比较耐寒的常绿栎类,如扁刺锥、曼青冈等。在海拔 2 800~3 000m 的亚高山地带,植被以针叶林为主,构成针叶林的主要成分为峨眉冷杉和铁杉,伴有杜鹃、箭竹灌木层。

峨眉山山麓亚热带常绿阔叶林中分布着姜黄、郁金、莪术、艳山姜、使君子、樟树、桉树、马尾松、黄葛树等药用植物,而在高山上分布着喜高寒的药用植物浓紫龙眼独活、川赤芍、条裂紫堇、厚叶岩白菜、小大黄、银叶委陵菜、延龄草、鹿蹄草、刺参、苣荬叶报春、长梗岩须、毛叶藜芦、单叶细辛、手参、穿心莲、松萝、丁座草、黄连、峨眉贝母、冬虫夏草菌等。

峨眉山地区特有种子植物为 49 种,1 亚种,15 变种,2 变型,计 67 个种及种下类型,隶属 36 科,58 属。特有种子植物成分较多的科依次有:兰科(9 种,归 8 属)、苦苣苔科(3 种,2 变种,归 5 属)、毛茛科(2 种,2 变种,归 4 属)、龙胆科(4 种,归 2 属)、杜鹃花科(2 种,2 变种,归 2 属),其他含 2 种 2 属的科还有木兰科、山茱萸科、唇形科和禾本科。一些少型属中也出现了当地独有的种子植物类群,如峨眉拟单性木兰、大果蜜椒树、峨眉半蒴苣苔、峨眉金线兰等。峨眉山药用特产种有峨眉野连、四川朱砂莲、珙桐、峨眉雪胆、峨眉贝母、峨参、峨三七、峨眉岩白菜、峨眉千里光、峨眉龙胆、峨眉雪莲花、峨山草乌、峨眉耳蕨等。

(三) 代表药用植物

1. **菌类植物**　冬虫夏草菌 *Cordyceps sinensis* 等。

2. **地衣类植物**　松萝 *Usnea diffracta* 等。

3. **蕨类植物**　桫椤 *Alsophila spinulosa*、紫萁 *Osmunda japonica*◆、峨眉耳蕨 *Polystichum omeiense*＊、肾蕨 *Nephrolepis auriculata*、贯众 *Cyrtomium fortunei*、狗脊 *Woodwardia japonica*、石韦 *Pyrrosia lingua*、庐山石韦 *Pyrrosia sheareri*、金鸡脚假瘤蕨 *Phymatopteris hastata*、柳叶剑蕨 *Loxogramme salicifolia*、瓶尔小草 *Ophioglossum vulgatum*、阴地蕨 *Botrychium ternatum*、凤尾蕨 *Pteris cretica* var. *nervossa*◆、掌叶铁线蕨 *Adiantum pedatum*、石松 *Lycopodium japonicum*、瓦韦 *Lepisorus thunbergianus*、扇蕨 *Neocheiropteris palmatopedata*、翠云草 *Selaginella uncinata*◆等。

4. **裸子植物**

苏铁科:苏铁(铁树) *Cycas revoluta* 等。

银杏科:银杏(公孙树,白果树) *Ginkgo biloba*。

松科:马尾松 *Pinus massoniana*、冷杉 *Abies fabri* 等。

柏科：侧柏 *Platycladus orientalis*、柏木 *Cupressus funebris*、圆柏 *Sabina chinensis*、高山柏 *Sabina squamata* 等。

杉科：柳杉 *Cryptomeria fortunei* 等。

罗汉松科：罗汉松 *Podocarpus macrophyllus* 等。

红豆杉科：红豆杉 *Taxus chinensis*、南方红豆杉（美丽红豆杉）*Taxux chinensis* var. *mairei*、穗花杉 *Amentotaxus argotaenia* 等。

三尖杉科：三尖杉 *Cephalotaxus fortunei*、篦子三尖杉 *Cephalotaxus oliveri* 等。

5. 被子植物

胡桃科：枫杨 *Pterocarya stenoptera*◆等。

杨柳科：峨眉柳 *Salix omeiensis*★等。

桦木科：峨眉矮桦 *Betula potaninii* var. *tricogemma*★等。

山毛榉科：峨眉锥栗 *Castanea henryi* var. *omeiensis*★、麻栎 *Quercus acutissima* 等。

榆科：朴 *Celtis sinensis*、榔榆 *Ulmus parvifolia* 等。

杜仲科：杜仲 *Eucommia ulmoides* 等。

桑科：桑 *Morus alba*、无花果 *Ficus carica*、黄葛树 *Ficus virens* var. *sublanceolata* 等。

荨麻科：翅棱楼梯草 *Elatostema angulosum*、峨眉楼梯草 *Elatostema omeiensse*★等。

蓼科：竹节蓼 *Homalocladium platycladum*、何首乌 *Fallopia multiflora*◆、小大黄 *Rheum pumilum* 等。

紫茉莉科：紫茉莉 *Mirabilis jalapa* 等。

马齿苋科：大花马齿苋 *Portulaca grandiflora* 等。

落葵科：落葵 *Basella alba* 等。

石竹科：石竹 *Dianthus chinensis*、瞿麦 *Dianthus superbus* 等。

藜科：地肤 *Kochia scoparia* 等。

苋科：牛膝 *Achyranthes bidentata*◆、千日红 *Gomphrena globosa*、鸡冠花 *Celosia cristata* 等。

木兰科：峨眉拟单性木兰 *Parakmeria omeiensis*★、含笑 *Michelia figo*、峨眉含笑 *Michelia wilsonii*★、峨眉木莲 *Manglietia omeiensis*★、四川木莲 *Manglietia szechunica*★、鹅掌楸 *Liriodendron chinense*、厚朴 *Magnolia officinalis*、凹叶厚朴 *Magnolia officinalis* subsp. *biloba*、五味子 *Schisandra sphenanthera*◆、红茴香 *Illicium henryi* 等。

蜡梅科：蜡梅 *Chimonanthus praecox* 等。

樟科：樟 *Cinnamomum camphora*◆、银叶桂 *Cinnamomum mairei*、峨眉小果润楠 *Machilus microcarpa* var. *omeiensis*★、楠木 *Phoebe zhennan*◆等。

毛茛科：峨眉黄连 *Coptis omeiensis*、巨北峰黄连 *Coptis jubaiensis*、苞苞乌头 *Aconitum racemulosum* var. *grandibracteolatum*、草乌 *Aconitum vilmorinianum*、峨眉唐松草 *Thalictrum omeiensis*★◆、盾叶云南金莲花 *Trollius yunnanensis* var. *peltatus*、西南银莲花 *Anemone davidii*、打破碗花花 *Anemone hupehensis*、翠雀 *Delphinium grandiflorum*、单穗升麻 *Cimicifuga simplex*、人字果 *Dichocarpum sutchuenense*、牡丹 *Paeonia suffruticosa*、芍药 *Paeonia lactiflora*、美丽芍药 *Paeonia mairei* 等。

小檗科：川八角莲 *Dysosma veitchii*、长瓣八角莲 *Dysosma veitchii* var. *longipetalis*、峨眉八角莲 *Dysosma omeiensis*★、红毛七 *Caulophyllum robustum*、十大功劳 *Mahonia fortunei*、南天竹 *Nandina domestica*、淫羊藿 *Epimedium brevicornu* 等。

防己科：峨眉轮环藤 *Cyclea racemosa* f. *emeiensis*★等。

胡椒科：豆瓣绿 *Peperomia tetraphylla* 等。

金粟兰科：金粟兰 *Chloranthus spicatus*◆、四川金粟兰 *Chloranthus sessilifolius*、草珊瑚 *Sarcandra glabra* 等。

马兜铃科：马兜铃 *Aristolochia debilis*◆、尾花细辛 *Asarum caudigerum*、长毛细辛 *Asarum pulchellum*、单叶细辛 *Asarum himalaicum*、短尾细辛 *Asarum caudigerellum*、青城细辛 *Asarum splendens*、川滇细辛 *Asarum delavayi* 等。

狝猴桃科：峨眉水东哥 *Saurauia napaulensis* var. *omeiensis*★等。

山茶科：山茶 *Camellia japonica*、白花毛蕊红山茶 *Camellia mairei* var. *alba*、长果连蕊茶 *Camellia longicarpa*、油茶 *Camellia oleifera* 等。

藤黄科：金丝梅 *Hypericum patulum*、金丝桃 *Hypericum monogynum* 等。

罂粟科：紫堇 *Corydalis edulis* 等。

十字花科：峨眉碎米荠 *Cardamine hirsuta* var. *omeiensis*◆★等。

金缕梅科：枫香 *Liquidambar formosana*◆、檵木 *Loropetalum chinense* 等。

景天科：垂盆草 *Sedum sarmentosum*◆、佛甲草 *Sedum lineare*◆、云南红景天 *Rhodiola yunnanensis* 等。

虎耳草科：虎耳草 *Saxifraga stolonifera*◆、峨屏草 *Tanakae omeiensis*、金顶梅花草 *Parnassia omeiensis*、峨眉岩白菜 *Bergenia emeiensis*★等。

蔷薇科：枇杷 *Eriobotrya japonica*、棣棠 *Kerria japonica*、垂丝海棠 *Malus halliana*、杏 *Armeniaca vulgaris*、梅 *Armeniaca mume*、桃 *Amygdalus persica*、月季 *Rosa chinensis*、玫瑰 *Rosa rugosa*、峨眉蔷薇 *Rosa omeiensis*★、银叶委陵菜 *Potentilla leuconota*、奕武悬钩子 *Rubus yiwuanus*、峨眉山莓草 *Sibbadia omeiensis*★等。

豆科：含羞草 *Mimosa pudica*、羊蹄甲 *Bauhinia purpurea*、合欢 *Albizia julibrissin*、紫荆 *Cercis chinensis*、锦鸡儿 *Caragana sinica*、云实 *Caesalpinia decapetala*、槐 *Sophora japonica*、香花崖豆藤 *Millettia dielsiana*、红豆树 *Ormosia hosiei* 等。

牻牛儿苗科：天竺葵 *Pelargonium hortorum* 等。

大戟科：蓖麻 *Ricinus communis*、乌桕 *Sapium sebiferum* 等。

芸香科：花椒 *Zanthoxylum bungeanum* 等。

楝科：香椿 *Toona sinensis* 等。

漆树科：盐肤木 *Rhus chinensis* 等。

槭树科：色木槭 *Acer mono* 等。

无患子科：无患子 *Sapindus mukorossi* 等。

凤仙花科：峨眉凤仙花 *Impatiens omeieana*★、白花凤仙花 *Impatiens wilsonii* 等。

冬青科：枸骨 *Ilex cornuta*、峨眉显脉冬青 *Ilex deiticulstata* var. *chonii*★等。

卫矛科：峨眉卫矛 *Euonymus omeiensis*★、大果核子木 *Perrottetia macrocarpa* 等。

省沽油科：大果瘿椒树 *Tapiscia sinensis* var. *macrocarpa*、膀胱果 *Staphylea holocarpa* 等。

黄杨科：黄杨 *Buxus sinica* 等。

鼠李科：枳椇 *Hovenia acerba*、马甲子 *Paliurus ramosissimus* 等。

葡萄科：蛇葡萄 *Ampelopsis glandulosa*、崖爬藤 *Tetrastigma obtectum* 等。

锦葵科：黄蜀葵 *Abelmoschus manihot*、蜀葵 *Althaea rosea*、木芙蓉 *Hibiscus mutabilis*、木

槿 *Hibiscus syriacus* 等。

椴树科：峨眉椴 *Tilia omeiensis*★等。

梧桐科：梧桐 *Firmiana platanifolia* 等。

瑞香科：瑞香 *Daphne odora*、结香 *Edgeworthia chrysantha* 等。

胡颓子科：胡颓子 *Elaeagnus pungens*、细枝木半夏 *Elaeagnus multiflora* var. *tenuipes* 等。

堇菜科：圆叶堇菜 *Viola pseudo-bambusetorum* 等。

旌节花科：凹叶旌节花 *Stachyurus retusus*、四川旌节花 *Stachyurus szechuanense* 等。

秋海棠科：秋海棠 *Begonia grandis* 等。

葫芦科：峨眉雪胆 *Hemsleya omeiensis*★、峨眉裂瓜 *Schizopepon monoicus*★等。

千屈菜科：紫薇 *Lagerstroemia indica* 等。

桃金娘科：桉 *Eucalyptus robusta* 等。

石榴科：石榴 *Punica granatum* 等。

使君子科：使君子 *Quisqualis indica* 等。

八角枫科：八角枫 *Alangium chinense* 等。

蓝果树科：喜树 *Camptotheca acuminata* 等。

珙桐科：珙桐 *Davidia involucrata*。

山茱萸科：灯台树 *Bothrocaryum controversa*、峨眉桃叶珊瑚 *Aucuba chinensis* subsp. *omeiensis*★、中华青荚叶 *Helwingia chinensis*、峨眉四照花 *Dendrobenthamia capitata* var. *omeiensis*★等。

五加科：罗伞 *Brassaiopsis glomerulata*、八角金盘 *Fatsia japonica*、浓紫龙眼独活 *Aralia atropurpurea*、藤五加 *Acanthopanax leucorrhizus* f. *angustifoliatus* 等。

伞形科：走茎变豆菜 *Sanicula orthacantha* var. *stolonifera* 等。

鹿蹄草科：鹿蹄草 *Pyrola calliantha* 等。

杜鹃花科：波叶杜鹃 *Rhododendron hemsleyanum*、无腺波叶杜鹃 *Rhododendron hemsleyanum* var. *chengianum*、峨眉光亮杜鹃 *Rhododendron nitidulum* var. *omeiensis*★、岩须 *Cassiope selaginoides*、四川越橘 *Vaccinium chengae* 等。

紫金牛科：朱砂根 *Ardisia crenata* 等。

报春花科：峨眉缺裂报春 *Primula homigana*★、晚花卵叶报春 *Primula ovalifolia* subsp. *tardiflora*、点地梅 *Androsace umbellata*、过路黄 *Lysimachia christinae*◆等。

安息香科：木瓜红 *Rehderodendron macrocapum* 等。

木犀科：连翘 *Forsythia suspensa*、金钟花 *Forsythia viridissima*、女贞 *Ligustrum lucidum* 等。

龙胆科：峨眉龙胆 *Gentiana omeiensis*★、莲座叶龙胆 *Gentiana complexa*、峨眉獐牙菜 *Swertia omeiensis*★、莲座獐牙菜 *Swertia rosularis* 等。

夹竹桃科：络石 *Trachelospermum jasminoides*◆夹竹桃 *Nerium indicum* 等。

萝藦科：马利筋 *Asclepias curassavica* 等。

茜草科：栀子 *Gardenia jasminoides*、六月雪 *Serissa japonica*、玉叶金花 *Mussaenda pubescens* 等。

旋花科：牵牛 *Pharbitis nil* 等。

唇形科：峨眉鼠尾草 *Salvia omeiana*★、一串红 *Salvia splendens*、毛叶黄芩 *Scutellaria mollifolia*、活血丹 *Glechoma longituba*、薄荷 *Mentha canadensis*、峨眉风轮菜 *Clinopodium* *omeiense* ★等。

茄科：大叶泡囊草 *Physochlaina macrophylla* 等。

苦苣苔科：峨眉半蒴苣苔 *Hemiboea omeiensis* ★、峨眉直瓣苣苔 *Ancylostemon mairei* var. *emeiensis* ★、峨眉吊石苣苔 *Lysionotus omeiensis* ★、峨眉尖舌苣苔 *Rhynchoglossum omeiensis* ★、峨眉异叶苣苔 *Whytockia tsiangiana* var. *wilsonii* ★等。

列当科：丁座草 *Boschniakia himalaica* 等。

忍冬科：忍冬 *Lonicera japonica*、峨眉荚蒾 *Viburnum omeiensis* ◆★、接骨木 *Sambucus williamsii* 等。

五福花科：四福花 *Tetradoxa omeiensis* 等。

川续断科：峨眉续断 *Dipsacus asperoides* var. *omeiensis* ★、刺参 *Oplopanax elatus* 等。

桔梗科：桔梗 *Platycodon grandiflorum* 等。

菊科：大黄橐吾 *Ligularia duciformis*、蒲公英 *Taraxacum mongolicum*、峨眉千里光 *Senecio faberi* ★◆、川木香 *Dolomiaea souliei*、一点红 *Emilia sonchifolia* 等。

鸭跖草科：鸭跖草 *Commelina communis*、紫背鹿衔草 *Murdannia divergens* 等。

禾本科：薏苡 *Coix lacryma-jobi*、峨眉箬竹 *Indocalamus omeiensis* ◆★、峨眉青茅 *Deyeuxia flaceide* ★、花叶芦竹 *Arundo donax* var. *versicolor* 等。

天南星科：天南星 *Arisaema heterophyllum*、马蹄莲 *Zantedeschia aethiopica* 等。

百合科：狭叶重楼 *Paris polyphylla* var. *stenophylla*、蜘蛛抱蛋 *Aspidistra elatior*、毛叶藜芦 *Veratrum grandiflorum* ◆、延龄草 *Trillium tschonoskii* ◆、暗紫贝母 *Fritillaria unibraeteata*、峨眉开口箭 *Tupistra omeiensis* ★、吉祥草 *Reineckia carnea*、沿阶草 *Ophiopogon bodinieri* ◆、阔叶山麦冬 *Liriope platyphylla* ◆、麝香百合 *Lilium longiflorum*、万年青 *Rohdea japonica*、岩菖蒲 *Tofieldia thibetica*、玉簪 *Hosta plantaginea*、紫萼 *Hosta ventricosa* 等。

龙舌兰科：金边龙舌兰 *Agave americana* var. *marginata* 等。

石蒜科：石蒜 *Lycoris radiata* ◆、忽地笑 *Lycoris aurea*、文殊兰 *Crinum asiaticum* var. *sinicum* 等。

薯蓣科：薯蓣 *Dioscorea opposita* 等。

鸢尾科：鸢尾 *Iris tectorum* ◆、射干 *Belamcanda chinensis*、雄黄兰 *Crocosmia crocosmiflora*、香雪兰 *Freesia refracta*、唐菖蒲 *Gladiolus gandavensis* 等。

姜科：峨眉舞花姜 *Globba emeiensis* ★、山姜 *Alpinia japonica* ◆、艳山姜 *Alpinia zerumbet*、莪术 *Curcuma phaeocaulis*、姜黄 *Curcuma longa*、郁金 *Curcuma aromatica* 等。

兰科：白及 *Bletilla striata* ◆、石斛 *Dendrobium nobile*、斑叶兰 *Goodyera schlechtendaliana*、手参 *Gymnadenia conopsea*、绿花杓兰 *Cypripedium henryi*、绶草 *Spiranthes sinensis*、山兰 *Oreorchis patens*、云南石仙桃 *Pholidota yunnanensis*、杜鹃兰 *Cremastra appendiculata*、羊耳蒜 *Liparis japonica*、大叶火烧兰 *Epipactis mairei*、峨眉金线兰 *Anoectochilus emeiensis* ★、峨眉虾脊兰 *Calanthe emeiensis* ★、虾脊兰 *Calanthe discolor*、峨眉春蕙 *Cymbidium faberi* var. *omeiense* ★、峨眉手参 *Gymnadenia emeiensis* ★、峨眉球柄兰 *Mischobulbum emeiensis* ★、峨眉红门兰 *Orchis omeishanica* ★、反唇舌唇兰 *Platanthera deflexilabella* ★、长黏盘舌唇兰 *Platanthera longilandula*、峨眉竹茎兰 *Tropidia emeishanica* ★、鹤顶兰 *Phaius tankervilleae* 等。

（刘　忠）

六、鼎湖山

(一) 地理交通

鼎湖山国家级自然保护区为1956年由国务院批准建立的我国首批国家级自然保护区之一,也是唯一隶属于中国科学院的自然保护区,1980年保护区加入了联合国教科文组织的"人与生物圈(MAB)"计划的世界生物圈保护区,成为人与生物圈研究的国际基地。

鼎湖山国家级自然保护区位于肇庆市鼎湖区,面积1 133km^2,居北纬23°09′21″~23°11′30″,东经112°30′39″~112°33′41″。地处热带北缘,亚热带南缘。因受副热带高气压的控制,地球上与鼎湖山同纬度的大部分陆地区域为沙漠、半沙漠或干旱草原,故被称为北回归沙漠带。相对于全球同纬度带上森林的稀缺,鼎湖山因保存有最古老的地带性森林植被——南亚热带常绿阔叶林及其过渡植被类型,而被誉为北回归沙漠带上的"绿色明珠"。

自然保护区总面积达1 132.2万km^2,其中原始森林就占132万km^2。因此,鼎湖山被誉为"北回归线上的绿宝石"受到国内外科学家的广泛关注。鼎湖山的得名,众说纷纭,有说是因山顶有湖,四时不涸,故名顶湖;有说是因中峰圆秀,山麓诸峰三歧,远望有如鼎峙,故名鼎湖;又有民间传说黄帝曾赐鼎于此,故习称作鼎湖山。

鼎湖山东距广州86km,南临西江3km,西离肇庆市18km,北与九坑相邻。从广州出发经过三水大约一个半小时至两个小时可到。

(二) 植被与资源

素有"天然氧吧"之誉的鼎湖山四季层峦叠翠、古木参天、飞瀑流泉、鸟语花香。南亚热带季风常绿阔叶林和沟谷雨林中的板根、藤本、绞杀、附生和茎花等现象随处可见。鼎湖山森林覆盖率为78%,主要的植被可划分自然、半自然和人工植被3大类型。其主要特点为热带植物丰富,温带植物种类贫乏,孑遗植物种类繁多,木本植物占很高比例,常绿植物占优势,可见较多的藤本植物、附生植物、板根植物、茎花植物和绞杀植物。分布于海拔30~400m的季风常绿阔叶林,为北区最主要的森林类型,约占森林总面积的18%。这一具有热带向亚热带过渡特征的森林类型已有400多年的历史,它反映了本地带植被的最高生产力水平及其自然资源的发展状况。自然植被有:分布于海拔500~800m的为山地常绿阔叶林,海拔500~900m的为山地灌木草丛,海拔30~250m的为沟谷雨林,在海拔30m以下的为河岸林。半自然植被有:分布于海拔100~450m的次生季风常绿阔叶林和针阔叶混交林,海拔300m以下丘陵的针叶林,海拔500~600m山坡上的常绿灌丛。人工植被有大叶桉林、竹林和广东油茶林等。

鼎湖山是华南地区生物多样性最丰富的地区之一,具有高等植物2 500多种,其中有野生高等植物1 993种、栽培植物564种。含蕨类植物39科78属148种、裸子植物8科14属23种、被子植物97科688属1 822种。其中药用植物1 049种。种数在15种以上的大科有葫芦科、大戟科、蔷薇科、豆科、桑科、芸香科、紫金牛科、夹竹桃科、萝摩科、茜草科、菊科、茄科、旋花科、玄参科、马鞭草科、唇形科、百合科、天南星科、兰科和禾本科。保护区内分布着桫椤 *Alsophila spinulosa*、黑桫椤 *Alsophila podophylla*、苏铁 *Cycas revoluta*、观光木 *Tsoongiodendron odorum*、格木 *Erythrophleum fordii*、野生茶 *Camellia sinensis*、野生荔枝 *Litchi chinensis* 等23种国家重点保护野生植物。华南特有种及模式产地种有鼎湖血桐 *Macaranga sampsonii*、鼎湖钓樟 *Lindera chunii*、鼎湖耳草 *Hedyotis effusa*、鼎湖紫珠

Callicarpa tingwuensis、鼎湖青冈 *Quercus dinghuensis* 等。

(三) 代表药用植物

1. 蕨类植物　铺地蜈蚣(小叶栒子)*Cotoneaster microphyllus*、海金沙 *Lygodium japonicum*◆、深绿卷柏 *Selaginella doederleinii*、华南紫萁 *Osmunda vachellii*、芒萁 *Dicranopteris dichotoma*◆、金毛狗脊 *Cibotium barometz*◆、团叶陵齿蕨 *Lindsaea orbiculata*、扇叶铁线蕨 *Adiantum flabellulatum*、桫椤 *Alsophila spinulosa*★▼、大叶黑桫椤 *Alsophila gigantea*▼、槲蕨 *Drynaria roosii*、伏石蕨 *Lemmaphyllum microphyllum*、骨牌蕨 *Lepidogrammitis rostrata*、江南星蕨 *Microsorum fortunei*、石韦 *Pyrrosia lingua*、七指蕨 *Helminthostachys zeylanica*▼等。

2. 裸子植物　苏铁 *Cycas revoluta*、马尾松 *Pinus massoniana*、侧柏 *Platycladus orientalis*、短叶罗汉松 *Podocarpus macrophyllus* var. *maki*、长叶竹柏 *Nageia fleuryi*★、买麻藤 *Gnetum montanum*、南方红豆杉 *Taxus chinensis* var. *mairei*▼, 水松 *Glyptostrobus pensilis*▼、鸡毛松 *Podocarpus imbricatus*▼等。

3. 被子植物

胡椒科: 蒌叶 *Piper betle*、山蒟 *Piper hancei*★、假蒟 *Piper sarmentosum* 等。

金粟兰科: 金粟兰 *Chloranthus spicatus*、草珊瑚 *Sarcandra glabra*★等。

桑科: 水同木 *Ficus fistulosa*、黄毛榕 *Ficus esquiroliana*、粗叶榕 *Ficus hirta*◆、对叶榕 *Ficus hispida*、薜荔 *Ficus pumila*◆、构树 *Broussonetia papyrifera* 等。

马兜铃科: 鼎湖细辛 *Asarum magnificum* var. *dinghuense*、杜衡 *Asarum forbesii*、山慈菇 *Asarum sagittarioides* 等。

毛茛科: 小木通 *Clematis armandii*、甘木通 *Clematis loureiroana*、鼎湖铁线莲 *Clematis tinghuensis* 等。

木兰科: 观光木 *Michelia odora*▼、广东含笑(金叶含笑)*Michelia guangdongensis*★▼、木莲 *Manglietia fordiana*▼、黑老虎 *Kadsura coccinea*、南五味子 *Kadsura longipedunculata* 等。

番荔枝科: 鹰爪花 *Artabotrys hexapetalus*、假鹰爪 *Desmos chinensis*◆★、瓜馥木 *Fissistigma oldhamii*★、紫玉盘 *Uvaria microcarpa*◆等。

樟科: 鼎湖钓樟 *Lindera chunii*★、乌药 *Lindera aggregata*、木姜子 *Litsea pungens*、潺槁木姜子 *Litsea glutinosa*◆、豺皮樟 *Litsea rotundifolia* var. *oblongifolia*、云南樟 *Cinnamomum glanduliferum*▼、阴香 *Cinnamomum burmannii*、厚壳桂 *Cryptocarya chinensis*、华润楠 *Machilus chinensis* 等。

防己科: 木防己 *Cocculus orbiculatus*、细圆藤 *Pericampylus glaucus*、粪箕笃 *Stephania longa*◆等。

远志科: 华南远志(金不换)*Polygala glomerata*、齿果草(莎萝莽)*Salomonia cantoniensis*、黄花倒水莲 *Polygala fallax*▼等。

蓼科: 火炭母 *Polygonum chinense*◆、水蓼 *Polygonum hydropiper*、杠板归 *Polygonum perfoliatum*、何首乌 *Fallopia multiflora* 等。

商陆科: 商陆 *Phytolacca acinosa* 等。

藜科: 土荆芥 *Chenopodium ambrosioides* 等。

苋科: 土牛膝 *Achyranthes aspera*、莲子草(虾钳菜)*Alternanthera sessilis*、刺苋 *Amaranthus spinosus*◆、凹头苋(野苋)*Amaranthus lividus*◆等。

酢浆草科: 阳桃 *Averrhoa carambola*、酢浆草 *Oxalis corniculata*、红花酢浆草 *Oxalis* *corymbosa*◆等。

柳叶菜科：草龙 *Ludwigia hyssopifolia*◆等。

瑞香科：白木香(土沉香)*Aquilaria sinensis*、了哥王 *Wikstroemia indica*★等。

紫茉莉科：紫茉莉 *Mirabilis jalapa* 等。

五桠果科：锡叶藤 *Tetracera asiatica*◆等。

秋海棠科：粗嚎秋海棠 *Begonia crassirostris*、紫背天葵 *Begonia fimbristipula*▼、裂叶秋海棠 *Begonia palmata* 等。

山茶科：米碎花 *Eurya chinensis* 等。

水东哥科：水东哥 *Saurauia tristyla*★等。

桃金娘科：岗松 *Baeckea frutescens*、水翁 *Cleistocalyx operculatus*★、桃金娘 *Rhodomyrtus tomentosa*、蒲桃 *Syzygium jambos* 等。

野牡丹科：柏拉木 *Blastus cochinchinensis*、野牡丹 *Melastoma candidum*、地菍 *Melastoma dodecandrum*◆、毛菍 *Melastoma sanguineum* 等。

金丝桃科：黄牛木 *Cratoxylum cochinchinense* 等。

壳斗科：红锥 *Castanopsis hystrix*▼等。

藤黄科：岭南山竹子 *Garcinia oblongifolia*★等。

椴树科：破布叶 *Microcos paniculata*★等。

梧桐科：山芝麻 *Helicteres angustifolia*、翻白叶树 *Pterospermum heterophyllum*★等。

锦葵科：黄葵 *Abelmoschus moschatus*、梵天花 *Urena procumbens* 等。

大戟科：铁苋菜 *Acalypha australis*、红背叶 *Alchornea trewioides*◆、五月茶 *Antidesma bunius*、重阳木 *Bischofia polycarpa*、黑面神 *Breynia fruticosa*、毛果巴豆 *Croton lachnocarpus*、飞扬草 *Euphorbia hirta*◆、千根草 *Euphorbia thymifolia*◆、毛果算盘子 *Glochidion eriocarpum*、香港算盘子 *Glochidion zeylanicum*、白背叶 *Mallotus apelta*◆、烂头钵(小果叶下珠)*Phyllanthus reticulatus*、叶下珠 *Phyllanthus urinaria*、山乌桕 *Sapium discolor* 等。

蔷薇科：金樱子 *Rosa laevigata*、白花悬钩子 *Rubus leucanthus*、茅莓 *Rubus parvifolius*、蔷薇莓 *Rubus rosaefolius*、中华石楠 *Photinia beauverdiana*、石斑木 *Rhaphiolepis indica*★、粗叶悬钩子 *Rubus alceifolius* 等。

豆科：猴耳环 *Pithecellobium clypearia*、亮叶猴耳环 *Pithecellobium lucidum*、毛鸡骨草 *Abrus mollis*★、葫芦茶 *Tadehagi triquetrum*★、山鸡血藤 *Millettia dielsiana*、白花油麻藤 *Mucuna birdwoodiana*、葛(野葛)*Pueraria lobata*、丁癸草 *Zornia gibbosa*、格木 *Erythrophleum fordii*▼、广州相思子 *Abrus pulchellus* subsp. *cantoniensis*、天香藤 *Albizia corniculata* 等。

金缕梅科：枫香树 *Liquidambar formosana* 等。

冬青科：秤星树(梅叶冬青)*Ilex asprella* var. *asprella*、毛冬青 *Ilex pubescens*★、铁冬青 *Ilex rotunda* 等。

檀香科：寄生藤 *Dendrotrophe frutescens* 等。

葡萄科：东北蛇葡萄 *Ampelopsis glandulosa* var. *brevipedunculata*、粤蛇葡萄 *Ampelopsis cantoniensis*、乌蔹莓 *Cayratia japonica*、角花乌蔹莓 *Cayratia corniculata*、扁担藤 *Tetrastigma planicaule* 等。

芸香科：山油柑 *Acronychia pedunculata*、佛手 *Citrus medica* var. *sarcodactylis*、三桠苦 *Evodia lepta*、九里香 *Murraya paniculata*◆★、簕欓花椒 *Zanthoxylum avicennae*、两面针

Zanthoxylum nitidum 等。

橄榄科： 橄榄 *Canarium album*、乌榄 *Canarium pimela* 等。

无患子科： 倒地铃 *Cardiospermum halicacabum*、龙眼 *Dimocarpus longan*★、荔枝 *Litchi chinensis*★等。

漆树科： 人面子 *Dracontomelon duperreanum*★、盐肤木 *Rhus chinensis*、野漆树 *Toxicodendron succedaneum* 等。

五加科： 鸭脚木 *Schefflera octophylla*◆等。

伞形科： 积雪草 *Centella asiatica*、天胡荽 *Hydrocotyle sibthorpioides* 等。

紫金牛科： 朱砂根 *Ardisia crenata*★、山血丹 *Ardisia punctata*、罗伞 *Ardisia quinquegona*、酸藤子 *Embelia laeta*、杜茎山 *Maesa japonica*、鲫鱼胆 *Maesa perlarius*、柳叶杜茎山（柳叶空心花）*Maesa salicifolia*。

马钱科： 醉鱼草 *Buddleja lindleyana*、钩吻 *Gelsemium elegans* 等。

木犀科： 扭肚藤 *Jasminum elongatum*、厚叶素馨（樟叶茉莉）*Jasminum pentaneurum*、小蜡 *Ligustrum sinense* 等。

夹竹桃科： 筋藤 *Alyxia levinei*、鸡蛋花 *Plumeria rubra* cv. Acutifolia◆★、羊角拗 *Strophanthus divaricatus* 等。

萝藦科： 眼树莲 *Dischidia chinensis*，驼峰藤 *Merrillanthus hainanensis*▼等。

茜草科： 水团花 *Adina pilulifera*、伞房花耳草 *Hedyotis corymbosa*◆、鼎湖耳草 *Hedyotis effusa*◆、牛白藤 *Hedyotis hedyotidea*、龙船花 *Ixora chinensis*◆、玉叶金花 *Mussaenda pubescens*◆、鸡矢藤 *Paederia foetida*、九节 *Psychotria rubra*◆、蔓九节 *Psychotria serpens*◆等。

报春花科： 红根草（星宿菜）*Lysimachia fortunei* 等。

车前科： 车前 *Plantago asiatica* 等。

堇菜科： 堇菜 *Viola arcuata*、长萼堇菜 *Viola inconspicus* 等。

十字花科： 荠菜 *Capsella bursa-pastoris*、广州蔊菜 *Rorippa cantoniensis* 等。

半边莲科： 半边莲 *Lobelia chinensis* 等。

旋花科： 白鹤藤 *Argyreia acuta*、五爪金龙 *Ipomoea cairica*◆等。

马鞭草科： 鼎湖紫珠 *Callicarpa tingwuensis*、白花灯笼 *Clerodendrum fortunatum*、赪桐 *Clerodendrum japonicum*、马缨丹 *Lantana camara*◆、黄荆 *Vitex negundo*、山牡荆 *Vitex quinata* 等。

唇形科： 细风轮菜（瘦风轮）*Clinopodium gracile*、广防风 *Epimeredi indica*、山香 *Hyptis suaveolens*、石荠苧 *Mosla scabra*、韩信草 *Scutellaria indica*◆、血见愁 *Teucrium viscidum*、华紫珠 *Callicarpa cathayana* 等。

茄科： 少花龙葵 *Solanum photeinocarpum*、水茄 *Solanum torvum* 等。

玄参科： 毛麝香 *Adenosma glutinosum*、长蒴母草 *Lindernia anagallis*◆、旱田草 *Lindernia ruellioides*、通泉草 *Mazus japonicus*、野甘草 *Scoparia dulcis*◆、单色蝴蝶草（同色蓝猪耳）*Torenia concolor* 等。

爵床科： 板蓝 *Baphicacanthus cusia*、狗肝菜 *Dicliptera chinensis*◆、爵床 *Rostellularia procumbens*、山牵牛（大花老鸦嘴）*Thunbergia grandiflora* 等。

葫芦科： 绞股蓝 *Gynostemma pentaphyllum* 等。

菊科： 藿香蓟 *Ageratum conyzoides*、鬼针草 *Bidens pilosa*◆、艾纳香 *Blumea balsamifera*、

鳢肠 *Eclipta prostrata*、白花地胆草 *Elephantopus tomentosus*、一点红 *Emilia sonchifolia*◆、野茼蒿 *Crassocephalum crepidioides*◆、马兰 *Kalimeris indica*、千里光 *Senecio scandens*、稀莶 *Siegesbeckia orientalis*◆、金腰箭 *Synedrella nodiflora*、夜香牛 *Vernonia cinerea*、蟛蜞菊 *Wedelia chinensis*◆、黄鹌菜 *Youngia japonica*◆等。

鸭跖草科:大苞水竹叶 *Murdannia bracteata*、鸭跖草 *Commelina communis*◆等。

露兜树科:露兜草 *Pandanus austrosinensis* 等。

谷精草科:华南谷精草 *Eriocaulon sexangulare* 等。

竹芋科:尖苞柊叶 *Phrynium placentarium* 等。

禾本科:粉单竹 *Bambusa chungii*、刚竹 *Phyllostachys sulphurea* var. *viridis*、白茅 *Imperata cylindrica*、淡竹叶 *Lophatherum gracile*◆、金丝草 *Pogonatherum crinitum*◆等。

莎草科:莎草(香附子)*Cyperus rotundus*、短叶水蜈蚣 *Kyllinga brevifolia* 等。

天南星科:石菖蒲 *Acorus tatarinowii*◆、海芋 *Alocasia macrorrhiza*、石柑子 *Pothos chinensis*、犁头尖 *Typhonium blumei*、狮子尾 *Rhaphidophora hongkongensis*、

百合科:肖拔葜 *Heterosmilax japonica*、拔葜 *Smilax china*◆、土茯苓 *Smilax glabra*、天冬 *Asparagus cochinchinensis*、山菅 *Dianella ensifolia* 等。

薯蓣科:黄独 *Dioscorea bulbifera*、薯莨 *Dioscorea cirrhosa* 等。

姜科:闭鞘姜 *Costus speciosus*、红球姜 *Zingiber zerumbet*、大高良姜 *Alpinia galanga*、阳春砂仁 *Amomum villosum* 等。

兰科:金线兰 *Anoectochilus roxburghii*▽、竹叶兰 *Arundina graminifolia*▽、流苏贝母兰 *Coelogyne fimbriata*▽、石仙桃 *Pholidota chinensis* 等。

(李 明)

七、庞泉沟国家自然保护区

(一) 地理交通

庞泉沟国家级自然保护区地处吕梁山脉中段,位于吕梁山主峰关帝山南坡,北纬 37°45′~37°55′,东经 111°22′~111°33′,总面积 10 443.5 公顷,海拔 1 600~2 831m。系山西文峪河的发源地。该区 1986 年被国务院批准为国家级自然保护区。1993 年成为“中国人与生物圈”保护区首批成员。庞泉沟是以华北落叶松 *Larix principis-rupprechtii* 和世界珍禽褐马鸡 *Crossoptilon mantchuricum* 为保护对象的国家级自然保护区,素有“华北落叶松故乡”和“褐马鸡的故乡”之称。

庞泉沟保护区属暖温带大陆性季风气候,由于海拔、地形及森林等因素的影响,与省内同纬度地区相比,气温较低,变幅大,空气湿度偏高,为典型的山地气候。年平均气温 4.3℃,1 月份平均气温 −10.2℃,极值最低气温 −26.1℃,7 月份平均气温 17.5℃,极值最高气温 32.0℃。无霜期 100~125 天。年均降水量达 822.6mm,最高 2 023.8mm(1988 年),最低 310.9mm(1983 年)。全年降水极不均匀,主要集中于 7~8 月,占年降水量的 75% 以上。平均相对湿度为 70.9%。年积霜期约 180 天。初雪期为 10 月上旬至中旬;冻土期开始于 10 月中旬,完全解冻于次年 6 月上旬。充沛的降水量和较长的积雪期有利于保护区植被的类型保护和植物生长。

庞泉沟的土壤有明显的垂直分布带。区域内自上而下的土壤类型分布为:海拔 1 750m 以下低山阳坡、农田及灌丛地带的黄绵土;海拔 1 650~1 900m 的山地褐土,是低山带的主要

土壤;海拔 1 700~2 000m 的中山地带的黄土质山地淋溶褐土;海拔 2 000~2 400m 的中山和亚高山地带的花岗片麻岩质山地棕壤;海拔 2 300~2 700m 的亚高山灌丛草甸地带的不饱和黑毡土。

庞泉沟距太原市 150km,距交城县城 100km,距吕梁市的离石区 60km,东邻娄烦、古交二县市,交通便利。从太原出发经太汾高速,在开栅出口下高速,向文水方向行驶,公路右侧有国家天然林保护区大门,进入后按路牌指示行驶,即可到达庞泉沟景区。八道沟、郝家沟、神尾沟等区域适合开展野外教学,保护区管理局有标本室可供参观。已有多所科研院校在庞泉沟保护区建立了野外教学实践基地。

(二) 植被与资源

庞泉沟保护区内植物资源非常丰富,森林保存完好,其中林地 7 709.7 公顷,占总面积的 73.8%,森林覆盖率高达 85.0%,是镶嵌在吕梁山上的一颗璀璨的"绿色明珠"。区内森林植被茂密,主要树种有华北落叶松、云杉、油松、山杨、红桦、白桦、辽东栎等。形成了以华北落叶松为主体的中山针叶林和针阔叶林混交林,下部为中低温带落叶阔叶林和灌丛草甸,以及山顶的亚高山灌丛草甸。调查发现这里有高等植物 88 科 828 种。蕨类植物 7 科 12 种;裸子植物 2 科 7 种;被子植物 79 科 809 种,其中双子叶植物 70 科 665 种,单子叶植物 9 科 144 种。药用植物 300 多种,著名的如党参 *Codonopsis pilosula*、柴胡 *Bupleurum chinense*、新疆贝母 *Fritillaria walujewii*、蒙古黄芪 *Astragalus membranaceus*、升麻 *Cimicifuga foetida* 等。胡桃楸 *Juglans mandshurica*、刺五加 *Acanthopanax senticosus* 被列为国家三级重点保护野生植物。此外,藻类植物、菌类植物、地衣类植物及苔藓类植物的种类和数量也很丰富。

(三) 代表药用植物

1. **菌 类 植 物**　大 马 勃 *Calvatia gigantea*、灵 芝 *Ganoderma lucidum*、猪 苓 *Polyporus umbellatus*◆等。

2. **苔藓植物门**　蛇苔(蛇地钱)*Conocephalum conicum*、地钱 *Marchantia polymorpha*、葫芦藓 *Funaria hygrometrica* 等。

3. **蕨类植物门**　木贼科:问荆 *Equisetum arvense*、节节草 *Equisetum ramosissimum*、木贼 *Equisetum hyemale* 等。

4. **裸子植物门**　松科:油松 *Pinus tabuliformis* 等。柏科:侧柏 *Platycladus orientalis* 等。

5. **被子植物门**

(1) 双子叶植物纲

胡桃科:胡桃楸 *Juglans mandshurica* 等。

杨柳科:山杨 *Populus davidiana*★等。

桦木科:白桦 *Betula platyphylla*◆、毛榛 *Corylus mandshurica* 等。

榆科:榆 *Ulmus pumila* 等。

桑科:葎草 *Humulus scandens*◆、桑 *Morus alba* 等。

檀香科:百蕊草 *Thesium chinense* 等。

桑寄生科:槲寄生 *Viscum coloratum*★等。

蓼科:红蓼 *Polygonum orientale* 等。

石竹科:瞿麦 *Dianthus superbus*◆等。

藜科:地肤 *Kochia scoparia*◆等。

毛茛科:北乌头(草乌)*Aconitum kusnezoffii*◆、类叶升麻 *Actaea asiatica*、阿尔泰银莲

花(九节菖蒲)*Anemone altaica*、升麻 *Cimicifuga foetida*◆、白头翁 *Pulsatilla chinensis*◆、毛茛 *Ranunculus japonicus*◆、金莲花 *Trollius chinensis*★、草芍药 *Paeonia obovata*◆等。

小檗科: 大叶小檗(黄芦木)*Berberis amurensis*◆等。

防己科: 蝙蝠葛(北豆根)*Menispermum dauricum*◆等。

木兰科: 五味子(北五味子)*Schisandra chinensis* 等。

罂粟科: 白屈菜(山黄连)*Chelidonium majus*、地丁草 *Corydalis bungeana*◆等。

十字花科: 葶苈 *Draba nemorosa*◆、独行菜 *Lepidium apetalum*★等。

景天科: 景天 *Sedum erythrostictum* 等。

虎耳草科: 中华金腰 *Chrysosplenium sinicum* 等。

蔷薇科: 龙芽草 *Agrimonia pilosa*◆、灰栒子 *Cotoneaster acutifolius*、山楂 *Crataegus pinnatifida*◆、蛇莓 *Duchesnea indica*◆、路边青(水杨梅)*Geum aleppicum*、委陵菜 *Potentilla chinensis*◆、翻白草 *Potentilla discolor*◆、杏 *Armeniaca vulgaris*◆、野杏 *Armeniaca vulgaris* var. *ansu*◆、玫瑰 *Rosa rugosa*◆、插田泡 *Rubus coreanus*、掌叶覆盆子 *Rubus chingii*、地榆 *Sanguisorba officinalis*◆、细叶地榆 *Sanguisorba tenuifolia*、土庄绣线菊 *Spiraea pubescens* 等。

豆科: 膜荚黄芪 *Astragalus membranaceus*、蒙古黄芪 *Astragalus membranaceus* var. *mongholicus*、甘草 *Glycyrrhiza uralensis*★、苦参 *Sophora flavescens*★、广布野豌豆 *Vicia cracca*◆等。

远志科: 远志 *Polygala tenuifolia*★等。

大戟科: 狼毒 *Euphorbia fischeriana*◆等。

漆树科: 黄栌(红叶)*Cotinus coggygria* 等。

鼠李科: 柳叶鼠李 *Rhamnus erythroxylon*、酸枣 *Ziziphus jujuba* var. *spinosa* 等。

锦葵科: 蜀葵 *Althaea rosea*、苘麻 *Abutilon theophrasti* 等。

柽柳科: 河柏 *Myricaria bracteata*、柽柳 *Tamarix chinensis* 等。

瑞香科: 黄瑞香 *Daphne giraldii*◆、瑞香狼毒 *Stellera chamaejasme*★等。

胡颓子科: 沙棘(酸溜溜)*Hippophae rhamnoides*◆等。

柳叶菜科: 柳叶菜 *Epilobium hirsutum* 等。

五加科: 刺五加 *Acanthopanax senticosus* 等。

伞形科: 柴胡 *Bupleurum chinense*★、蛇床 *Cnidium monnieri*、辽藁本 *Ligusticum jeholense*、石防风 *Peucedanum terebinthaceum*◆、防风 *Saposhnikovia divaricata*、破子草 *Torilis japonica* 等。

鹿蹄草科: 鹿蹄草 *Pyrola calliantha* 等。

报春花科: 点地梅 *Androsace umbellata*◆等。

木犀科: 暴马丁香 *Syringa reticulata* subsp. *amurensis*◆等。

龙胆科: 秦艽(大叶龙胆)*Gentiana macrophylla*◆、花锚 *Halenia corniculata* 等。

萝藦科: 鹅绒藤(白前)*Cynanchum chinense*◆、杠柳 *Periploca sepium*★等。

旋花科: 菟丝子 *Cuscuta chinensis* 等。

马鞭草科: 荆条 *Vitex negundo* var. *heterophylla*◆等。

唇形科: 紫背金盘 *Ajuga nipponensis*、岩青兰(毛建草)*Dracocephalum rupestre*◆、香薷 *Elsholtzia ciliata*、益母草 *Leonurus japonicus*、薄荷 *Mentha canadensis*、丹参 *Salvia miltiorrhiza*、黄芩 *Scutellaria baicalensis*★等。

茄科：曼陀罗 *Datura stramonium*♦、天仙子 *Hyoscyamus niger*、枸杞 *Lycium chinense* 等。

玄参科：阴行草 *Siphonostegia chinensis*、水蔓青(细叶婆婆纳) *Veronica linariifolia*♦等。

紫葳科：角蒿 *Incarvillea sinensis*♦等。

列当科：黄花列当 *Orobanche pycnostachya* 等。

车前科：车前 *Plantago asiatica*♦等。

茜草科：茜草 *Rubia cordifolia*♦等。

忍冬科：接骨木 *Sambucus williamsii* 等。

川续断科：川续断(续断) *Dipsacus asperoides* 等。

桔梗科：羊乳 *Codonopsis lanceolata*、党参 *Codonopsis pilosula*★等。

菊科：牛蒡 *Arctium lappa*♦、艾蒿 *Artemisia argyi*、紫菀 *Aster tataricus*★、苍术 *Atractylodes lancea*★、羽裂蟹甲草 *Sinacalia tangutica*、旋覆花 *Inula japonica*、风毛菊 *Saussurea japonica*、鸦葱 *Scorzonera austriaca*、兔儿伞 *Syneilesis aconitifolia*、蒲公英 *Taraxacum mongolicum*♦、款冬 *Tussilago farfara*、苍耳 *Xanthium sibiricum*♦等。

(2) 单子叶植物纲

禾本科：芦苇 *Phragmites australis* 等。

莎草科：莎草(香附子) *Cyperus rotundus* 等。

百合科：贝母(新疆贝母) *Fritillaria walujewii*♦、山丹(细叶百合) *Lilium pumilum*♦、舞鹤草(二叶舞鹤草) *Maianthemum bifolium*、玉竹 *Polygonatum odoratum*♦、黄精 *Polygonatum sibiricum*★、鹿药 *Smilacina japonica*、藜芦 *Veratrum nigrum*♦等。

薯蓣科：穿山薯蓣(穿山龙) *Dioscorea nipponica* 等。

鸢尾科：马蔺 *Iris lactea* var. *chinensis* 等。

兰科：紫点杓兰(斑点杓兰) *Cypripedium guttatum*、角盘兰 *Herminium monorchis* 等。

（白云娥）

八、夹金山国家森林公园

(一) 地理交通

夹金山国家森林公园地处四川省西部宝兴县和小金县境内,属邛崃山脉的南段支脉,位于夹金山南麓,东北与卧龙自然保护区毗邻,南与宝兴县硗碛藏族乡为界,西与康定市毗邻,北与小金县依夹金山为界。

夹金山土壤种类较多,从河谷到高山垂直带谱明显,主要为山地黄壤、山地黄棕壤、山地棕壤、山地暗棕壤、山地棕色暗针叶林土、山地褐土、山地灰化土、亚高山草甸土、高山草甸土、高山寒漠土等。土壤有机质含量较高,大部分呈微酸性,有利于各种植物生长发育。

夹金山属湿润季风气候带,山地气候类型多样,有山地暖温带、山地温带、山地寒温带、高山寒带等,由于受海拔高度影响,气候垂直变化明显,相对湿度较大。气候特征具有气候凉爽、温和湿润、日温差大等特点。

2000 年,夹金山国家森林公园由国家林业局批准成立。夹金山国家森林公园位于青衣江上游,地理位置位于北纬 30°35′~31°43′,东经 102°01′~102°59′,夹金山垭口海拔 4 100m。夹金山是中国工农红军长征途中翻越的第一座大雪山,是红军长征历史和长征精神的见证。夹金山属雅安市宝兴县的硗碛藏族乡管辖,硗碛藏族乡的平均海拔在 2 000m 以上,是以藏族为主的藏、汉等多民族聚居地,此处保留了藏族的风俗习惯、宗教信仰和民族风情等特征,也是夹金山下具有浓郁藏乡风情的旅游驿站,有锅庄广场、藏式建筑、停车场等配套设施。夹金山下的神木垒原生态风景区、五彩池、蚂蝗沟等地,山高谷深,森林茂密,动植物极为丰富,有"活化石、国宝"之称的大熊猫,有被称为"鸽子树"的珙桐等珍稀动植物,有风光秀丽、遍地野花的高山草甸,提供了极为丰富的药用植物学野外实习和科研内容,适合建立药用植物野外实践教学基地。夹金山距成都约 290km,距雅安约 140km,距宝兴县城 60km。目前,夹金山的交通、住宿、通信等条件较完善,从成都到夹金山大约 5 个小时。

(二) 植被与资源

夹金山处于青藏高原向四川盆地的过渡地带,属川西高山高原区,地形复杂多样,气候多样,为动植物的生长繁殖、生存提供了良好的自然环境。夹金山脉为青衣江水系的主源区,垂直地带性植被类型多样,主要有常绿阔叶林、常绿落叶阔叶混交林、适温针叶林、适温针阔叶混交林、寒温性针叶林、山地灌丛、亚高山灌丛、高山灌丛、亚高山草甸、高山草甸、高山流石滩植被等,拥有森林、高山草甸、雪山、溪流、风情藏寨等诸多资源。因此,夹金山生物资源和生物多样性极为丰富,尤其药用植物种类繁多,是天然的药用植物王国。夹金山脉东坡的宝兴县(古名穆坪),是大熊猫、珙桐等物种的模式标本产地。夹金山国家森林公园适合药用植物学野外实习教学的区域有神木垒原生态风景区、五彩池和夹金山高山草甸等地。

(三) 代表药用植物

1. **地衣类植物** 长松萝 *Usnea longissima*◆等。

2. **蕨类植物** 紫萁 *Osmunda japonica*、问荆 *Equisetum arvense*、光叶蕨 *Cystoathyrium chinense* 等。

3. **裸子植物**

银杏科:银杏 *Ginkgo biloba*。

柏科:岷江柏木 *Cupressus chengiana* 等。

松科:油松 *Pinus tabulaeformis*、铁杉 *Tsuga chinensis*、云杉 *Picea asperata*、麦吊云杉 *Picea brachytyla*、油麦吊云杉 *Picea brachytyla* var. *complanata*、岷江冷杉 *Abies faxoniana*、四川红杉 *Larix mastersiana*★等。

红豆杉科:红豆杉 *Taxus chinensis*、南方红豆杉 *Taxus chinensis* var. *mairei* 等。

4. **被子植物**

三白草科:蕺菜 *Houttuynia cordata* 等。

胡桃科:胡桃楸 *Juglans mandshurica* 等。

桦木科:白桦 *Betula platyphylla*、红桦 *Betula albosinensis* 等。

壳斗科:石栎 *Lithocarpus glaber*、麻栎 *Quercus acutissima* 等。

荨麻科:水麻 *Debregeasia orientalis*◆、大蝎子草 *Girardinia diversifolia* 等。

蓼科:珠牙蓼 *Polygonum viviparum*◆、虎杖 *Reynoutria japonica*、圆穗蓼 *Polygonum macrophyllum*、何首乌 *Fallopia multiflora* 等。

石竹科:石竹 *Dianthus chinensis*、甘肃雪灵芝 *Arenaria kansuensis*★等。

昆栏树科:领春木 *Euptelea pleiosperma* 等。

连香树科:连香树 *Cercidiphyllum japonicum* 等。

毛茛科:升麻 *Cimicifuga foetida*◆、打破碗花花 *Anemone hupehensis*、川赤芍 *Paeonia veitchii*★、毛茛 *Ranunculus japonicus*◆、翠雀 *Delphinium grandiflorum*、绣球藤 *Clematis montana*、黄连 *Coptis chinensis*、独叶草 *Kingdonia uniflora* 等。

小檗科：三颗针 *Berberis julianae*◆、桃儿七 *Sinopodophyllum emodi*、八角莲 *Dysosma versipellis* 等。

木兰科：厚朴 *Magnolia officinalis*、圆叶玉兰 *Magnolia sinensis*、西康玉兰 *Magnolia wilsonii*、凹叶木兰 *Magnolia sargentiana*、鹅掌楸 *Liriodendron chinense*、水青树 *Tetracentron sinense* 等。

樟科：樟 *Cinnamomum camphora* 等。

罂粟科：全缘绿绒蒿 *Meconopsis integrifolia*◆★等。

十字花科：碎米荠 *Cardamine hirsuta*◆等。

景天科：长鞭红景天 *Rhodiola fastigiata*、石莲 *Sinocrassula indica* 等。

虎耳草科：七叶鬼灯檠 *Rodgersia aesculifolia*◆、落新妇 *Astilbe chinensis*、八仙花 *Hydrangea macrophylla* 等。

杜仲科：杜仲 *Eucommia ulmoides*。

蔷薇科：水杨梅 *Geum aleppicum*、桉叶悬钩子 *Rubus eucalyptus*、蛇莓 *Duchesnea indica*、龙芽草 *Agrimonia pilosa*◆、高山绣线菊 *Spiraea alpina*、委陵菜 *Potentilla chinensis*、高丛珍珠梅 *Sorbaria arborea*◆、金露梅 *Potentilla fruticosa*、窄叶鲜卑花 *Sibiraea angustata* 等。

豆科：野大豆 *Glycine soja* 等。

牻牛儿苗科：尼泊尔老鹳草 *Geranium nepalense*◆等。

旱金莲科：旱金莲 *Tropaeolum majus* 等。

芸香科：花椒 *Zanthoxylum bungeanum*◆等。

大戟科：大戟 *Euphorbia pekinensis*◆等。

马桑科：马桑 *Coriaria sinica*◆等。

冬青：枸骨 *Ilex cornuta* 等。

凤仙花科：水金凤 *Impatiens noli-tangere* 等。

锦葵科：锦葵 *Malva sylvestris*◆、蜀葵 *Althaea rosea*◆等。

藤黄科：金丝梅 *Hypericum patulum*◆等。

胡颓子科：披针叶胡颓子 *Elaeagnus bockii* 等。

千屈菜科：千屈菜 *Lythrum salicaria* 等。

蓝果树科：珙桐 *Davidia involucrata*@、光叶珙桐 *Davidia involucrata* var. *vilmoriniana* 等。

柳叶菜科：月见草 *Oenothera biennis* 等。

五加科：羽叶三七 *Panax pseudo-ginseng* var. *bipinnatifidus* 等。

伞形科：野胡萝卜 *Daucus carota*◆等。

杜鹃花科：杜鹃 *Rhododendron simsii*、大王杜鹃 *Rhododendron rex* 等。

报春花科：锡金报春 *Primula sikkimensis*◆、矮桃 *Lysimachia clethroides* 等。

马钱科：大叶醉鱼草 *Buddleja davidii*◆等。

龙胆科：龙胆 *Gentiana scabra*、獐牙菜 *Swertia bimaculata*◆等。

紫草科：倒提壶 *Cynoglossum amabile*◆等。

马鞭草科：马鞭草 *Verbena officinalis*◆等。

唇形科：风轮菜 *Clinopodium chinense*、夏枯草 *Prunella vulgaris*◆等。

玄参科：藓生马先蒿 *Pedicularis muscicola* 等。

忍冬科：忍冬 *Lonicera japonica*、接骨草 *Sambucus chinensis*◆等。

川续断科：川续断 *Dipsacus asper* ★、白花刺参 *Morina nepalensis* var. *alba* ★等。

菊科：风毛菊 *Saussurea japonica*、香青 *Anaphalis sinica*、火绒草 *Leontopodium leontopodioides* ◆、秋英 *Cosmos bipinnata* ◆、牛蒡 *Arctium lappa* ◆、大蓟 *Cirsium japonicum* ◆、鼠曲草 *Gnaphalium affine* ◆、掌叶橐吾 *Ligularia przewalskii* ◆等。

天南星科：天南星 *Arisaema erubescens* ◆、异叶天南星 *Arisaema heterophyllum* ◆、东北天南星 *Arisaema amurense* 等。

百合科：宝兴百合 *Lilium duchartrei* ★、七叶一枝花 *Paris polyphylla*、藜芦 *Veratrum nigrum*、鹿药 *Smilacina japonica* 等。

鸢尾科：鸢尾 *Iris tectorum* 等。

兰科：天麻 *Gastrodia elata* 等。

（李　涛）

九、黄山自然保护区

(一) 地理交通

黄山位于中国安徽省南部黄山市境内，与歙县、黟县和休宁县接壤，因峰岩青黑遥望苍黛而名，秦代称"黟山"，据《周书异记》记载，轩辕黄帝曾在此修身炼丹，唐天宝六年(公元747)唐明皇下诏敕名"黄山"。黄山以奇伟俏丽、灵秀多姿著称于世，以奇松、怪石、云海誉为"三奇"，加上温泉称为"黄山四绝"。黄山生物资源丰富、生态保护较好，具有重要科学和生态环境价值。黄山是我国国家级重点风景名胜区，1985 年入选全国十大风景名胜，1990年 12 月被联合国教科文组织列入《世界文化与自然遗产名录》，2004 年 2 月入选世界地质公园，2006 年被评为"全国文明风景旅游区"。

黄山地处华东中亚热带北缘，属于亚热带季风气候。由于山高谷深，气候呈垂直变化，北坡和南坡受阳光的辐射差大，局部地形对其气候起主导作用，形成云雾多、湿度大、降水多的气候特点，接近于海洋性气候，夏无酷暑，冬少严寒，四季平均温度差仅 20℃左右。夏季平均温度为 25℃，最高气温 27℃，冬季平均温度为 0℃以上，最低气温 –2.2℃，年均气温7.8℃。无霜期 258 天，年平均降雨日数 183 天，多集中于 4~6 月，年均降水量为 2 395mm。

黄山土壤的垂直地带性明显，海拔 900m 以下为山地黄壤，母质为花岗岩，杂以千枚岩和石英砂岩，质地粗松，呈酸性反应；海拔 900~1 600m 为山地黄棕壤，为花岗岩的风化物，含粗石英砂粒，呈酸性反应，缓坡或沟谷中的植被发育良好，土壤表层腐殖质积聚，有机质含量高达 3% 以上，陡坡土层浅薄，仅在岩缝中有少量植被(如黄山松)分布；海拔 1 600m 以上的山顶如光明顶等地有草甸土，呈星块状分布，面积不大，此种土壤的有机质分解缓慢，呈强酸性反应，生长有黄山松矮林及灌丛等植被。

黄山南北长约 40km，东西宽约 30km，山脉面积 1 200km²，核心景区面积约 160.6km²，主峰 1 860m，为华东地区最高峰。山境的中心(光明顶)地理位置为北纬 30°08′，东经 118°09′。距合肥市 320km，南京市 280km，杭州市 230km，上海市 410km，交通便捷。黄山高速公路有合铜黄、徽杭、屯景、黄千、溧黄、祁砀、宁黄等。近年来安徽、江苏有数十所科研院校在黄山建立了野外实践教学基地。

(二) 植被与资源

黄山经历了漫长的造山运动和地壳抬升以及冰川和自然风化作用，才形成其特有的峰林结构。经过第四纪冰川作用，形成了冰川侵蚀地貌，如典型的有金鸡冰斗、天都峰、鲫鱼背、平天石工刃背、逍遥池、丞相源、U 形谷、百丈泉、人字瀑悬谷、汤岭关、西海粒雪盆等,在立马亭对面陡崖上可见冰川擦痕。

黄山地势错综复杂,山峰高耸云际,气候具有垂直变化的特点,黄山植被呈现明显的垂直分布。植被垂直分布为:海拔 600m 以下为人工垦植栽培植被和次生自然林,海拔 600~1 100m 为常绿阔叶林,海拔 800~1 250m 为落叶-常绿阔叶混交林,海拔 1 100~1 400m 为落叶阔叶林,海拔 1 440~1 650m 为山地矮林和山地灌丛,海拔 1 600~1 840m 为山地草甸。此外,海拔 300~700m 地带有大片毛竹林,海拔 800m 以上坦阔山脊和山顶坡地常嵌有较大面积的黄山松林。

黄山自然条件优越,植物资源丰富,据调查有苔藓植物 57 科 114 属 191 种,蕨类植物 31 科 58 属 131 种,种子植物 134 科 655 属 1 483 种。适合实习的区域有黄山汤口周围山地、黄山浮溪野生猴谷保护区、黄山太平焦村、清凉台到松谷庵周围附近山区,高山有桃花峰、虎寨等。

(三) 代表药用植物

1. **藻类植物** 葛仙米 *Nostoc commune*、光洁水绵 *Spirogyra nitida* 等。

2. **菌类植物** 竹黄 *Shiraia bambusicola*◆、木耳 *Auricularia auricular*、树舌 *Ganoderma applanatum*◆、灵芝 *Ganoderma lucidum* 等。

3. **地衣类植物** 松萝 *Usnea diffracta*、美味石耳 *Umbilicaria esculenta* 等。

4. **苔藓类植物** 地钱 *Marchantia polymorpha* 等。

5. **蕨类植物** 蛇足石杉 *Huperzia serrata*、石松 *Lycopodium japonicum*、垫状卷柏 *Selaginella pulvinata*、江南卷柏 *Selaginella moellendorffii*◆、紫萁 *Osmunda japonica*◆、芒萁 *Dicranopteris pedata*◆、海金沙 *Lygodium japonicum*◆、蕨 *Pteridium aquilinum* var. *latiusculum*◆、井栏边草 *Pteris multifida*◆、贯众 *Cyrtomium fortunei*◆、狗脊 *Woodwardia japonica*◆、日本水龙骨 *Goniophlebium niponicum*、瓦韦 *Lepisorus thunbergianus*、石韦 *Pyrrosia lingua*◆、有柄石韦 *Pyrrosia petiolosa*、庐山石韦 *Pyrrosia sheareri*★、槲蕨 *Drynaria roosii* 等。

6. **裸子植物** 银杏 *Ginkgo biloba*、马尾松 *Pinus massoniana*◆、黄山松 *Pinus taiwanensis*◆、金钱松 *Pseudolarix amabilis*、柳杉 *Cryptomeria japonica* var. *sinensis*、杉木 *Cunninghamia lanceolata*◆、水杉 *Metasequoia glyptostroboides*、侧柏 *Platycladus orientalis*◆、三尖杉 *Cephalotaxus fortunei*、香榧 *Torreya grandis* 'Merrillii'◆、红豆杉 *Taxus wallichiana* var. *chinensis* 等。

7. **被子植物**

三白草科:蕺菜 *Houttuynia cordata*◆等。

金粟兰科:及已 *Chloranthus serratus* 等。

胡桃科:山核桃 *Carya cathayensis*、青钱柳 *Cyclocarya paliurus*★、华东野核桃 *Juglans cathayensis*◆、枫杨 *Pterocarya stenoptera*◆、化香树 *Platycarya strobilacea* 等。

壳斗科:栗 *Castanea mollissima*◆、茅栗 *Castanea seguinii*◆等。

桑科:柘树 *Cudrania tricuspidata*◆、薜荔 *Ficus pumila*◆、珍珠莲 *Ficus sarmentosa* var. *henryi*◆、葎草 *Humulus scandens*◆、桑 *Morus alba* 等。

荨麻科:悬铃叶苎麻 *Boehmeria tricuspis*◆、庐山楼梯草 *Elatostema stewardii*◆、糯米团 *Gonostegia hirta*、赤车 *Pellionia radicans*、透茎冷水花 *Pilea pumila* 等。

马兜铃科:汉城细辛 *Asarum sieboldii*、肾叶细辛 *Asarum renicordatum*★、马兜铃 *Aristolochia debilis* 等。

蓼科: 何首乌 *Fallopia multiflora* ◆、虎杖 *Reynoutria japonica* ◆、红蓼 *Polygonum orientale* ◆、杠板归 *Polygonum perfoliatum* ◆、萹蓄 *Polygonum aviculare*、支柱蓼 *Polygonum suffultum* var. *suffultum*、酸模 *Rumex acetosa* ◆、羊蹄 *Rumex japonicus* ◆等。

苋科: 牛膝 *Achyranthes bidentata* ◆等。

商陆科: 垂序商陆 *Phytolacca americana* 等。

马齿苋科: 马齿苋 *Portulaca oleracea* ◆等。

石竹科: 瞿麦 *Dianthus superbus* ◆、孩儿参 *Pseudostellaria heterophylla*、漆姑草 *Sagina japonica*、蝇子草 *Silene gallica* 等。

毛茛科: 乌头 *Aconitum carmichaelii* ★＠、打破碗花花 *Anemone hupehensis*、女萎 *Clematis apiifolia*、短萼黄连 *Coptis chinensis* var. *brevisepala* ★、獐耳细辛 *Hepatica nobilis* var. *asiatica* ★、草芍药 *Paeonia obovata* ★、毛茛 *Ranunculus japonicus* ◆、天葵 *Semiaquilegia adoxoides* ◆、大叶唐松草 *Thalictrum faberi*、华东唐松草 *Thalictrum fortunei* ★等。

木通科: 木通 *Akebia quinata* ◆、白木通 *Akebia trifoliate* subsp. *australis* ◆、大血藤 *Sargentodoxa cuneata* ★等。

小檗科: 六角莲 *Dysosma pleiantha* ★、三枝九叶草 *Epimedium sagittatum* ★、阔叶十大功劳 *Mahonia bealei*、南天竹 *Nandina domestica* 等。

防己科: 风龙 *Sinomenium acutum*、金线吊乌龟 *Stephania cephalantha* 等。

木兰科: 华中五味子 *Schisandra neglecta*、鹅掌楸 *Liriodendron chinense*、黄山玉兰 *Yulania cylindrica* ★＠、天女木兰 *Magnolia sieboldii* ★等。

樟科: 樟 *Cinnamomum camphora*、香桂 *Cinnamomum subavenium*、乌药 *Lindera aggregata* ◆、山胡椒 *Lindera glauca* ◆、山鸡椒 *Litsea cubeba* ◆等。

罂粟科: 紫堇 *Corydalis edulis* ◆、博落回 *Macleaya cordata* ◆、荷青花 *Hylomecon japonica* 等。

十字花科: 蔊菜 *Rorippa indica* ◆、北美独行菜 *Lepidium virginicum* 等。

景天科: 费菜 *Phedimus aizoon*、垂盆草 *Sedum sarmentosum* ◆等。

虎耳草科: 大落新妇 *Astilbe grandis*、草绣球 *Cardiandra moellendorffii* ★、黄山梅 *Kirengeshoma palmata* ★、虎耳草 *Saxifraga stolonifera* ◆等。

海桐科: 海金子 *Pittosporum illicioides* 等。

金缕梅科: 枫香树 *Liquidambar formosana*、檵木 *Loropetalum chinense* ◆等。

杜仲科: 杜仲 *Eucommia ulmoides*。

蔷薇科: 龙芽草 *Agrimonia pilosa* ◆、桃 *Amygdalus persica*、野山楂 *Crataegus cuneata*、三叶委陵菜 *Potentilla freyniana* ◆、金樱子 *Rosa laevigata*、掌叶覆盆子 *Rubus chingii* ◆、蓬蘽 *Rubus hirsutus* ◆、地榆 *Sanguisorba officinalis* ◆、黄山花楸 *Sorbus amabilis* ★＠等。

豆科: 合欢 *Albizia julibrissin*、云实 *Caesalpinia decapetala*、皂荚 *Gleditsia sinensis*、鸡眼草 *Kummerowia striata* ◆、香花崖豆藤 *Millettia dielsiana* ◆、葛（野葛）*Pueraria lobata* ◆、苦参 *Sophora flavescens* 等。

酢浆草科: 酢浆草 *Oxalis corniculata*、山酢浆草 *Oxalis acetosella* subsp. *griffithii* ★等。

牻牛儿苗科: 野老鹳草 *Geranium carolinianum* ◆、老鹳草 *Geranium wilfordii* 等。

芸香科: 臭节草 *Boenninghausenia albiflora* ◆、棟叶吴萸 *Tetradium glabrifolium*、吴茱萸 *Tetradium ruticarpum*、野花椒 *Zanthoxylum simulans*、臭常山 *Orixa japonica* 等。

苦木科：臭椿 *Ailanthus altissima*◆等。

楝科：香椿 *Toona sinensis* 等。

远志科：狭叶香港远志 *Polygala hongkongensis* var. *stenophylla*、瓜子金 *Polygala japonica* 等。

大戟科：地锦 *Euphorbia humifusa*◆、算盘子 *Glochidion puberum*、叶下珠 *Phyllanthus urinaria*、油桐 *Vernicia fordii*◆等。

漆树科：黄连木 *Pistacia chinensis*◆、盐肤木 *Rhus chinensis*◆、野漆 *Toxicodendron succedaneum*◆等。

冬青科：枸骨 *Ilex cornuta*、大叶冬青 *Ilex latifolia* 等。

卫矛科：卫矛 *Euonymus alatus*、胶州卫矛 *Euonymus fortunei*◆、雷公藤 *Tripterygium wilfordii*★等。

省沽油科：野鸦椿 *Euscaphis japonica*◆、省沽油 *Staphylea bumalda*、瘿椒树 *Tapiscia sinensis*★等。

清风藤科：清风藤 *Sabia japonica*◆等。

安息香科：玉铃花 *Styrax obassia* 等。

凤仙花科：凤仙花 *Impatiens balsamina* 等。

鼠李科：光叶毛果枳椇 *Hovenia trichocarpa* var. *robusta*、枣 *Ziziphus jujuba*★等。

葡萄科：蛇葡萄 *Ampelopsis glandulosa*◆、乌蔹莓 *Cayratia japonica*◆等。

锦葵科：木槿 *Hibiscus syriacus*、木芙蓉 *Hibiscus mutabilis* 等。

猕猴桃科：中华猕猴桃 *Actinidia chinensis*◆等。

山茶科：油茶 *Camellia oleifera*◆、茶 *Camellia sinensis*◆等。

藤黄科：黄海棠 *Hypericum ascyron*、地耳草 *Hypericum japonicum*◆、元宝草 *Hypericum sampsonii* 等。

旌节花科：中国旌节花 *Stachyurus chinensis*◆等。

胡颓子科：胡颓子 *Elaeagnus pungens*、木半夏 *Elaeagnus multiflora* var. *multiflora* 等。

五加科：黄毛楤木 *Aralia chinensis*◆、食用土当归 *Aralia cordata*、树参 *Dendropanax dentiger*★、常春藤 *Hedera nepalensis* var. *sinensis*◆、刺楸 *Kalopanax septemlobus* 等。

伞形科：紫花前胡 *Angelica decursiva*◆、大叶柴胡 *Bupleurum longiradiatum*◆、蛇床 *Cnidium monnieri*、鸭儿芹 *Cryptotaenia japonica*◆、天胡荽 *Hydrocotyle sibthorpioides*◆、藁本 *Ligusticum sinense*、前胡 *Peucedanum praeruptorum*◆等。

山茱萸科：灯台树 *Cornus controversa*◆、青荚叶 *Helwingia japonica*、八角枫 *Alangium chinense*、瓜木 *Alangium platanifolium* 等。

鹿蹄草科：普通鹿蹄草 *Pyrola decorata*★等。

杜鹃花科：水晶兰 *Monotropa uniflora*、满山红 *Rhododendron mariesii*◆、羊踯躅 *Rhododendron molle*、杜鹃 *Rhododendron simsii*◆、南烛 *Vaccinium bracteatum*◆等。

报春花科：矮桃 *Lysimachia clethroides*、过路黄 *Lysimachia christiniae*◆、点腺过路黄 *Lysimachia hemsleyana*◆、朱砂根 *Ardisia crenata*、紫金牛 *Ardisia japonica*◆等。

柿科：柿 *Diospyros kaki* 等。

木樨科：女贞 *Ligustrum lucidum*、木犀 *Osmanthus fragrans* 等。

龙胆科：獐牙菜 *Swertia bimaculata*、双蝴蝶 *Tripterospermum chinense*、龙胆 *Gentiana scabra* 等。

夹竹桃科：络石 *Trachelospermum jasminoides*◆、牛皮消 *Cynanchum auriculatum*、蔓剪草 *Cynanchum chekiangense*、萝藦 *Metaplexis japonica*◆等。

旋花科：金灯藤 *Cuscuta japonica* 等。

马鞭草科：马鞭草 *Verbena officinalis*◆等。

唇形科：筋骨草 *Ajuga ciliata*◆、风轮菜 *Clinopodium chinense*、活血丹 *Glechoma longituba*◆、益母草 *Leonurus japonicus*◆、薄荷 *Mentha canadensis*、紫苏 *Perilla frutescens*、夏枯草 *Prunella vulgaris*◆、大萼香茶菜 *Rabdosia macrocalyx*◆、紫珠 *Callicarpa bodinieri* var. *bodinieri*◆、大青 *Clerodendrum cyrtophyllum* var. *cyrtophyllum*、豆腐柴 *Premna microphylla*◆、牡荆 *Vitex negundo* var. *cannabifolia* 等。

茄科：江南散血丹 *Physaliastrum heterophyllum*★、白英 *Solanum lyratum*◆、龙葵 *Solanum nigrum*◆等。

玄参科：蚊母草 *Veronica peregrina*◆、毛叶腹水草 *Veronicastrum villosulum*◆、醉鱼草 *Buddleja lindleyana*◆等。

苦苣苔科：浙皖佛肚苣苔 *Briggsia chienii*★、降龙草 *Hemiboea subcapitata*、吊石苣苔 *Lysionotus pauciflorus* 等。

列当科：中国野菰 *Aeginetia sinensis* 等。

爵床科：九头狮子草 *Peristrophe japonica*◆、爵床 *Justicia procumbens* 等。

车前科：车前 *Plantago asiatica*◆等。

茜草科：香果树 *Emmenopterys henryi*★、栀子 *Gardenia jasminoides*、鸡矢藤 *paederia foetida*◆、茜草 *Rubia cordifolia*◆、六月雪 *Serissa japonica* 等。

忍冬科：忍冬 *Lonicera japonica*◆、败酱 *Patrinia scabiosifolia*◆、攀倒甑 *Patrinia villosa*◆、天目续断 *Dipsacus tianmuensis*◆、接骨木（陆英）*Sambucus javanica*◆等。

葫芦科：绞股蓝 *Gynostemma pentaphyllum*◆、栝楼 *Trichosanthes kirilowii* 等。

桔梗科：羊乳 *Codonopsis lanceolata*、半边莲 *Lobelia chinensis*◆、桔梗 *Platycodon grandiflorum* 等。

菊科：奇蒿 *Artemisia anomala*◆、黄花蒿 *Artemisia annua*◆、三脉紫菀 *Aster ageratoides*◆、蓟 *Cirsium japonicum*◆、野菊 *Chrysanthemum indicum*◆、一点红 *Emilia sonchifolia*◆、马兰 *Kalimeris indica*◆、大丁草 *Leibnitzia anandria*、窄头橐吾 *Ligularia stenocephala*◆、千里光 *Senecio scandens*◆、豨莶 *Sigesbeckia orientalis*◆、一枝黄花 *Solidago decurrens*◆、兔儿伞 *Syneilesis aconitifolia*◆、黄山风毛菊 *Saussurea hwangshanensis*★@ 等。

禾本科：白茅 *Imperata cylindrica*、淡竹叶 *Lophatherum gracile*◆、狗尾草 *Setaria viridis* 等。

莎草科：莎草（香附子）*Cyperus rotundus*◆等。

天南星科：一把伞南星 *Arisaema erubescens*、滴水珠 *Pinellia cordata*、半夏 *Pinellia ternate*◆、石菖蒲 *Acorus tatarinowii*◆等。

鸭跖草科：鸭跖草 *Commelina communis*◆等。

百合科：薤白 *Allium macrostemon*、天冬 *Asparagus cochinchinensis*、萱草 *Hemerocallis fulva*◆、百合 *Lilium brownii* var. *viridulum*、野百合 *Lilium brownii*、荞麦叶大百合 *Cardiocrinum cathayanum*、麦冬 *Ophiopogon japonicus*◆、华重楼 *Paris polyphylla* var. *chinensis*、多花黄精 *Polygonatum cyrtonema*◆、长梗黄精 *Polygonatum filipes*、玉竹 *Polygonatum odoratum*◆、土茯

苓 *Smilax glabra*◆、延龄草 *Trillium tschonoskii* *、牯岭藜芦 *Veratrum schindleri* 等。

石蒜科：石蒜 *Lycoris radiata* 等。

薯蓣科：日本薯蓣 *Dioscorea japonica*◆、薯蓣 *Dioscorea polystachya*、穿龙薯蓣 *Dioscorea nipponica* 等。

鸢尾科：射干 *Belamcanda chinensis* 等。

姜科：襄荷 *Zingiber mioga*◆、山姜 *Alpinia japonica* 等。

兰　科：花叶开唇兰(金线兰)*Anoectochilus roxburghii*、白及 *Bletilla striata*、虾脊兰 *Calanthe discolor*、春兰 *Cymbidium goeringii*、扇脉杓兰 *Cypripedium japonicum*、独蒜兰 *Pleione bulbocodioides*、绶草 *Spiranthes sinensis*、大唇羊耳蒜 *Liparis dunnii* 等。

（孙立彦　黄宝康）

十、安徽省南陵县丫山

(一) 地理交通

丫山位于安徽省芜湖市南陵县何湾镇,东经 118.32°,北纬 30.91°,因主峰呈"丫"字形而得名。丫山位于长江南岸,面积 65km²。丫山西接青阳,北靠铜陵,地处铜陵、池州、芜湖三市交界处,1987 年被评为首批省级风景名胜区,现为国家 AAAA 景区、地质公园,分西山、龙山、下宕三个景区。是我国长三角地区石林分布面积最大的喀斯特熔岩地貌。

丫山在中三叠纪前为浅海,有厚逾万米的沉积岩,在地质运动的作用下逐渐抬升成陆地。3 亿多年前,丫山露出海平面,岩层中夹煤层。受印支运动的影响,产生了丫山褶皱,长 24km,核心部分较为狭窄,宽约 1km,这样就形成了西北低山、东南丘陵的山川地势。

丫山年平均气温为 15~17℃,年平均降雨量为 1 300~1 500mm,无霜期平均为 230~240 天,年平均日照时数为 1 930~1 945 小时。气候特征是:温暖湿润,四季分明;春季升温快,秋季降温快,夏热、冬寒,气温极差大,区内光、热、水资源丰富。土壤以黄红壤和石灰土为主,土壤中有机质含量高,肥沃疏松,团粒结构透气性好。

丫山群山环抱,有象形奇峰 60 余座,丫字峰(双秀峰)、美人峰、蝙蝠峰、狮子峰,峰峰相望。丫山有石林、溶洞、瀑布、峡谷、天坑、暗河、山顶湖、珍珠温泉等各种奇特自然景观。丫山石林,漫山遍野;大小溶洞 99 处,燕倪洞、仙子洞、海龙洞、仙人洞等,错综复杂;暗河较多,有龙井、双龙井、珍珠泉、放生池、祈雨洞等。山顶南陵湖于 1976 年唐山大地震时一夜惊现。丫山距离南陵县城 35km、芜湖 80km、南京 180km,距九华山风景区 48km、黄山风景区 130km。合铜黄、沿江、申苏浙皖高速公路傍境而过,交通便利。

(二) 植被与资源

丫山属于北亚热带湿润型季风气候区,在植被区划中被列为北亚热带落叶与常绿阔叶混交林带。其最高峰(又名双秀峰)海拔为 906.2m。丫山特殊的地理环境加上优越的自然条件,使丫山森林植被复杂,植被覆盖居全县之首,森林覆盖率达 85% 以上。由此孕育了丰富的野生药用植物资源。通过长时间的实习和调查,初步统计有药用植物 700 余种,隶属约 140 科、400 余属。其中引种栽培中药材 100 多种,如牡丹皮、山茱萸、杜仲、银杏、丹参、白术、桔梗等。本区内列为国家重点保护的野生药用植物有明党参 *Changium smyrnioides*、野大豆 *Glycine soja*、天冬 *Asparagus cochinchinensis*、华中五味子 *Schisandra sphenanthera* 等。此外,该地还是安徽省道地药材牡丹皮规范化种植示范研究基地,漫山遍野的栽培牡丹,花期极为壮观。山区还广种茶叶与桑树。实习的具体路线和地点可根据实习时间及要求来选择。

(三) 代表药用植物

1. **藻类植物** 葛仙米 *Nostoc commune*、水绵 *Spirogyra nitida* 等。

2. **菌类植物** 竹黄 *Shiraia bambusicola*◆、木耳 *Auricularia auricular*、赤芝 *Ganoderma lucidum* 等。

3. **蕨类植物** 节节草 *Equisetum ramosissimum*◆、笔管草 *Equisetum ramosissimum* subsp. *debile*◆、江南卷柏 *Selaginella moellendorffii*◆、紫萁 *Osmunda japonica*、海金沙 *Lygodium japonicum*◆、井栏边草 *Pteris multifida*◆、野雉尾金粉蕨 *Onychium japonicum*◆、凤丫蕨 *Coniogramme japonica*◆、贯众 *Cyrtomium fortunei*◆、肾蕨 *Nephrolepis auriculata*◆、抱石莲 *Lepidogrammitis drymoglossoides*◆、石韦 *Pyrrosia lingua*◆、满江红 *Azolla imbricata* 等。

4. **裸子植物** 银杏 *Ginkgo biloba*、金钱松 *Pseudolarix amabilis*、马尾松 *Pinus massoniana*◆、侧柏 *Platycladus orientalis*、粗榧 *Cephalotaxus sinensis*◆等。

5. **被子植物**

三白草科：三白草 *Saururus chinensis*、蕺菜 *Houttuynia cordata*◆等。

壳斗科：栗（板栗）*Castanea mollissima*◆、苦槠 *Castanopsis sclerophylla*◆、槲栎 *Quercus aliena* 等。

榆科：青檀 *Pteroceltis tatarinowii* 等。

桑科：柘树 *Cudrania tricuspidata*、桑 *Morus alba*、珍珠莲 *Ficus sarmentosa* var. *henryi* 等。

檀香科：百蕊草 *Thesium chinense* 等。

金粟兰科：丝穗金粟兰 *Chloranthus fortunei* 等。

马兜铃科：马兜铃 *Aristolochia debilis*◆、寻骨风（绵毛马兜铃）*Aristolochia mollissima* 等。

蓼科：短毛金线草 *Antenoron filiforme* var. *neofiliforme*、杠板归 *Polygonum perfoliatum*◆、刺蓼 *Polygonum senticosum*、虎杖 *Reynoutria japonica*◆、何首乌 *Fallopia multiflora*◆等。

藜科：土荆芥 *Chenopodium ambrosioides*◆、地肤 *Kochia scoparia*◆等。

苋科：青葙 *Celosia argentea*◆、刺苋 *Amaranthus spinosus*◆、牛膝 *Achyranthes bidentata*◆等。

商陆科：商陆 *Phytolacca acinosa*◆等。

马齿苋科：土人参 *Talinum paniculatum* 等。

石竹科：孩儿参 *Pseudostellaria heterophylla*、瞿麦 *Dianthus superbus*、麦蓝菜 *Vaccaria segetalis*、鹤草（蝇子草）*Silene fortunei* 等。

毛茛科：还亮草 *Delphinium anthriscifolium*◆、毛茛 *Ranunculus japonicus*、猫爪草（小毛茛）*Ranunculus ternatus*、华东唐松草 *Thalictrum fortunei*◆、天葵 *Semiaquilegia adoxoides*、威灵仙 *Clematis chinensis*◆、女萎 *Clematis apiifolia*、杨子铁线莲 *Clematis puberula* var. *ganpiniana*◆、毛萼铁线莲 *Clematis hancockiana*◆、牡丹 *Paeonia suffruticosa*◆★、芍药 *Paeonia lactiflora* 等。

木通科：三叶木通 *Akebia trifoliata*◆、木通 *Akebia quinata*、鹰爪枫 *Holboellia coriacea*◆等。

小檗科：六角莲 *Dysosma pleiantha*★、阔叶十大功劳 *Mahonia bealei*、南天竹 *Nandina domestica* 等。

防己科：木防己 *Cocculus orbiculatus*、千金藤 *Stephania japonica*◆、金线吊乌龟 *Stephania cepharantha*、蝙蝠葛 *Menispermum dauricum*◆、风龙 *Sinomenium acutum*◆等。

木兰科：玉兰 *Magnolia denudata*、南五味子 *Kadsura longipedunculata*★、华中五味子

Schisandra sphenanthera★等。

樟科：山胡椒 *Lindera glauca*◆、乌药 *Lindera aggregata*、紫楠 *Phoebe sheareri*◆★等。

罂粟科：博落回 *Macleaya cordata*◆、小花黄堇 *Corydalis racemosa*◆、紫堇 *Corydalis edulis*◆等。

十字花科：无瓣蔊菜 *Rorippa dubia*◆、北美独行菜 *Lepidium virginicum*◆等。

景天科：垂盆草（卧茎景天）*Sedum sarmentosum*◆、珠芽景天 *Sedum bulbiferum*◆等。

虎耳草科：虎耳草 *Saxifraga stolonifera*◆等。

海桐花科：海金子 *Pittosporum illicioides* 等。

金缕梅科：枫香树 *Liquidambar formosana*、牛鼻栓 *Fortunearia sinensis* 等。

杜仲科：杜仲 *Eucommia ulmoides*◆。

蔷薇科：高粱泡 *Rubus lambertianus*、插田泡（高丽悬钩子）*Rubus coreanus*◆、山莓 *Rubus corchorifolius*、太平莓 *Rubus pacificus*◆、茅莓 *Rubus parvifolius*、金樱子 *Rosa laevigata*◆、小果蔷薇 *Rosa cymosa*、龙芽草 *Agrimonia pilosa*◆、地榆 *Sanguisorba officinalis*◆、蛇含委陵菜 *Potentilla kleiniana*◆、三叶委陵菜 *Potentilla freyniana*、委陵菜 *Potentilla chinensis*、杏 *Armeniaca vulgaris*◆、野山楂 *Crataegus cuneata*、路边青（水杨梅）*Geum aleppicum* 等。

豆科：山槐（山合欢）*Albizia kalkora*、云实 *Caesalpinia decapetala*、皂荚 *Gleditsia sinensis*、苦参 *Sophora flavescens*、合萌 *Aeschynomene indica*、鹿藿 *Rhynchosia volubilis*、野大豆 *Glycine soja*◆、葛（野葛）*Pueraria lobata*◆、野豌豆 *Vicia sepium*、马棘 *Indigofera pseudotinctoria*◆、锦鸡儿 *Caragana sinica*、紫云英 *Astragalus sinicus*◆、黄檀 *Dalbergia hupeana*、羽叶长柄山蚂蝗 *Podocarpium oldhamii*、中华胡枝子 *Lespedeza chinensis*◆、截叶铁扫帚 *Lespedeza cuneata*◆、杭子梢 *Campylotropis macrocarpa*◆等。

芸香科：野花椒 *Zanthoxylum simulans*◆、竹叶花椒 *Zanthoxylum armatum*◆、岭南花椒 *Zanthoxylum austrosinense* 等。

远志科：瓜子金 *Polygala japonica* 等。

牻牛儿苗科：野老鹳草 *Geranium carolinianum*◆。

大戟科：算盘子 *Glochidion puberum*、青灰叶下珠 *Phyllanthus glaucus*、石岩枫 *Mallotus repandus*◆、重阳木 *Bischofia polycarpa*、泽漆 *Euphorbia helioscopia*◆、甘肃大戟 *Euphorbia kansuensis*、乳浆大戟 *Euphorbia esula* 等。

楝科：楝 *Melia azedarach*◆等。

漆树科：黄连木 *Pistacia chinensis*、盐肤木 *Rhus chinensis*◆等。

冬青科：冬青 *Ilex chinensis* 等。

卫矛科：卫矛 *Euonymus alatus*、白杜（丝棉木）*Euonymus maackii*◆、南蛇藤 *Celastrus orbiculatus* 等。

省沽油科：野鸦椿 *Euscaphis japonica* 等。

鼠李科：雀梅藤 *Sageretia thea*、圆叶鼠李 *Rhamnus globosa*◆、猫乳 *Rhamnella franguloides*◆、牯岭勾儿茶 *Berchemia kulingensis*◆等。

葡萄科：白蔹 *Ampelopsis japonica*◆、乌蔹莓 *Cayratia japonica*◆等。

椴树科：田麻 *Corchoropsis tomentosa*、扁担杆 *Grewia biloba* 等。

锦葵科：苘麻 *Abutilon theophrasti*、木槿 *Hibiscus syriacus* 等。

瑞香科：结香 *Edgeworthia chrysantha* 等。

胡颓子科：胡颓子 *Elaeagnus pungens*、木半夏 *Elaeagnus multiflora* 等。

猕猴桃科：中华猕猴桃 *Actinidia chinensis* 等。

藤黄科：元宝草 *Hypericum sampsonii*、小连翘 *Hypericum erectum*、黄海棠(红旱莲) *Hypericum ascyron* 等。

堇菜科：心叶堇菜 *Viola concordifolia*◆、紫花地丁 *Viola philippica*◆等。

五加科：常春藤 *Hedera nepalensis* var. *sinensis*、五加(细柱五加) *Acanthopanax gracilistylus*、楤木 *Aralia chinensis*、刺楸 *Kalopanax septemlobus* 等。

伞形科：变豆菜 *Sanicula chinensis*、窃衣 *Torilis scabra*◆、野胡萝卜 *Daucus carota*◆、香根芹 *Osmorhiza aristata*、明党参 *Changium smyrnioides*◆★、鸭儿芹 *Cryptotaenia japonica*、前胡(白花前胡) *Peucedanum praeruptorum*◆等。

山茱萸科：山茱萸 *Cornus officinalis*★等。

杜鹃花科：杜鹃(映山红) *Rhododendron simsii*◆、羊踯躅(闹羊花) *Rhododendron molle*、南烛(乌饭树) *Vaccinium bracteatum* 等。

报春花科：过路黄 *Lysimachia christinae*◆、矮桃 *Lysimachia clethroides*◆、轮叶过路黄(轮叶排草) *Lysimachia klattiana* 等。

山矾科：白檀 *Symplocos paniculata*◆等。

木犀科：女贞 *Ligustrum lucidum*、木犀(桂花) *Osmanthus fragrans* 等。

夹竹桃科：络石藤 *Trachelospermum jasminoides*◆等。

萝藦科：徐长卿 *Cynanchum paniculatum*、萝藦 *Metaplexis japonica* 等。

茜草科：鸡矢藤 *Paederia foetida*◆、茜草 *Rubia cordifolia*◆、细叶水团花(水杨梅) *Adina rubella* 等。

旋花科：南方菟丝子 *Cuscuta australis*◆、牵牛 *Pharbitis nil* 等。

马鞭草科：马鞭草 *Verbena officinalis*◆、牡荆 *Vitex negundo* var. *cannabifolia*◆、黄荆 *Vitex negundo*◆、单花莸 *Caryopteris nepetaefolia*、大青 *Clerodendrum cyrtophyllum*、臭牡丹 *Clerodendrum bungei*◆、华紫珠 *Callicarpa cathayana*◆等。

唇形科：金疮小草 *Ajuga decumbens*、紫背金盘(白毛夏枯草) *Ajuga nipponensis*◆、韩信草 *Scutellaria indica*、活血丹(连钱草) *Glechoma longituba*◆、夏枯草 *Prunella vulgaris*、益母草 *Leonurus japonicus*◆、华鼠尾草(紫参) *Salvia chinensis*◆、丹参-白花变型 *Salvia miltiorrhiza* var. *miltiorrhiza* f. *alba*、牛至 *Origanum vulgare*、薄荷 *Mentha canadensis*◆、紫苏 *Perilla frutescens*◆、香茶菜 *Rabdosia amethystoides*◆等。

茄科：枸杞 *Lycium chinense*◆、曼陀罗 *Datura stramonium*、白英 *Solanum lyratum*◆、苦蘵(灯笼草) *Physalis angulata* 等。

爵床科：九头狮子草 *Peristrophe japonica*◆、爵床 *Rostellularia procumbens* 等。

车前科：车前 *Plantago asiatica*◆等。

忍冬科：接骨草 *Sambucus chinensis*、茶荚蒾 *Viburnum setigerum*、蝴蝶戏珠花 *Viburnum plicatum* var. *tomentosum*◆、忍冬 *Lonicera japonica*◆等。

玄参科：蚊母草 *Veronica peregrina*◆、阴行草 *Siphonostegia chinensis* 等。

紫葳科：梓 *Catalpa ovata*◆等。

葫芦科：栝楼 *Trichosanthes kirilowii*、南赤瓟 *Thladiantha nudiflora*、绞股蓝 *Gynostemma pentaphyllum*◆等。

桔梗科：羊乳 *Codonopsis lanceolata*◆、桔梗 *Platycodon grandiflorum*◆、轮叶沙参 *Adenophora tetraphylla*、杏叶沙参 *Adenophora hunanensis*◆、半边莲 *Lobelia chinensis*◆等。

菊科：菊芋 *Helianthus tuberosus*、豨莶 *Siegesbeckia orientalis*、黄鹌菜 *Youngia japonica*◆、稻槎菜 *Lapsana apogonoides*◆、天名精 *Carpesium abrotanoides*、野菊 *Dendranthema indicum*◆、青蒿 *Artemisia carvifolia*◆★、牡蒿 *Artemisia japonica*◆、黄花蒿 *Artemisia annua*、茵陈蒿 *Artemisia capillaris*、千里光 *Senecio scandens*◆、蒲儿根 *Sinosenecio oldhamianus*◆、华北鸦葱 *Scorzonera albicaulis*、菊三七 *Gynura japonica*、白术 *Atractylodes macrocephala*★、苍术 *Atractylodes lancea*★等。

泽泻科：窄叶泽泻 *Alisma canaliculatum* 等。

薯蓣科：日本薯蓣 *Dioscorea japonica*◆、薯蓣 *Dioscorea opposita* 等。

鸢尾科：射干 *Belamcanda chinensis* 等。

鸭跖草科：鸭跖草 *Commelina communis* 等。

禾本科：淡竹叶 *Lophatherum gracile*◆、大白茅 *Imperata cylindrica* var. *major*◆等。

莎草科：莎草(香附子) *Cyperus rotundus*◆等。

棕榈科：棕榈 *Trachycarpus fortunei* 等。

天南星科：半夏 *Pinellia ternata*◆、天南星 *Arisaema erubescens*◆、菖蒲 *Acorus calamus*、金钱蒲(石菖蒲) *Acorus gramineus* 等。

百合科：天冬 *Asparagus cochinchinensis*★、山麦冬 *Liriope spicata*◆、油点草 *Tricyrtis macropoda*◆、多花黄精 *Polygonatum cyrtonema*◆、玉竹 *Polygonatum odoratum*◆、宝铎草 *Disporum sessile*、菝葜 *Smilax china*◆、土茯苓 *Smilax glabra*◆、百合 *Lilium brownii* var. *viridulum*、卷丹 *Lilium lancifolium*、绵枣儿 *Scilla scilloides*◆等。

兰科：白及 *Bletilla striata*、天麻 *Gastrodia elata* 等。

（王旭红）

十一、千山

(一) 地理交通

千山是我国著名风景区之一,位居辽宁四大名山之首,位于辽东半岛北端,辽宁省的中南部,辽河平原的中下游,距离辽阳市正南约 30km,鞍山市东南约 17km,地处东经 122°49′~123°14′,北纬 40°55′~41°12′,总面积 125km²。千山系长白山脉南端的延伸,在辽南地区形成千山山脉。千山的气候对植物生长较为适宜,年平均温度为 10.5℃,最低为 1 月份(平均为 −7℃)。全年无霜期(从 5 月 4 日~10 月 4 日)为 165 天,一般 4 月至 10 月为植物生长季,最适为 5~9 月。历史上最低气温为 −30.4℃ (2 月份)。千山地区年平均降水量为 695mm。多集中在 5~10 月份,平均为 580mm,约占全年降水量的 83.45%,有利于植物的生长。千山地区平均相对湿度全年为 48.92%,8 月份最高为 68%,最低在 3~4 月份为 41%。

(二) 植被与资源

千山地处温带湿润气候区。温度适宜,雨量充足,气候完全适于植物生长,可算得上天然的药用植物宝库。除具备华北植物区系特点外,还与长白山植物区系有若干相似之处。药用植物有大约 120 科,605 种左右,占优势的科有:菊科、禾本科、豆科、伞形科、蔷薇科、百合科、唇形科、毛茛科、石竹科、十字花科、蓼科等。有不少植物种类已近绝迹,如人参 *Panax ginseng*、天麻 *Gastrodia elata*、细辛 *Asarum sieboldii*、党参 *Codonopsis pilosula* 等。还有一些种类处在濒临灭绝的边缘,如天女木兰 *Magnolia sieboldii*、紫草 *Lithospermum erythrorhizon* 等,仅在个别地区有零星分布。对此应当重视保护挽救濒临灭绝的种类,使千山成为辽东半岛的一个重要的药用植物天然贮存库和基因库。

(三) 代表药用植物

1. 蕨类植物　掌叶铁线蕨 *Adiantum pedatum*、银粉背蕨 *Aleuritopteris argentea*、中华蹄盖蕨 *Athyrium sinense*、东北蹄盖蕨 *Athyrium brevifrons*、过山蕨 *Camptosorus sibiricus*、粗茎鳞毛蕨 *Dryopteris crassirhizoma*◆、乌苏里瓦韦 *Lepisorus ussuriensis*◆、荚果蕨 *Matteuccia struthiopteris*、戟叶耳蕨 *Polystichum tripteron*、有柄石韦 *Pyrrosia petiolosa*、蕨 *Pteridium aquilinum* var. *latiusculum*、卷柏 *Selaginella tamariscina*◆等。

2. 裸子植物

银杏科：银杏 *Ginkgo biloba* 等。

松科：油松 *Pinus tabuliformis*◆等。

柏科：侧柏 *Platycladus orientalis*◆等。

3. 被子植物

金粟兰科：银线草 *Chloranthus japonicus*◆等。

杨柳科：山杨 *Populus davidiana*、垂柳 *Salix babylonica*、旱柳 *Salix matsudana* 等。

胡桃科：胡桃 *Juglans regia* 等。

桦木科：千金榆 *Carpinus cordata*、榛 *Corylus heterophylla*◆、毛榛 *Corylus mandshurica* 等。

壳斗科：槲栎 *Quercus aliena*、蒙古栎 *Quercus mongolica* 等。

榆科：刺榆 *Hemiptelea davidii*、裂叶榆 *Ulmus laciniata*、榆树 *Ulmus pumila*◆等。

桑科：大麻 *Cannabis sativa*、葎草 *Humulus scandens*◆、桑 *Morus alba*、鸡桑 *Morus australis*、蒙桑 *Morus mongolica* 等。

荨麻科：珠芽艾麻 *Laportea bulbifera*、狭叶荨麻 *Urtica angustifolia*、宽叶荨麻 *Urtica laetevirens*、乌苏里荨麻 *Urtica laetevirens* subsp. *cyanescens* 等。

檀香科：百蕊草 *Thesium chinense* 等。

桑寄生科：槲寄生 *Viscum coloratum*◆等。

马兜铃科：北马兜铃 *Aristolochia contorta*◆、辽细辛 *Asarum heterotropoides* var. *mandshuricum* 等。

蓼科：戟叶蓼 *Polygonum thunbergii*、萹蓄 *Polygonum aviculare*◆、水蓼 *Polygonum hydropiper*、红蓼 *Polygonum orientale*◆、杠板归 *Polygonum perfoliatum*、春蓼 *Polygonum persicaria*、箭叶蓼 *Polygonum sieboldii*、酸模 *Rumex acetosa*、皱叶酸模 *Rumex crispus* 等。

藜科：藜 *Chenopodium album*◆、刺藜 *Chenopodium aristatum*、地肤 *Kochia scoparia*、猪毛菜 *Salsola collina* 等。

苋科：反枝苋 *Amaranthus retroflexus*◆等。

商陆科：商陆 *Phytolacca acinosa* 等。

马齿苋科：马齿苋 *Portulaca oleracea*◆等。

石竹科：卷耳 *Cerastium arvense*、石竹 *Dianthus chinensis*、浅裂剪秋箩 *Lychnis cognata*、光萼女娄菜 *Silene firma*、孩儿参 *Pseudostellaria heterophylla* 等。

毛茛科：黄花乌头 *Aconitum coreanum*、北乌头 *Aconitum kusnezoffii*◆、蔓乌头 *Aconitum volubile*、两色乌头 *Aconitum alboviolaceum*、类叶升麻 *Actaea asiatica*◆、侧金盏花 *Adonis* *amurensis*、多被银莲花 *Anemone raddeana*、耧斗菜 *Aquilegia viridiflora*、兴安升麻 *Cimicifuga dahurica*◆、棉团铁线莲 *Clematis hexapetala*◆、大叶铁线莲 *Clematis heracleifolia*◆、白头翁 *Pulsatilla chinensis*、朝鲜白头翁 *Pulsatilla cernua*◆、毛茛 *Ranunculus japonicus*、展枝唐松草 *Thalictrum squarrosum*、箭头唐松草 *Thalictrum simplex*、小果唐松草 *Thalictrum microgynum*、盾叶唐松草 *Thalictrum ichangense*、芍药 *Paeonia lactiflora*、草芍药 *Paeonia obovata*◆等。

小檗科: 黄芦木 *Berberis amurensis*、细叶小檗 *Berberis poiretii*◆、红毛七 *Caulophyllum robustum* 等。

防己科: 蝙蝠葛 *Menispermum dauricum*◆等。

木兰科: 天女木兰 *Magnolia sieboldii*、五味子 *Schisandra chinensis*◆等。

罂粟科: 白屈菜 *Chelidonium majus*◆、齿瓣延胡索 *Corydalis turtschaninovii*、全叶延胡索 *Corydalis repens*、黄堇 *Corydalis pallida*、黄紫堇 *Corydalis ochotensis*、荷包牡丹 *Dicentra spectabilis*、荷青花 *Hylomecon japonica* 等。

十字花科: 垂果南芥 *Arabis pendula*◆、荠(荠菜)*Capsella bursa-pastoris*、白花碎米荠 *Cardamine leucantha*◆、葶苈 *Draba nemorosa*、独行菜 *Lepidium apetalum*、菥蓂 *Thlaspi arvense*◆等。

景天科: 瓦松 *Orostachys fimbriata*、小瓦松 *Orostachys minutus*、费菜 *Sedum aizoon*◆、紫八宝 *Hylotelephium purpureum*、垂盆草(卧茎景天)*Sedum sarmentosum* 等。

虎耳草科: 落新妇 *Astilbe chinensis*、蔓金腰 *Chrysosplenium flagelliferum*、东北溲疏 *Deutzia parviflora* var. *amurensis*、光萼溲疏 *Deutzia glabrata*、扯根菜 *Penthorum chinense*、梅花草 *Parnassia palustris*、千山山梅花 *Philadelphus tsianschanensis*@、东北山梅花 *Philadelphus schrenkii*、东北茶藨子 *Ribes mandshuricum*◆等。

蔷薇科: 龙芽草 *Agrimonia pilosa*◆、山楂 *Crataegus pinnatifida*◆、山里红 *Crataegus pinnatifida* var. *major*◆、蛇莓 *Duchesnea indica*、路边青 *Geum aleppicum*◆、杏 *Prunus armeniaca*、东北杏 *Prunus mandshurica*、欧李 *Prunus humilis*、桃 *Prunus persica*、山桃 *Prunus davidiana*、稠李 *Padus racemosa*、委陵菜 *Potentilla chinensis*◆、蕨麻 *Potentilla anserina*、翻白草 *Potentilla discolor*、秋子梨 *Pyrus ussuriensis*、山刺玫 *Rosa davurica*◆、牛叠肚 *Rubus crataegifolius*◆、茅莓 *Rubus parvifolius*◆、地榆 *Sanguisorba officinalis*◆、珍珠梅 *Sorbaria sorbifolia*、绣线菊 *Spiraea salicifolia*◆、土庄绣线菊 *Spiraea pubescens* 等。

豆科: 合萌 *Aeschynomene indica*、膜荚黄芪 *Astragalus membranaceus*、紫穗槐 *Amorpha fruticosa*◆、豆茶决明 *Cassia nomame*◆、少花米口袋 *Gueldenstaedtia verna*、刺果甘草 *Glycyrrhiza pallidiflora*、野大豆 *Glycine soja*、鸡眼草 *Kummerowia striata*◆、长萼鸡眼草 *Kummerowia stipulacea*、大山黧豆 *Lathyrus davidii*、毛山黧豆 *Lathyrus palustris* subsp. *pilosus*、胡枝子 *Lespedeza bicolor*、短梗胡枝子 *Lespedeza cyrtobotrya*、兴安胡枝子 *Lespedeza daurica*、花木蓝 *Indigofera kirilowii*、朝鲜槐 *Maackia amurensis*、草木犀 *Melilotus officinalis*、白花草木犀 *Melilotus alba*、紫苜蓿 *Medicago sativa*、野葛 *Pueraria lobata*◆、羽叶长柄山蚂蝗 *Podocarpium oldhamii*◆、刺槐 *Robinia pseudoacacia*◆、苦参 *Sophora flavescens*、槐 *Sophora japonica*、野火球 *Trifolium lupinaster*、歪头菜 *Vicia unijuga*◆、广布野豌豆 *Vicia cracca*、大叶野豌豆 *Vicia pseudorobus*、山野豌豆 *Vicia amoena*◆、黑龙江野豌豆 *Vicia amurensis* 等。

酢浆草科: 白花酢浆草 *Oxalis acetosella*、酢浆草 *Oxalis corniculata*、直酢浆草 *Oxalis corniculata* var. *stricta* 等。

牻牛儿苗科：牻牛儿苗 *Erodium stephanianum*、鼠掌老鹳草 *Geranium sibiricum*◆、突节老鹳草 *Geranium krameri*、老鹳草 *Geranium wilfordii* 等。

亚麻科：野亚麻 *Linum stelleroides* 等。

蒺藜科：蒺藜 *Tribulus terrestris* 等。

芸香科：白鲜 *Dictamnus dasycarpus*◆、黄檗 *Phellodendron amurense* 等。

苦木科：臭椿 *Ailanthus altissima* 等。

楝科：香椿 *Toona sinensis* 等。

远志科：远志 *Polygala tenuifolia*、瓜子金 *Polygala japonica* 等。

大戟科：铁苋菜 *Acalypha australis*◆、狼毒大戟 *Euphorbia fischeriana*、地锦 *Euphorbia humifusa*◆、林大戟 *Euphorbia lucorum*◆、大戟 *Euphorbia pekinensis*、蓖麻 *Ricinus communis* 等。

卫矛科：南蛇藤 *Celastrus orbiculatus*◆、卫矛 *Euonymus alatus*◆等。

槭树科：色木槭 *Acer mono*、元宝槭 *Acer truncatum*、茶条槭 *Acer ginnala* 等。

无患子科：文冠果 *Xanthoceras sorbifolium* 等。

凤仙花科：水金凤 *Impatiens noli-tangere*◆、野凤仙花 *Impatiens textori*、凤仙花 *Impatiens balsamina* 等。

鼠李科：鼠李 *Rhamnus davurica*、乌苏里鼠李 *Rhamnus ussuriensis*◆、枣 *Ziziphus jujuba*、酸枣 *Ziziphus jujuba* var. *spinosa* 等。

葡萄科：白蔹 *Ampelopsis japonica*、乌头叶蛇葡萄 *Ampelopsis aconitifolia*、葎叶蛇葡萄 *Ampelopsis humulifolia*、山葡萄 *Vitis amurensis* 等。

椴树科：紫椴 *Tilia amurensis*◆、辽椴 *Tilia mandshurica*◆等。

锦葵科：苘麻 *Abutilon theophrasti*◆、野西瓜苗 *Hibiscus trionum*◆、蜀葵 *Althaea rosea* 等。

猕猴桃科：软枣猕猴桃 *Actinidia arguta*◆、狗枣猕猴桃 *Actinidia kolomikta*、葛枣猕猴桃 *Actinidia polygama* 等。

金丝桃科：黄海棠 *Hypericum ascyron*、赶山鞭 *Hypericum attenuatum* 等。

柽柳科：柽柳 *Tamarix chinensis* 等。

堇菜科：鸡腿堇菜 *Viola acuminata*◆、球果堇菜 *Viola collina*、大叶堇菜 *Viola diamantiaca*、东北堇菜 *Viola mandshurica*、紫花地丁 *Viola yedoensis* 等。

千屈菜科：千屈菜 *Lythrum salicaria*◆等。

八角枫科：瓜木 *Alangium platanifolium*◆等。

柳叶菜科：露珠草 *Circaea cordata*◆、水珠草 *Circaea lutetiana*、月见草 *Oenothera biennis*◆等。

五加科：刺五加 *Acanthopanax senticosus*、无梗五加 *Acanthopanax sessiliflorus*◆、东北土当归 *Aralia continentalis*、辽东楤木 *Aralia elata*◆等。

伞形科：东北羊角芹 *Aegopodium alpestre*、东北长鞘当归 *Aegopodium crartilaginomarginata* var. *matsumurae*、柴胡 *Bupleurum chinense*、毒芹 *Cicuta virosa*、蛇床 *Cnidium monnieri*、短毛独活 *Heracleum moellendorffii*、水芹 *Oenanthe javanica*、香根芹 *Osmorhiza aristata*◆、石防风 *Peucedanum terebinthaceum*◆、变豆菜 *Sanicula chinensis*◆、防风 *Saposhnikovia divaricata*、小窃衣 *Torilis japonica*◆等。

鹿蹄草科：松下兰 *Monotropa hypopitys*、圆叶鹿蹄草 *Pyrola rotundifolia*、红花鹿蹄草

Pyrola incarnata 等。

杜鹃花科：兴安杜鹃 *Rhododendron dauricum*、迎红杜鹃 *Rhododendron mucronulatum*◆、照山白 *Rhododendron micranthum* 等。

报春花科：点地梅 *Androsace umbellata*◆、黄连花 *Lysimachia davurica*◆、虎尾草 *Lysimachia barystachys* 等。

山矾科：白檀 *Symplocos paniculata* 等。

木犀科：卵叶连翘 *Forsythia ovata*、花曲柳 *Fraxinus rhynchophylla*◆、水曲柳 *Fraxinus mandschurica*、暴马丁香 *Syringa reticulata* var. *mandshurica*、紫丁香 *Syringa oblata*◆等。

龙胆科：龙胆 *Gentiana scabra*、鳞叶龙胆 *Gentiana squarrosa*、瘤毛獐牙菜 *Swertia pseudochinensis* 等。

睡菜科：莕菜 *Nymphoides peltatum* 等。

萝藦科：白薇 *Cynanchum atratum*◆、潮风草 *Cynanchum ascyrifolium*、变色白前 *Cynanchum versicolor*、隔山消 *Cynanchum wilfordii*、萝藦 *Metaplexis japonica*◆、杠柳 *Periploca sepium*◆、徐长卿 *Cynanchum paniculatum* 等。

旋花科：菟丝子 *Cuscuta chinensis*◆、金灯藤 *Cuscuta japonica*◆、打碗花 *Calystegia hederacea*、圆叶牵牛 *Pharbitis purpurea*◆等。

紫草科：多苞斑种草 *Bothriospermum secundum*、鹤虱 *Lappula myosotis*、紫草 *Lithospermum erythrorhizon*、附地菜 *Trigonotis peduncularis* 等。

唇形科：藿香 *Agastache rugosa*、多花筋骨草 *Ajuga multiflora*、水棘针 *Amethystea caerulea*◆、香薷 *Elsholtzia ciliata*、地笋 *Lycopus lucidus*、短柄野芝麻 *Lamium album*、夏至草 *Lagopsis supina*、大花益母草 *Leonurus macranthus*、益母草 *Leonurus japonicus*◆、薄荷 *Mentha canadensis*◆、紫苏 *Perilla frutescens*、尾叶香茶菜 *Rabdosia excisa*◆、山菠菜 *Prunella asiatica*、荔枝草 *Salvia plebeia*、丹参 *Salvia miltiorrhiza*、乌苏里黄芩 *Scutellaria pekinensis* var. *ussuriensis* 等。

茄科：曼陀罗 *Datura stramonium*、莨菪 *Hyoscyamus niger*、酸浆 *Physalis alkekengi* var. *franchetii*◆、毛酸浆 *Physalis pubescens*◆、茄 *Solanum melongena*、龙葵 *Solanum nigrum*◆等。

玄参科：通泉草 *Mazus japonicus*、山罗花 *Melampyrum roseum*◆、返顾马先蒿 *Pedicularis resupinata*、松蒿 *Phtheirospermum japonicum*◆、阴行草 *Siphonostegia chinensis*、婆婆纳 *Veronica didyma*、轮叶婆婆纳 *Veronica spuria*◆等。

紫葳科：梓 *Catalpa ovata*◆等。

列当科：列当 *Orobanche coerulescens*、黄花列当 *Orobanche pycnostachya* 等。

透骨草科：透骨草 *Phryma leptostachya* subsp. *asiatica* 等。

车前科：车前 *Plantago asiatica*◆、平车前 *Plantago depressa*、大车前 *Plantago major* 等。

茜草科：蓬子菜 *Galium verum*、茜草 *Rubia cordifolia*、中国茜草 *Rubia chinensis*、拉拉藤 *Galium spurium* 等。

忍冬科：忍冬 *Lonicera japonica*、金银忍冬 *Lonicera maackii*◆、毛接骨木 *Sambucus williamsii* var. *miquelii*、东北接骨木 *Sambucus manshurica*、朝鲜接骨木 *Sambucus williamsii* var. *coreana*◆、鸡树条荚蒾 *Viburnum opulus* var. *calvescens*◆等。

败酱科：败酱 *Patrinia scabiosaefolia*◆、攀倒甑 *Patrinia villosa*、岩败酱 *Patrinia rupestris*◆、毛节缬草 *Valeriana alternifolia* var. *stolonifera* 等。

川续断科：窄叶蓝盆花 *Scabiosa comosa* 等。

桔梗科：轮叶沙参 *Adenophora tetraphylla*◆、长白沙参 *Adenophora pereskiifolia*、荠苨 *Adenophora trachelioides*、细叶沙参 *Adenophora paniculata*、石沙参 *Adenophora polyantha*◆、聚花风铃草 *Campanula glomerata*◆、紫斑风铃草 *Campanula puncatata*◆、羊乳 *Codonopsis lanceolata*、桔梗 *Platycodon grandiflorum*◆等。

菊科：高山蓍 *Achillea alpina*、黄花蒿 *Artemisia annua*、青蒿 *Artemisia carvifolia*、茵陈蒿 *Artemisia capillaris*、白莲蒿 *Artemisia sacrorum*、野艾蒿 *Artemisia lavandulaefolia*、牡蒿 *Artemisia japonica*、大籽蒿 *Artemisia sieversiana*、蒙古蒿 *Artemisia mongolica*、菴闾 *Artemisia keiskeana*、猪毛蒿 *Artemisia scoparia*、冷蒿 *Artemisia frigida*、紫菀 *Aster tataricus*、三脉紫菀 *Aster ageratoides*、和尚菜 *Adenocaulon himalaicum*◆、牛蒡 *Arctium lappa*◆、关苍术 *Atractylodes japonica*、朝鲜苍术 *Atractylodes koreana*◆、婆婆针 *Bidens bipinnata*、小花鬼针草 *Bidens parviflora*、狼把草 *Bidens tripartita*、金挖耳 *Carpesium divaricatum*、烟管头草 *Carpesium cernuum*、甘野菊 *Chrysanthemum seticuspe*、野菊 *Chrysanthemum indicum*、丝毛飞廉 *Carduus crispus*◆、刺儿菜 *Cirsium setosum*◆、烟管蓟 *Cirsium pendulum*、蓟 *Cirsium japonicum*、绒背蓟 *Cirsium vlassovianum*、山尖子 *Parasenecio hastatus*、大丽花 *Dahlia pinnata*、东风菜 *Doellingeria scaber*◆、林泽兰 *Eupatorium lindleyanum*、泽兰(白头婆) *Eupatorium japonicum*、火绒草 *Leontopodium leontopodioides*、大丁草 *Leibnitzia anandria*、毛脉山莴苣 *Lactuca raddeana*、莴苣 *Lactuca sativa*、山莴苣 *Lagedium sibiricum*、菊芋 *Helianthus tuberosus*、山柳菊 *Hieracium umbellatum*、柳叶旋覆花 *Inula salicina*、欧亚旋覆花 *Inula britannica*、旋覆花 *Inula japonica*、条叶旋覆花 *Inula linariifolia*、山苦菜 *Ixeridium chinense*、马兰 *Kalimeris indica*、全叶马兰 *Kalimeris integrifolia*、蒙古马兰 *Kalimeris mongolica*、小蓬草 *Conyza canadensis*、祁州漏芦 *Stemmacantha uniflora*、腺梗豨莶 *Siegesbeckia pubescens*、毛梗豨莶 *Siegesbeckia glabrescens*、兔儿伞 *Syneilesis aconitifolia*◆、额河千里光 *Senecio argunensis*◆、狗舌草 *Tephroseris kirilowii*◆、伪泥胡菜 *Serratula coronata*、草地风毛菊 *Saussurea amara*、乌苏里风毛菊 *Saussurea ussuriensis*、山牛蒡 *Synurus deltoides*、华北鸦葱 *Scorzonera albicaulis*、鸦葱 *Scorzonera austriaca*、狭叶鸦葱 *Scorzonera radiata*、苣荬菜 *Sonchus arvensis*、蒙古蒲公英 *Taraxacum mongolicum*、异苞蒲公英 *Taraxacum heterolepis*、芥叶蒲公英 *Taraxacum brassicaefolium*、白缘蒲公英 *Taraxacum platypecidum*、白花蒲公英 *Taraxacum leucanthum*、苍耳 *Xanthium sibiricum*◆等。

香蒲科：东方香蒲 *Typha orientalis* 等。

泽泻科：东方泽泻 *Alisma orientale* 等。

禾本科：大画眉草 *Eragrostis cilianensis*、白茅 *Imperata cylindrica*、芦苇 *Phragmites communis*、草地早熟禾 *Poa pratensis*、狗尾草 *Setaria viridis*、狼尾草 *Pennisetum alopecuroides*、马唐 *Digitaria sanguinalis* 等。

莎草科：宽叶薹草 *Carex siderosticta*、头状穗莎草 *Cyperus glomeratus* 等。

天南星科：藏菖蒲 *Acorus calamus*、东北天南星 *Arisaema amurense*◆、朝鲜南星 *Arisaema angustatum* var. *peninsulae*、半夏 *Pinellia ternata*、独角莲 *Typhonium giganteum* 等。

浮萍科：浮萍 *Lemna minor*、紫萍 *Spirodela polyrrhiza* 等。

鸭跖草科：鸭跖草 *Commelina communis*◆等。

雨久花科：雨久花 *Monochoria korsakowii* 等。

灯心草科：灯心草 *Juncus effusus* 等。

百合科：薤白 *Allium macrostemon*◆、知母 *Anemarrhena asphodeloides*、龙须菜 *Asparagus schoberioides*、铃兰 *Convallaria majalis*、宝珠草 *Disporum viridescens*◆、小顶冰花 *Gagea hiensis*、顶冰花 *Gagea lutea*、大苞萱草 *Hemerocallis middendorfii*、萱草 *Hemerocallis fulva*、小黄花菜 *Hemerocallis minor*、东北玉簪 *Hosta ensata*、渥丹 *Lilium concolor*、东北百合 *Lilium distichum*、卷丹 *Lilium lancifolium*、大花卷丹 *Lilium leichtlinii* var. *maximowiczii*、舞鹤草 *Maianthemum bifolium*、北重楼 *Paris verticillata*、玉竹 *Polygonatum odoratum*◆、小玉竹 *Polygonatum humile*、黄精 *Polygonatum sibiricum*、毛筒黄精 *Polygonatum inflatum*、长苞黄精 *Polygonatum desoulayi*、热河黄精 *Polygonatum macropodium*、二苞黄精 *Polygonatum involucratum*◆、狭叶黄精 *Polygonatum stenophyllum*、鹿药 *Smilacina japonica*◆、牛尾菜 *Smilax riparia*、毛穗藜芦 *Veratrum maackii*、藜芦 *Veratrum nigrum* 等。

薯蓣科：穿龙薯蓣 *Dioscorea nipponica*◆等。

鸢尾科：野鸢尾 *Iris dichotoma*、马蔺 *Iris lactea* var. *chinensis* 等。

兰科：天麻 *Gastrodia elata*、小斑叶兰 *Goodyera repens*、羊耳蒜 *Liparis japonica*◆、绶草 *Spiranthes sinensis* 等。

(许 亮)

十二、秦岭太白山

(一) 地理交通

秦岭也称终南山，主体位于陕西省，是我国中部最重要的生态安全屏障，也是我国气候南北分界线，同时也是长江和黄河水系的分水岭。秦岭主峰太白山是我国大陆青藏高原以东最高峰，位于西安市西 120km 的眉县、太白县、周至县三县交界处，地理坐标为东经 107° 22′30″~107° 51′30″、北纬 33° 47′30″~34° 07′50″，东西长约 61km，南北宽约 39km，最高海拔位于拔仙台，高达 3 771.2m。

太白山自然条件尤其复杂独特，植被垂直带谱明显，森林景观形态多样，生物资源丰富多彩，素有"亚洲天然植物园""中国天然动物园""中国中央公园"的美称。林海茫茫，起伏叠翠，有秦岭冷杉、独叶草、连香树等国家重点保护植物；有大熊猫、川金丝猴、羚牛、红腹角雉等濒危动物。太白山以其动植物资源和自然条件的丰富性、代表性及独特性为特点，1965 年 9 月被陕西省人民政府批准成立陕西太白山自然保护区，是以保护暖温带山地森林生态系统和自然历史遗迹为主的综合性保护区，1986 年 7 月晋升为国家级自然保护区，1995 年加入了世界人与生物圈"中国生物圈保护网络"，1995 年以来实施了全球环境基金中国自然保护区管理项目(简称 GEF 项目)，是我国首批建立的自然保护区之一。

太白山地处暖温带与北亚热带的过渡地带，土壤自上而下有高山草甸土、山地暗棕壤、棕壤、褐土等。在海拔 3 000m 以上的高山区保存着较为完整的第四纪冰川遗迹。在冰川冰蚀作用下，形成以拔仙台角峰为中心的冰蚀槽谷、冰斗湖、石海、石河、石环等冰川冰缘地貌，是研究古气候、古生物、古土壤、古地理的"地质博物馆"。

太白山以其高、寒、险、奇、秀、雄、古、富饶为特色，著名的关中八景之一的"太白积雪六月天"就在本保护区内。此外，本区以其独特的"太白明珠、拔仙绝顶、平安云海、斗母奇峰"等太白山八景为代表的自然景观，以及丰富的生物多样性和分布于区内的道、佛教寺观，使其具有较高的文化价值和科研价值。

(二) 植被与资源

太白山处在中国 - 日本和中国 - 喜马拉雅两个植物亚区的分界线上,也是华北、华中和横断山脉三个植物区系的交汇处,生态系统复杂多样,植物种类丰富。区内有种子植物 1 783 种,苔藓植物 325 种(其中苔类 68 种,藓类 257 种),蕨类植物 110 种,其中太白山特有种子植物 22 种,如秦岭乌头、太白龙胆、太白山黄耆等,国家重点保护植物 15 种,如桃儿七、红豆杉、水青树等。太白山山体高大,水热条件随地势的升高呈现有规律的变化,形成明显的梯度气候。随着地势的变化自下而上可分为暖温带、温带、寒温带和亚寒带。植被景观随之呈现明显的垂直带谱,北坡自下而上依次为落叶栎林带、桦木林带、针叶林带和高山灌丛草甸带 4 个植被带谱,构成了典型的暖温带山地植被景观,堪称"活的教科书""天然植物园"。

太白山药用植物漫山遍野,种类繁多,素有"太白山上无闲草"之美誉,是我国四大"药山"之一,特别是以 72 种"七药"为主的"太白山草药",具有重要的药用价值,在民间广泛应用,享有很高的声誉。此外,许多药用植物的名字前也冠有"太白"二字,如太白贝母、太白柴胡、太白山五加、太白翠雀花等。

该区的四个垂直分布带植被具体为:

(1)落叶栎林带:分布于海拔 700~2 200m,大部属暖温带气候,年平均气温 11~14℃,夏季炎热,冬季较寒冷,生长期 150~210 天;年降水量 620~820mm,降水主要集中在 7~9 月份。一般为棕壤与褐土,土层较厚。主要药用植物有忍冬、穿龙薯蓣、侧柏、半夏、马蹄香、鸡矢藤、石竹、商陆、白屈菜、华中五味子、夏枯草、天南星、鹿蹄草、杠柳、柴胡、三叶木通、绞股蓝、何首乌等。

(2)桦木林带:分布于海拔 2 200~2 800m,属温带气候,凉温湿润,年均气温约 10℃,寒冷期长,年降水量 750~1 000mm。土壤为暗棕壤,土层厚度不足 100cm,且土中石砾较多,只在局部较平缓的地带才出现较厚土层。主要药用植物有川赤芍、桃儿七、鹿药、红毛五加、黄瑞香、毛细辛、长果升麻、掌叶大黄、川陕金莲花、延龄草、杓兰、黄水枝、黄精等。

(3)针叶林带:分布于海拔 2 800~3 350m,属寒温带气候,年均气温在 -2~-1℃,冬季长而寒冷,夏季凉爽,年降水量 800~900mm。本带多为冰川地貌,岩石裸露,土层浅薄,为亚高山森林草甸土。主要药用植物有太白蓼、独叶草、太白乌头、假百合、太白贝母、铁棒锤、铁筷子、蜀侧金盏花、秦岭党参、太白龙胆、短毛独活、羌活、太白美花草、二叶獐牙菜、条裂黄堇等。

(4)高山灌丛草甸带:高山灌丛带分布于海拔 3 350~3 771m,属亚寒带气候。本带气候寒冷,半湿润,经常云雾弥漫,雪多风大,冬长而无夏,年降水量为 750~800mm。高山冰川地貌,峻峭处为高山石质土,平缓处为高山草甸土。主要药用植物有西藏洼瓣花、太白棱子芹、矮金莲花、太白龙胆、湿生扁蕾、太白山风毛菊、铁棒锤、球穗蓼等。

(三) 代表药用植物

秦岭有药用植物近千种,太白山有 800 多种,其中太白山自然保护区列入《中国药典》的药用植物有 180 多种。常见和有代表性的有以下种类:

1. 苔藓类植物   地钱 *Marchantia polymorpha* 等。

2. 蕨类植物   中华蹄盖蕨 *Athyrium sinense*、华北石韦 *Pyrrosia davidii*、木贼 *Equisetum hyemale*、问荆 *Equisetum arvense* 等。

3. 裸子植物

银杏科: 银杏 *Ginkgo biloba* ▼等。

松科：油松 *Pinus tabuliformis*、华山松 *Pinus armandii* 等。

柏科：侧柏 *Platycladus orientalis* 等。

红豆杉科：红豆杉 *Taxus chinensis* ★▼等。

4. 被子植物

(1)双子叶植物纲

三白草科：蕺菜 *Houttuynia cordata*◆等。

金粟兰科：多穗金粟兰 *Chloranthus multistachys*、银线草 *Chloranthus japonicus*◆等。

胡桃科：野核桃 *Juglans cathayensis*◆等。

桦木科：白桦 *Betula platyphylla*、藏刺榛 *Corylus ferox* var. *thibetica* 等。

壳斗科：栗 *Castanea mollissima*、槲树 *Quercus dentata*◆等。

桑科：构树 *Broussonetia papyrifera* 等。

荨麻科：冷水花 *Pilea notata*、楼梯草 *Elatostema involucratum*、宽叶荨麻 *Urtica laetevirens*◆等。

马兜铃科：马蹄香 *Saruma henryi*◆、单叶细辛 *Asarum himalaicum* 等。

蓼科：齿果酸模 *Rumex dentatus*◆、赤胫散 *Polygonum runcinatum*◆、萹蓄 *Polygonum aviculare*、金线草 *Antenoron filiforme*、杠板归 *Polygonum perfoliatum*、中华抱茎蓼 *Polygonum amplexicaule* var. *sinense*、掌叶大黄 *Rheum palmatum*、何首乌 *Fallopia multiflora*、圆穗蓼 *Polygonum macrophyllum*、翼蓼 *Pteroxygonum giraldii* 等。

商陆科：商陆 *Phytolacca acinosa*◆、垂序商陆 *Phytolacca americana* 等。

石竹科：狗筋蔓 *Cucubalus baccifer*◆、瞿麦 *Dianthus superbus*、石竹 *Dianthus chinensis*、鹅肠菜 *Myosoton aquaticum*、石生蝇子草 *Silene tatarinowii*◆等。

毛茛科：升麻 *Cimicifuga foetida*◆、铁筷子 *Helleborus thibetanus*、小花草玉梅 *Anemone rivularis* var. *flore-minore*◆、茴茴蒜 *Ranunculus chinensis*◆、白头翁 *Pulsatilla chinensis*◆、绣球藤 *Clematis montana*、西南唐松草 *Thalictrum fargesii*、华北耧斗菜 *Aquilegia yabeana*◆、无距耧斗菜 *Aquilegia ecalcarata*◆、花莛乌头 *Aconitum scaposum*、松潘乌头 *Aconitum sungpanense*◆、太白乌头 *Aconitum taipeicum* ★@、铁棒锤 *Aconitum pendulum*、川陕金莲花 *Trollius buddae*、太白美花草 *Callianthemum taipaicum* ★@、太白银莲花 *Anemone taipaiensis* ★@、阿尔泰银莲花 *Anemone altaica*、太白翠雀花 *Delphinium taipaicum* ★@、蜀侧金盏花 *Adonis sutchuenensis* ★、长果升麻 *Souliea vaginata*、牡丹 *Paeonia suffruticosa*、芍药 *Paeonia lactiflora*、川赤芍 *Paeonia veitchii* 等。

木通科：三叶木通 *Akebia trifoliata*◆、猫儿屎 *Decaisnea insignis*◆、牛姆瓜 *Holboellia grandiflora* 等。

小檗科：红毛七 *Caulophyllum robustum*◆、淫羊藿 *Epimedium brevicornu*、桃儿七 *Sinopodophyllum hexandrum*、南方山荷叶 *Diphylleia sinensis*、秦岭小檗 *Berberis circumserrata* 等。

木兰科：玉兰 *Magnolia denudata*、华中五味子 *Schisandra sphenanthera*◆等。

樟科：三桠乌药 *Lindera obtusiloba*◆、木姜子 *Litsea pungens*◆等。

罂粟科：小果博落回 *Macleaya microcarpa*◆、荷青花 *Hylomecon japonicum*◆、五脉绿绒蒿 *Meconopsis quintuplinervia*◆、蛇果黄堇 *Corydalis ophiocarpa*、条裂黄堇 *Corydalis linarioides* 等。

十字花科：山葖菜 *Eutrema yunnanense*、焊菜 *Rorippa indica*、葶苈 *Draba nemorosa*、菥蓂 *Thlaspi arvense*◆、白花碎米荠 *Cardamine leucantha*◆、大叶碎米荠 *Cardamine macrophylla*、裸茎碎米荠 *Cardamine scaposa* 等。

景天科：费菜 *Sedum aizoon*◆、瓦松 *Orostachys fimbriatus*、佛甲草 *Sedum lineare*◆、垂盆草 *Sedum sarmentosum*◆、狭叶红景天 *Rhodiola kirilowii*、大苞景天 *Sedum amplibracteatum*、小丛红景天 *Rhodiola dumulosa* 等。

虎耳草科：虎耳草 *Saxifraga stolonifera*◆、秦岭金腰 *Chrysosplenium biondianum*◆、黄水枝 *Tiarella polyphylla*◆、突隔梅花草 *Parnassia delavayi*、落新妇 *Astilbe chinensis*◆、秦岭岩白菜 *Bergenia scopulosa*◆、七叶鬼灯檠 *Rodgersia aesculifolia*◆等。

蔷薇科：火棘 *Pyracantha fortuneana*、灰栒子 *Cotoneaster acutifolius*◆、棣棠花 *Kerria japonica*、茅莓 *Rubus parvifolius*、东方草莓 *Fragaria orientalis*◆、蛇莓 *Duchesnea indica*◆、委陵菜 *Potentilla chinensis*、翻白草 *Potentilla discolor*、龙芽草 *Agrimonia pilosa*◆、地榆 *Sanguisorba officinalis*◆、峨眉蔷薇 *Rosa omeiensis*、扁刺蔷薇 *Rosa sweginzowii*、杏 *Armeniaca vulgaris*◆、桃 *Amygdalus persica*◆、路边青 *Geum aleppicum*◆等。

豆科：苦参 *Sophora flavescens*◆、野大豆 *Glycine soja*▽、草木樨 *Melilotus officinalis*、白车轴草 *Trifolium repens*◆、多花木蓝 *Indigofera amblyantha*◆、锦鸡儿 *Caragana sinica*、米口袋 *Gueldenstaedtia verna*、美丽胡枝子 *Lespedeza formosa*、广布野豌豆 *Vicia cracca*、葛 *Pueraria lobata*◆、截叶铁扫帚 *Lespedeza cuneata*、太白山黄耆 *Astragalus taipaishanensis*★@、太白岩黄耆 *Hedysarum taipeicum*★@ 等。

牻牛儿苗科：鼠掌老鹳草 *Geranium sibiricum*◆、湖北老鹳草 *Geranium rosthornii*◆等。

芸香科：白鲜 *Dictamnus dasycarpus* 等。

苦木科：臭椿 *Ailanthus altissima*◆、苦树 *Picrasma quassioides* 等。

大戟科：铁苋菜 *Acalypha australis*、地锦草 *Euphorbia humifusa*◆、大戟 *Euphorbia pekinensis*、甘青大戟 *Euphorbia micractina*、甘遂 *Euphorbia kansui*、湖北大戟 *Euphorbia hylonoma*◆等。

马桑科：马桑 *Coriaria nepalensis* 等。

漆树科：漆 *Toxicodendron vernicifluum*、粉背黄栌 *Cotinus coggygria* var. *glaucophylla*、盐肤木 *Rhus chinensis*、青麸杨 *Rhus potaninii* 等。

卫矛科：苦皮藤 *Celastrus angulatus*、南蛇藤 *Celastrus orbiculatus*◆、卫矛 *Euonymus alatus*◆、角翅卫矛 *Euonymus cornutus*、栓翅卫矛 *Euonymus phellomanus*◆等。

省沽油科：省沽油 *Staphylea bumalda* 等。

清风藤科：泡花树 *Meliosma cuneifolia*◆等。

凤仙花科：凤仙花 *Impatiens balsamina*、水金凤 *Impatiens noli-tangere*◆等。

鼠李科：勾儿茶 *Berchemia sinica*◆、北枳椇 *Hovenia dulcis* 等。

葡萄科：乌蔹莓 *Cayratia japonica*◆、地锦 *Parthenocissus tricuspidata* 等。

猕猴桃科：中华猕猴桃 *Actinidia chinensis*、黑蕊猕猴桃 *Actinidia melanandra*、葛枣猕猴桃 *Actinidia polygama*◆等。

藤黄科：黄海棠 *Hypericum ascyron*◆、贯叶连翘 *Hypericum perforatum*◆、突脉金丝桃 *Hypericum przewalskii* 等。

堇菜科：双花堇菜 *Viola biflora*◆、紫花地丁 *Viola philippica*◆、早开堇菜 *Viola prionantha* 等。

旌节花科：中国旌节花 *Stachyurus chinensis*◆等。

瑞香科: 黄瑞香 *Daphne giraldii*◆、结香 *Edgeworthia chrysantha*、唐古特瑞香 *Daphne tangutica* 等。

胡颓子科: 牛奶子 *Elaeagnus umbellata* 等。

柳叶菜科: 毛脉柳兰 *Epilobium angustifolium*◆等。

五加科: 大叶三七 *Panax pseudo-ginseng* var. *japonicus*◆、楤木 *Aralia chinensis*◆、蜀五加 *Eleutherococcus setchuenensis*◆、藤五加 *Eleutherococcus leucorrhizus*、刺楸 *Kalopanax septemlobus*、红毛五加 *Eleutherococcus giraldii*、太白山五加 *Acanthopanax stenophyllus*★@ 等。

伞形科: 白芷 *Angelica dahurica*、秦岭当归 *Angelica tsinlingensis*★、小窃衣 *Torilis japonica*、秦岭柴胡 *Bupleurum longicaule* var. *giraldii*★、紫花大叶柴胡 *Bupleurum longiradiatum* var. *porphyranthum*、短毛独活 *Heracleum moellendorffii*、峨参 *Anthriscus sylvestris*、羌活 *Notopterygium incisum*、太白棱子芹 *Pleurospermum giraldii*★@、太白柴胡 *Bupleurum dielsianum*★@ 等。

山茱萸科: 梾木 *Cornus macrophylla*、山茱萸 *Cornus officinalis*、四照花 *Dendrobenthamia japonica* var. *chinensis*◆、青荚叶 *Helwingia japonica* 等。

鹿蹄草科: 鹿蹄草 *Pyrola calliantha*◆、水晶兰 *Monotropa uniflora*、喜冬草 *Chimaphila japonica*◆等。

杜鹃花科: 照山白 *Rhododendron micranthum*、杜鹃 *Rhododendron simsii* 等。

报春花科: 胭脂花 *Primula maximowiczii*、点地梅 *Androsace umbellata*、过路黄 *Lysimachia christinae*◆、狼尾花 *Lysimachia barystachys*、腺药珍珠菜 *Lysimachia stenosepala*◆等。

山矾科: 白檀 *Symplocos paniculata* 等。

木樨科: 连翘 *Forsythia suspensa*、木樨 *Osmanthus fragrans*◆、女贞 *Ligustrum lucidum*◆、黄素馨 *Jasminum floridum* subsp. *giraldii*、迎春花 *Jasminum nudiflorum*、秦岭白蜡树 *Fraxinus paxiana*★等。

醉鱼草科: 大叶醉鱼草 *Buddleja davidii*◆等。

龙胆科: 双蝴蝶 *Tripterospermum chinense*、七叶龙胆 *Gentiana arethusae* var. *delicatula*、獐牙菜 *Swertia bimaculata*、椭圆叶花锚 *Halenia elliptica*◆、湿生扁蕾 *Gentianopsis paludosa*、太白龙胆 *Gentiana apiata*★@ 等。

萝藦科: 杠柳 *Periploca sepium* 等。

旋花科: 金灯藤 *Cuscuta japonica*◆、菟丝子 *Cuscuta chinensis*、旋花 *Calystegia sepium*、田旋花 *Convolvulus arvensis*、圆叶牵牛 *Pharbitis purpurea*◆、牵牛 *Pharbitis nil* 等。

紫草科: 附地菜 *Trigonotis peduncularis*◆、斑种草 *Bothriospermum chinense*◆、琉璃草 *Cynoglossum zeylanicum* 等。

马鞭草科: 黄荆 *Vitex negundo*、老鸦糊 *Callicarpa giraldii*、马鞭草 *Verbena officinalis*、光果莸 *Caryopteris tangutica*◆、三花莸 *Caryopteris terniflora*◆等。

唇形科: 筋骨草 *Ajuga ciliata*、藿香 *Agastache rugosus*、活血丹 *Glechoma longituba*◆、夏枯草 *Prunella vulgaris*◆、大花糙苏 *Phlomis megalantha*◆、糙苏 *Phlomis umbrosa*◆、野芝麻 *Lamium barbatum*◆、益母草 *Leonurus japonicus*◆、甘露子 *Stachys sieboldii*、薄荷 *Mentha canadensis*、紫苏 *Perilla frutescens*、香薷 *Elsholtzia ciliata*◆、宝盖草 *Lamium amplexicaule* 等。

茄 科: 枸杞 *Lycium chinense*、酸浆 *Physalis alkekengi*◆、龙葵 *Solanum nigrum*、白英

Solanum lyratum、曼陀罗 *Datura stramonium*◆等。

玄参科：四川沟酸浆 *Mimulus szechuanensis*◆、通泉草 *Mazus japonicus*◆、地黄 *Rehmannia glutinosa*、美观马先蒿 *Pedicularis decora*、藓生马先蒿 *Pedicularis muscicola*◆等。

苦苣苔科：珊瑚苣苔 *Corallodiscus cordatulus*、旋蒴苣苔 *Boea hygrometrica* 等。

茜草科：鸡矢藤 *Paederia foetida*◆、茜草 *Rubia cordifolia*◆、日本蛇根草 *Ophiorrhiza japonica* 等。

忍冬科：接骨草 *Sambucus chinensis*◆、接骨木 *Sambucus williamsii*◆、莛子藨 *Triosteum pinnatifidum*◆、桦叶荚蒾 *Viburnum betulifolium*◆、苦糖果 *Lonicera fragrantissima* subsp. *standishii*、盘叶忍冬 *Lonicera tragophylla*、忍冬 *Lonicera japonica*、南方六道木 *Abelia dielsii* ◆等。

败酱科：缬草 *Valeriana officinalis*、异叶败酱 *Patrinia heterophylla*◆等。

川续断科：日本续断 *Dipsacus japonicus*◆等。

葫芦科：栝楼 *Trichosanthes kirilowii*、赤瓟 *Thladiantha dubia*◆、绞股蓝 *Gynostemma pentaphyllum*◆等。

桔梗科：桔梗 *Platycodon grandiflorus*、秦岭党参 *Codonopsis tsinlingensis*★、紫斑风铃草 *Campanula punctata*◆、杏叶沙参 *Adenophora hunanensis*、丝裂沙参 *Adenophora capillaris* 等。

菊科：三脉紫菀 *Aster trinervius* subsp. *ageratoides*、一年蓬 *Erigeron annuus*◆、珠光香青 *Anaphalis margaritacea*◆、黄腺香青 *Anaphalis aureopunctata*、大花金挖耳 *Carpesium macrocephalum*、天名精 *Carpesium abrotanoides*、苍耳 *Xanthium sibiricum*◆、豨莶 *Siegesbeckia orientalis*、云南蓍 *Achillea wilsoniana*、艾 *Artemisia argyi*、黄花蒿 *Artemisia annua*、蜂斗菜 *Petasites japonicus*◆、兔儿伞 *Syneilesis aconitifolia*、牛蒡 *Arctium lappa*◆、飞廉 *Carduus nutans*◆、大刺儿菜 *Cephalanoplos setosum*◆、菊苣 *Cichorium intybus*、蒲公英 *Taraxacum mongolicum*◆、黄鹌菜 *Youngia japonica*◆、抱茎小苦荬 *Ixeridium sonchifolium*、水飞蓟 *Silybum marianum*◆、细茎橐吾 *Ligularia hookeri*、太白山橐吾 *Ligularia dolichobotrys*★@、蒲儿根 *Senccio oldhamianus*◆、太白山蟹甲草 *Parasenecio pilgerianus*★@ 等。

(2)单子叶植物纲

禾本科：薏苡 *Coix lacryma-jobi* 等。

莎草科：莎草(香附子)*Cyperus rotundus*◆、宽叶薹草 *Carex siderosticta*◆等。

天南星科：半夏 *Pinellia ternata*◆、磨芋 *Amorphophallus rivieri*、一把伞南星 *Arisaema erubescens*◆、象南星 *Arisaema elephas*、花南星 *Arisaema lobatum* 等。

鸭跖草科：鸭跖草 *Commelina communis*◆、竹叶子 *Streptolirion volubile* 等。

百合科：假百合 *Notholirion bulbuliferum*★、藜芦 *Veratrum nigrum*、黄花油点草 *Tricyrtis pilosa*◆、萱草 *Hemerocallis fulva*、绿花百合 *Lilium fargesii*、卷丹 *Lilium lancifolium*◆、大百合 *Cardiocrinum giganteum*、韭 *Allium tuberosum*、天蓝韭 *Allium cyaneum*◆、薤白 *Allium macrostemon*、鹿药 *Maianthemum japonica*◆、黄精 *Polygonatum sibiricum*◆、北重楼 *Paris verticillata*、七叶一枝花 *Paris polyphylla*◆、延龄草 *Trillium tschonoskii*▼、太白贝母 *Fritillaria taipaiensis*★▼@、玉竹 *Polygonatum odoratum*◆、羊齿天门冬 *Asparagus filicinus*◆、管花鹿药 *Maianthemum henryi*、★、七筋姑 *Clintonia udensis*、西藏洼瓣花 *Lloydia tibetica*★、牛尾菜 *Smilax riparia*◆、鞘柄菝葜 *Smilax stans*◆等。

薯蓣科：穿龙薯蓣 *Discorea nipponica*◆等。

鸢尾科: 鸢尾 *Iris tectorum*◆等。

兰科: 天麻 *Gastrodia elata*、手参 *Gymnadenia conopsea*▽、绶草 *Spiranthes sinensis*▽、羊耳蒜 *Liparis japonica*、杜鹃兰 *Cremastra appendiculata*▽、流苏虾脊兰 *Calanthe alpina*、扇脉杓兰 *Cypripedium japonicum*▽等。

(王戊梅)

十三、阿尼玛卿山

(一) 地理交通

阿尼玛卿山又名"大积石山"或"玛积雪山",藏语"阿尼"意为先祖老翁,并含有美丽幸福或博大无畏之意,"玛卿"藏语意为黄河源头最大的山。阿尼玛卿山地处北纬 33°25′~36°20′,东经 98°50′~102°25′,属昆仑山脉东段的中支,位于青海省果洛藏族自治州玛沁县西北部,呈西北至东南走向,主峰"玛卿岗日"位于玛沁县境内,海拔 6 282m,是青海省东南部的一座名山。山脉主要是由二叠系和三叠系构成的复杂褶皱山系,在地质上属于晚古生代,受第三纪末喜马拉雅山造山运动与青藏高原之隆起而形成。它的西北部处于祁连山、东昆仑山及西秦岭的交汇过渡部位,地质构造十分复杂。海拔 4 500m 以上的高山多为侵蚀构成,岩石裸露,为基岩与变质岩,为粗细相间以屑岩为主,寒冷风化作用强烈,属冻蚀地形发育。山腰之下丘陵环拱,地势坦荡,绿草如茵。

阿尼玛卿山处于大陆性高原气候区,东西部差异较大。西北部寒冷湿润,东南部由高寒温潮湿逐渐到冷温湿润。年平均气温在 -3.8℃ ~3.5℃之间,气温低,日温差大。年均降水量在 423~565mm,多集中在 6~9 月。年日照时数 2 313~2 607 小时; 相对日照45%~63%,年均相对湿度63%。一年之间无明显四季之分,冬季寒冷漫长,时间长达 8~9 个月。春季干旱多风,7~8 级大风频繁。夏秋季短而多雨,并伴有暴雨和冰雹。阿尼玛卿雪山地质公园也是中国冰川面积最大的国家地质公园,因常年积雪和各类丰富的地下裂隙溢流,为黄河提供了丰富的水源,孕育了大量的大小支流,景观独特。

阿尼玛卿山距西宁 521km,距自治州州府大武镇 86km。有德令哈至马尔康的德马高速途经阿尼玛卿山,经简易公路可直达山下,交通便利。

(二) 植被与资源

阿尼玛卿山冰峰雄峙,地形复杂,气候多变,高原植被多样化明显。该区植被垂直分布差异显著,植被以典型的高寒类型的山地灌丛和草甸为主,兼有少量的河谷森林和滩地高寒草原以及高山流石坡稀疏植被等。据统计,阿尼玛卿山地区共有种子植物 56 科、251 属、752 种。具有种类相对较少,特有属相对较多,植物的生活型以多年生草本为主,木本种较少,乔木更少的区系特征。乔木树种以青海云杉和祁连圆柏为优势树种,另外有白桦、青杨。青海云杉多分布在黄河沿岸阴坡,呈带状分布,纯林多。祁连圆柏主要分布在黄河一级、二级支流的阳坡、半阳坡,切木曲、秀穷、秀欠、德柯河为主要分布区。高寒草甸类草场牧草种类繁多,优势物种为莎草科嵩草属的小嵩草、矮嵩草、线叶嵩草、禾叶嵩草。高寒沼泽类草场以甘肃嵩草、小嵩草、华扁穗草、早熟禾、发草、苔草等居多。高层灌木以高山柳、金露梅、密枝杜鹃为主。伴生灌木种类有高山绣线菊、窄叶西番柳、鬼箭锦鸡儿、短叶锦鸡儿、忍冬、茶藨子、沙棘等。野生药材主要有雪莲、冬虫夏草菌、膜荚黄芪、红景天、秦艽、党参、贝母等,分布广、产量高。此外,还有极其丰富的藏药资源,如独一味 *Lamiophlomis rotata*、白苞筋骨草 *Ajuga lupulina*、甘青铁线莲 *Clematis tangutica*、露蕊乌头 *Aconitum gymnandrum*、密花香薷

Elsholtzia densa、青海刺参 *Morina kokonorica* 等。为保护野生植物资源,野外实习以认知为主,需要按当地有关规定开展教学实习活动。

(三) 代表药用植物

1. 菌类植物   冬虫夏草菌 *Cordyceps sinensis* 等。

2. 地衣类植物   地茶 *Thamnolia vermicularis* 等。

3. 蕨类植物   川西瓦韦 *Lepisorus soulieanus* 等。

4. 裸子植物   高山柏 *Juniperus squamata*、单子麻黄 *Ephedra monosperma*、矮麻黄 *Ephedra minuta* 等。

5. 被子植物

荨麻科: 西藏荨麻 *Urtica tibetica* 等。

蓼科: 珠芽蓼 *Polygonum viviparum*、小大黄 *Rheum pumilum*、皱叶酸模 *Rumex crispus*、西伯利亚蓼 *Polygonum sibiricum*、唐古特大黄 *Rheum tanguticum* 等。

藜科: 尖叶盐爪爪 *Kalidium cuspidatum* 等。

石 竹 科: 禾叶繁缕 *Stellaria graminea*、腺毛蝇子草 *Silene yetii*、福禄草 *Arenaria przewalskii*、甘肃雪灵芝 *Arenaria kansuensis*、无心菜 *Arenaria serpyllifolia* 等。

毛茛科: 草玉梅 *Anemone rivularis*、亚欧唐松草 *Thalictrum minus*、小金莲花 *Trollius pumilu*、花莛驴蹄草 *Caltha scaposa*、铁棒锤 *Aconitum pendulum*、碱毛茛 *Halerpestes sarmentosa*、露蕊乌头 *Aconitum gymnandrum*、叠裂银莲花 *Anemone imbricata*、蓝翠雀花 *Delphinium caeruleum*、毛翠雀花 *Delphinium trichophorum*、甘青铁线莲 *Clematis tangutica* 等。

小檗科: 川滇小檗 *Berberis jamesiana* 等。

罂粟科: 全缘叶绿绒蒿 *Meconopsis integrifolia*、红花绿绒蒿 *Meconopsis punicea*、多刺绿绒蒿 *Meconopsis horridula*、总状绿绒蒿 *Meconopsis racemosa*、细果角茴香 *Hypecoum leptocarpum*、叠裂黄堇 *Corydalis dasyptera*、粗糙黄堇 *Corydalis scaberula* 等。

十字花科: 蚓果芥 *Neotorularia humilis*、紫花碎米荠 *Cardamine purpurascens*、苞序葶苈 *Draba ladyginii*、菥蓂 *Thlaspi arvense*、垂果大蒜芥 *Sisymbrium heteromallum*、大叶碎米荠 *Cardamine macrophylla* 等。

景天科: 唐古红景天 *Rhodiola tangutica*、狭叶红景天 *Rhodiola kirilowii*、粗茎红景天 *Rhodiola wallichiana*、圆丛红景天 *Rhodiola coccinea* 等。

虎耳草科: 三脉梅花草 *Parnassia trinervis*、唐古特虎耳草 *Saxifraga tangutica*、黑蕊无心菜 *Arenaria melanandra*、糖茶藨子 *Ribes himalense*、爪瓣虎耳草 *Saxifraga unguiculata* 等。

蔷薇科: 金露梅 *Potentilla fruticosa*、高山绣线菊 *Spiraea alpina*、华西委陵菜 *Potentilla potaninii*、蕨麻 *Potentilla anserina*、窄叶鲜卑花 *Sibiraea angustata*、羽叶花 *Acomastylis elata*、东方草莓 *Fragaria orientalis*、紫色悬钩子 *Rubus irritans*、二裂委陵菜 *Potentilla bifurca* 等。

豆科: 黄花棘豆 *Oxytropis ochrocephala*、川西锦鸡儿 *Caragana erinacea*、锡金岩黄耆 *Hedysarum sikkimense*、鬼箭锦鸡儿 *Caragana jubata*、红花山竹子 *Corethrodendron multijugum*、披针叶野决明 *Thermopsis lanceolata*、锡金岩黄耆 *Hedysarum sikkimense* 等。

牻牛儿苗科: 甘青老鹳草 *Geranium pylzowianum* 等。

大戟科: 狼毒大戟 *Euphorbia fischeriana*、高山大戟 *Euphorbia stracheyi* 等。

柽柳科: 匍匐水柏枝 *Myricaria prostrata*、三春水柏枝 *Myricaria paniculata* 等。

堇菜科: 圆叶小堇菜 *Viola biflora* var. *rockiana* 等。

瑞香科：瑞香狼毒 *Stellera chamaejasme* 等。

胡颓子科：肋果沙棘 *Hippophae neurocarpa* 等。

柳叶菜科：沼生柳叶菜 *Epilobium palustre* 等。

伞形科：瘤果棱子芹 *Pleurospermum wrightianum*、裂叶独活 *Heracleum millefolium*、葛缕子 *Carum carvi*、竹叶柴胡 *Bupleurum marginatum* 等。

报春花科：西藏点地梅 *Androsace mariae*、垫状点地梅 *Androsace tapete*、西藏报春 *Primula tibetica* 等。

龙胆科：粗茎秦艽 *Gentiana crassicaulis*、刺芒龙胆 *Gentiana aristata*、湿生扁蕾 *Gentianopsis paludosa*、四数獐牙菜 *Swertia tetraptera*、麻花艽 *Gentiana straminea*、蓝白龙胆 *Gentiana leucomelaena*、喉毛花 *Comastoma pulmonarium*、椭圆叶花锚 *Halenia elliptica* 等。

紫草科：西藏微孔草 *Microula tibetica*、倒提壶 *Cynoglossum amabile*、狭苞斑种草 *Bothriospermum kusnezowii* 等。

唇形科：独一味 *Lamiophlomis rotata*、白苞筋骨草 *Ajuga lupulina*、白花枝子花 *Dracocephalum heterophyllum*、密花香薷 *Elsholtzia densa*、蓝花荆芥 *Nepeta coerulescens*、甘青青兰 *Dracocephalum tanguticum*、粘毛鼠尾草 *Salvia roborowskii* 等。

茄科：马尿泡 *Przewalskia tangutica*、铃铛子 *Anisodus luridus* 等。

玄参科：小米草 *Euphrasia pectinata*、短穗兔耳草 *Lagotis brachystachya*、肉果草 *Lancea tibetica*、毛果婆婆纳 *Veronica eriogyne*、甘肃马先蒿 *Pedicularis kansuensis* 等。

紫葳科：密生波罗花 *Incarvillea compacta* 等。

车前科：平车前 *Plantago depressa* 等。

忍冬科：刚毛忍冬 *Lonicera hispida* 等。

川续断科：青海刺参 *Morina kokonorica*、白花刺续断 *Acanthocalyx alba* 等。

桔梗科：钻裂风铃草 *Campanula aristata*、林沙参 *Adenophora stenanthina* 等。

菊科：黄帚橐吾 *Ligularia virgaurea*、缘毛紫菀 *Aster souliei*、藏蒲公英 *Taraxacum tibetanum*、羽叶花 *Acomastylis elata*、空桶参 *Soroseris erysimoides*、葵花大蓟 *Cirsium souliei*、细叶亚菊 *Ajania tenuifolia*、长叶火绒草 *Leontopodium junpeianum*、矮垂头菊 *Cremanthodium humile*、唐古特雪莲 *Saussurea tangutica*、水母雪兔子 *Saussurea medusa*、铃铃香青 *Anaphalis hancockii* 等。

百合科：暗紫贝母 *Fritillaria unibracteata* 等。

兰科：角盘兰 *Herminium monorchis*、西藏杓兰 *Cypripedium tibeticum* 等。

（贾景明）

(一) 双子叶植物纲

木本或草本,多为直根系,叶为网状脉;花 4、5 基数,胚具子叶 2 枚。

原始花被(离瓣花)亚纲: 花瓣通常分离(或无花被、单被或重被),雄蕊常与花瓣分离。各科特征见附录表 5-1。

附录表 5-1　原始花被(离瓣花)亚纲重要科特征

科名	花程式	主要特征
三白草科 Saururaceae	$*P_0A_{3\sim8}\underline{G}_{3-4:1:2-4,(3-4:1:\infty)}$	草本。单叶互生。穗状、总状花序,常有白色总苞。无花被;蒴果或浆果。
胡椒科 Piperaceae	$\male\ P_0A_{1\sim10}$; $\female\ P_0\underline{G}_{(1\sim5:1:1)}$; $P_0A_{1\sim10}\underline{G}_{(1\sim5:1:1)}$	藤本或草本,常具香气。叶互生。花小,密集成穗状花序或肉穗状;无花被;浆果球形或卵形。
金粟兰科 Chloranthaceae	$P_0A_{(1\sim3)}\overline{G}_{1:1:1}$	草本或灌木,有香气。节部常膨大,单叶对生,无花被。单体雄蕊,花丝附于子房上。核果。
桑科 Moraceae	$\male\ P_{4\sim5}A_{4\sim5}$;$\female\ P_{4\sim5}\underline{G}_{(2:1:1)}$	多木本,稀草本。常具乳汁。叶多互生,托叶早落。隐头、柔荑或球状花序,瘦果与花被或花轴合成聚花果。
桑寄生科 Loranthaceae	$P_{4\sim6}A_6\overline{G}_{(3-4:1:4-12)}$	寄生或半寄生灌木,叶革质、全缘,无托叶。果实浆果状或核果状;种子无种皮,围有一层黏稠物。
马兜铃科 Aristolochiaceae	$*,\uparrow P_{(3)}A_{6\sim12}\overline{G}_{(4-6:6:\infty)}$	草本或藤本。单叶互生;花被下部合生成管状,蒴果。种子多数。
蓼科 Polygonaceae	$\male*P_{3\sim6,(3\sim6)}A_{3\sim9}\underline{G}_{(2-3:1;1)}$	草本。单叶互生,茎节膨大,具托叶鞘。瘦果或小坚果包于宿存花被。胚乳粉质。
苋科 Amaranthaceae	$*P_{3\sim5}A_{1\sim5}\underline{G}_{(2-3:1:1\sim\infty)}$	草本。单叶,无托叶。穗状、球状圆锥花序。胞果、坚果。
石竹科 Caryophyllaceae	$*K_{4\sim5,(4\sim5)}C_{4\sim5}A_{8\sim10}\underline{G}_{(2-5:1:\infty)}$	多草本,节常膨大,单叶对生,聚伞花序,花瓣常具爪,蒴果,特立中央胎座。
睡莲科 Nymphaeaceae	$*K_{3\sim\infty}C_{3\sim\infty}A_\infty\underline{G}_{3\sim\infty,(3\sim\infty)}$;$\overline{G}_{3\sim\infty,(3\sim\infty)}$	水生草本。根状茎常粗大肥厚。叶常漂浮水面。花大单生,雄蕊多数,坚果埋于膨大的海绵质花托内或为浆果状。
毛茛科 Ranunculaceae	$*,\uparrow K_{3\sim\infty}C_{3\sim\infty,0}A_\infty\underline{G}_{1\sim\infty:1:1\sim\infty}$	草本或藤本。叶常深裂或有缺刻。花萼常呈花瓣状。聚合瘦果或蓇葖果。
小檗科 Berberidaceae	$*K_{3+3}C_{3+3}A_{3\sim9}\underline{G}_{1:1:1\sim\infty}$	草本或灌木。叶互生。花萼花瓣状。雄蕊与瓣对生。浆果或蒴果。

续表

科名	花程式	主要特征
木通科 Lardizabalaceae	♂ *$K_{3+3} C_6 A_6$ ♀ *$K_{3+3} C_6 \underline{G}_{3:1:1,\infty}$	木质藤本，叶互生，掌状复叶，木质部具宽髓射线，总状花序，肉质蓇葖果或浆果。
防己科 Menispermaceae	♂ *$K_{3+3} C_{3+3} A_{3\sim6}$； ♀ *$K_{3+3} C_{3+3} \underline{G}_{3\sim6:1:1}$	多木质藤本。根多膨大。单叶，互生。萼片花瓣各6枚，排成2轮。核果，核多呈马蹄形或肾形。
木兰科 Magnoliaceae	*$P_{6\sim12} A_\infty \underline{G}_{\infty:1:1\sim2}$	木本。单叶互生，托叶早落，环状托叶痕明显。花单生。花托延长，聚合蓇葖果或浆果。
樟科 Lauraceae	*$P_{6\sim9} A_{3\sim12} \underline{G}_{(3:1:1)}$	木本。具油细胞，有香气。单叶互生。花丝基部具2腺体。核果(浆果状)。
罂粟科 Papaveraceae	*，↑$K_2 C_{4\sim6} A_{\infty,4\sim6} \underline{G}_{(2\sim\infty:1:\infty)}$	草本。常具乳汁或黄色汁液。单叶互生。花萼2，早落。蒴果。
十字花科 Cruciferae (Brassicaceae)	*$K_{2+2} C_4 A_{2+4} \underline{G}_{(2:2:1\sim\infty)}$	草本。单叶互生。十字花冠，四强雄蕊，总状花序。长短角果，假隔膜分为2室。
景天科 Crassulaceae	*$K_{4\sim5} C_{4\sim5} A_{4\sim5,8\sim10} \underline{G}_{4\sim5:1:\infty}$	肉质草本。单叶。聚伞花序。心皮基部具小鳞片，蓇葖果。
虎耳草科 Saxifragaceae	*，↑$K_{4\sim5} C_{4\sim5} A_{4\sim5,8\sim10} \underline{G}_{(2\sim5:1\sim5:\infty)}$, $\overline{G}_{(2\sim5:1:\infty)}$	单叶。花瓣常有爪。蒴果或浆果。种子常有翅。
杜仲科 Eucommiaceae	♂ $P_0 A_{4\sim10}$；♀ $P_0 \underline{G}_{(2:1:2)}$	落叶乔木，枝、叶折断时有银白色胶丝。叶互生，花单性异株，无被，雄花密集成头状花序状，雌花单生。翅果。
蔷薇科 Rosaceae	*$K_5 C_5 A_{4\sim\infty} \underline{G}_{1\sim\infty:1:1\sim\infty}$, $\overline{G}_{(2\sim5:2\sim5:1\sim\infty)}$	叶多互生，有托叶(绣线菊亚科无托叶)。聚合果(蔷薇亚科)、核果(梅亚科)、梨果(梨亚科)。
豆科 Leguminosae (Fabaceae)	*，↑$K_{5,(5)} C_5 A_{(9+1),10,\infty} \underline{G}_{1:1:1\sim\infty}$	有根瘤。叶互生，多羽状或三出复叶，具托叶和叶枕。二体雄蕊，花冠辐射对称(含羞草亚科)、假蝶形(云实亚科)、蝶形(蝶形花亚科)。荚果。
芸香科 Rutaceae	*$K_{4\sim5} C_{4\sim5} A_{8\sim10,\infty} \underline{G}_{(2\sim\infty:2\sim\infty:1\sim2)}$	多木本，稀草本。叶常互生，多具透明油腺点，有香气。雄蕊着生于发达花盘基部。柑果、蒴果、核果或蓇葖果。
橄榄科 Burseraceae	*$K_{(3\sim6)} C_{3\sim6} A_{3\sim6,6\sim12} \underline{G}_{(3\sim5:2)}$	木本，有树脂道。奇数羽状复叶，圆锥花序，有子房盘，核果，内果皮骨质。
楝科 Meliaceae	*$K_{(4\sim5),(6)} C_{4\sim5,3\sim7,(3\sim7)} A_{(4\sim10)}$ $\underline{G}_{(2\sim5:2\sim5:1\sim2)}$	木本。叶互生，多羽状复叶。花丝合生成短管。圆锥花序。蒴果、浆果或核果。
远志科 Polygalaceae	↑$K_5 C_{3,\,5} A_{(4\sim8)} \underline{G}_{(1\sim3:1\sim3:1\sim\infty)}$	单叶，互生，全缘，无托叶。萼片不等长，常呈花瓣状。具一龙骨状花瓣，有鸡冠状附属物，花丝合生成鞘状；种子常有毛。
大戟科 Euphorbiaceae	♂ *$K_{0\sim5} C_{0\sim5} A_{1\sim\infty,(\infty)}$； ♀ *$K_{0\sim5} C_{0\sim5} \underline{G}_{(3:3:1\sim2)}$	常含有乳汁，多有毒。多单叶互生。大戟属为多歧聚伞杯状花序。多为蒴果。
漆树科 Anacardiaceae	*$K_{(3\sim5)} C_{3\sim5} A_{5\sim10} \underline{G}_{(1\sim5:1\sim5:1)}$	木本，常含树脂。圆锥花序。核果。
冬青科 Aquifoliaceae	♂ *$K_{(4\sim6)} C_{4\sim6,(4\sim6)} A_{4\sim6}$； ♀ *$K_{(4\sim6)} C_{4\sim6,(4\sim6)} \underline{G}_{(2\sim5:2\sim\infty:1\sim2)}$	常绿木本。单叶互生。单性异株。浆果状核果。

续表

科名	花程式	主要特征
卫矛科 Celastraceae	$*K_{4\sim5} C_{4\sim5} A_{4\sim5} \underline{G}_{(2\sim5:2\sim5:2\sim6)}$	木本。单叶。花单生或聚伞总状花序。雄蕊着生花盘上。浆果、翅果。种子可有假种皮。
无患子科 Sapindaceae	$*,\uparrow K_{(4\sim5)} C_{4\sim5,0} A_{8,5\sim10} \underline{G}_{(2\sim4:2\sim4:1\sim2)}$	乔木或灌木,多羽状复叶。聚伞花序集成总状花序或圆锥花序;花盘发达;子房上位。蒴果、浆果、坚果或翅果。种子无胚乳,常有假种皮。
鼠李科 Rhamnaceae	$*K_{(4\sim5)} C_{4\sim5} A_{4\sim5} \underline{G}_{(2\sim4:2\sim4:1)}$	木本。单叶、多互生,托叶小,脱落。花簇生或成聚伞、圆锥花序。核果或浆果。
锦葵科 Malvaceae	$*K_{3\sim5,(3\sim5)} C_5 A_{(\infty)} \underline{G}_{(2\sim\infty:2\sim\infty:1\sim\infty)}$	单叶互生,有托叶,常掌状分裂。体内多含黏液。单体雄蕊。花单生或聚伞花序。多为蒴果。
瑞香科 Thymelaeaceae	$*K_{(4\sim5)} C_0 A_{4\sim5,8\sim10} \underline{G}_{(2\sim5:1\sim2:1)}$	多为灌木或乔木。多有毒。皮部富纤维。单叶全缘。无花冠或退化成鳞片。球状、总状、穗状花序。浆果、核果或坚果。
桃金娘科 Myrtaceae	$*K_{(4\sim\infty)} C_{4\sim5} A_{\infty,(\infty)} \overline{G}_{(2\sim\infty:1\sim\infty:\infty)}$	常绿木本。单叶对生,有透明腺点,有香气;雄蕊多数。浆果、核果或蒴果。
五加科 Araliaceae	$*K_5 C_{5\sim10} A_{5\sim10} \overline{G}_{(2\sim15:2\sim15:1)}$	叶多互生,稀轮生,多为伞形花序,或再组成总状或圆锥状。浆果或核果。
伞形科 Umbelliferae	$*K_{(5),0} C_5 A_5 \overline{G}_{(2:2:1)}$	草本,茎常中空,有纵棱,大多含挥发油。叶互生,大多分裂或为多裂的复叶,叶柄基部呈鞘状。复伞形花序。双悬果。
山茱萸科 Cornaceae	$*K_{3\sim5,0} C_{3\sim5,0} A_{3\sim5} \overline{G}_{(2:1\sim4:1)}$	乔木或灌木,聚伞花序或伞形花序,核果或浆果状核果。

后生花被(合瓣花)亚纲:花瓣多少连合,大多为重被花。雄蕊常贴生于花冠喉部。常见科的重要特征见附录表 5-2。

附录表 5-2 后生花被(合瓣花)亚纲重要科特征

科名	花程式	主要特征
杜鹃花科 Ericaceae	$*K_{(4\sim5)} C_{(4\sim5)} A_{(8\sim10:4\sim5)}$ $\underline{G}_{(4\sim5:4\sim5:\infty)}, \overline{G}_{(4\sim5:4\sim5:\infty)}$	多为灌木。单叶互生,全缘。雄蕊数为花冠裂片数的 2 倍。蒴果、浆果、核果。
报春花科 Primulaceae	$*K_{(5),5} C_{(5),0} A_5 \underline{G}_{(5:1:\infty)}$	多草本。常有腺点。多为单叶互生。特立中央胎座。蒴果。
木犀科 Oleaceae	$*K_{(4)} C_{(4)} A_2 \underline{G}_{(2:2:2)}$	灌木或乔木。叶多对生,单叶或羽状复叶。雄蕊 2。蒴果、翅果、核果、浆果。
马钱科 Loganiaceae	$*K_{(4\sim5)} C_{(4\sim5)} A_{4\sim5} \underline{G}_{(2:2:2\sim\infty)}$	多木本。单叶对生,雄蕊与花冠裂片同数而互生,着生于花冠管或花冠喉部。蒴果、浆果或核果。种子有时具翅。
龙胆科 Gentianaceae	$*K_{(4\sim5)} C_{(4\sim5)} A_{4\sim5} \underline{G}_{(2:1:\infty)}$	草本,直立或攀缘。多为单叶对生,全缘,基部常合生。聚伞花序。
夹竹桃科 Apocynaceae	$*K_{(5)} C_{(5)} A_5 \underline{G}_2, \underline{G}_{(2:1\sim2:1\sim\infty)}$	多木本,稀草本,常具乳汁。单叶。花单生或聚伞花序。常为两个蓇葖果,稀为核果,浆果。种子常有毛。

续表

科名	花程式	主要特征
萝藦科 Asclepiadaceae	$*K_{(5)}C_{(5)}A_5 \underline{G}_{2:1:\infty}$	草本,具乳汁。单叶对生或轮生,全缘。花冠喉部有鳞片或副花冠。聚伞花序。蓇葖果双生或一个发育。
旋花科 Convolvulaceae	$*K_{(5)}C_{(5)}A_5 \underline{G}_{(2:1-4:1-2)}$	多为缠绕性或寄生藤本。单叶互生,稀复叶。花冠喇叭状、钟状、坛状,全缘或浅裂。聚伞花序。蒴果。
紫草科 Boraginaceae	$*K_{5,(5)}C_{(5)}A_5 \underline{G}_{(2:2-4:2-1)}$	多为草本,常密被粗硬毛。单歧聚伞花序;花冠喉部常有附属物;4 小坚果或核果。
马鞭草科 Verbenaceae	$\uparrow K_{(4-5)}C_{4-5}A_{4-6} \underline{G}_{(2:4:1-2)}$	常具有特殊气味。叶多对生。花冠二唇形,各式花序。浆果、核果或坚果。
唇形科 Labiatae	$\uparrow K_{(5)}C_5 A_{4,2} \underline{G}_{(2:4:1)}$	多草本,常含挥发油。茎四棱。叶对生。唇形花冠,轮伞花序。二强雄蕊。小坚果 4 个。
茄科 Solanaceae	$*K_{(5)}C_{(5)}A_5 \underline{G}_{(2:2:\infty)}$	多草本,稀木本。叶互生,花单生或聚伞花序,花冠辐状。浆果、蒴果。
玄参科 Scrophulariaceae	$\uparrow K_{(4-5)}C_{(4-5)}A_{4,2} \underline{G}_{(2:2:\infty)}$	木本常有星状毛。叶多对生。总状或聚伞花序。蒴果、浆果。
紫葳科 Bignoniaceae	$\uparrow K_5 C_5 A_{4,2} \underline{G}_{(2:2-1:\infty)}$	木本。叶对生。总状或圆锥花序;花冠 5 裂,常偏斜,具退化雄蕊 1~3；有花盘;蒴果。种子扁平,常有翅或毛。
爵床科 Acanthaceae	$\uparrow K_{(4-5)}C_{(4-5)}A_{4,2} \underline{G}_{(2:2:1:\infty)}$	多草本,稀木本。草本茎节常膨大。叶对生,内含条形钟乳体。蒴果,种子成熟后弹出。
车前科 Plantaginaceae	$*K_{(4)}C_{(4)}A_4 \underline{G}_{(2-4:2-4:1-\infty)}$	草本。单叶,常基生。穗状花序。蒴果盖裂。
茜草科 Rubiaceae	$*K_{(4-6)}C_{(4-6)}A_{4-6} \overline{G}_{(2:2)}$	单叶对生或轮生,全缘,托叶明显,有时成叶状。蒴果、浆果或核果。
忍冬科 Caprifoliaceae	$*,\uparrow K_{(4-5)}C_{(4-5)}A_{4-5} \overline{G}_{(2-5:1-5:1-\infty)}$	多为灌木。多单叶对生,稀奇数羽状复叶。浆果、核果、蒴果。
败酱科 Valerianaceae	$\uparrow K_{5-15,0}C_{(3-5)}A_{3-4} \overline{G}_{(3:3:1)}$	草本,具强烈气味。叶多为羽状分裂。花冠筒状,基部常有偏突的囊或距;瘦果,或有冠毛或翅。
葫芦科 Cucurbitaceae	$\male *K_{(5)}C_{(5)}A_{5,(3-5)};$ $\female *K_{(5)}C_{(5)}\overline{G}_{(3:1:\infty)}$	草质藤本,有卷须。叶互生,常为单叶而掌状分裂,有时为鸟足状复叶。花单性;单生或成各种花序。瓠果。
桔梗科 Campanulaceae	$*,\uparrow K_{(5)}C_{(5)}A_{5,(5)}\overline{G}_{(2-5:2-5:\infty)};$ $\overline{G}_{(2-5:2-5:\infty)}$	草本。常含乳汁。单叶。少数为两侧对称花,聚伞或总状花序。蒴果、浆果。
菊科 Compositae	$*,\uparrow K_{0-\infty}C_{(3-5)}A_{(4-5)}\overline{G}_{(2:1:1)}$	草本,稀木本。叶互生。头状花序,外有总苞。舌状花亚科有乳汁,小花同型;管状花亚科无乳汁,小花异型。聚药雄蕊。瘦果,常具冠毛。

(二) 单子叶植物纲

多为草本,叶为平行脉,须根多;胚具子叶 1 枚。重要科的特征见附录表 5-3。

附录表 5-3 单子叶植物纲重要科特征

科名	花程式	主要特征
泽泻科 Alismataceae	$*P_{3+3}A_{3\sim\infty}\underline{G}_{3\sim\infty:1:1}$; ♂ $*P_{3+3}A_{3\sim\infty}$; ♀ $*P_{3+3}\underline{G}_{3\sim\infty:1:1}$	水生或沼生草本,具根茎或球茎。叶常基生,叶柄基部鞘状,叶形变化大。花常轮生于花葶上,组成总状或圆锥花序;花柱宿存。聚合瘦果。
香蒲科 Typhaceae	♂ $*P_0A_{1\sim7,(1\sim7)}$; ♀ $*P_0\underline{G}_{1:1:1}$	水生或沼生草本,具根状茎。叶两列状,线形,下部有鞘。花单性同株,成蜡烛状穗状花序,无花被;小坚果。
禾本科 Gramineae	$*P_{2\sim3}A_{3,1\sim6}\underline{G}_{(2\sim3:1:1)}$	多草本,稀木本(竹亚科)。茎中空,叶互生,多线形二列,具叶鞘。由小穗集合成各种花序或复穗状花序。颖果。
莎草科 Cyperaceae	$*P_0A_{1\sim3}\underline{G}_{(2\sim3:1)}$; ♂ $*P_0A_{1\sim3}$; ♀ $*P_0\underline{G}_{2\sim3:1:1}$	草本。茎实心,常呈三棱形。叶通常三列,叶鞘闭合。由小穗排成各种花序。瘦果或小坚果。
棕榈科 Palmae	$*P_{3,(3)}A_{3+3}\underline{G}_{3:3\sim1:1,(3:3\sim1:1)}$; ♂ $P_{3,(3)}A_{3+3}$; ♀ $P_{3,(3)}\underline{G}_{3:3\sim1:1,(3:3\sim1:1)}$	木本或木质藤本。茎不分枝。叶互生,常聚生于茎顶(藤本为散生)。圆锥或穗状花序。浆果或核果。
天南星科 Araceae	$*P_{0,4\sim6}A_{2\sim\infty,(2\sim\infty)},4\sim6\underline{G}_{(1\sim\infty:1\sim\infty:1\sim\infty)}$ ♂ $*P_0A_{2\sim\infty,(2\sim\infty)}$; ♀ $*P_0\underline{G}_{(1\sim\infty:1\sim\infty:1\sim\infty)}$	草本,常有肉质块茎或根茎。单叶互生,多基生。花单性或两性,肉穗花序,具佛焰苞。浆果。
百部科 Stemonaceae	$*P_{2+2}A_{2+2}\underline{G}_{(2:1:2\sim\infty)}$	多为草本。常具肉质块根。单叶,有明显基出脉和横脉。花单生于叶腋或贴生于叶片中脉上,药隔通常延伸于药室之上成细长的附属物。蒴果。
百合科 Liliaceae	$*P_{3+3,(3+3)}A_{3+3}\underline{G}_{(3:3:\infty)}$	草本,地下有鳞茎、块茎或根茎。花两性。总状或伞状花序。蒴果、浆果。
石蒜科 Amaryllidaceae	$*P_{(3+3),3+3}A_{3+3,(3+3)}\overline{G}_{(3:3:\infty)}$	草本,地下具鳞茎或根茎。花单生或伞形花序。蒴果或浆果。
薯蓣科 Dioscoreaceae	♂ $*P_{(3+3)}A_{3+3}$; ♀ $*P_{(3+3)}\overline{G}_{(3:3:2)}$	缠绕性草质藤本,块茎或根茎。叶腋或有珠芽。穗状、总状花序。蒴果有三棱形翅。种子具翅。
鸢尾科 Iridaceae	$*,\uparrow P_{(3+3)}A_3\overline{G}_{(3:3:\infty)}$	草本,具根茎、球茎或鳞茎,叶剑形或线形,常二列。花单生,柱头常三裂,或扩大成花瓣状。总状或单歧聚伞花序。蒴果。
姜科 Zingiberaceae	$\uparrow K_{(3)}C_{(3)}A_1\overline{G}_{(3:3:\infty),(3:1:\infty)}$; $\uparrow P_{(3)+(3)}A_1\overline{G}_{(3:3:\infty),(3:1:\infty)}$	草本。根芳香。叶基鞘状,常有舌片。内轮 2 枚雄蕊退化成唇瓣,能育雄蕊 1 枚。蒴果。种子可有假种皮。
兰科 Orchidaceae	$\uparrow P_{3+3}A_{2\sim1}\overline{G}_{(3:1:\infty)}$	草本,土生、附生或腐生。可有假鳞茎。单叶互生,二列状。唇瓣常特化,雄蕊与雌蕊形成合蕊柱。子房扭转。花粉粒成块。蒴果,种子微小而数极多。

(黄宝康)

附录6　被子植物门分科检索表

1. 子叶2个,极稀可为1个或较多;茎具中央髓部;且在多年生的木本植物有年轮;叶片常具网状脉;花常为5出或4出。(次1项见292页)⋯⋯⋯⋯⋯⋯⋯⋯⋯⋯⋯⋯⋯⋯⋯⋯**双子叶植物纲 Dicotyledoneae**
　2. 花无真正的花冠,或花被片逐渐变化,呈覆瓦状排列成2至数层;花萼类似花冠或无花萼。(次2项见272页)
　　3. 花单性,雌雄同株或异株,其中雄花,或雌花和雄花均可成柔荑花序或类似柔荑状的花序。(次3项见264页)
　　　4. 无花萼,或在雄花中存在。
　　　　5. 雌花以花梗着生于椭圆形膜质苞片的中脉上;心皮1⋯⋯⋯⋯⋯⋯⋯**漆树科 Anacardiaceae**
　　　　　　　　　　　　　　　　　　　　　　　　　　　　　　　　　　　　(九子母属 Dobinea)
　　　　5. 雌花非如上述情形;心皮2或更多数。
　　　　　6. 多为木质藤本;叶为全缘单叶,具掌状脉;果实为浆果⋯⋯⋯⋯⋯⋯**胡椒科 Piperaceae**
　　　　　6. 乔木或灌木;叶可呈各种型式,但常为羽状脉;果实不为浆果。
　　　　　　7. 旱生性植物,分枝具节,叶片极退化在每节上联合成为具齿的鞘状物
　　　　　　　　　　　　　　　　　　　　　　　　　　　　　　　　　　木麻黄科 Casuarinaceae
　　　　　　　　　　　　　　　　　　　　　　　　　　　　　　　　　　　　(木麻黄属 Casuarina)
　　　　　　7. 植物为其他情形者。
　　　　　　　8. 果实为具多数种子的蒴果;种子有丝状毛茸⋯⋯⋯⋯⋯⋯⋯⋯**杨柳科 Salicaceae**
　　　　　　　8. 果实为仅具1枚种子的小坚果、核果、或核果状的坚果。
　　　　　　　　9. 叶为羽状复叶;雄花有花被⋯⋯⋯⋯⋯⋯⋯⋯⋯⋯⋯⋯**胡桃科 Juglandaceae**
　　　　　　　　9. 叶为单叶(有时在杨梅科中可为羽状分裂)。
　　　　　　　　　10. 果实为肉质核果;雄花无花被⋯⋯⋯⋯⋯⋯⋯⋯⋯⋯**杨梅科 Myricaceae**
　　　　　　　　　10. 果实为小坚果;雄花有花被⋯⋯⋯⋯⋯⋯⋯⋯⋯⋯**桦木科 Betulaceae**
　　　4. 有花萼,或在雄花中不存在。
　　　　11. 子房下位。
　　　　　12. 叶对生,叶柄基部互相连合⋯⋯⋯⋯⋯⋯⋯⋯⋯⋯⋯⋯**金粟兰科 Chloranthaceae**
　　　　　12. 叶互生。
　　　　　　13. 叶为羽状复叶⋯⋯⋯⋯⋯⋯⋯⋯⋯⋯⋯⋯⋯⋯⋯⋯**胡桃科 Juglandaceae**
　　　　　　13. 叶为单叶。
　　　　　　　14. 果实为蒴果⋯⋯⋯⋯⋯⋯⋯⋯⋯⋯⋯⋯⋯⋯⋯**金缕梅科 Hamamelidaceae**
　　　　　　　14. 果实为坚果。
　　　　　　　　15. 坚果封藏于1变大呈叶状的总苞中⋯⋯⋯⋯⋯⋯⋯⋯**桦木科 Betulaceae**
　　　　　　　　15. 坚果有1壳斗下托,或封藏在1多刺的果壳中⋯⋯⋯⋯⋯**壳斗科 Fagaceae**
　　　　11. 子房上位。
　　　　　16. 植物体具白色乳汁。(次16项见264页)
　　　　　　17. 子房1室;桑椹果⋯⋯⋯⋯⋯⋯⋯⋯⋯⋯⋯⋯⋯⋯⋯⋯⋯**桑科 Moraceae**
　　　　　　17. 子房2~3室;蒴果⋯⋯⋯⋯⋯⋯⋯⋯⋯⋯⋯⋯⋯⋯⋯⋯**大戟科 Euphorbiaceae**

16. 植物体中无乳汁,或在大戟科的秋枫属 *Bischofia* 中具红色汁液。

  18. 子房为单心皮所成;雄蕊的花丝在花蕾中向内屈曲··················**荨麻科 Urticaceae**

  18. 子房为 2 枚以上的连合心皮所组成;雄蕊的花丝在花蕾中常直立(在大戟科的秋枫属及巴豆属 *Croton* 中则向前屈曲)。

    19. 果实为 3 个(稀可 2~4 个)离果瓣所成的蒴果;雄蕊 10 至多数,有时少于 10

··**大戟科 Euphorbiaceae**

    19. 果实为其他情形;雄蕊少数至数个(大戟科的黄桐属 *Endospermum* 为 6~10 个),或和花萼裂片同数且对生。

      20. 雌雄同株的乔木或灌木。

        21. 子房 2 室;蒴果··································**金缕梅科 Hamamelidaceae**

        21. 子房 1 室;坚果或核果 ····························**榆科 Ulmaceae**

      20. 雌雄异株的植物。

        22. 草本或草质藤本;叶为掌状分裂或为掌状复叶·············**桑科 Moraceae**

        22. 乔木或灌木;叶全缘,或在秋枫属为 3 小叶所成的复叶·········**大戟科 Euphorbiaceae**

3. 花两性或单性,但并不成为柔荑花序。

  23. 子房或子房室内有数个至多数胚珠。(次 23 项见 266 页)

    24. 寄生性草本,无绿色叶片··························**大花草科 Rafflesiaceae**

  24. 非寄生性植物,有正常绿叶,或叶退化而以绿色茎代行叶的功能。

    25. 子房下位或部分下位。(次 25 项见 265 页)

      26. 雌雄同株或异株,如为两性花时,则成肉质穗状花序。

        27. 草本。

          28. 植物体含多量液汁;单叶常不对称·············**秋海棠科 Begoniaceae**

(秋海棠属 *Begonia*)

          28. 植物体不含多量液汁;羽状复叶·············**四数木科 Tetramelaceae**

(四数木属 *Tetrameles*)

        27. 木本。

          29. 花两性,成肉质穗状花序;叶全缘·············**金缕梅科 Hamamelidaceae**

(山铜材属 *Chunia*)

          29. 花单性,成穗状、总状或头状花序;叶缘有锯齿或具裂片。

            30. 花成穗状或总状花序;子房 1 室·············**四数木科 Tetramelaceae**

(四数木属 *Tetrameles*)

            30. 花成头状花序;子房 2 室·············**金缕梅科 Hamamelidaceae**

(枫香树亚科 **Liquidambaroideae**)

      26. 花两性,但不成肉质穗状花序。

        31. 子房 1 室。

          32. 无花被;雄蕊着生在子房上·············**三白草科 Saururaceae**

          32. 有花被;雄蕊着生在花被上。

            33. 茎肥厚,绿色,常具刺针;叶常退化;花被片和雄蕊都多数;浆果

··**仙人掌科 Cactaceae**

            33. 茎不成上述形状;叶正常;花被片和雄蕊皆为 5 或 4 的倍数,或雄蕊数为前者的 2 倍;蒴果··································**虎耳草科 Saxifragaceae**

        31. 子房 4 室或更多室。

          34. 乔木;雄蕊为不定数·························**海桑科 Sonneratiaceae**

          34. 草本或灌木。

            35. 雄蕊 4··································**柳叶菜科 Onagraceae**

(丁香蓼属 *Ludwigia*)

      35. 雄蕊 6 或 12···马兜铃科 **Aristolochiaceae**

25. 子房上位。

  36. 雌蕊或子房 2 个,或更多数。

    37. 草本。

      38. 复叶或多少有些分裂,稀可为单叶(如驴蹄草属 *Caltha*),全缘或具齿裂;心皮多数至少数

        ···毛茛科 **Ranunculaceae**

      38. 单叶,叶缘具锯齿;心皮和花萼裂片同数·····················虎耳草科 **Saxifragaceae**

                                         (扯根菜属 *Penthorum*)

    37. 木本。

      39. 花的各部为整齐的 3 的倍数·····························木通科 **Lardizabalaceae**

      39. 花为其他情形。

        40. 雄蕊数 1 至多数,连合成单体·····························梧桐科 **Sterculiaceae**

                                           (苹婆属 *Sterculia*)

        40. 雄蕊多数,离生。

          41. 花两性;无花被·····································昆栏树科 **Trochodendraceae**

                                     (昆栏树属 *Trochodendron*)

          41. 花雌雄异株,具 4 个小形萼片·····················连香树科 **Cercidiphyllaceae**

                                     (连香树属 *Cercidiphyllum*)

  36. 雌蕊或子房单独 1 个。

    42. 雌蕊周位,即着生与萼筒或杯状花托上。

      43. 有不育雄蕊,且和 8~12 能育雄蕊互生·····················大风子科 **Flacourtiaceae**

                                     (山羊角树属 *Carrierea*)

      43. 无不育雄蕊。

        44. 多汁草本植物;花萼裂片呈覆瓦状排列,成花瓣状,宿存;蒴果盖裂

          ···番杏科 **Aizoaceae**

                                     (海马齿属 *Sesuvium*)

        44. 植物体为其他情形;花萼裂片不成花瓣状。

          45. 叶为双数羽状复叶,互生;花萼裂片呈覆瓦状排列;果实为荚果;常绿乔木

            ···豆科 **Leguminosae**

                                 (云实亚科 **Caesalpinioideae**)

          45. 叶为对生或轮生单叶;花萼裂片呈镊合状排列;非荚果。

            46. 雄蕊为不定数;子房 10 室或更多室;果实浆果状

              ·······································海桑科 **Sonneratiaceae**

            46. 雄蕊 4~12(不超过花萼裂片的 2 倍);子房 1 至数室;果实蒴果状。

              47. 花杂性或雌雄异株,微小,成穗状花序,再成总状或圆锥状排列

                ···································隐翼科 **Crypteroniaceae**

                                 (隐翼属 *Crypteronia*)

               47. 花两性,中性,单生至排列成圆锥花序·····················千屈菜科 **Lythraceae**

    42. 雄蕊下位,即着生于扁平或凸起的花托上。

      48. 木本;叶为单叶。

        49. 乔木或灌木;雄蕊常多数,离生;胚珠生于侧膜胎座或隔膜上

          ···大风子科 **Flacourtiaceae**

        49. 木质藤本;雄蕊 4 或 5,基部连合成杯状或环状;胚珠基生

          ···苋科 **Amaranthaceae**

                                   (浆果苋属 *Cladostachys*)

      48. 草本或亚灌木。

50. 植物体沉没水中,常为一具背腹面呈原叶体状的构造,似苔藓

川苔草科 Podostemaceae

50. 植物体非如上述情形。

　51. 子房 3~5 室。

　　52. 食虫植物;叶互生;雌雄异株···猪笼草科 Nepenthaceae
　　52. 非为食虫植物;叶对生或轮生;花两性·······························番杏科 Aizoaceae

（粟米草属 Mollugo）

　51. 子房 1~2 室。

　　53. 叶为复叶或多少有些分裂···毛茛科 Ranunculaceae
　　53. 叶为单叶。

　　　54. 侧膜胎座。

　　　　55. 花无花被··三白草科 Saururaceae
　　　　55. 花具 4 离生萼片···十字花科 Cruciferae
　　　54. 特立中央胎座。

　　　　56. 花序呈穗状、头状或圆锥状;萼片多少为干膜质·················苋科 Amaranthaceae
　　　　56. 花序呈聚伞状;萼片草质···石竹科 Caryophyllaceae

23. 子房或其子房室内仅有 1 至数个胚珠。

　57. 叶片中常有透明微点。

　　58. 叶为羽状复叶··芸香科 Rutaceae
　　58. 叶为单叶,全缘或有锯齿。

　　　59. 草本植物或有时在金粟兰科为木本植物;花无花被,常成简单或复合的穗状花序,但在胡椒
　　　　科齐头绒属 zippelia 则成疏松总状花序。

　　　　60. 子房下位;仅 1 室有 1 胚珠;叶对生,叶柄在基部连合·············金粟兰科 Chloranthaceae
　　　　60. 子房上位;叶如为对生时,叶柄也不在基部连合。

　　　　　61. 雌蕊由 3~6 个近于离生心皮组成,每心皮各有 2~4 个胚珠·········三白草科 Saururaceae

（三白草属 Saururus）

　　　　　61. 雌蕊由 1~4 个合生心皮组成,仅 1 室,有 1 胚珠···············胡椒科 Piperaceae

（齐头绒属 Zippelia,草胡椒属 Peperomia）

　　　59. 乔木或灌木;花具 1 层花被;花有各种类型,但不为穗状。

　　　　62. 花萼裂片常 3 片,呈镊合状排列;子房为 1 心皮所形成,成熟时肉质,常以 2 瓣裂开;雌雄
　　　　　异株···肉豆蔻科 Myristicaceae
　　　　62. 花萼裂片 4~6 片,呈覆瓦状排列;子房为 2~4 合生心皮所形成。

　　　　　63. 花两性;果实仅 1 室,蒴果状,2~3 瓣裂开·······················大风子科 Flacourtiaceae

（山羊角树属 Carrierea）

　　　　　63. 花单性,雌雄异株;果实 2~4 室,肉质或革质,晚裂·············大戟科 Euphorbiaceae

（白树属 Suregada）

　57. 叶片中无透明微点。

　　64. 雄蕊连为单体,至少在雄花中有这现象,花丝互相连合成筒状或成 1 中柱。(次 64 项见 267 页)

　　　65. 肉质寄生草本植物,具退化呈鳞片状的叶片,无叶绿素·············蛇菰科 Balanophoraceae
　　　65. 植物体非为寄生性,有绿叶。

　　　　66. 头状花序单性,雌雄同株,雄头状花序球形,雌头状花序含 2 结果实小花,同藏于 2 室而具
　　　　　钩状芒刺的总苞中···菊科 Compositae

（苍耳属 Xanthium）

　　　　66. 花两性,如为单性时,雄花及雌花也无上述情形。

　　　　　67. 草本植物;花两性。(次 67 项见 267 页)

　　　　　　68. 叶互生··藜科 Chenopodiaceae

68. 叶对生。
　　69. 花显著,有连合成花萼状的总苞·················**紫茉莉科 Nyctaginaceae**
　　69. 花微小,无上述情形的总苞··································**苋科 Amaranthaceae**
67. 乔木或灌木,稀可为草本;花单性或杂性;叶互生。
　　70. 萼片呈覆瓦状排列,至少在雄花中如此·················**大戟科 Euphorbiaceae**
　　70. 萼片呈镊合状排列。
　　　　71. 雌雄异株;花萼常具 3 裂片;雌蕊为 1 心皮所形成,成熟时肉质,且常以 2 瓣裂开
　　　　···**肉豆蔻科 Myristicaceae**
　　　　71. 花单性或雄花和两性花同珠;花萼具 4~5 裂片或裂齿;雌蕊为 3~6 近于离生的心皮所
　　　　　　成,各心皮于成熟时为革质或木质,呈蓇葖果状而不裂开··········**梧桐科 Sterculiaceae**
　　　　　　　　　　　　　　　　　　　　　　　　　　　　　　　　　　　　　　　(苹婆属 *Sterculia*)

64. 雄蕊各自分离,有时仅为 1 个,或花丝成为分枝的簇丛(如大戟科的蓖麻属 *Ricinus*)。
　72. 每花有雌蕊 2 至多数,近于或完全离生;或花的界限不明显时,雌蕊多数,成 1 球形头花序。
　　73. 花托下陷,呈杯状或坛状。
　　　74. 灌木;叶对生;花被片在坛状花托的外侧排列成数层·················**蜡梅科 Calycanthaceae**
　　　74. 草本或灌木;叶互生;花被片在杯或坛状花托的边缘排列成 1 轮·········**蔷薇科 Rosaceae**
　　73. 花托扁平或隆起,有时可延长。
　　　75. 乔木、灌木或木质藤本。
　　　　76. 花有花被···**木兰科 Magnoliaceae**
　　　　76. 花无花被。
　　　　　77. 落叶灌木或小乔木;叶卵形,具羽状脉和锯齿缘;无托叶;花两性或杂性,在叶腋中丛
　　　　　　生;翅果无毛,有柄·····································**昆栏树科 Trochodendraceae**
　　　　　　　　　　　　　　　　　　　　　　　　　　　　　　　　　　　　　　(领春木属 *Euptelea*)
　　　　　77. 落叶乔木;叶广阔,掌状分裂,叶缘有缺刻或大锯齿;有托叶围茎成鞘,易脱落;花单
　　　　　　性,雌雄同株,分别聚成球形头状花序;小坚果,围以长柔毛而无柄
　　　　　　·······································**悬铃木科 Platanaceae**
　　　　　　　　　　　　　　　　　　　　　　　　　　　　　　　　　　　　　　(悬铃木属 *Platanus*)
　　　75. 草本或稀为亚灌木,有时为攀缘性。
　　　　78. 胚珠倒生或直生。
　　　　　79. 叶片多少有些分裂或为复叶,无托叶或极微小;有花被(花萼);胚珠倒生;花单生或成
　　　　　　各种类型的花序·······································**毛茛科 Ranunculaceae**
　　　　　79. 叶为全缘单叶;有托叶;无花被;胚珠直生;花成穗形总状花序
　　　　　　·······································**三白草科 Saururaceae**
　　　　78. 胚珠常弯生;叶为全缘单叶。
　　　　　80. 直立草本;叶互生;非肉质·································**商陆科 Phytolaccacea**
　　　　　80. 平卧草本;叶对生或近轮生,肉质·······················**番杏科 Aizoaceae**
　　　　　　　　　　　　　　　　　　　　　　　　　　　　　　　　　　　　　(针晶粟草属 *Gisekia*)
　72. 每花仅有 1 个复合或单雌蕊,心皮有时于成熟后各自分离。
　　81. 子房下位或半下位。(次 81 项见 268 页)
　　　82. 草本。(次 82 项见 268 页)
　　　　83. 水生或小形沼泽植物。
　　　　　84. 花柱 2 个或更多;叶片(尤其沉没水中的)常成羽状细裂或为复叶
　　　　　　·······································**小二仙草科 Haloragidaceae**
　　　　　84. 花柱 1 个;叶为线形全缘单叶·······················**杉叶藻科 Hippuridaceae**
　　　　83. 陆生草本。
　　　　　85. 寄生性肉质草本,无绿叶。(次 85 项见 268 页)

86. 花单性,雌花常无花被;无珠被及种皮……………………………蛇菰科 Balanophoraceae

86. 花杂性,有一层花被,两性花有 1 雄蕊;有珠被及种皮………锁阳科 Cynomoriaceae

（锁阳属 Cynomorium）

85. 非寄生性植物,或于百蕊草属 Thesium 为半寄生性,但均有绿叶。

87. 叶对生,其形宽广而有锯齿缘……………………………金粟兰科 Chloranthaceae

87. 叶对生。

88. 平铺草本(限于我国植物),叶片宽,三角形,多少有些肉质………番杏科 Aizoaceae

（番杏属 Tetragonia）

88. 直立草本,叶片窄而细长……………………………檀香科 Santalaceae

82. 灌木或乔木。

89. 子房 3~10 室。

90. 坚果 1~2 个,同生在一个木质且可裂为 4 瓣的壳斗里……………壳斗科 Fagaceae

（水青冈属 Fagus）

90. 核果,并不生在壳斗里。

91. 雌雄异株,成顶生的圆锥花序,后者并不为叶状苞片所托………山茱萸科 Cornaceae

（鞘柄木属 Torricellia）

91. 花杂性,形成球形的头状花序,后者为 2~3 白色叶状苞片所托

……………………………………………………蓝果树科 Nyssaceae

（珙桐属 Davidia）

89. 子房 1 或 2 室,或在铁青树科的青皮木属 Schoepfia 中,子房的基部可为 3 室。

92. 花柱 2 个。

93. 蒴果,2 瓣裂开……………………………金缕梅科 Hamamelidaceae

93. 果实呈核果状,或为蒴果状的瘦果,不裂开………………鼠李科 Rhamnaceae

92. 花柱 1 个或无花柱。

94. 叶片下面多少有些皮屑状或鳞片状的附属物………………胡颓子科 Elaeagnaceae

94. 叶片下面无皮屑状或鳞片状的附属物。

95. 叶缘有锯齿或圆锯齿,稀可在荨麻科的紫麻属 Oreocnide 中有全缘者。

96. 叶对生,具羽状脉;雄花裸露,有雄蕊 1~3 个……金粟兰科 Chloranthaceae

96. 叶互生,大都于叶基具三出脉;雄花具花被及雄蕊 4 个(稀可 3 或 5 个)

……………………………………………………荨麻科 Urticaceae

95. 叶全缘,互生或对生。

97. 植物体寄生在乔木的树干或枝条上;果实呈浆果状………桑寄生科 Loranthaceae

97. 植物体大都陆生,或有时可为寄生性;果实呈坚果状或核果状;胚珠 1~5 个。

98. 花多为单性;胚珠垂悬于基底胎座上……………………檀香科 Santalaceae

98. 花两性或单性;胚珠垂悬于子房室的顶端或中央胎座的顶端。

99. 雄蕊 10 个,为花萼裂片的 2 倍数…………………使君子科 Combretaceae

（诃子属 Terminalia）

99. 雄蕊 4 或 5 个,和花萼裂片同数且对生…………………铁青树科 Olacaceae

81. 子房上位,如有花萼时与其相分离,在紫茉莉科及胡颓子科中,当果实成熟时,子房为宿存萼筒所包围。

100. 托叶鞘围抱茎的各节;草本,稀可为灌木………………蓼科 Polygonaceae

100. 无托叶鞘,在悬铃木科有托叶鞘但易脱落。

101. 草本,或有时在藜科或紫茉莉科中为亚灌木。(次 101 项见 270 页)

102. 无花被。(次 102 项见 269 页)

103. 花两性或单性;子房 1 室,内仅有 1 个基生胚珠。(次 103 项见 269 页)

104. 叶基生,由 3 小叶而成;穗状花序在一个细长基生无叶的花梗上……………小檗科 **Berberidaceae**
（裸花草属 *Achlys*）

104. 叶茎生,单叶;穗状花序顶生或腋生,但常和叶相对生………………………胡椒科 **Piperaceae**
（胡椒属 *Piper*）

103. 花单性;子房 3 或 2 室。

105. 水生或微小的沼泽植物,无乳汁;子房 2 室,每室内含有 2 个胚珠…………水马齿科 **Calltrichaceae**
（水马齿属 *Callitriche*）

105. 陆生植物;有乳汁;子房 3 室,每室内仅含 1 个胚珠…………………………大戟科 **Euphorbiaceae**

102. 有花被;当花为单性时,特别是雄花时如此。

106. 花萼呈花瓣状,且呈管状。

107. 花有总苞,有时总苞类似花萼……………………………………………………紫茉莉科 **Nyctaginaceae**

107. 花无总苞。

108. 胚珠 1 个,在子房的近顶端处……………………………………………………瑞香科 **Thymelaeaceae**

108. 胚珠多数,生在特立中央胎座上…………………………………………………报春花科 **Primulaceae**
（海乳草属 *Glaux*）

106. 花萼非如上述情形。

109. 雄蕊周位,即位于花被上。

110. 叶互生,羽状复叶而有托质的托叶;花无膜质苞片;瘦果……………………蔷薇科 **Rosaceae**

110. 叶对生,或在蓼科的冰岛蓼属 *Koenigia* 为互生,单叶无草质托叶;花有膜质苞片。

111. 花被片和雄蕊各为 5 或 4 个,对生;囊果;托叶膜质………………………石竹科 **Caryophyllaceae**

111. 花被片和雄蕊各为 3 个,互生;坚果;无托叶……………………………………蓼科 **Polygonaceae**

109. 雄蕊下位,即位于子房下。

112. 花柱或其分枝为 2 或数个,内侧常为柱头面。

113. 子房常为数个至多数心皮连合而成……………………………………………商陆科 **Phytolaccaceae**

113. 子房常为 2 或 3(或 5)心皮连合而成。

114. 子房 3 室,稀可 2 或 4 室……………………………………………………大戟科 **Euphorbiaceae**

114. 子房 1 或 2 室

115. 叶为掌状复叶或具掌状脉而有宿存托叶…………………………………桑科 **Moraceae**

115. 叶具羽状脉,或稀可为掌状脉而无托叶,也可在藜科中叶退化成鳞片或为肉质而形如圆筒。

116. 花有草质而带绿色或绿色的花被及苞片……………………………藜科 **Chenopodiaceae**

116. 花有干膜质而常有色泽的花被及苞片………………………………苋科 **Amaranthaceae**

112. 花柱 1 个,常顶端有信头,也可无花柱。

117. 花两性。

118. 雌蕊为单心皮;花萼由 2 膜质且宿存的萼片而成;雄蕊 2 个…………毛茛科 **Ranunculaceae**
（星叶草属 *Circaeaster*）

118. 雌蕊由 2 合生心皮而成。

119. 萼片 2 片;雄蕊多数…………………………………………………罂粟科 **Papaveraceae**
（博落回属 *Macleaya*）

119. 萼片 4 片;雄蕊 2 或 4…………………………………………………十字花科 **Cruciferae**
（独行菜属 *Lepidium*）

117. 花单性。

120. 沉没于淡水中的水生植物;叶细裂成丝状………………………………金鱼藻科 **Ceratophyllaceae**
（金鱼藻属 *Ceratophyllum*）

120. 陆生植物;叶为其他情形。

121. 叶含多量水分；托叶连接叶柄的基部；雄花的花被 2 片；雄蕊多数············**假繁缕科 Theligonaceae**
（假繁缕属 *Theligonum*）
121. 叶不含多量水分；如有托叶时，也不连接叶柄的基部；雄花的花被片和雄蕊均各为 4 或 5 个，二者
相对生····························**荨麻科 Urticaceae**
101. 木本植物或亚灌木。
122. 耐寒旱性的灌木，或在藜科的梭梭属 *Haloxylon* 为乔木；叶微小，细长或呈鳞片状，也可有时（如藜科）
为肉质而成圆筒形或成半圆筒形。
123. 雌雄异株或花杂性；花萼为三出数，萼片微呈花瓣状，和雄蕊同数且互生；花柱 1，极短，常有 6~9
放射状且有齿裂的柱头；核果；胚体劲直；常绿而基部偃卧的灌木；叶互生，无托叶
····························**岩高兰科 Empetraceae**
（岩高兰属 *Empetrum*）
123. 花两性或单性，花萼为五出数，稀可三出或四出数，萼片或花萼裂片草质或革质，和雄蕊同数且对
生，或在藜科中雄蕊由于退化而数较少，甚或 1 个；花柱或花柱分枝 2 或 3 个，内侧常为柱头面；胞
果或坚果；胚体弯曲如环或弯曲成螺旋形。
124. 花无膜质苞片；雄蕊下位；叶互生或对生；无托叶；枝条常具关节············**藜科 Chenopodiaceae**
124. 花有膜质苞片；雄蕊周位；叶对生，基部常互相连合；有膜质托叶；枝条不具关节
····························**石竹科 Caryophyllaceae**
122. 不是上述的植物；叶片矩圆形或披针形，或宽广至圆形。
125. 果实及子房均为 2 至数室，或在大风子科中为不完全的 2 至数室。
126. 花常为两性。
127. 萼片 4 或 5 片，稀可 3 片，呈覆瓦状排列。
128. 雄蕊 4 个；4 室的蒴果····························**木兰科 Magnoliaceae**
（水青树属 *Tetracentron*）
128. 雄蕊多数；浆果状的核果····························**大风子科 Flacourtiaceae**
127. 萼片多 5 片，呈镊合状排列。
129. 雄蕊为不定数；具刺的蒴果····························**杜英科 Elaeocarpaceae**
（猴欢喜属 *Sloanea*）
129. 雄蕊和萼片同数；核果或坚果。
130. 雄蕊和萼片对生，各为 3~6····························**铁青树科 Olacaceae**
130. 雄蕊和萼片互生，各为 4 或 5····························**鼠李科 Rhamnaceae**
126. 花单性（雌雄同株或异株）或杂性。
131. 果实各种；种子无乳或有少量胚乳。
132. 雄蕊常 8 个；果实坚果状或为有翅的蒴果；羽状复叶或单叶············**无患子科 Sapindaceae**
132. 雄蕊 5 或 4 个，且和萼片互生；核果有 2~4 个小核；单叶············**鼠李科 Rhamnaceae**
（鼠李属 *Rhamnus*）
131. 果实多呈蒴果状，无翅；种子常有胚乳。
133. 果实为具 2 室的蒴果，有木质或革质的外种皮及角质的内果皮······**金缕梅科 Hamamelidaceae**
133. 果实纵为蒴果时，也不像上述情形。
134. 胚珠具腹脊，果实有各种类型，但多为胞间裂开的蒴果············**大戟科 Euphorbiaceae**
134. 胚珠具背脊；果实为胞背裂开的蒴果，或有时呈核果状············**黄杨科 Buxaceae**
125. 果实及子房均为 1 或 2 室，稀可在无患子科的荔枝属 *Litchi* 及韶子属 *Nephelium* 中为 3 室，或在卫
矛科的十齿花属 *Dipentodon* 及铁青树科的铁青树属 *Olax* 中，子房的下部为 3 室，而上部为 1 室。
135. 花萼具显著的萼筒，且常呈花瓣状。（次 135 项见 271 页）
136. 叶无毛或下面有柔毛；萼筒整个脱落····························**瑞香科 Thymelaeaceae**
136. 叶下面具银白色或棕色的鳞片；萼筒或其下部永久宿存，当果实成熟时，变为肉质而紧密包着
子房。····························**胡颓子科 Elaeagnaceae**

135. 花萼不为上述情形,或无花被。
　137. 花药以 2 或 4 舌瓣裂开···樟科 Lauraceae
　137. 花药不以舌瓣裂开。
　　138. 叶对生。
　　　139. 果实为有双翅或呈圆形的翅果·····························槭树科 Aceraceae
　　　139. 果实为有单翅而呈细长形兼矩圆形的翅果·············木犀科 Oleaceae
　　138. 叶互生。
　　　140. 叶为羽状复叶。
　　　　141. 叶为二回羽状复叶,或退化仅具叶状柄(特称为叶状叶柄 phyllodia)·············豆科 Leguminosae
　　　　　　　　　　　　　　　　　　　　　　　　　　　　　　　　　　　　　(金合欢属 Acacia)
　　　　141. 叶为一回羽状复叶。
　　　　　142. 小叶边缘有锯齿;果实有翅·····························马尾树科 Rhoipteleaceae
　　　　　　　　　　　　　　　　　　　　　　　　　　　　　　　　(马尾树属 Rhoiptelea)
　　　　　142. 小叶全缘;果实无翅。
　　　　　　143. 花两性或杂性·····································无患子科 Sapindaceae
　　　　　　143. 雌雄异株···漆树科 Anacardiaceae
　　　　　　　　　　　　　　　　　　　　　　　　　　　　　　　　(黄连木属 Pistacia)
　　　140. 叶为单叶。
　　　　144. 花均无花被。
　　　　　145. 多为木质藤本;叶全缘;花两性或杂性,成紧密的穗状花序·············胡椒科 Piperaceae
　　　　　　　　　　　　　　　　　　　　　　　　　　　　　　　　　　　(胡椒属 Piper)
　　　　　145. 乔木;叶缘有锯齿或缺刻;花单性。
　　　　　　146. 叶宽广,具掌状脉及掌状分裂,叶缘具缺刻或大锯齿;有托叶,围茎成鞘,但易脱落;雌雄同株,雌花和雄花分别成球形的头状花序;雌蕊为单心皮而成;小坚果为倒圆锥形而有棱角,无翅也无梗,但围以长柔毛·····························悬铃木科 Platanaceae
　　　　　　　　　　　　　　　　　　　　　　　　　　　　　　　　(悬铃木属 Platanus)
　　　　　　146. 叶椭圆形至卵形,具羽状脉及锯齿缘;无托叶;雌雄异株,雄花聚成疏松有苞片的簇丛,雌花单生于苞片的腋内;雌蕊为 2 心皮而成;小坚果扁平,具翅且有柄,但无毛
　　　　　　　　···杜仲科 Eucommiaceae
　　　　　　　　　　　　　　　　　　　　　　　　　　　　　　　　(杜仲属 Eucommia)
　　　　144. 花常有花萼,尤其在雄花。
　　　　　147. 植物体内有乳汁·····································桑科 Moraceae
　　　　　147. 植物体内无乳汁。
　　　　　　148. 花柱或其分枝 2 或数个,但在大戟科的核果木属 Drypetes 中则柱头几无柄,呈盾状或肾形。(次 148 项见 272 页)
　　　　　　　149. 雌雄异株或有时为同株;叶全缘或具波状齿。
　　　　　　　　150. 矮小灌木或亚灌木;果实干燥,包藏于具有长柔毛而互相连合成双角状的 2 个苞片中;胚体弯曲如环·····························藜科 Chenopodiaceae
　　　　　　　　　　　　　　　　　　　　　　　　　　　　　　　　(驼绒藜属 Ceratoides)
　　　　　　　　150. 乔木或灌木;果实呈核果状,常为 1 室含 1 种子,不包藏于苞片内;胚体劲直
　　　　　　　　　　···大戟科 Euphorbiaceae
　　　　　　　149. 花两性或单性;叶缘多锯齿或具齿裂,稀可全缘。
　　　　　　　　151. 雄蕊多数·····································大风子科 Flacourtiaceae
　　　　　　　　151. 雄蕊 10 个或较少。
　　　　　　　　　152. 子房 2 室,每室有 1 个至数个胚珠;果实为木质蒴果
　　　　　　　　　　···金缕梅科 Hamamelidaceae
　　　　　　　　　152. 子房 1 室,仅含 1 胚珠;果实不是木质蒴果·············榆科 Ulmaceae

148. 花柱 1 个,也可有时(如荨麻属)不存,而柱头呈画笔状。

153. 叶缘有锯齿;子房为 1 心皮而成。

154. 花两性··山龙眼科 **Proteaceae**

154. 雌雄异株或同株。

155. 花生于当年新枝上;雄蕊多数······················蔷薇科 **Rosaceae**

(臭樱属 *Maddenia*)

155. 花生于老枝上;雄蕊和萼片同数······················荨麻科 **Urticaceae**

153. 叶全缘或边缘有锯齿;子房为 2 个以上连合心皮所成。

156. 果实呈核果状或坚果状,内有 1 种子;无托叶。

157. 子房具 2 或多个胚珠;果实于成熟后由萼筒包围······铁青树科 **Olacaceae**

157. 子房仅具 1 个胚珠;果实和花萼相分离,或仅果实基部由花萼托之

··山柚子科 **Opiliaceae**

156. 果实呈蒴果状或浆果状,内含数个至 1 个种子。

158. 花下位,雌雄异株,稀可杂性;雄蕊多数;果实呈浆果状;无托叶

··大风子科 **Flacourtiaceae**

(柞木属 *Xylosma*)

158. 花周位,两性;雄蕊 5~12 个;果实呈蒴果状;有托叶,但易脱落。

159. 花为腋生的簇丛或头状花序;萼片 4~6 片·····················大风子科 **Flacourtiaceae**

(山羊角树属 *Carrierea*)

159. 花为腋生的伞形花序;萼片 10~14 片·····················卫矛科 **Celastraceae**

(十齿花属 *Dipentodon*)

2. 花具花萼也具花冠,或有两层以上的花被片,有时花冠可为蜜腺叶所代替。

160. 花冠常为离生的花瓣所组成。(次 160 项见 287 页)

161. 成熟雄蕊(或单体雄蕊的花药)多在 10 个以上,通常多数,或其数超过花瓣的 2 倍。(次 161 项见 277 页)

162. 花萼和雌蕊多少有些互相愈合,即子房下位或半下位。(次 162 项见 273 页)

163. 水生草本植物;子房多室··睡莲科 **Nymphaeaceae**

163. 陆生植物;子房 1 至数室,也可心皮为 1 至数个,或在海桑科中为多室。

164. 植物体具肥厚的肉质茎,多有刺,常无真正叶片······················仙人掌科 **Cactaceae**

164. 植物体为普通形态,不呈仙人掌状,有真正的叶片。

165. 草本植物或稀可为亚灌木。

166. 花单性。

167. 雌雄同株;花鲜艳,多成腋生聚伞花序;子房 2~4 室·····················秋海棠科 **Begoniaceae**

(秋海棠属 *Begonia*)

167. 雌雄异株;花小而不显著,成腋生穗状或总状花序······················四数木科 **Tetramelaceae**

166. 花常两性。

168. 叶基生或茎生,呈心形,或在线果兜铃属 *Thottea* 为长形,不为肉质;花为 3 的倍数

··马兜铃科 **Aristolochiaceae**

(细辛族 *Asareae*)

168. 叶茎生,不呈心形,多少有些肉质,或为圆柱形;花不是 3 的倍数。

169. 花萼裂片常为 5,叶状;蒴果 5 室或更多室,在顶端呈放射状裂开····番杏科 **Aizoaceae**

169. 花萼裂片 2;蒴果 1 室,盖裂·····················马齿苋科 **Portulacaceae**

(马齿苋属 *Portulaca*)

165. 乔木或灌木(但在虎耳草科的银梅草属 *Deinanthe* 及草绣球属 *Cardiandra* 为亚灌木,黄山梅属 *Kirengeshoma* 为多年生高大草本),有时以气生小根而攀缘。

170. 叶通常对生(虎耳草科的草绣球属为例外),或在石榴科的石榴属 *Punica* 中有时可互生。

171. 叶缘常有锯齿或全缘;花序(除山梅花属 *Philadelpheae* 外) 常有不孕的边缘花
　　　………………………………………………………………**虎耳草科 Saxifragaceae**

171. 叶全缘;花序无不孕花。

172. 叶为脱落性;花萼呈朱红色………………………………………**石榴科 Punicaceae**
　　　　　　　　　　　　　　　　　　　　　　　　　　　　(石榴属 *Punica*)

172. 叶为常绿性;花萼不呈朱红色。

173. 叶片中有腺体微点;胚珠常多数………………………………**桃金娘科 Myrtaceae**

173. 叶片中无微点。

174. 胚珠在每子房室中为多数………………………………………**海桑科 Sonneratiaceae**

174. 胚珠在每子房室中仅 2 个,稀可较多………………………**红树科 Rhizophoraceae**

170. 叶互生。

175. 花瓣细长形兼长方形,最后向外翻转……………………………**八角枫科 Alangiaceae**
　　　　　　　　　　　　　　　　　　　　　　　　　　　　(八角枫属 *Alangium*)

175. 花瓣不成细长形,或纵为细长形时,也不向外翻转。

176. 叶无托叶。

177. 叶全缘;果实肉质或木质………………………………………**玉蕊科 Lecythidaceae**
　　　　　　　　　　　　　　　　　　　　　　　　　　　　(玉蕊属 *Barringtonia*)

177. 叶缘多少有些锯齿或齿裂;果实呈核果状,其形歪斜…………**山矾科 Symplocaceae**
　　　　　　　　　　　　　　　　　　　　　　　　　　　　(山矾属 *Symplocos*)

176. 叶有托叶。

178. 花瓣呈旋转状排列;花药隔向上延伸;花萼裂片中 2 个更多个在果实上变大而呈
　　　翅状……………………………………………………………**龙脑香科 Dipterocarpaceae**

178. 花瓣呈覆瓦状或旋转状排列(如蔷薇科的火棘属 *Pyracantha*);花药隔并不向上延
　　　伸;花萼裂片也无上述变大情形。

179. 子房 1 室,内具 2~6 个侧膜胎座,各有 1 至多数胚珠;果实为革质蒴果,自顶端以
　　　2~6 片裂开………………………………………………………**大风子科 Flacourtiaceae**
　　　　　　　　　　　　　　　　　　　　　　　　　　　　(天料木属 *Homalium*)

179. 子房 2~5 室,内具中轴胎座,或其心皮在腹面互相分离而具边缘胎座。

180. 花成伞房、圆锥、伞形或总状等花序,稀可单生;子房 2~5 室,或心皮 2~5 个,下
　　　位,每室或每心皮有胚珠 1~2 个,稀可有时为 3~10 个或为多数;果实为肉质或
　　　木质假果;种子无翅………………………………………………**蔷薇科 Rosaceae**
　　　　　　　　　　　　　　　　　　　　　　　　　　　　(梨亚科 Maloideae)

180. 花成头状或肉穗花序;子房 2 室,半下位,每室有胚珠 2~6 个;果为木质蒴果;
　　　种子有或无翅……………………………………………………**金缕梅科 Hamamelidaceae**
　　　　　　　　　　　　　　　　　　　　　　　　　　　　(马蹄荷亚科 Bucklandioideae)

162. 花萼和雌蕊互相分离,即子房上位。

181. 花为周位花。(次 181 项见 274 页)

182. 萼片和花瓣相似,覆瓦状排列成数层,着生于坛状花托的外侧…………**蜡梅科 Calycanthaceae**
　　　　　　　　　　　　　　　　　　　　　　　　　　　　(洋蜡梅属 *Calycanthus*)

182. 萼片和花瓣有分化,在萼筒或花托的边缘排列成 2 层。

183. 叶对生或轮生,有时上部者可互生,但均为全缘单叶;花瓣常于花蕾中呈皱折状。

184. 花瓣无爪,形小,或细长;浆果……………………………………**海桑科 Sonneratiaceae**

184. 花瓣有细爪,边缘具腐蚀状的波纹或具流苏;蒴果…………**千屈菜科 Lythraceae**

183. 叶互生,单叶或复叶;花瓣不呈皱折状。

185. 花瓣宿存;雄蕊的下部连成一管……………………………………**古柯科 Erythroxylaceae**

（粘木属 *Ixonanthes*）

185. 花瓣脱落性;雄蕊互相分离。

186. 草本植物,具 2 的倍数的花朵;萼片 2 片,早落性;花瓣 4 个

⋯⋯⋯⋯⋯⋯⋯⋯⋯⋯⋯⋯⋯⋯⋯⋯⋯⋯⋯⋯⋯⋯⋯⋯⋯**罂粟科 Papaveraceae**

（花菱草属 *Eschscholzia*）

186. 木本或草本植物,具五出或四出数的花朵。

187. 花瓣镊合状排列;果实为荚果;叶多为二回羽状复叶,有时叶片退化,而叶柄发育为

叶状柄;心皮 1 个⋯⋯⋯⋯⋯⋯⋯⋯⋯⋯⋯⋯⋯⋯⋯⋯⋯**豆科 Leguminosae**

（含羞草亚科 Mimosoideae）

187. 花瓣覆瓦状排列;果实为核果、蓇葖果或瘦果;叶为单叶或复叶;心皮 1 个至多数

⋯⋯⋯⋯⋯⋯⋯⋯⋯⋯⋯⋯⋯⋯⋯⋯⋯⋯⋯⋯⋯⋯⋯⋯⋯⋯**蔷薇科 Rosaceae**

181. 花为下位花,或至少在果实时花托扁平或隆起。

188. 雌蕊少数至多数,互相分离或微有连合。(次 188 项见 275 页)

189. 水生植物。

190. 叶片呈盾状,全缘⋯⋯⋯⋯⋯⋯⋯⋯⋯⋯⋯⋯⋯⋯**睡莲科 Nymphaeaceae**

190. 叶片不呈盾状,多少有些分裂或为复叶⋯⋯⋯⋯⋯⋯**毛茛科 Ranunculaceae**

189. 陆生植物。

191. 茎为攀缘性。

192. 草质藤本。

193. 花显著,为两性花⋯⋯⋯⋯⋯⋯⋯⋯⋯⋯⋯⋯⋯⋯**毛茛科 Ranunculaceae**

193. 花小形,为单性,雌雄异株⋯⋯⋯⋯⋯⋯⋯⋯**防己科 Menispermaceae**

192. 本质藤本或为蔓生灌木。

194. 叶对生,复叶由 3 小叶所成,或顶端小叶形成卷须⋯⋯⋯**毛茛科 Ranunculaceae**

（锡兰莲属 *Naravelia*）

194. 叶互生,单叶。

195. 花单性。

196. 心皮多数,结果时聚生成一球状的肉质体或散布于极延长的花托上

⋯⋯⋯⋯⋯⋯⋯⋯⋯⋯⋯⋯⋯⋯⋯⋯⋯⋯⋯⋯⋯**木兰科 Magnoliaceae**

（五味子亚科 Schisandroideae）

196. 心皮 3~6,果为核果或核果状⋯⋯⋯⋯⋯⋯⋯**防己科 Menispermaceae**

195. 花两性或杂性;心皮数个,果为蓇葖果⋯⋯⋯⋯⋯⋯**五桠果科 Dilleniaceae**

（锡叶藤属 *Tetracera*）

191. 茎直立,不为攀缘性。

197. 雄蕊的花丝连成单体⋯⋯⋯⋯⋯⋯⋯⋯⋯⋯⋯⋯⋯⋯⋯**锦葵科 Malvaceae**

197. 雄蕊的花丝互相分离。

198. 草本植物,稀可为亚灌木;叶片多少有些分裂或为复叶。

199. 叶无托叶;种子有胚乳⋯⋯⋯⋯⋯⋯⋯⋯⋯⋯⋯**毛茛科 Ranunculaceae**

199. 叶多有托叶;种子无胚乳⋯⋯⋯⋯⋯⋯⋯⋯⋯⋯⋯⋯⋯**蔷薇科 Rosaceae**

198. 木本植物;叶片全缘或边缘有锯齿,也稀有分裂者。

200. 萼片及花瓣均为镊合状排列;胚乳具嚼痕⋯⋯⋯⋯**番荔枝科 Annonaceae**

200. 萼片及花瓣均为覆瓦状排列;胚乳无嚼痕。

201. 萼片及花瓣相同,3 的倍数,排列成 3 层或多层,均可脱落

⋯⋯⋯⋯⋯⋯⋯⋯⋯⋯⋯⋯⋯⋯⋯⋯⋯⋯⋯⋯⋯**木兰科 Magnoliaceae**

201. 萼片及花瓣甚有分化,多为五出数,排列成 2 层,萼片宿存。

202. 心皮 3 个至多数;花柱互相分离;胚珠为不定数⋯⋯⋯**五桠果科 Dilleniaceae**

202. 心皮 3~10 个；花柱完全合生；胚珠单生⋯⋯⋯⋯⋯⋯⋯⋯⋯**金莲木科 Ochnaceae**
（金莲木属 *Ochna*）

188. 雌蕊 1 个，但花柱或柱头为 1 至多数。

　203. 叶片中具透明微点。

　　204. 叶互生，羽状复叶或退化为仅有 1 顶生小叶⋯⋯⋯⋯⋯⋯⋯**芸香科 Rutaceae**

　　204. 叶对生，单叶⋯⋯⋯⋯⋯⋯⋯⋯⋯⋯⋯⋯⋯⋯⋯⋯⋯⋯⋯**藤黄科 Guttiferae**

　203. 叶片中无透明微点。

　　205. 子房单纯，具 1 子房室。

　　　206. 乔木或灌木；花瓣呈镊合状排列；果实为荚果⋯⋯⋯⋯⋯⋯**豆科 Leguminosae**
（含羞草亚科 Mimosoideae）

　　　206. 草本植物；花瓣呈覆瓦状排列；果实不是荚果。

　　　　207. 花为 5 的倍数；蓇葖果⋯⋯⋯⋯⋯⋯⋯⋯⋯⋯⋯⋯**毛茛科 Ranunculaceae**

　　　　207. 花为 3 的倍数；浆果⋯⋯⋯⋯⋯⋯⋯⋯⋯⋯⋯⋯⋯**小檗科 Berberidaceae**

　　205. 子房为复合性。

　　　208. 子房 1 室，或在马齿苋科的土人参属 *Talinum* 中子房基部为 3 室。

　　　　209. 特立中央胎座。

　　　　　210. 草本；叶互生或对生；子房的基部 3 室，有多数胚珠⋯⋯⋯⋯**马齿苋科 Portulacaceae**
（土人参属 *Talinum*）

　　　　　210. 灌木；叶对生；子房 1 室，内有成为 3 对的 6 个胚珠⋯⋯**红树科 Rhizophoraceae**
（秋茄树属 *Kandelia*）

　　　　209. 侧膜胎座。

　　　　　211. 灌木或小乔木（在半日花科中常为亚灌木或草本植物），子房柄不存在或极短；果实为蒴果或浆果。

　　　　　　212. 叶对生；萼片不相等，外面 2 片较小，或有时退化，内面 3 片呈旋转状排列
⋯⋯⋯⋯⋯⋯⋯⋯⋯⋯⋯⋯⋯⋯⋯⋯⋯⋯⋯⋯⋯⋯⋯⋯⋯**半日花科 Cistaceae**
（半日花属 *Heliantnemum*）

　　　　　　212. 叶常互生，萼片相等，呈覆瓦状或镊合状排列。

　　　　　　　213. 植物体内含有色泽的汁液；叶具掌状脉，全缘；萼片 5 片，互相分离，基部有腺
体；种皮肉质，红色⋯⋯⋯⋯⋯⋯⋯⋯⋯⋯⋯⋯⋯⋯⋯⋯**红木科 Bixaceae**
（红木属 *Bixa*）

　　　　　　　213. 植物体内不含有色泽的汁液；叶具羽状脉或掌状脉；叶缘有锯齿或全缘；萼片
3~8 片，离生或合生；种皮坚硬，干燥⋯⋯**大风子科 Flacourtiaceae**

　　　　　211. 草本植物，如为木本植物时，则具有显著的子房柄；果实为浆果或核果。

　　　　　　214. 植物体内含乳汁；萼片 2~3⋯⋯⋯⋯⋯⋯⋯⋯⋯⋯⋯⋯**罂粟科 Papaveraceae**

　　　　　　214. 植物体内不含乳汁；萼片 4~8。

　　　　　　　215. 叶为单叶或掌状复叶；花瓣完整；长角果⋯⋯⋯⋯⋯**白花菜科 Capparidaceae**

　　　　　　　215. 叶为单叶，或为羽状复叶或分裂；花瓣具缺刻或细裂；蒴果仅于顶端裂开
⋯⋯⋯⋯⋯⋯⋯⋯⋯⋯⋯⋯⋯⋯⋯⋯⋯⋯⋯⋯⋯⋯⋯**木犀草科 Resedaceae**

　　　208. 子房 2 室至多室，或为不完全的 2 至多室。

　　　　216. 草本植物，具多少有些呈花瓣状的萼片。（次 216 项见 276 页）

　　　　　217. 水生植物；花瓣为多数雄蕊或鳞片状的蜜腺叶所代替⋯⋯⋯**睡莲科 Nymphaeaceae**
（萍蓬草属 *Nuphar*）

　　　　　217. 陆生植物；花瓣不为蜜腺叶所代替。

　　　　　　218. 一年生草本植物；叶呈羽状细裂；花两性⋯⋯⋯⋯⋯**毛茛科 Ranunculaceae**
（黑种草属 *Nigella*）

218. 多年生草本植物;叶全缘而呈掌状分裂;雌雄同株······················**大戟科 Euphorbiaceae**
（麻疯树属 *Jatropha*）

216. 木本植物,或陆生草本植物,常不具呈花瓣状的萼片。
219. 萼片于蕾内呈镊合状排列。
220. 雄蕊互相分离或连成数束。
221. 花药 1 室或数室;叶为掌状复叶或单叶,全缘,具羽状脉·············**木棉科 Bombacaceae**
221. 花药 2 室;叶为单叶,叶缘有锯齿或全缘。
222. 花药以顶端 2 孔裂开·······················**杜英科 Elaeocarpaceae**
222. 花药纵长裂开·······································**椴树科 Tiliaceae**
220. 雄蕊连为单体,至少内层者如此,并且多少有些连成管状。
223. 花单性;萼片 2 或 3 片·······················**大戟科 Euphorbiaceae**
（油桐属 *Aleurites*）

223. 花常两性;萼片多 5 片,稀可较少。
224. 花药 2 室或更多室。
225. 无副萼;多有不育雄蕊;花药 2 室;叶为单叶或掌状分裂
··**梧桐树 Sterculiaceae**
225. 有副萼;无不育雄蕊;花药数室;叶为单叶,全缘且具羽状脉
··**木棉科 Bombacaceae**
（榴莲属 *Durio*）

224. 花药 1 室。
226. 花粉粒表面平滑;叶为掌状复叶·············**木棉科 Bombacaceae**
（木棉属 *Gossampinus*）
226. 花粉粒表面有刺;叶有各种情形·············**锦葵科 Malvaceae**

219. 萼片于蕾内呈覆瓦状或旋转状排列,或有时(如大戟科的巴豆属 *Croton*)近于呈镊合状排列。
227. 雌雄同株或稀可异株;果实为蒴果,由 2~4 个各自裂为 2 片的离果所成
··**大戟科 Euphorbiaceae**
227. 花常两性,或在猕猴桃科的猕猴桃属 *Actinidia* 中为杂性或雌雄异株;果实为其他情形。
228. 萼片在果实时增大且成翅状;雄蕊具伸长的花药隔
··**龙脑香科 Dipterocarpaceae**
228. 萼片及雄蕊二者不为上述情形。
229. 雄蕊排成二层,外层 10 个和花瓣对生,内层 5 个和萼片对生
··**蒺藜科 Zygophyllaceae**
（骆驼蓬属 *Peganum*）

229. 雄蕊的排列为其他情形。
230. 食虫的草本植物;叶基生,呈管状,其上再具有小叶片
··**瓶子草科 Sarraceniaceae**
230. 不是食虫植物;叶茎生或基生,但不呈管状。
231. 植物体为耐寒旱性;叶为全缘单叶。(次 231 项见 277 页)
232. 叶对生或上部者互生;萼片 5 片,互不相等,外面 2 片较小或有时退化,
内面 3 片较大,成旋转状排列,宿存;花瓣早落
··**半日花科 Cistaceae**
232. 叶互生;萼片 5 片,大小相等;花瓣宿存;在内侧基部各有 2 舌状物
··**柽柳科 Tamaricaceae**
（红砂属 *Reaumuria*）

231. 植物体非耐寒旱性；叶常互生；萼片 2~5 片，彼此相等；呈覆瓦状或稀可呈镊合状排列。

  233. 草本或木本植物；花为四出数，或其萼片多为 2 片且早落。

    234. 植物体内含乳汁；无或有极短子房柄；种子有丰富胚乳
                                       罂粟科 Papaveraceae

    234. 植物体内不含乳汁；有细长的子房柄；种子无或有少量胚乳
                                       白花菜科 Capparidaceae

  233. 木本植物；花常为五出数，萼片宿存或脱落。

    235. 果实为具 5 个棱角的蒴果，分成 5 个骨质各含 1 或 2 种子的心皮后，再各沿其缝线而 2 瓣裂开⋯⋯⋯⋯⋯⋯⋯⋯**蔷薇科 Rosaceae**
                                   （白鹃梅属 *Exochorda*）

    235. 果实不为蒴果，如为蒴果时则为胞背裂开。

      236. 蔓生或攀缘的灌木；雄蕊互相分离；子房 5 室或更多室；浆果，常可食⋯⋯⋯⋯⋯⋯⋯⋯⋯⋯⋯⋯**猕猴桃科 Actinidiaceae**

      236. 直立乔木或灌木；雄蕊至少在外层者连为单体，或连成 3~5 束而着生于花瓣的基部；子房 3~5 室。

        237. 花药能转动，以顶端孔裂开；浆果；胚乳颇丰富
                                   猕猴桃科 Actinidiaceae
                                    （水冬哥属 *Saurauia*）

        237. 花药能或不能转动，常纵长裂开；果实有各种情形；胚乳通常量微小⋯⋯⋯⋯⋯⋯⋯⋯⋯⋯⋯⋯⋯⋯**山茶科 Theaceae**

161. 成熟雄蕊 10 个或较少，如多于 10 个时，其数并不超过花瓣的 2 倍。

  238. 成熟雄蕊和花瓣同数，且和它对生。（次 238 项见 278 页）

  239. 雌蕊 3 个至多数，离生。

    240. 直立草本或亚灌木；花两性，五出数⋯⋯⋯⋯⋯⋯**蔷薇科 Rosaceae**
                                    （地蔷薇属 *Chamaerhodos*）

    240. 木质或草质藤本花单性，常为三出数。

      241. 叶常为单叶；花小型；核果；心皮 3~6 个，呈星状排列，各含 1 胚珠
                                   防己科 Menispermaceae

      241. 叶为掌状复叶或由 3 小叶组成；花中型；浆果；心皮 3 个至多数，轮状或螺旋状排列，各含 1 个或多数胚珠⋯⋯⋯⋯**木通科 Lardizabalaceae**

239. 雌蕊 1 个。

  242. 子房 2 至数室。（次 242 项见 278 页）

  243. 花萼裂齿不明显或微小；以卷须缠绕他物的灌木或草本植物⋯⋯⋯⋯⋯**葡萄科 Vitaceae**

  243. 花萼具 4~5 裂片；乔木、灌木或草本植物，有时虽也可为缠绕性，但无卷须。

    244. 雄蕊连成单体。

      245. 叶为单叶；每子房室内含胚珠 2~6 个（或在可可树亚族 Theobromineae 中为多数）
                                    梧桐科 Sterculiaceae

      245. 叶为掌状复叶；每子房室内含胚珠多数⋯⋯⋯⋯**木棉科 Bombacaceae**
                                      （吉贝属 *Ceiba*）

    244. 雄蕊互相分离，或稀可在其下部连成一管。

      246. 叶无托叶；萼片各不相等，呈覆瓦状排列；花瓣不相等，在内层的 2 片常很小
                                    清风藤科 Sabiaceae

      246. 叶常有托叶；各萼片等大，呈镊合状排列；花瓣均大小同形。

        247. 叶为单叶⋯⋯⋯⋯⋯⋯⋯⋯⋯⋯⋯⋯⋯⋯⋯**鼠李科 Rhamnaceae**

247. 叶为一回至三回羽状复叶⋯⋯⋯⋯⋯⋯⋯⋯⋯⋯⋯⋯⋯⋯⋯⋯⋯⋯⋯⋯⋯**葡萄科 Vitaceae**
（火筒树属 *Leea*）

242. 子房1室（在马齿苋科的土人参属 *Talinum* 及铁青树科的铁青树属 *Olax* 中则子房的下部多少有些成为3室）。

248. 子房下位或半下位。

249. 叶互生，边缘常有锯齿；蒴果⋯⋯⋯⋯⋯⋯⋯⋯⋯⋯⋯⋯⋯**大风子科 Flacourtiaceae**
（天料木属 *Homalium*）

249. 叶多对生或轮生，全缘；浆果或核果⋯⋯⋯⋯⋯⋯⋯⋯⋯⋯**桑寄生科 Loranthaceae**

248. 子房上位。

250. 花药以舌瓣裂开⋯⋯⋯⋯⋯⋯⋯⋯⋯⋯⋯⋯⋯⋯⋯⋯⋯⋯⋯⋯**小檗科 Berberidaceae**

250. 花药不以舌瓣裂开。

251. 缠绕草本；胚珠1个；叶肥厚，肉质⋯⋯⋯⋯⋯⋯⋯⋯⋯⋯⋯**落葵科 Basellaceae**
（落葵属 *Basella*）

251. 直立草本，或有时为木本；胚珠1个至多数。

252. 雄蕊连成单体；胚珠2个⋯⋯⋯⋯⋯⋯⋯⋯⋯⋯⋯⋯⋯⋯⋯**梧桐科 Sterculiaceae**
（蛇婆子属 *Walthenia*）

252. 雄蕊互相分离；胚珠1个至多数。

253. 花瓣6~9片；雌蕊单纯⋯⋯⋯⋯⋯⋯⋯⋯⋯⋯⋯⋯⋯⋯**小檗科 Berberidaceae**

253. 花瓣4~8片；雌蕊复合。

254. 常为草本；花萼有2个分离萼片。

255. 花瓣4片；侧膜胎座⋯⋯⋯⋯⋯⋯⋯⋯⋯⋯⋯⋯⋯**罂粟科 Papaveraceae**
（角茴香属 *Hypecoum*）

255. 花瓣常5片；基底胎座⋯⋯⋯⋯⋯⋯⋯⋯⋯⋯⋯⋯**马齿苋科 Portulacaceae**

254. 乔木或灌木，常蔓生；花萼呈倒圆锥形或杯状。

256. 通常雌雄同株；花萼裂片4~5；花瓣呈覆瓦状排列；无不育雄蕊；胚珠有2层珠被⋯⋯⋯⋯⋯⋯⋯⋯⋯⋯⋯⋯⋯⋯⋯⋯⋯⋯⋯**紫金牛科 Myrsinaceae**
（信筒子属 *Emoelia*）

256. 花两性；花萼于开花时微小，具不明显的齿裂；花瓣多为镊合状排列；有不育雄蕊（有时代以蜜腺）；胚珠无珠被。

257. 花萼于果时增大；子房的下部为3室，上部为1室，内含3个胚珠⋯⋯⋯⋯⋯⋯⋯⋯⋯⋯⋯⋯⋯⋯⋯⋯⋯⋯⋯⋯⋯⋯**铁青树科 Olacaceae**
（铁青树属 *Olax*）

257. 花萼于果时不增大；子房1室，内仅含1个胚珠⋯⋯⋯⋯⋯⋯⋯⋯⋯⋯⋯⋯⋯⋯⋯⋯⋯⋯⋯⋯⋯⋯⋯**山柚子科 Opiliaceae**

238. 成熟雄蕊和花瓣不同数，如同数时则雄蕊和它互生。

258. 雌雄异株；雄蕊8个，不相同，其中5个较长，有伸出花外的花丝，且和花瓣相互生，另3个则较短而藏于花内；灌木或灌木状草本；互生或对生单叶；心皮单生；雌花无花被，无梗，贴生于宽圆形的叶状苞片上⋯⋯⋯⋯⋯⋯⋯⋯⋯⋯⋯⋯⋯**漆树科 Anacardiaceae**
（九子母属 *Dobinea*）

258. 花两性或单性，纵为雌雄异株时，其雄花中也无上述情形的雄蕊。

259. 花萼或其筒部和子房多少有些相连合。（次259项见280页）

260. 每子房室内含胚珠或种子2个至多数。（次260项见279页）

261. 花药以顶端孔裂开；草本或木本植物；叶对生或轮生，大都于叶片基部具3~9脉⋯⋯⋯⋯⋯⋯⋯⋯⋯⋯⋯⋯⋯⋯⋯⋯⋯⋯⋯⋯⋯⋯**野牡丹科 Melastomaceae**

261. 花药纵长裂开。

262. 草本或亚灌木；有时为攀缘性。（次262项见279页）

263. 具卷须的攀缘草本；花单性……………………………………………………………**葫芦科 Cucurbitaceae**
263. 无卷须的植物；花常两性。
　　264. 萼片或花萼裂片 2 片；植物体多少肉质而多水分………………………………**马齿苋科 Portulacaceae**
　　　　　　　　　　　　　　　　　　　　　　　　　　　　　　　　　　　　　　　（马齿苋属 *Portulaca*）
　　264. 萼片或花萼裂片 4~5 片；植物体常不为肉质。
　　　　265. 花萼裂片呈覆瓦状或镊合状排列；花柱 2 个或更多；种子具胚乳
　　　　　　………………………………………………………………………………**虎耳草科 Saxifragaceae**
　　　　265. 花萼裂片呈镊合状排列；花柱 1 个，具 2~4 裂，或为 1 呈头状的柱头；种子无胚乳
　　　　　　………………………………………………………………………………**柳叶菜科 Onagraceae**
262. 乔木或灌木，有时为攀缘性。
　266. 叶互生。
　　267. 花数朵至多数成头状花序；常绿乔木；叶革质，全缘或具浅裂………**金缕梅科 Hamamelidaceae**
　　267. 花成总状或圆锥花序。
　　　　268. 灌木；叶为掌状分裂，基部具 3~5 脉；子房 1 室，有多数胚珠；浆果
　　　　　　………………………………………………………………………………**虎耳草科 Saxifragaceae**
　　　　　　　　　　　　　　　　　　　　　　　　　　　　　　　　　　　　　　（茶藨子属 *Ribes*）
　　　　268. 乔木或灌木；叶缘有锯齿或细锯齿，有时全缘，具羽状脉；子房 3~5 室，每室内含 2 至数个胚珠，
　　　　　　或在山茉莉属 *Huodendron* 为多数；干燥或木质核果，或蒴果，有时具棱角或有翅
　　　　　　………………………………………………………………………………**野茉莉科 Styracaceae**
　266. 叶常对生（使君子科的榄李属 *Lumnitzera* 例外，同科的风车子属 *Combretum* 也可有时为互生，或
　　　　互生和对生共存于一枝上）。
　　269. 胚珠多数，除冠盖藤属 *Pileostegia* 自子房室顶端垂悬外，均位于侧膜或中轴胎座上；浆果或蒴
　　　　果；叶缘有锯齿或为全缘，但均无托叶；种子含胚乳………………**虎耳草科 Saxifragaceae**
　　269. 胚珠 2 个至数个，近于自房室顶端垂悬；叶全缘或有圆锯齿；果实多不裂开，内有种子 1 至
　　　　数个。
　　　　270. 乔木或灌木，常为蔓生，无托叶，不多见于海岸林（榄李属 *Lumnitzera* 例外）；种子无胚乳，落地
　　　　　　后始萌芽………………………………………………………………………**使君子科 Combretaceae**
　　　　270. 常绿灌木或小乔木，具托叶；多见于海岸林；种子常有胚乳，在落地前即萌芽（胎生）
　　　　　　………………………………………………………………………………**红树科 Rhizophoraceae**
260. 每子房室内仅含胚珠或种子 1 个。
　271. 果实裂开为 2 个干燥的离果，并共同悬于一果梗上；花序常为伞形花序（在变豆菜属 *Sanicula* 及鸭儿
　　　芹属 *Cryptotaenia* 中为不规则的花序，在刺芫荽属 *Eryngium* 中，则为头状花序）
　　　………………………………………………………………………………………**伞形科 Umbelliferae**
　271. 果实不裂开或裂开而不是上述情形；花序可为各种类型。
　　272. 草本植物。
　　　273. 花柱或柱头 2~4 个；种子具胚乳；果实为小坚果或核果，具棱角或有翅
　　　　　………………………………………………………………………………**小二仙草科 Haloragidaceae**
　　　273. 花柱 1 个，具有 1 头状或呈 2 裂的柱头；种子无胚乳。
　　　　274. 陆生草本植物，具对生叶；花为 2 的倍数；果实为一具钩状刺毛的坚果
　　　　　　………………………………………………………………………………**柳叶菜科 Onagraceae**
　　　　　　　　　　　　　　　　　　　　　　　　　　　　　　　　　　　　　　（露珠草属 *Circaea*）
　　　　274. 水生草本植物，有聚生而漂浮水面的叶片；花为四出数；果实为具 2~4 刺状角的坚果（栽培种果
　　　　　　实可无显著的刺角）………………………………………………………………**菱科 Trapaceae**
　　　　　　　　　　　　　　　　　　　　　　　　　　　　　　　　　　　　　　　（菱属 *Trapa*）
　　272. 木本植物。
　　　275. 果实干燥或为蒴果状。（次 275 项见 280 页）

276. 子房2室；花柱2个⋯⋯⋯⋯⋯⋯⋯⋯⋯⋯⋯⋯⋯⋯⋯⋯⋯⋯⋯⋯⋯⋯⋯**金缕梅科 Hamamelidaceae**
276. 子房1室；花柱1个。
  277. 花序伞房状或圆锥状⋯⋯⋯⋯⋯⋯⋯⋯⋯⋯⋯⋯⋯⋯⋯⋯⋯⋯⋯⋯**莲叶桐科 Hernandiaceae**
  277. 花序头状⋯⋯⋯⋯⋯⋯⋯⋯⋯⋯⋯⋯⋯⋯⋯⋯⋯⋯⋯⋯⋯⋯⋯⋯⋯⋯**蓝果树科 Nyssaceae**
                                          （旱莲木属 *Camptotheca*）
275. 果实核果状或浆果状。
  278. 叶互生或对生；花瓣呈镊合状排列；花序有各种类型，但稀为伞形或头状，有时且可生于叶片上。
    279. 花瓣3~5片，卵形至披针形；花药短⋯⋯⋯⋯⋯⋯⋯⋯⋯⋯⋯⋯**山茱萸科 Cornaceae**
    279. 花瓣4~10片，狭窄形并向外翻转；花药细长⋯⋯⋯⋯⋯⋯⋯⋯**八角枫科 Alangiaceae**
                                     （八角枫属 *Alangium*）
  278. 叶互生；花瓣呈覆瓦状或镊合状排列；花序常为伞形或呈头状。
    280. 子房1室；花柱1个；花杂性，异株，雄花花托扁平，雌花花托较长
    ⋯⋯⋯⋯⋯⋯⋯⋯⋯⋯⋯⋯⋯⋯⋯⋯⋯⋯⋯⋯⋯⋯⋯⋯⋯⋯⋯⋯⋯**蓝果树科 Nyssaceae**
                                    （蓝果树属 *Nyssa*）
    280. 子房2室或更多室；花柱2~5个；如子房为1室而具1花柱时（例如马蹄参属 *Diplopanax*），则花两性，形成顶生类似穗状的花序⋯⋯⋯⋯⋯⋯⋯⋯⋯⋯⋯⋯⋯**五加科 Araliaceae**
259. 花萼和子房相分离。
281. 叶片中有透明微点。
  282. 花整齐，稀可两侧对称；果实不为荚果⋯⋯⋯⋯⋯⋯⋯⋯⋯⋯⋯⋯⋯**芸香科 Rutaceae**
  282. 花整齐或不整齐；果实为荚果⋯⋯⋯⋯⋯⋯⋯⋯⋯⋯⋯⋯⋯⋯⋯⋯**豆科 Leguminosae**
281. 叶片中无透明微点。
  283. 雌蕊2个或更多，互相分离或仅有局部的连合；也可子房分离而花柱连合成1个。（次283项见281页）
    284. 多水分的草本，具肉质的茎及叶⋯⋯⋯⋯⋯⋯⋯⋯⋯⋯⋯⋯⋯⋯**景天科 Crassulaceae**
    284. 植物体为其他情形。
      285. 花为周位花。
        286. 花的各部分呈螺旋状排列，萼片逐渐变为花瓣；雄蕊5或6个；雌蕊多数
        ⋯⋯⋯⋯⋯⋯⋯⋯⋯⋯⋯⋯⋯⋯⋯⋯⋯⋯⋯⋯⋯⋯⋯⋯⋯⋯⋯**蜡梅科 Calycanthaceae**
                                  （蜡梅属 *Chimonanthus*）
        286. 花的各部分呈轮状排列，萼片和花瓣分化明显。
          287. 雌蕊2~4个，各有多数胚珠；种子有胚乳；无托叶⋯⋯⋯⋯⋯**虎耳草科 Saxifragaceae**
          287. 雌蕊2个至多数，各有1至数个胚珠；种子无胚乳；有或无托叶⋯⋯⋯⋯**蔷薇科 Rosaceae**
      285. 花为下位花，或在悬铃木科中略呈周位。
        288. 草本或亚灌木。
          289. 各子房的花柱互相分离。
            290. 叶常互生或基生，多少有些分裂；花瓣脱落性，较萼片为大，或于天葵属 *Semiaquilegia* 稍小于呈花瓣状的萼片⋯⋯⋯⋯⋯⋯⋯⋯⋯⋯⋯⋯⋯⋯⋯**毛茛科 Ranunculaceae**
            290. 叶对生或轮生，为全缘单叶；花瓣宿存性，较萼片小⋯⋯⋯⋯⋯**马桑科 Coriariaceae**
                                  （马桑属 *Coriaria*）
          289. 各子房合具1共同的花柱或柱头；叶为羽状复叶；花为五出数；花萼宿存；花中有和花瓣互生的腺体；雄蕊10个⋯⋯⋯⋯⋯⋯⋯⋯⋯⋯⋯⋯⋯⋯⋯**牻牛儿苗科 Geraniaceae**
                                （熏倒牛属 *Biebersteinia*）
        288. 乔木、灌木或木本的攀缘植物。
          291. 叶为单叶。（次291项见281页）

292. 叶对生或轮生·····································马桑科 **Coriariaceae**
(马桑属 *Coriaria*)

292. 叶互生。

293. 叶为脱落性,具掌状脉;叶柄基部扩张成帽状以覆盖腋芽··········悬铃木科 **Platanaceae**
(悬铃木属 *Platanus*)

293. 叶为常绿性或脱落性,具羽状脉。

294. 雌蕊 7 个至多数(稀可少至 5 个);直立或缠绕性灌木;花两性或单性
··········木兰科 **Magnoliaceae**

294. 雌蕊 4~6 个;乔木或灌木;花两性。

295. 子房 5 或 6 个,以 1 共同的花柱而连合,各子房均可成熟为核果
··········金莲木科 **Ochnaceae**
(赛金莲木属 *Gomphia*)

295. 子房 4~6 个,各具 1 花柱,仅有 1 子房可成熟为核果·····漆树科 **Anacadiaceae**
(山楼子属 *Buchanania*)

291. 叶为复叶。

296. 叶对生·····························省沽油科 **Staphyleaceae**

296. 叶互生。

297. 木质藤本;叶为掌状复叶或三出复叶······木通科 **Lardizabalaceae**

297. 乔木或灌木(牛栓藤科中有时缠绕性);叶为羽状复叶。

298. 果实为 1 含多数种子的浆果,状似猫屎·····木通科 **Lardizabalaceae**
(猫儿屎属 *Decaisnea*)

298. 果实为其他情形。

299. 果实为蓇葖果·····························牛栓藤科 **Connaraceae**

299. 果实为翅果或核果,或在臭椿属 *Ailanthus* 中为翅果
··········苦木科 **Simaroubaceae**

283. 雌蕊 1 个,或至少其子房为 1 个。

300. 雌蕊或子房确是单纯的,仅 1 室。

301. 果实为核果或浆果。

302. 花为 3 的倍数,稀可 2 的倍数;花药以舌瓣裂开·········樟科 **Lauraceae**

302. 为 5 的倍数或 4 的倍数;花药纵长裂开。

303. 落叶具刺灌木;雄蕊 10 个,周位,均可发育·········蔷薇科 **Rosaceae**
(扁核木属 *Princepia*)

303. 常绿乔木;雄蕊 1~5 个,下位,常仅其中 1 或 2 个可发育·····漆树科 **Anacardiaceae**
(杧果属 *Mangifera*)

301. 果实为蓇葖果或荚果。

304. 果实为蓇葖果。

305. 落叶灌木;叶为单叶;蓇葖果内含 2 至数个种子·········蔷薇科 **Rosaceae**
(绣线菊亚科 **Spiraeoideae**)

305. 常为木质藤本;叶多为单数复叶或具 3 小叶,有时因退化而只有 1 小叶;蓇葖果内仅含 1 个种
子·····························牛栓藤科 **Connaraceae**

304. 果实为荚果·····························豆科 **Leguminosae**

300. 雌蕊或子房并非单纯者,有 1 个以上的子房或花柱、柱头、胎座等部分。

306. 子房 1 室或因有 1 假隔膜的发育而成 2 室,有时下部 2~5 室,上部 1 室。(次 306 项见 283 页)

307. 花下位,花瓣 4 片,稀可更多。(次 307 项见 282 页)

308. 萼片 2 片·····························罂粟科 **Papaveraceae**

308. 萼片 4~8 片。

309. 子房柄常细长,呈线状……………………………………………………白花菜科 **Capparidaceae**

309. 子房柄极短或不存在。

  310. 子房由 2 个心皮连合组成,常具 2 子房室及 1 假隔膜……………………十字花科 **Cruciferae**

  310. 子房 3~6 个心皮连合组成,仅 1 子房室。

    311. 叶对生,微小,为耐寒旱性;花为辐射对称;花瓣完整,具瓣爪,其内侧有舌状的鳞片附属物

………………………………………………………………………………瓣鳞花科 **Frankeniaceae**

（瓣鳞花属 *Frankenia*）

    311. 叶互生,显著,非为耐寒旱性;花为两侧对称;花瓣常分裂,但其内侧并无鳞片状的附属物

………………………………………………………………………………………木犀草科 **Resedaceae**

307. 花周位或下位,花瓣 3~5 片,稀可 2 片或更多。

 312. 每子房室内仅有胚珠 1 个。

  313. 乔木,或稀为灌木;叶常为羽状复叶。

   314. 叶常为羽状复叶,具托叶及小托叶……………………………………省沽油科 **Staphyleaceae**

（瘿椒树属 *Tapiscia*）

   314. 叶为羽状复叶或单叶,无托叶及小托叶……………………………………漆树科 **Anacardiaceae**

  313. 木本或草本;叶为单叶。

   315. 通常均为木本,稀可在樟科的无根藤属 *Cassytha* 则为缠绕性寄生草本;叶常互生,无膜质托叶。

    316. 乔木或灌木;无托叶;花为 3 的倍数或 2 的倍数;萼片和花瓣同形,稀可花瓣较大;花药以舌瓣裂开;浆果或核果……………………………………………………………樟科 **Lauraceae**

    316. 蔓生性的灌木,茎为合轴型,具钩状的分枝;托叶小而早落;花为 5 的倍数,萼片和花瓣不同形,前者且于结实时增大成翅状;花药纵长裂开;坚果……………钩枝藤科 **Ancistrocladaceae**

（钩枝藤属 *Ancistrocaldus*）

   315. 草本或亚灌木;叶互生或对生,具膜质托叶……………………………蓼科 **Polygonaceae**

 312. 每子房室内有胚珠 2 个至多数。

  317. 乔木、灌木或木质藤本。(次 317 项见 283 页)

   318. 花瓣及雄蕊均着生于花萼上……………………………………………千屈菜科 **Lythraceae**

   318. 花瓣及雄蕊均着生于花托上(或于西番莲科中雄蕊着生于子房柄上)。

    319. 核果或翅果,仅有 1 种子。

     320. 花萼具显著的 4 或 5 裂片或裂齿,微小,果时也不能长大………茶茱萸科 **Icacinaceae**

     320. 花萼呈截平头或具不明显的萼齿,微小,果时能增大………………铁青树科 **Olacaceae**

（铁青树属 *Olax*）

    319. 蒴果或浆果,内有 2 个至多数种子。

     321. 花两侧对称。

      322. 叶为 2~3 回羽状复叶;雄蕊 5 个……………………………………辣木科 **Moringaceae**

（辣木属 *Moringa*）

      322. 叶为全缘的单叶;雄蕊 8 个…………………………………………远志科 **Polygalaceae**

     321. 花辐射对称;叶为单叶或掌状分裂。

      323. 花瓣具有直立而常彼此衔接的瓣爪……………………………海桐花科 **Pittosporaceae**

（海桐花属 *Pittosporum*）

      323. 花瓣不具细长的瓣爪。

       324. 植物体为耐寒旱性,有鳞片状或细长形的叶片;花无小苞片……柽柳科 **Tamaricaceae**

       324. 植物体非为耐寒旱性,具有较宽大的叶片。

        325. 花两性。(次 325 项见 283 页)

         326. 花萼和花瓣不甚分化,且花萼较大…………………………大风子科 **Flacourtiaceae**

（红子木属 *Erythrospermum*）

326. 花萼和花瓣分化明显,花萼很小······················堇菜科 **Violaceae**
(三角车属 *Rinorea*)

325. 雌雄异株或花杂性。

327. 乔木;花的每一花瓣基部各具位于内方的 1 鳞片;无子房柄·大风子科 **Flacourtiaceae**
(大风子属 *Hydnocarpus*)

327. 多为具卷须而攀缘的灌木;花常具 1 副冠,由 5 鳞片所成,各鳞片和萼片相对生;有
子房柄··························西番莲科 **Passifloraceae**
(蒴莲属 *Adenia*)

317. 草本或亚灌木。

328. 胎座位于房室的中央或基底。

329. 花瓣着生于花萼的喉部··············千屈菜科 **Lythraceae**

329. 花瓣着生于花托上。

330. 萼片 2 片;叶互生,稀可对生·············马齿苋科 **Portulacaceae**

330. 萼片 5 或 4 片;叶对生·················石竹科 **Caryophyllaceae**

328. 胎座为侧膜胎座。

331. 食虫植物,具生有腺体刚毛的叶片··········茅膏菜科 **Droseraceae**

331. 非为食虫植物,也无生有腺体毛茸的叶片。

332. 花两侧对称。

333. 花有一位于前方的距状物;蒴果 3 瓣裂开············堇菜科 **Violaceae**

333. 花有一位于后方的大型花盘;蒴果仅于顶端裂开·······木犀草科 **Resedaceae**

332. 花整齐或近于整齐。

334. 植物体为耐寒旱性;花瓣内侧各有 1 舌状的鳞片··········瓣鳞花科 **Frankeniaceae**
(瓣鳞花属 *Frankenia*)

334. 植物体非为耐寒旱性;花瓣内侧无鳞片的舌状附属物。

335. 花中有副花冠及子房柄···············西番莲科 **Passifloraceae**
(西番莲属 *Passiflora*)

335. 花中无副花冠及子房柄···············虎耳草科 **Saxifragaceae**

306. 子房 2 室或更多室。

336. 花瓣形状彼此极不相等。

337. 每子房室内有数个至多数胚珠。

338. 子房 2 室················虎耳草科 **Saxifragaceae**

338. 子房 5 室················凤仙花科 **Balsaminaceae**

337. 每子房室内仅有 1 个胚珠。

339. 子房 3 室;雄蕊离生;叶盾状,叶缘具棱角或波纹········旱金莲科 **Tropaeolaceae**
(旱金莲属 *Tropaeolum*)

339. 子房 2 室(稀可 1 或 3 室);雄蕊连合为一单体;叶不呈盾状,全缘··········远志科 **Polygalaceae**

336. 花瓣形状彼此相等或微有不等,且有时花也可为两侧对称。

340. 雄蕊数和花瓣数既不相等,也非其倍数。(次 340 项见 284 页)

341. 叶对生。

342. 雄蕊 4~10 个,常 8 个。

343. 蒴果······················七叶树科 **Hippocasstanaceae**

343. 翅果······················槭树科 **Aceraceae**

342. 雄蕊 2 或 3 个,也稀可 4 或 5 个。

344. 萼片及花瓣均为五出数;雄蕊多为 3 个········翅子藤科 **Hippocrateaceae**

344. 萼片及花瓣常均为四出数;雄蕊 2 个,稀可 3 个······木犀草科 **Oleaceae**

341. 叶互生。

345. 叶为单叶,多全缘,或在油桐属 *Aleurites* 中可具 3~7 裂片;花单性⋯⋯⋯⋯**大戟科 Euphorbiaceae**
345. 叶为单叶或复叶;花两性或杂性。
  346. 萼片为镊合状排列;雄蕊连成单体⋯⋯⋯⋯⋯⋯⋯⋯⋯⋯⋯⋯⋯**梧桐科 Sterculiaceae**
  346. 萼片为覆瓦状排列;雄蕊离生。
    347. 子房 4 或 5 室,每子房室内有 8~12 胚珠;种子具翅⋯⋯⋯⋯**棟科 Meliaceae**
    (香椿属 *Toona*)
    347. 子房常 3 室,每子房室内有 1 至数个胚珠;种子无翅。
      348. 花小型或中型,下位,萼片互相分离或微有连合⋯⋯⋯⋯**无患子科 Sapindaceae**
      348. 花大型,美丽,周位,萼片互相连合成一钟形的花萼⋯⋯⋯⋯**钟萼木科 Bretschneideraceae**
      (钟萼木属 *Bretschneidera*)

340. 雄蕊数和花瓣数相等,或为其倍数。
  349. 每子房室内有胚珠或种子 3 个至多数。(次 349 项见 285 页)
  350. 叶为复叶。
    351. 雄蕊连合成为单体⋯⋯⋯⋯⋯⋯⋯⋯⋯⋯⋯⋯⋯⋯**酢浆草科 Oxalidaceae**
    351. 雄蕊彼此相互分离。
      352. 叶互生。
        353. 叶为二回至三回的三出叶,或为掌状叶⋯⋯⋯⋯**虎耳草科 Saxifragaceae**
        (落新妇亚族 *Astilbinae*)
        353. 叶为一回羽状复叶⋯⋯⋯⋯⋯⋯⋯⋯⋯⋯⋯⋯⋯**棟科 Meliaceae**
        (香椿属 *Toona*)
      352. 叶对生。
        354. 叶为双数羽状复叶⋯⋯⋯⋯⋯⋯⋯⋯⋯⋯⋯**蒺藜科 Zygophyllaceae**
        354. 叶为单数羽状复叶⋯⋯⋯⋯⋯⋯⋯⋯⋯⋯⋯**省沽油科 Staphyleaceae**
  350. 叶为单叶。
    355. 草本或亚灌木。
      356. 花周位;花托多少有些中空。
        357. 雄蕊着生于杯状花托的边缘⋯⋯⋯⋯⋯⋯⋯⋯**虎耳草科 Saxifragaceae**
        357. 雄蕊着生于杯状或管状花萼(或即花托)的内侧⋯⋯**千屈菜科 Lythraceae**
      356. 花下位;花托常扁平。
        358. 叶对生或轮生,常全缘。
          359. 水生或沼泽草本,有时(例如田繁缕属 *Bergia*)为亚灌木;有托叶⋯⋯**沟繁缕科 Elatinaceae**
          359. 陆生草本;无托叶⋯⋯⋯⋯⋯⋯⋯⋯⋯⋯⋯**石竹科 Caryophyllaceae**
        358. 叶互生或基生;稀可对生,边缘有锯齿,或叶退化为无绿色组织的鳞片。
          360. 草本或亚灌木;有托叶;萼片呈镊合状排列,脱落性⋯⋯**椴树科 Tiliaceae**
          (黄麻属 *Corchorus*,田麻属 *Corchoropsis*)
          360. 多年生常绿草本,或为腐生植物而无绿色组织;无托叶;萼片呈覆瓦状排列,宿存性
          ⋯⋯⋯⋯⋯⋯⋯⋯⋯⋯⋯⋯⋯⋯⋯⋯⋯⋯⋯⋯⋯**鹿蹄草科 Pyrolaceae**
    355. 木本植物。
      361. 花瓣常有彼此衔接或其边缘互相依附的柄状瓣爪⋯⋯**海桐花科 Pittosporaceae**
      (海桐花属 *Pittosporum*)
      361. 花瓣无瓣爪,或仅具互相分离的细长柄状瓣爪。
        362. 花托空凹;萼片呈镊合状或覆瓦状排列。(次 362 项见 285 页)
          363. 叶互生,边缘有锯齿,常绿性⋯⋯⋯⋯⋯⋯⋯**虎耳草科 Saxifragaceae**
          (鼠刺属 *Itea*)
          363. 叶对生或互生,全缘,脱落性。
            364. 子房 2~6 室,仅具 1 花柱;胚珠多数,着生于中轴胎座上⋯⋯**千屈菜科 Lythraceae**

364. 子房 2 室,具 2 花柱;胚珠数个,垂悬于中轴胎座上··············金缕梅科 **Hamamelidaceae**
(双花木属 *Disanthus*)

362. 花托扁平或微凸起;萼片呈覆瓦状或于杜英科中呈镊合状排列。

365. 花为四出数;果实呈浆果状或核果状;花药纵长裂开或顶端舌瓣裂开。

366. 穗状花序腋生于当年新枝上;花瓣先端具齿裂··············杜英科 **Elaeocarpaceae**
(杜英属 *Elaeocarpus*)

366. 穗状花序腋生于昔年老枝上;花瓣完整··············旌节花科 **Stachyuraceae**
(旌节花属 *Stachyurus*)

365. 花为五出数;果实呈蒴果状;花药顶端孔裂。

367. 花粉粒单纯;子房 3 室··············山柳科 **Clethraceae**
(山柳属 *Clethra*)

367. 花粉粒复合,成为四合体;子房 5 室··············杜鹃花科 **Ericaceae**

349. 每子房室内有胚珠或种子 1 或 2 个。

368. 草本植物,有时基部呈灌木状。

369. 花单性、杂性,或雌雄异株。

370. 具卷须的藤本;叶为二回三出复叶··············无患子科 **Sapindaceae**
(倒地铃属 *Cardiospermum*)

370. 直立草本或亚灌木;叶为单叶··············大戟科 **Euphorbiaceae**

369. 花两性。

371. 萼片呈镊合状排列;果实有刺··············椴树科 **Tiliaceae**
(刺蒴麻属 *Triumfetta*)

371. 萼片呈覆瓦状排列;果实无刺。

372. 雄蕊彼此分离;花柱互相连合··············牻牛儿苗科 **Geraniaceae**

372. 雄蕊互相连合;花柱彼此分离··············亚麻科 **Linaceae**

368. 木本植物。

373. 叶肉质,通常仅为 1 对小叶所组成的复叶··············蒺藜科 **Zygophyllaceae**

373. 叶为其他情形。

374. 叶对生;果实为 1、2 或 3 个翅果所组成。

375. 花瓣细裂或具齿裂;每果实有 3 个翅果··············金虎尾科 **Malpighiaceae**

375. 花瓣全缘;每果实具 2 个或连合为 1 个的翅果··············槭树科 **Aceraceae**

374. 叶互生,如为对生时,则果实不为翅果。

376. 叶为复叶,或稀可为单叶而有具翅的果实。

377. 雄蕊连为单体。

378. 萼片及花瓣均为 3 的倍数;花药 6 个,花丝生于雄蕊管的口部··············橄榄科 **Burseraceae**

378. 萼片及花瓣均为 4 的倍数至 6 的倍数;花药 8~12 个,无花丝,直接着生于雄蕊管的喉部或
裂齿之间··············楝科 **Meliaceae**

377. 雄蕊各自分离。

379. 叶为单叶;果实为一具 3 翅而其内仅有 1 个种子的小坚果··············卫矛科 **Celastraceae**
(雷公藤属 *Tripterygium*)

379. 叶为复叶;果实无翅。

380. 花柱 3~5 个;叶常互生,脱落性··············漆树科 **Anacardiaceae**

380. 花柱 1 个;叶互生或对生。

381. 叶为羽状复叶,互生,常绿性或脱落性;果实有各种类型··············无患子科 **Sapindaceae**

381. 叶为掌状复叶,对生,脱落性;果实为蒴果··············七叶树科 **Hippocastanaceae**

376. 叶为单叶;果实无翅。

382. 雄蕊连成单体,或如为2轮时,至少其内轮者如此,有时其花药无花丝(例如大戟科的三宝木属 *Trigonostemon*)。

　383. 花单性;萼片或花萼裂片2~6片,呈镊合状或覆瓦状排列·················**大戟科 Euphorbiaceae**

　383. 花两性;萼片5片,呈覆瓦状排列。

　　384. 果实呈蒴果状;子房3~5室,各室均可成熟·····························**亚麻科 Linaceae**

　　384. 果实呈核果状;子房3室,大都其中的2室为不孕性,仅另1室可成熟,而有1或2个胚珠
···**古柯科 Erythroxylaceae**
(古柯属 *Erythroxylum*)

382. 雄蕊各自分离,有时在毒鼠子科中可和花瓣相连合而形成1管状物。

385. 果呈蒴果状。

　386. 叶互生或稀可对生;花下位。

　　387. 叶脱落性或常绿性;花单性或两性;子房3室,稀可2或4室,有时可多至15室(例如算盘
　　　子属 *Glochidion*)··································**大戟科 Euphorbiaceae**

　　387. 叶常绿性;花两性;子房5室··············**五列木科 Pentaphylacaceae**
(五列木属 *Pentaphylax*)

　386. 叶对生或互生;花周位·························**卫矛科 Celastraceae**

385. 果呈核果状,有时木质化,或呈浆果状。

　388. 种子无胚乳,胚体肥大而多肉质。

　　389. 雄蕊10个···**蒺藜科 Zygophyllaceae**

　　389. 雄蕊4或5个。

　　　390. 叶互生;花瓣5片,各2裂或成2部分·····**毒鼠子科 Dichapetalaceae**
(毒鼠子属 *Dichapetalum*)

　　　390. 叶对生;花瓣4片,均完整···············**刺茉莉科 Salvadoraceae**
(刺茉莉属 *Azima*)

　388. 种子有胚乳,胚体有时很小。

　391. 植物体为耐寒旱性;花单性,3的倍数或2的倍数·········**岩高兰科 Empetraceat**
(岩高兰属 *Empetrum*)

　391. 植物体为普通形状;花两性或单性,5的倍数或4的倍数。

　　392. 花瓣呈镊合状排列。

　　　393. 雄蕊和花瓣同数·······························**茶茱萸科 Icacinaceae**

　　　393. 雄蕊为花瓣的倍数。

　　　　394. 枝条无刺,而有对生的叶片·········**红树科 Rhizophoraceae**
(红树族 *Gynotrocheae*)

　　　　394. 枝条有刺,而有互生的叶片·········**铁青树科 Olacaceae**
(海檀木属 *Ximenia*)

　　392. 花瓣呈覆瓦状排列,或在大戟科小盘木属 *Microdesmis* 中为扭转兼覆瓦状排列。

　　　395. 花单性,雌雄异株;花瓣小于萼片·····**大戟科 Euphorbiaceae**
(小盘木属 *Microdesmis*)

　　　395. 花两性或单性;花瓣常大于萼片。

　　　　396. 落叶攀缘灌木;雄蕊10个;子房5室,每室内有胚珠2个·········**猕猴桃科 Actinidiaceae**
(藤山柳属 *Clematoclethra*)

　　　　396. 多为常绿乔木或灌木;雄蕊4或5个。

　　　　　397. 花下位,雌雄异株或杂性;无花盘·····**冬青科 Aquifoliaceae**
(冬青属 *Ilex*)

　　　　　397. 花周位,两性或杂性;有花盘·······**卫矛科 Celastraceae**
(异卫矛亚科 *Cassinioideae*)

160. 花冠为多少有些连合的花瓣所组成。

398. 成熟雄蕊或单体雄蕊的花药数多于花冠裂片。(次 398 项见 288 页)

　　399. 心皮 1 个至数个,互相分离或大致分离。

　　　400. 叶为单叶或有时可为羽状分裂,对生,肉质·····················景天科 Crassulaceae

　　　400. 叶为二回羽状复叶,互生,不呈肉质·····························豆科 Leguminosae

　　　　　　　　　　　　　　　　　　　　　　　　　　　　　　　　(含羞草亚科 Mimosoideae)

　　399. 心皮 2 个或更多,连合成一复合性子房。

　　　401. 雌雄同株或异株,有时为杂性。

　　　　402. 子房 1 室;无分枝而呈棕榈状的小乔木·····················番木瓜科 Caricaceae

　　　　　　　　　　　　　　　　　　　　　　　　　　　　　　　　(番木瓜属 Carica)

　　　　402. 子房 2 室至多室;具分枝的乔木或灌木。

　　　　　403. 雄蕊连成单体,或至少内层者如此;蒴果·················大戟科 Euphorbiaceae

　　　　　　　　　　　　　　　　　　　　　　　　　　　　　　　(麻疯树属 Jatropha)

　　　　　403. 雄蕊各自分离;浆果·······································柿树科 Ebenaceae

　　　401. 花两性。

　　　　404. 花瓣连成一盖状物,或花萼裂片及花瓣均可合成为 1 或者数层的盖状物。

　　　　　405. 叶为单叶,具有透明微点·································桃金娘科 Myrtaceae

　　　　　405. 叶为掌状复叶,无透明微点·······························五加科 Araliaceae

　　　　　　　　　　　　　　　　　　　　　　　　　　　　　　　(多蕊木属 Tupidanthus)

　　　　404. 花瓣及花萼裂片均不连成盖状物。

　　　　406. 每子房室中有 3 个至多数胚珠。

　　　　　407. 雄蕊 5~10 个或其数不超过花冠裂片的 2 倍,稀可达 16 个,而为花瓣裂片的 4 倍(如野

　　　　　　　茉莉科的银钟花属 Halesia)。

　　　　　　408. 雄蕊连成单体或其花丝于基部互相连合;花药纵裂;花粉粒单生。

　　　　　　　409. 叶为复叶;子房上位;花柱 5 个·····················酢浆草科 Oxalidaceae

　　　　　　　409. 叶为单叶;子房下位或半下位;花柱 1 个;乔木或灌木,常有星状毛

　　　　　　　　　　　　　　　　　　　　　　　　　　　　　　　野茉莉科 Styracaceae

　　　　　　408. 雄蕊各自分离;花药顶端孔裂;花粉粒为四合型·················杜鹃花科 Ericaceae

　　　　407. 雄蕊为不定数。

　　　　　410. 萼片和花瓣常各为多数,而无显著的区分;子房下位;植物体肉质,绿色,常具棘针,而

　　　　　　　其叶退化···仙人掌科 Cactaceae

　　　　　410. 萼片和花瓣常各为 5 片,而有显著的区分;子房上位。

　　　　　　411. 萼片呈镊合状排列;雄蕊连成单体·················锦葵科 Malvaceae

　　　　　　411. 萼片呈显著的覆瓦状排列。

　　　　　　　412. 雄蕊连成 5 束,且每束着生于 1 花瓣的基部;花药顶端孔裂开;浆果

　　　　　　　　　　　　　　　　　　　　　　　　　　　　　猕猴桃科 Actinidiaceae

　　　　　　　　　　　　　　　　　　　　　　　　　　　　　(水冬哥属 Saurauia)

　　　　　　　412. 雄蕊的基部连成单体;花药纵长裂开;蒴果·········山茶科 Theaceae

　　　　　　　　　　　　　　　　　　　　　　　　　　　　　(紫茎属 Stewartia)

　　　　406. 每子房室中常仅有 1 或 2 个胚珠。

　　　　　413. 花萼中的 2 片或更多片于结实时能长大成翅状·················龙脑香科 Dipterocarpaceae

　　　　　413. 花萼裂片无上述变大的情形。

　　　　　　414. 植物体常有星状毛茸·································野茉莉科 Styracaceae

　　　　　　414. 植物体无星状毛茸。

　　　　　　　415. 子房下位或半下位;果实歪斜·················山矾科 Symplocaceae

　　　　　　　　　　　　　　　　　　　　　　　　　　　　　(山矾属 Symplocos)

415. 子房上位。
    416. 雄蕊相互连合为单体；果实成熟时分裂为分果······················锦葵科 Malvaceae
    416. 雄蕊各自分离；果实不是分果。
        417. 子房 1 或 2 室；蒴果··瑞香科 Thymelaeaceae
                                       （沉香属 *Aquilaria*）
        417. 子房 6~8 室；浆果··山榄科 Sapotaceae
                                       （紫荆木属 *Madhuca*）

398. 成熟雄蕊并不多于花冠裂片或有时因花丝的分裂则可过之。
  418. 雄蕊和花冠裂片为同数且对生。
    419. 植物体内有乳汁···山榄科 Sapotaceae
    419. 植物体内不含乳汁。
      420. 果实内有数个至多数种子。
        421. 乔木或灌木；果实呈浆果状或核果状·······················紫金牛科 Myrsinaceae
        421. 草本；果实呈蒴果状·······································报春花科 Primulaceae
      420. 果实内仅有 1 个种子。
        422. 子房下位或半下位。
          423. 乔木或攀缘性灌木；叶互生······························铁青树科 Olacaceae
          423. 常为半寄生性灌木；叶对生·····················桑寄生科 Loranthaceae
        422. 子房上位。
          424. 花两性。
            425. 攀缘性草本；萼片 2；果为肉质宿存花萼所包围··········落葵科 Basellaceae
                                    （落葵属 *Basella*）
            425. 直立草本或亚灌木，有时为攀缘性；萼片或萼裂片 5；果为蒴果或瘦果，不为花萼所包
               围··蓝雪科 Plumbaginaceae
          424. 花单性，雌雄异株；攀缘性灌木。
            426. 雄蕊连合成单体；雌蕊单纯性·····················防己科 Menispermaceae
                                （锡生藤亚族 *Cissampelinae*）
            426. 雄蕊各自分离；雌蕊复合性·····················茶茱萸科 Icacinaceae
                                （微花藤属 *Iodes*）

  418. 雄蕊和花冠裂片为同数且互生，或雄蕊数较花冠裂片为少。
    427. 子房下位。（次 427 项见 289 页）
      428. 植物体常以卷须而攀缘或蔓生；胚珠及种子皆为水平生长于侧膜胎座上。
      ··葫芦科 Cucurbitaceae
      428. 植物体直立，如为攀缘时也无卷须；胚珠及种子并不为水平生长。
        429. 雄蕊互相联合。
          430. 花整齐或两侧对称，呈头状花序，或在苍耳属 *Xanthium* 中，雌花序仅为一含 2 花的果壳，
          其外生有钩状刺毛；子房一室，内仅有 1 个胚珠·····················菊科 Compositae
          430. 花多两侧对称，单生或成总状或伞房花序；子房 2 或 3 室，内有多数胚珠。
            431. 花冠裂片呈镊合状排列；雄蕊 5 个，具分离的花丝及联合的花药
            ··桔梗科 Campanulaceae
                               （半边莲亚科 Lobelioideae）
            431. 花冠裂片呈覆瓦状排列；雄蕊 2 个，具联合的花丝及分离的花药
            ··花柱草科 Stylidiaceae
                                 （花柱草属 *Stylidium*）
        429. 雄蕊各自分离。
          432. 雄蕊和花冠相分离或近于分离。（次 432 项见 289 页）

433. 花药顶端孔裂开；花粉粒连合成四合体；灌木或亚灌木⋯⋯⋯⋯⋯杜鹃花科 Ericaceae

（乌饭树亚科 Vaccinioideae）

433. 花药纵长裂开，花粉粒单纯；多为草本。

434. 花冠整齐；子房 2~5 室，内有多数胚珠⋯⋯⋯⋯⋯⋯⋯⋯桔梗科 Campanulaceae

434. 花冠不整齐；子房 1~2 室，每子房室内仅有 1 或 2 个胚珠⋯⋯⋯草海桐科 Goodeniaceae

432. 雄蕊着生于花冠上。

435. 雄蕊 4 或 5 个，和花冠裂片同数。

436. 叶互生；每子房室内有多数胚珠⋯⋯⋯⋯⋯⋯⋯⋯⋯桔梗科 Campanulaceae

436. 叶对生或轮生；每子房室内有 1 个至多数胚珠。

437. 叶轮生，如为对生时，则有托叶存在⋯⋯⋯⋯⋯⋯茜草科 Rubiaceae

437. 叶对生，无托叶或稀可有明显的托叶。

438. 花序多为聚伞花序⋯⋯⋯⋯⋯⋯⋯⋯⋯忍冬科 Caprifoliaceae

438. 花序为头状花序⋯⋯⋯⋯⋯⋯⋯⋯⋯川续断科 Dipsacaceae

435. 雄蕊 1~4 个，其数较花冠裂片为少。

439. 子房 1 室。

440. 胚珠多数，生于侧膜胎座上⋯⋯⋯⋯⋯⋯⋯苦苣苔科 Gesneriaceae

440. 胚珠 1 个，垂悬于子房的顶端⋯⋯⋯⋯⋯⋯川续断科 Dipsacaceae

439. 子房 2 室或更多室，具中轴胎座。

441. 子房 2~4 室，所有的子房室均可成熟；水生草本⋯⋯⋯⋯胡麻科 Pedaliaceae

（茶菱属 Trapella）

441. 子房 3 或 4 室，仅其中 1 或 2 室可成熟。

442. 落叶或常绿的灌木；叶片常全缘或边缘有锯齿⋯⋯⋯忍冬科 Caprifoliaceae

442. 陆生草本；叶片常有很多的分裂⋯⋯⋯⋯⋯⋯败酱科 Valerianaceae

427. 子房上位。

443. 子房深裂为 2~4 部分；花柱或数花柱均自子房裂片之间伸出。

444. 花冠两侧对称或稀可整齐；叶对生⋯⋯⋯⋯⋯⋯⋯⋯⋯⋯唇形科 Labiatae

444. 花冠整齐；叶互生。

445. 花柱 2 个；多年生匍匐性小草本；叶片呈肾圆形⋯⋯⋯旋花科 Convolvulaceae

（马蹄金属 Dichondra）

445. 花柱 1 个⋯⋯⋯⋯⋯⋯⋯⋯⋯⋯⋯⋯⋯⋯⋯⋯紫草科 Boraginaceae

443. 子房完整或微有分割，或为 2 个分离的心皮所组成；花柱自子房的顶端伸出。

446. 雄蕊的花丝分裂。

447. 雄蕊 2 个，各分为 3 裂⋯⋯⋯⋯⋯⋯⋯⋯⋯⋯罂粟科 Papaveraceae

（紫堇亚科 Fumarioideae）

447. 雄蕊 5 个，各分为 2 裂⋯⋯⋯⋯⋯⋯⋯⋯⋯⋯五福花科 Adoxaceae

（五福花属 Adoxa）

446. 雄蕊的花丝单纯。

448. 花冠不整齐，常多少有些呈二唇状。（次 448 项见 290 页）

449. 成熟雄蕊 5 个。

450. 雄蕊和花冠离生⋯⋯⋯⋯⋯⋯⋯⋯⋯⋯⋯⋯杜鹃花科 Ericaceae

450. 雄蕊着生于花冠上⋯⋯⋯⋯⋯⋯⋯⋯⋯⋯⋯紫草科 Boraginaceae

449. 成熟雄蕊 2 或 4 个，退化雄蕊有时也可存在。

451. 每子房室内仅含 1 或 2 胚珠（如为后一情形时，也可在次 451 项检索之）。（次 451 项见 290 页）

452. 叶对生或轮生；雄蕊 4 个，稀可 2 个；胚珠直立，稀可垂悬。（次 452 项见 290 页）

453. 子房 2~4 室，共有 2 个或更多的胚珠⋯⋯⋯⋯马鞭草科 Verbenaceae

453. 子房 1 室,仅含 1 个胚珠……………………………………………透骨草科 Phrymaceae
　　　　　　　　　　　　　　　　　　　　　　　　　　　　　　　　　（透骨草属 Phryma）
452. 叶互生或基生;雄蕊 2 或 4 个,胚珠垂悬;子房 2 室,每子房室内仅有 1 个胚珠
………………………………………………………………………………玄参科 Scrophulariaceae
451. 每子房室内有 2 个至多数胚珠。
454. 子房 1 室具侧膜胎座或中央胎座(有时可因侧膜胎座的深入而为假 2 室)。
455. 草本或木本植物,不为寄生性,也非食虫性。
456. 多为乔木或木质藤本;叶为单叶或复叶,对生或轮生,稀可互生,种子有翅,但无胚乳
………………………………………………………………………………紫葳科 Bignoniaceae
456. 多为草本;叶为单叶,基生或对生;种子无翅,有或无胚乳………苦苣苔科 Gesneriaceae
455. 草本植物,为寄生性或食虫性。
457. 植物体寄生于其他植物的根部,而无绿叶存在;雄蕊 4 个;侧膜胎座
………………………………………………………………………………列当科 Orobanchaceae
457. 植物体为食虫性,有绿叶存在;雄蕊 2 个;特立中央胎座;多为水生或沼泽植物,且有具距
的花冠……………………………………………………………………狸藻科 Lentibulariaceae
454. 子房 2~4 室,具中轴胎座,或于角胡麻科中为子房 1 室而具侧膜胎座。
458. 植物体常具分泌黏液的腺体毛茸;种子无胚乳或具一薄层胚乳。
459. 子房最后成为 4 室;蒴果的果皮质薄而不延伸为长喙;油料植物………胡麻科 Pedaliaceae
　　　　　　　　　　　　　　　　　　　　　　　　　　　　　　　　　（胡麻属 Sesamum）
459. 子房 1 室;蒴果的内皮坚硬而呈木质,延伸为钩状长喙;栽培花卉
………………………………………………………………………………角胡麻科 Martyniaceae
　　　　　　　　　　　　　　　　　　　　　　　　　　　　　　　　　（角胡麻属 Martynia）
458. 植物体不具上述的毛茸;子房 2 室。
460. 叶对生;种子位于胎座的钩状突起上,无胚乳………………………爵床科 Acanthaceae
460. 叶互生或对生;种子位于中轴胎座上,有胚乳。
461. 花冠裂片具深缺刻;成熟雄蕊 2 个……………………………………茄科 Solanaceae
　　　　　　　　　　　　　　　　　　　　　　　　　　　　　　　　　（蝴蝶花属 Schizanthus）
461. 冠裂片全缘或仅其先端具一凹陷。成熟雄蕊 2 或 4 个………玄参科 Scrophulariaceae
448. 花冠整齐;或近于整齐。
462. 雄蕊数较花冠裂片为少。
463. 子房 2~4 室,每室内仅含 1 或 2 个胚珠。
464. 雄蕊 2 个………………………………………………………………木犀科 Oleaceae
464. 雄蕊 4 个。
465. 叶互生,有透明腺体微点存在……………………………………苦槛蓝科 Myoporaceae
465. 叶对生,无透明微点……………………………………………马鞭草科 Verbenaceae
463. 子房 1 或 2 室,每室内有数个至多数胚珠。
466. 雄蕊 2 个;每子房室内有 4~10 个胚珠垂悬于室的顶端…………木犀科 Oleaceae
　　　　　　　　　　　　　　　　　　　　　　　　　　　　　　　　　（连翘属 Forsythia）
466. 雄蕊 4 或 2 个;每子房室内有多数胚珠着生于中轴或侧膜胎座上。
467. 子房 1 室,内具分歧的侧膜胎座,或因胎座深入而使子房成 2 室………苦苣苔科 Gesneriaceae
467. 子房为完全的 2 室,内具中轴胎座。
468. 花冠在花蕾中常折叠;子房 2 心皮的位置偏斜…………………………茄科 Solanaceae
468. 花冠在花蕾中不折叠,而呈覆瓦状排列;子房的 2 心皮位于前后方
………………………………………………………………………………玄参科 Scrophulariaceae
462. 雄蕊和花冠裂片同数。
469. 子房 2 个,或为 1 个而成熟后呈双角状。(次 469 项见 291 页)

470. 雄蕊各自分离；花粉粒也彼此分离⋯⋯⋯⋯⋯⋯⋯⋯⋯⋯⋯**夹竹桃科 Apocynaceae**
470. 雄蕊互相连合；花粉粒连成花粉块⋯⋯⋯⋯⋯⋯⋯⋯⋯⋯⋯**萝藦科 Asclepiadaceae**
469. 子房 1 个，不呈双角状。
　471. 子房 1 室或因 2 侧膜胎座的深入而成假 2 室。
　　472. 子房为 1 心皮所成。
　　　473. 花显著，呈漏斗形而簇生；果实为 1 瘦果，有棱或有翅⋯⋯⋯⋯**紫茉莉科 Nyctaginaceae**
　　　　　　　　　　　　　　　　　　　　　　　　　　　（紫茉莉属 *Mirabilis*）
　　　473. 花小型而形成球形的头状花序；果实为 1 荚果，成熟后则裂为仅含 1 种子的节荚
　　　　⋯⋯⋯⋯⋯⋯⋯⋯⋯⋯⋯⋯⋯⋯⋯⋯⋯⋯⋯⋯⋯⋯⋯⋯⋯**豆科 Leguminosae**
　　　　　　　　　　　　　　　　　　　　　　　　　　　（含羞草属 *Mimosa*）
　　472. 子房为 2 个以上连合心皮所成。
　　　474. 乔木或攀缘性灌木，稀可为一攀缘性草本，而体内具有乳汁（例如心翼果属 *Cardiopteris*）；果实呈核果状（但心翼果属 *Peripterygium* 则为干燥的翅果），内有 1 个种子
　　　　⋯⋯⋯⋯⋯⋯⋯⋯⋯⋯⋯⋯⋯⋯⋯⋯⋯⋯⋯⋯⋯⋯⋯⋯⋯**茶茱萸科 Icacinaceae**
　　　474. 草本或亚灌木，或于旋花科的丁公藤属 *Erycibe* 中为攀缘灌木；果实呈蒴果状（或于丁公藤属中呈浆果状），内有 2 个或更多的种子。
　　　　475. 花冠裂片呈覆瓦状排列。
　　　　　476. 叶茎生，羽状分裂或为羽状复叶（限于我国植物如此）⋯⋯⋯⋯**田基麻科 Hydrophyllaceae**
　　　　　　　　　　　　　　　　　　　　　　　　　　　（水叶族 Hydrophylleae）
　　　　　476. 叶基生，单叶，边缘具齿裂⋯⋯⋯⋯⋯⋯⋯⋯⋯⋯⋯⋯**苦苣苔科 Gesneriaceae**
　　　　　　　　　　　　　　　　　　　（苦苣苔属 *Conandron*，黔苣苔属 *Tengia*）
　　　　475. 花冠裂片常呈旋转状或内折的镊合状排列。
　　　　　477. 攀缘性灌木；果实呈浆果状，内有少数种子⋯⋯⋯⋯⋯**旋花科 Convolvulaceae**
　　　　　　　　　　　　　　　　　　　　　　　　　　　（麻辣仔藤属 *Erycibe*）
　　　　　477. 直立陆生或漂浮水面的草本；果实呈蒴果状，内有少数至多数种子⋯**龙胆科 Gentianaceae**
　471. 子房 2~10 室。
　　478. 无绿叶而为缠绕性的寄生植物⋯⋯⋯⋯⋯⋯⋯⋯⋯⋯⋯⋯**旋花科 Convolvulaceae**
　　　　　　　　　　　　　　　　　　　　　　　　　（菟丝子亚科 Cuscutoideae）
　　478. 不是上述的无叶寄生植物。
　　　479. 叶常对生，且多在两叶之间具有托叶所成的托叶线或附属物⋯⋯⋯⋯**马钱科 Loganiaceae**
　　　479. 叶常互生，或有时基生，如为对生时，其两叶之间也无托叶线，有时其叶也可轮生。
　　　　480. 雄蕊和花冠离生或近于离生。
　　　　　481. 灌木或亚灌木；花药顶端孔裂；花粉粒为四合体；子房常 5 室⋯⋯**杜鹃花科 Ericaceae**
　　　　　481. 一年或多年生草本，常为缠绕性；花药纵长裂开；花粉粒单纯；子房常 3~5 室
　　　　　⋯⋯⋯⋯⋯⋯⋯⋯⋯⋯⋯⋯⋯⋯⋯⋯⋯⋯⋯⋯⋯⋯⋯⋯**桔梗科 Campanulaceae**
　　　　480. 雄蕊着生于花冠的筒部。
　　　　　482. 雄蕊 4 个，稀可在冬青科为 5 个更多。（次 482 项见 292 页）
　　　　　　483. 无主茎的草本，具由少数至多数花朵所形成的穗状花序生于一基生花葶上
　　　　　　⋯⋯⋯⋯⋯⋯⋯⋯⋯⋯⋯⋯⋯⋯⋯⋯⋯⋯⋯⋯⋯⋯⋯**车前科 Plantaginaceae**
　　　　　　　　　　　　　　　　　　　　　　　　　　　（车前属 *Plantago*）
　　　　　　483. 乔木、灌木，或具有主茎的草本。
　　　　　　　484. 互生，多常绿⋯⋯⋯⋯⋯⋯⋯⋯⋯⋯⋯⋯⋯⋯⋯**冬青科 Aquifoliaceae**
　　　　　　　　　　　　　　　　　　　　　　　　　　　（冬青属 *Ilex*）
　　　　　　　484. 叶对生或轮生。
　　　　　　　　485. 子房 2 室，每室内有多数胚珠⋯⋯⋯⋯⋯⋯**玄参科 Scrophulariaceae**
　　　　　　　　485. 子房 2 室至多室，每室内有 1 或 2 个胚珠⋯⋯⋯**马鞭草科 Verbenaceae**

482. 雄蕊常5个,稀可更多。
  486. 每子房室内仅有1或2个胚珠。
    487. 子房2或3室;胚珠自子房室近顶端垂悬;木本植物;叶全缘。
      488. 花瓣顶端2裂或近全缘;花柱1个;子房无柄,2或3室,每室内各有2个胚珠;核果;有托叶 **··毒鼠子科 Dichapetalaceae**
(毒鼠子属 *Dichapetalum*)
      488. 每花瓣均完整;花柱2个;子房具柄,2室,每室内仅有1个胚珠;翅果;无托叶 ··**茶茱萸科 Icacinaceae**
    487. 子房1~4室;胚珠在子房室基底或中轴的基部直立或上举;无托叶;花柱1个,稀可2个,有时在紫草科的破布木属 *Cordia* 中其先端两次2裂。
      489. 果实为核果;花冠有明显的裂片,并在花蕾中呈覆瓦状或旋转状排列;叶全缘或有锯齿;通常均为直立木本或草本,多粗壮或具刺毛················**紫草科 Boraginaceae**
      489. 果实为蒴果;花瓣完整或具裂片;叶全缘或具裂片,但无锯齿缘。
        490. 通常为缠绕性稀可为直立草本,或为半木质的攀缘植物至大型木质藤本(例如盾苞藤属 *Neuropeltis*);萼片多互相分离;花冠常完整而几无裂片,于花蕾中呈旋转状排列,也可有时深裂而其裂片成内折的镊合状排列(例如盾苞藤属)················**旋花科 Convolvulaceae**
        490. 通常均为直立草本;萼片连合成钟形或筒状;花冠有明显裂片,仅芽时扭曲,花后开展 ··**花荵科 Polemoniaceae**
  486. 每子房室内有多数胚珠,或在花荵科中有时为1至数个;多无托叶。
    491. 高山区生长的耐寒旱性低矮多年生草本或丛生亚灌木;叶多小型,常绿,紧密排列成覆瓦状或莲座式;花无花盘;花单生至聚集成近头状花序;花冠裂片成覆瓦状排列;子房3室;花柱1个;柱头3裂;蒴果室背开裂················**岩梅科 Diapensiaceae**
    491. 草本或木本,不为耐寒旱性;叶常为大型或中型,脱落性,疏松排列而各自展开;花多有位于子房下方的花盘。
      492. 花冠不于花蕾中折叠,其裂片呈旋转状排列,或在田基麻科中为覆瓦状排列。
        493. 叶为单叶,或在花荵属 *Polemonium* 为羽状分裂或为羽状复叶;子房3室(稀可2室);花柱1个;柱头3裂;蒴果多室背开裂················**花荵科 Polemoniaceae**
        493. 叶为单叶,且在田基麻属 *Hydrolea* 为全缘;子房2室;花柱2个;柱头呈头状;蒴果室间开裂················**田基麻科 Hydrophyllaceae**
(田基麻族 Hydroleeae)
      492. 花冠裂片呈镊合状或覆瓦状排列,或其花冠于花蕾中折叠,且成旋转状排列;花萼常宿存;子房2室;或在茄科中为假3室至假5室;花柱1个;柱头完整或2裂。
        494. 花冠多于花蕾中折叠,其裂片呈覆瓦状排列;或在曼陀罗属 *Datura* 成旋转状排列,稀可在枸杞属 *Lycium* 和颠茄属 *Atropa* 等属中,并不于花蕾中折叠,而呈覆瓦状排列,雄蕊的花丝无毛;浆果,或为纵裂或横裂的蒴果················**茄科 Solanaceae**
        494. 花冠不于花蕾中折叠,其裂片呈覆瓦状排列;雄蕊的花丝具毛茸(尤以后方的3个如此)。
          495. 室间开裂的蒴果················**玄参科 Scrophulariaceae**
(毛蕊花属 *Verbascum*)
          495. 浆果,有刺灌木················**茄科 Solanaceae**
(枸杞属 *Lycium*)

1. 子叶1个;茎无中央髓部,也无呈年轮状的生长;叶多具平行叶脉;花为3的倍数,有时为4的倍数,但极少5的倍数················**单子叶植物纲 Monocotyledoneae**
  496. 木本植物,或其叶于芽中呈折叠状。(次496项见293页)
    497. 灌木或乔木;叶细长或呈剑状,在芽中不呈折叠状················**露兜树科 Pandanaceae**
    497. 木本或草本;叶甚宽,常为羽状或扇形的分裂,在芽中呈折叠状。

498. 植物体多甚高大,呈棕榈状,具简单或分枝少的主干;花为圆锥或穗状花序,托以佛焰状苞片
·· 棕榈科 **Palmae**

498. 植物体常为无主茎的多年生草本,具常深裂为 2 片的叶片;花为紧密的穗状花序
·· 环花草科 **Cyclanthaceae**
（巴拿马草属 *Carludovica*）

496. 草本植物或稀可为木质茎,但其叶于芽中从不呈折叠状。

499. 无花被或在眼子菜科中很小(次 499 项见 294 页)。

500. 花包藏于或附托以呈覆瓦状排列的壳状鳞片(特称为颖)中,由多花至 1 花形成小穗(穗状花序)。

501. 秆多少呈三棱形,实心;茎生叶呈三行排列;叶鞘封闭;花药以基底附着花丝;果实为小坚果或有果囊 ·· 莎草科 **Cyperaceae**

501. 秆常呈圆筒形;中空;茎生叶呈二行排列;叶鞘常在一侧纵裂开;花药以其中部附着花丝;果实通常为颖果 ·· 禾本科 **Gramineae**

500. 花虽有时排列为具总苞的头状花序,但并不包藏于呈壳状的鳞片中。

502. 植物体微小,无真正的叶片,仅具无茎而漂浮水面或沉没水中的叶状体 ·········· 萍科 **Lemnaceae**

502. 植物体常具茎,也具叶,其叶有时可呈鳞片状。

503. 水生植物,具沉没水中或漂浮水面的片叶。

504. 花单性,不排列成穗状花序。

505. 叶互生;花成球形的头状花序 ································ 黑三棱科 **Sparganiaceae**
（黑三棱属 *Sparganium*）

505. 叶多对生或轮生;花单生,或在叶腋间形成聚伞花序。

506. 多年生草本;雌蕊为 1 个或更多而互相分离的心皮所成;胚珠自子房室顶端垂悬
·· 眼子菜科 **Potamogetonaceae**
（角果藻族 **Zannichellieae**）

506. 一年生草本;雌蕊 1 个,具 2~4 个柱头;胚珠直立于子房室的基底
·· 茨藻科 **Najadaceae**
（茨藻属 *Najas*）

504. 花两性或单性,排列成简单或分歧的穗状花序。

507. 花排列于 1 扁平穗轴的一侧。

508. 海水植物;穗状花序不分歧,但具雌雄同株或异株的单性花;雄蕊 1 个,具无花丝而为 1 室的花药;雌蕊 1 个,具 2 柱头;胚珠 1 个,垂悬于子房室的顶端
·· 眼子菜科 **Potamogetonaceae**
（大叶藻属 *Zostera*）

508. 淡水植物;穗状花序常分为二歧而具两性花;雄蕊 6 个或更多,具极细长的花丝和 2 室的花药,雌蕊为 3~6 个离生心皮所成;胚珠在每室内 2 个或更多,基生的佛焰苞片
·· 水蕹科 **Aponogetonaceae**
（水蕹属 *Aponogeton*）

507. 花排列于穗轴的周围,多为两性花;胚珠常仅 1 个 ·········· 眼子菜科 **Potamogetonaceae**

503. 陆生或沼泽植物,常有伸展于空中的叶片。

509. 叶有柄,全缘或有各种形状的分裂,具网状脉;花形成一肉穗花序,后者常有一大型而常具色彩 ·· 天南星科 **Araceae**

509. 叶无柄,细长形、剑形,或退化为鳞片状,其叶片常具平行脉。

510. 花形成紧密的穗状花序,或在帚灯草科为疏松的圆锥花序。(次 510 项见 294 页)

511. 陆生或沼泽植物;疏散穗状圆锥花序,小穗有宿存苞片;雌雄异株;叶多呈鞘状
·· 帚灯草科 **Restionaceae**
（薄果草属 *Leptocarpus*）

511. 水生或沼泽植物；穗状花序紧密。

　512. 穗状花序位于一呈二棱形的基生花葶的一侧，而另一侧则延伸为叶状的佛焰苞片；花两性···天南星科 Araceae

（石菖蒲属 *Acorus*）

　512. 穗状花序位于一圆柱形花梗的顶端，形如蜡烛而无佛焰苞；雌雄同株

···香蒲科 Typhaceae

510. 花序有各种形式。

　513. 花单性，成头状花序。

　　514. 头状花序单生于花葶顶端；叶狭窄，呈禾草状，有时叶为膜质

···谷精草科 Eriocaulaceae

（谷精草属 *Eriocaulon*）

　　514. 头状花序散生于具叶的主茎或枝条的上部，雄性者在上，雌性者在下；叶细长，呈扁三棱形，直立或漂浮水面，基部呈鞘状·················黑三棱科 Sparganiaceae

（黑三棱属 *Sparganium*）

　513. 花常两性。

　　515. 花序呈穗状或头状，包藏于 2 个互生的叶状苞片中；无花被；叶小，细长形或呈丝状；雄蕊 1 或 2 个；子房上位，1~3 室，每子房室内仅有 1 个垂悬胚珠

···刺鳞草科 Centrolepidaceae

　　515. 花序不包藏于叶状的苞片中；有花被。

　　　516. 子房 3~6 个，至少在成熟时互相分离·············水麦冬科 Juncaginaceae

　　　516. 子房 1 个，由 3 心皮连合所组成·················灯心草科 Juncaceae

499. 有花被，常显著，且呈花瓣状。

517. 雌蕊 3 个至多数，互相分离。

　518. 腐生草本，叶退化成鳞片状，浅色。无绿色叶片。

　　519. 花两性，具 2 层花被片；心皮 3 个，各有多数胚珠·········百合科 Liliaceae

（无叶莲属 *Petrosavia*）

　　519. 花单性或稀可杂性，具一层花被片；心皮数个，各仅有 1 个胚珠·········霉草科 Triuridaceae

（喜阴草属 *Sciaphila*）

　518. 不为腐生草本，常为水生或沼泽植物，具有发育正常的绿叶。

　　520. 花被裂片彼此相同；叶细长，基部具鞘·········水麦冬科 Juncaginaceae

（芝菜属 *Scheuchzeria*）

　　520. 花被裂片分化为萼片和花瓣 2 轮。

　　　521. 叶（限于我国植物）呈细长形，直立；花单生或成伞形花序；蓇葖果·········花蔺科 Butomaceae

（花蔺属 *Butomus*）

　　　521. 叶呈细长兼披针形至卵圆形，常为箭镞状而具长柄；花常轮生，成总状或圆锥花序；瘦果

···泽泻科 Alismataceae

517. 雌蕊 1 个，复合性，或于百合科的岩菖蒲属 *Tofieldia* 心皮近于分离。

522. 子房上位，或花被和子房相分离。（次 522 项见 295 页）

　523. 花两侧对称；雄蕊 1 个，位于前方，即着生于远轴的 1 个花被片的基部

···田葱科 Philydraceae

（田葱属 *Philydrum*）

　523. 花辐射对称，稀可两侧对称；雄蕊 3 个或更多。

　　524. 花被分化为花萼和花冠 2 轮，后者于百合科的重楼族中，有时为细长形或线形的花瓣所组成，稀可缺如。（次 524 项见 295 页）

　　　525. 花形成紧密而具鳞片的头状花序；雄蕊 3 个；子房 1 室·········黄眼草科 Xyridaceae

（黄眼草属 *Xyris*）

525. 花不形成头状花序;雄蕊数在 3 个以上。

  526. 叶互生,基部具鞘,平行脉;花为腋生或顶生的聚伞花序;雄蕊 6 个,或因退化而数较少
                         鸭跖草科 Commelinaceae

  526. 叶以 3 个或更多个生于茎的顶端而成一轮,网状脉而于基部具 3~5 脉;花单独顶生;雄
    蕊 6 个、8 个或 10 个   **百合科 Liliaceae**
                             (重楼族 Parideae)

524. 花被裂片彼此相同或近于相同,于百合科的白丝草属 *Chionographis* 中则极不相同,又在
  同科的油点草属 *Tricyrtis* 中其外层 3 个花被裂片的基部呈囊状。

527. 花小型,花被裂片绿色或棕色。

  528. 花位于一穗形总状花序上;蒴果自一宿存的中轴上裂为 3~6 瓣,每果瓣内仅有 1 个种子
                        水麦冬科 Juncaginaceae
                       (水麦冬属 *Triglochin*)

  528. 花位于各种类型的花序上;蒴果室背开裂为 3 瓣,内有多数至 3 个种子
                            灯心草科 Juncaceae

527. 花大型或中型,或有时为小型,花被裂片多少具鲜明的色彩。

  529. 叶(限于我国植物)的顶端变为卷须,并有闭合的叶鞘;胚珠在每室内仅为 1 个;花排列
    为顶生的圆锥花序   **须叶藤科 Flagellariaceae**
                     (须叶藤属 *Flagellaria*)

  529. 叶的顶端不变为卷须;胚珠在每子房室内为多数,稀可仅为 1 个或 2 个。

    530. 直立或漂浮的水生植物;雄蕊 6 个,彼此不相同,或有时有不育者
                       雨久花科 Pontederiaceae

    530. 陆生植物;雄蕊 6 个,4 个或 2 个,彼此相同。

     531. 花为 4 的倍数,叶(限中国分布种)对生或轮生,具有显著纵脉及密生的横脉
                       百部科 Stemonaceae
                      (百部属 *Stemona*)

     531. 花为 3 的倍数或 4 的倍数;叶常基生或互生   **百合科 Liliaceae**

522. 子房下位,或花被多少有些和子房相愈合。

 532. 花两侧对称或为不对称形。(次 532 项见 296 页)

  533. 花被片均成花瓣状;雄蕊和花柱多少有些互相连合   **兰科 Orchidaceae**

  533. 花被片并不是均成花瓣状,其外层者形如萼片;雄蕊和花柱相分离。

   534. 后方的 1 个雄蕊常为不育性,其余 5 个则均发育而具有花药。

    535. 叶和苞片排列成螺旋状;花常因退化而为单性;浆果;合生花被片管状,先端 5(2+3) 裂
                         芭蕉科 Musaceae
                         (芭蕉属 *Musa*)

    535. 叶和苞片排列成 2 行;花两性,蒴果。

     536. 萼片互相分离或至多可和花冠相连合;居中的 1 花瓣并不成为唇瓣
                         芭蕉科 Musaceae
                     (鹤望兰属 *Strelitzia*)

     536. 萼片互相连合成管状;居中(位于远轴方向)的 1 花瓣为大形而成唇瓣
                         芭蕉科 Musaceae
                     (兰花蕉属 *Orchidantha*)

   534. 后方的 1 个雄蕊发育而具有花药。其余 5 个则退化,或变形为花瓣状。

    537. 花药 2 室;萼片互相连合为一萼筒,有时呈佛焰苞状   **姜科 Zingiberaceae**

    537. 花药 1 室;萼片互相分离或至多彼此相衔接。

538. 子房3室,每子房室内有多数胚珠位于中轴胎座上;各不育雄蕊呈花瓣状,互相于基部简短连合···美人蕉科 Cannaceae

（美人蕉属 *Canna*）

538. 子房3室或因退化而成1室,每子房室内仅含1个基生胚珠;各不育雄蕊也呈花瓣状,唯多少有些互相连合···竹芋科 Marantaceae

532. 花常辐射对称,也即花整齐或近于整齐。

539. 水生草本,植物体部分或全部沉没水中···水鳖科 Hydrocharitaceae

539. 陆生草本。

540. 植物体为攀缘性;叶片宽广,具网状脉(还有数主脉)和叶柄··········薯蓣科 Dioscoreaceae

540. 植物体不为攀缘性;叶具平行脉。

541. 雄蕊3个。

542. 叶2行排列,两侧扁平而无背腹面之分,由下向上重叠跨覆;雄蕊和花被的外层裂片相对生···鸢尾科 Iridaceae

542. 叶不为2行排列;茎生叶呈鳞片状;雄蕊和花被的内层裂片相对生

··水玉簪科 Burmanniaceae

541. 雄蕊6个。

543. 果实为浆果或蒴果,而花被残留物多少和它融合,或聚花果;花被的内层裂片基部各一对舌状鳞片;叶呈带形,边缘有刺齿或全缘·····························凤梨科 Bromeliaceae

543. 果实为蒴果或浆果,仅为1花所成;花被裂片无附属物。

544. 子房1室,内有多数胚珠位于侧膜胎座上;花序粉伞形,具长丝状的总苞片

···蒟蒻薯科 Taccaceae

544. 子房3室,内有多数至少数胚珠位于中轴胎座上。

545. 子房部分下位···百合科 Liliaceae

（肺筋草属 *Aletris*,沿阶草属 *Ophiopogon*,球子草属 *Peliosanthes*）

545. 子房完全下位···石蒜科 Amaryllidaceae

（黄宝康）